应急协同决策理论与方法

曹杰 朱莉 刘明 蔡玫 著

科学出版社

北京

内 容 简 介

本书集中关注应急管理活动中的协同决策问题，主要内容包括五个部分：第一部分以协同理论为出发点，简要阐述了应急协同决策的核心特征及关键步骤，系统地提炼出应急协同决策过程中所需关注的关键问题及可采取的研究方法；第二到第四部分分别围绕跨区域应急协同决策、基于互馈效应的应急协同决策和不确定信息下的应急协同决策等问题进行理论建模和方法设计；第五部分介绍应急协同决策问题中典型智能优化算法的设计与应用。

本书在帮助学生了解应急协同决策相关学术前沿、构架应急管理教学和科研桥梁等方面具有重要作用，可作为高等院校管理类学科的本科高年级教材，也可作为管理科学与工程、行政管理及公共管理等专业的研究生教学参考书，同时还可作为政府、企业管理部门相关人员开展本行业领域应急协同管理与决策的入门工具书。

图书在版编目 (CIP) 数据

应急协同决策理论与方法 / 曹杰等著. —北京: 科学出版社, 2015.11
ISBN 978-7-03-046247-3

Ⅰ. ①应… Ⅱ. ①曹… Ⅲ. ①突发事件–应急对策–研究 Ⅳ. ①X4

中国版本图书馆 CIP 数据核字(2015)第 264532 号

责任编辑：曾佳佳　胡　凯 / 责任校对：何艳萍
责任印制：赵　博 / 封面设计：许　瑞

科学出版社 出版

北京东黄城根北街 16 号
邮政编码：100717
http://www.sciencep.com

北京厚诚则铭印刷科技有限公司印刷
科学出版社发行　各地新华书店经销
*

2015 年 11 月第　一　版　　开本：787×1092　1/16
2025 年 3 月第六次印刷　　印张：19
字数：450 000

定价：99.00 元

(如有印装质量问题，我社负责调换)

前　言

近年来，国内外各类非常规突发事件频繁发生，严重影响了社会经济的稳定健康发展和人民群众的生命财产安全，改进应急管理决策方法，提高面向各类突发事件的应急应对能力，已然成为社会各界关注的重点领域。在此背景下，如何协调组织社会多方面资源以有效防范和控制各类突发事件的发生及蔓延，如何全面开展科学的应急协同管理研究，则成为当前应急管理领域亟须解决的关键科学问题。

《应急协同决策理论与方法》一书针对应急管理决策过程需要多方高度协同的典型特征，在深入理解协同概念和应急协同理论的基础上，应用定性与定量分析相结合、静态与动态研究相结合、多学科理论方法相融合等方法，研究了应急资源有限和应急管理环境复杂多变等情境下的关键协同决策问题，包括：跨区域应急协调联动体系、面向灾害的应急协同决策系统、不确定信息下科学的决策模式以及有效的协同决策优化算法。特别地，本书所介绍的应急协同决策理论方法充分吸收了超网络理论、时空网络理论、模糊理论、本体理论、决策理论以及智能优化算法等理论方法之精华，并将其综合应用于应急协同决策中，这一创新性的应用不仅有助于更加科学地认识应急协同决策过程，促进应急协同管理理论在实际应急决策中全面有效的实施，同时对于帮助学生了解相关学术前沿、培养创新思维都有重要作用。

本书主要包括以下内容：

第一部分（第1章）：应急协同决策概述。首先介绍协同的基本概念和相关方法，再将其应用于应急决策场景来讨论应急协同决策的核心特征和关键步骤，最后提炼出应急协同决策过程中所需关注的关键问题及可采取的研究方法。

第二部分（第2、3章）：跨区域应急协同决策理论与方法。一方面，以超网络理论为基本研究方法，讨论跨区域应急协同决策所具有的超网络机制和特征，在构造跨区域应急协同一般超网络结构和模型的基础上，深入探讨差异化因素下的跨区域应急协同超网络模型构建方法及其求解分析；另一方面，选择近年来真实的跨区域应急协同案例为分析对象，对所构建的跨区域应急协同超网络模型实施应用实证分析，并结合系统动力学方法深入探讨影响跨区域应急协同决策的关键因素。

第三部分（第4、5章）：互馈效应下的应急协同决策理论与方法。考虑外在灾害环境变化与应急响应活动之间的互馈效应，分别选用超网络视角和时空网络视角分析这一现象，讨论灾害网络与应急响应网络间的动态协同交互作用，并在互馈优化过程中不断调整，以实现更高效的应急决策。首先，构造面向灾害考虑互馈效应的应急协同超网络结构和时空网络结构,提出应用超网络方法和时空网络方法研究灾害下应急协同决策所各自面临的关键问题及可以考虑的解决方案,并基于所构造的超网络结构和时空网络结构探讨面向灾害的应急协同网络模型构建方法,最后对模型进行求解并实施算例仿真分析。

第四部分(第6~8章):不确定信息下的应急协同决策理论与方法。从信息不确定的三方面特征入手,建立了异构多源信息下的数据集成协同决策技术,并采取本体匹配的方法以实现异构多源信息场景下的应急协同决策优化;研究了不确定环境下模糊信息的处理方法与模糊协同决策技术,构建了一些典型的应急模糊协同决策模型;研究了决策信息缺失或不完备状态下的应急协同决策问题,构建了应急序贯协同决策方法。

第五部分(第9、10章):应急协同决策中的智能算法设计与应用。基于应急协同决策优化算法设计过程中对速度与精度的权衡要求,选择决策优化中最为常见的遗传算法和粒子群算法为例,分别对算法求解速度和求解精度方面进行协同优化改进,并结合应急决策案例验证所设计协同算法的优化效果。一方面,针对遗传算法虽对决策问题总体把握能力较强,但局部搜索能力较差,因而优化求解时存在收敛速度缓慢的特点,提出将遗传算法和局部搜索算法相结合的混合遗传算法;另一方面,针对粒子群算法虽结构简单、求解速度较快,但容易出现求解局部最优的早熟现象,提出通过控制关键算法参数来实现跳出局部最优的改进粒子群算法。

《应急协同决策理论与方法》可作为高等院校管理类学科的本科高年级教材,也可作为管理科学与工程、行政管理及公共管理等专业的研究生教学参考书,同时还可作为政府、企业管理部门相关人员进行本行业领域应急协同管理与决策的入门工具书。

《应急协同决策理论与方法》的推广可全面普及应急协同决策理论方法知识体系,提高全社会应急协同管理决策意识,促进交叉领域合作创新思维的培养,在知识传播方面具有良好的社会效益,在全面降低突发事件应对损失方面起到间接提高经济效益的作用。

本书的出版得到了国家自然科学基金面上项目“紧急情境下复杂动态应急决策模型与方法研究”(项目编号:71273139)、“基于异构救援网络的灾后应急物流建模与优化研究”(项目编号:71571103)和国家自然科学基金青年项目“基于超网络的灾害下城市群应急资源调配优化研究”(项目编号:71101073)、“基于时空网络的季节性流感药品采购与供应交互式协调优化”(项目编号:71301076)、“多粒度语言词计算理论及其在‘情景-应对’型应急决策中的应用”(项目编号:71401078)的资助,也得到了江苏省气象灾害预报预警与评估协同创新中心和科学出版社的大力支持,在此表示感谢!

由于时间仓促和作者水平有限,书中不当之处在所难免,请读者批评指正。

目　录

第四部分　不确定信息下的应急协同决策理论与方法

第五部分　应急协同决策中的智能算法设计与应用

第一部分　理论基础与篇章导引

第1章 应急协同决策概述

近年来，国内外各类突发事件频繁发生，严重影响社会和人民生命财产安全，提高突发事件的应急应对能力已成为全世界关心的热点问题。整个应急管理体系涉及预防准备、监测预警、处置救援和恢复重建等活动，面向复杂突发事件场景的真实应急管理体系中存在多种需要协同优化决策的因素，如跨区域跨部门应急决策需要协同、动态灾害影响下的应急决策需要协同、基于不确定信息的应急决策需要协同等。本章内容以协同理论为出发点，首先介绍协同的基本概念和相关方法，再将其应用于应急决策场景来讨论应急协同决策的特征和关键步骤，最后提炼出应急协同决策过程中所需关注的关键问题及可采取的研究方法。整个篇章在本书内容体系中充当了基础理论介绍和逻辑导引的作用。

1.1 协同理论

协同学源于希腊文，意为"协调合作之学"，起初只限于研究非平衡开放系统在时间和空间方面的有序。后来，德国物理学家哈肯结合概率论、信息论和控制论等相关理论，创建了经典的协同理论：协同即系统在外参量的驱动和子系统之间的相互作用下，以自组织的方式在宏观尺度上形成空间、时间或功能有序结构的条件、特点及其演化规律[1]。其基本思想是：在生命或非生命开放系统内的各个子系统，当它们处于一定条件时，会凭借非线性的相互影响产生协同作用和相干效应，在一定范围内经由涨落达到一定的临界点，通过自组织而使系统产生新的有序，使旧的结构发展成为在时间、空间、性质、功能等诸方面都发生根本变化的新结构系统。协同学把系统的有序或高级有序的方式称为"自组织"，过程称为"相变"，状态称为"涨落"。把影响系统有序的关键因素称为序参量，非关键因素称为控制参量。序参量支配着各子系统的行为，又为各子系统所支持，它们之间的协同竞争通过各子系统的相干作用表现出来，影响和决定系统自组织的程度和方向，进而决定系统的有序程度。

1.1.1 协同的基本概念

1. 序参量和相变

在远离平衡状态的系统中，子系统总是存在着自发的无规则独立运动，同时又受到其他子系统对它的共同作用，即存在着子系统之间关联而形成的协同运动[2]。在临界点前，子系统之间的关联弱到不能束缚子系统独立运动的程度，因此子系统本身无规则的独立运动起着主导作用，系统呈现无序状态。随着控制参量的不断变化，当系统靠近临界点时，子系统之间所形成的关联便逐渐增强，同时子系统无规则的独立运动在相对变弱，当控制参量达到阈值时，子系统之间的关联和独立运动从均势转变到关联起主导地位的作用，因此，在系统中便发生了由关联所决定的子系统之间的协同运动，出现了宏观结构或类型。一般的相变是子系统间具有不同聚集状态之间的转变，不同的相具有明显的有序和无序性。

系统的相变是突然发生的，这是一种临界现象。标志相变出现的参量就是序参量。序参量便是系统相变前后所发生的质的飞跃的突出标志，它表示着系统的有序结构和类型，是所有子系统对协同运动的贡献总和，也是子系统介入协同运动程度的集中体现。在相变前，序参量应为零，在临界点，随着系统有序程度的增加而急剧增大。

正确选择序参量会给问题的处理带来极大的方便。序参量来源于子系统间的协同合作，同时，序参量又起着支配子系统行为的作用。其中，协同包含两层含义[3]：一是子系统之间的协同合作产生宏观的有序结构；二是系统在临界点处，有时会有几个序参量同时存在，此时序参量之间也会自动协调，它们合作起来协同一致地控制系统，系统的宏观结构由几个序参量共同来决定。这里，序参量之间的协同合作决定着系统的有序结构。然而，随着控制参量的继续变化，处于合作中的几个序参量的地位和作用也在变化，序参量之间的竞争也日趋激烈，一旦控制参量达到一个新的阈值时，最终只有一个序参量单独控制系统。实质上，从子系统之间的协同运动来看，是系统达到了更高一级的协同，即更高一层的有序。协同形成结构，竞争促进发展，这是相变过程中的普遍规律。

2. 快弛豫变量(快变量)和慢弛豫变量(慢变量)

在系统中，针对临界行为，系统参量可分为两类，绝大多数参量仅在短时间内起作用，它们的临界阻尼大、衰减慢，对系统的演化过程、临界特征和发展前途不起明显的作用，这类参量称为快弛豫变量(快变量)。另一类参量只有一个或少数几个，它们出现临界无阻尼现象，在演化过程中自始至终都起作用，并且得到多数子系统的响应，起着支配子系统行为的主导作用，所以系统演化的速度和进程都由它决定，这就是慢弛豫变量(慢变量)。

3. 绝热消去法

对于由大量子系统构成的系统来说，要建立数目极多的偏微分方程组，来表示子系统之间耦合或关联关系。在方程中，为了体现演化过程中起支配作用的慢弛豫变量，而忽略快弛豫变量的变化对系统演化的影响，即令快弛豫变量的时间微商等于零，然后将得到的关系式代入其他方程，由此便得到了只有一个或几个慢弛豫变量的演化方程，即序参量方程。这种处理方法就是绝热消去法[2]。它可以把难以胜数的偏微分方程化为一个或几个序参量方程，使原来难以求解或者无法求解的问题变得简单明了。绝热消去法是非常有用的方法，当系统的演化不能用方程加以描述时，绝热消去的思想仍然可以运用到建立系统模式的分析中。事实上，可以在直观上发现系统演化过程中各种变量变化的快慢，注意系统的慢变量，或者注意系统的各个变量的寿命长短，就可以大致通过比较忽略的方法寻找序参量。而序参量一旦找到，系统的动力学过程的自组织机制基本就清楚了。在此仅简单说明绝热消去的思想和处理方法，实际处理中的系统会很复杂。

4. 涨落

在系统处于有序状态时，其子系统还是有独立运动在进行的。子系统的独立运动以及它们各种可能产生的局部耦合，加上环境条件的随机波动，都反映在系统宏观量的瞬时值会经常偏离其平均值而出现的起伏上。这种偏离平均值的起伏现象就叫涨落。

在系统进入临界点时，子系统自发的独立运动与它们之间关联所形成的协同运动也进入均势阶段，在这个混乱无序的过渡阶段初期，子系统间各种可能的耦合相当活跃，且这些局部耦合所形成的涨落由于系统的无序和混乱逐渐加剧。每个涨落都包含着一种宏观结构，很多涨落得不到其他大多数子系统的响应，便表现为阻尼大而很快衰减下去，只有那个得到了大多数子系统很快响应的涨落，便由局部波及系统，进而得到放大，最终成为推动系统进入新的有序状态的巨涨落，这种涨落的内容就是出现临界无阻尼的序参量[4]。

从随机论来看，涨落是形成有序结构的动力；从动力学来看，系统演化的结局是由边界条件决定的。虽然各种内容的涨落的出现是偶然的，但只有符合边界条件的涨落才会得到响应和放大，才能转变为支配系统的序参量。这里体现了协同学中随机论与动力论的完美结合。

5. 自组织

从无序状态转变为具有一定结构的有序状态，或者从有序状态转变为新的有序状态，首先需要环境提供能量流和物质流作保证，也就是说控制参量需要达到阈值时，这种转变才成为可能，这是必需的外部条件。然而，系统在相变前后的外部环境并未发生质的变化，也就是系统并未从环境中得到怎样组织起来、形成什么样的结构以及如何来维持发展这种结构的信息，因此这是在一定的环境条件下由系统内部自身组织起来的，并通过各种形式的信息反馈来控制和强化着这种组织的结果，称这种组织为自组织。自组织概念可以称得上是协同学的核心概念。

1.1.2　协同理论基础

协同强调的是一个演变的过程，揭示了复杂、开放的系统内部各子系统之间如何通过非线性的相互作用产生协同效应，使系统从混沌无序状态向稳定有序结构、从低级有序向高级有序演变的一般机理和共同规律。不论是非平衡态还是平衡态，由完全不同子系统构成的系统，在宏观结构上所产生的质变行为(即从旧结构演变为新结构的机理)是相同的。不管是什么关系的演化，在协同论看来，都是大量子系统间相互作用而又相互协调一致的结果，可以说协同导致有序。协同学所研究的这种有序结构是通过自组织方式形成的，它用序参量来描述一个系统宏观有序的程度，其协同是指在序参量支配下形成的子系统之间的协作运动，它是系统走上有序以及形成演化序列的原因。

1. 协同学基本原理

哈肯把协同学基本原理概括为三个：不稳定性原理、序参量原理和役使原理。不稳定性在新旧结构转换中起重要的媒介作用，由此产生序参量，序参量又导致役使原理。

1) 不稳定性原理

不稳定性原理认为协同学是以探究系统结构有序演化规律为出发点，从相变机制中找到界定不稳定性概念。系统的各种有序演化现象都与不稳定性有关，在旧结构的瓦解和新结构的产生过程中，不稳定性在系统新旧结构交替中充当了媒介，在某种程度上讲，协同学是研究不稳定性的理论。

2) 序参量原理

序参量原理主要运用相变理论中的序参量，替代耗散结构理论中熵的概念，作为刻画有序结构不同类型和程度的定量化概念和判据，以描述和处理自组织问题。

3) 役使原理

役使原理又称为支配原理，指在系统自组织过程中，一方属性支配着另一方的属性，使另一方丧失自己原有的某一属性，而以一方属性为自己的新属性；或一方属性同化了另一方的属性，使对方的属性与自己属性相同。

协同学的这三个基本原理存在着紧密的内在联系：当系统的控制参量适当改变时，系统可能成为线性不稳定，有关变量可以划分为稳定和不稳定两种，应用役使原理可以消去快变量，而在不稳定点上，序参量支配系统行为使系统发生结构演化。

2. 协同学相关理论

对于协同学的具体概念、协同发挥效用的具体机理以及协同实现的具体方法等，目前还存在着诸多模糊的理解和认识。与协同密切相关的概念还包括协作、协调和协商。协作(cooperation)是指协同系统中的各子系统互相配合一起工作的合作性行为。协作行为强调多个子系统相互合作的能力，子系统间协作行为的协调程度，对整个协同系统的性能具有重要影响。协调(coordination)是指各子系统对自己的局部行为进行推理分析，并估计其他子系统的行为，以保证系统整体协作行为以连贯方式进行的一种方法。典型协调方法的例子包括子系统之间及时地共享信息、契约合作保证相关子系统行为的同步，避免冗余的问题求解等。协商(negotiation)是指通过结构化地交换信息来改进有关共同观点或共同计划的过程，即协商是协作双方为达成共识而减少不一致性或不确定性的过程。协商也是实现协调和解决冲突的一种方法，一般通过协商来消除干扰协作行为的一些冲突。

若从整体系统论的角度，对协同学基本理论可做这样的解释[2]：组成系统的要素的各个体自身目标、取向，能够在与环境的交流和互动作用中，有目的、有方向地改变自己的行为方式和结构，达到适应环境的合理状态。与协同学紧密关联的还有如下相关理论。

1) 复杂适应系统理论

复杂适应系统(complex adaptive system, CAS)理论的基本思想是：系统中的个体(元素)被称为主体，是具有自身目的性与主动性、有活力和适应性的个体。主体可以在持续不断地与环境以及其他主体的交互作用中学习和积累经验，并且根据学到的经验改变自身的结构和行为方式，正是这种主动性及主体与环境的、其他主体的相互作用，不断改变着它们自身，同时也改变着环境，才是系统发展和进化的基本动因。整个系统的演变或进化，包括新层次的产生、分化和多样性的出现，新聚合而成的、更大主体的出现等，都是在这个基础上逐步派生出来的。

2) 和谐管理理论

和谐管理就是指在变动的环境中，围绕和谐主题的分辨，以"优化设计"的控制机制和"能动致变"的演化机制为手段，提供问题解决方案，促使组织系统螺旋逼近和谐状态[2]。其中，和谐主题是指组织在特定环境、特定发展阶段下需要解决的核心问题或要完成的核心任务，而"优化设计"的控制机制和"能动致变"的演化机制，即和谐管理理论的"谐则"与"和则"机制(称之为"双规则"机制)，表示和谐管理在寻求复杂问题求解之道时所遵循的两种不同规则。和则、谐则是核心问题或核心任务解决之道。和谐管理理论将"优化设计"对应于"谐"，将"人的能动作用"对应为"和"。

"谐则"定义为有关"优化设计"的机制、规律或者主张，其机制具体可理解为活动安排与资源配置的规范化与结构化过程，其目的就在于对组织中的确定性要素(包括资源与活动)及其间相对确定的关系进行合理安排和调整优化，使之配合合理、运作有序，促进组织的顺畅运转。"和则"定义为有关"人的能动作用"的机制、规律或者主张，其作用就在于针对具有能动特征的行为主体，利用心理的、行为的措施，诱导其尽可能地表现出组织所期望的行为。如何利用价值观、文化、激励机制等影响行为主体的行为，这是"和则"所要解决的主要问题。和谐管理的基本内容包括和谐主题分辨，和则、谐则体系的分析和设计，优化及不确定性消减。和谐管理理论提倡在对研究对象的系统考察过程中，围绕和谐主题，通过"和则""谐则"的互动耦合，推动组织螺旋式的提升发展和进步。

3) 超网络均衡理论

超网络指一些具有多层、多级、多维、多属性和多准则等特征的多个网络组成的网络[5]，这样复杂的网络结构形式在真实世界里普遍存在，如供应链网络、知识网络、交通网络、电力网络、金融网络、通信网络和社会网络等。以供应链超网络均衡为例，超网络中各交易决策者从个体优化的角度寻求各自效用最大化，并在相互博弈的过程中达到非合作纳什均衡，即任何个体决策者偏离此均衡状态都无法实现最优。此时的网络均衡解实质上是个体协同优化过程的结果，体现了系统中各不同利益主体通过博弈操作实现协同优化状态的过程。

4) 时空网络理论

时空网络图模型(time-space network mode)是一种描述组成网络各要素之间关系的网络流模型,与一般的物理网络连接不同,时空网络最大优势是将时间和空间进行有机结合,构成一个含时间轴和空间轴的二维空间,给复杂动态网络流规划问题的建模和求解带来便利。时空网络方法常被应用于动态交通优化分配问题,该方法的核心就是将物理网络上的节点在离散时间轴上进行复制扩展,离散的时间段表达有利于网络弧的时间扩展以及动态流的机理解析。将一个复杂场景网络流问题构造成时空网络问题,有利于准确刻画其复杂环境的时变性特征,时空网络优化方案的形成恰恰也能够体现外在时变环境下系统协同动态优化的过程。

综合上述种种相关理论对协同问题的论述,结合哈肯的协同理论,本书观点同文献[5]一致,认为协同的核心思想如下:一般情况下,协同(collaboration)是指多个子系统或者系统中不同元素围绕一个共同目标,相互作用、彼此协作而产生效益增值的过程。协同的目的是:通过多个子系统的并行性协作行为,避免相互作用中的不利因素,降低子系统之间的负面干扰,全面提高系统整体效益。

1.1.3 协同的基本方法

有关系统的协同性研究有很多方法,单纯从方法的定性定量分类标准上看,可简单分为定性协同决策方法和定量协同决策方法。

1. 定性协同决策方法

定性协同决策方法主要包括头脑风暴法、小组讨论法、德尔菲法和集体意见法等。

1) 头脑风暴法

头脑风暴法一般是针对某个决策问题,由相关决策人员组成一个专家小组,通过组织会议使专家们在相对宽松的氛围中敞开思路、畅所欲言,充分发挥各专家的协同创造性思维来获取决策方案。这种方法要求主持人在会议开始时的发言能激起专家们的思维灵感,促使专家们感到急需回答会议提出的问题,通过各专家之间的信息交流和相互启发,从而诱发专家们产生"思维共振",以达到想法意见的互相补充并产生"协同组合效应",使决策方案更加准确有效。头脑风暴法有四项基本原则:①倡导专家各自发表自己的意见,对别人的建议不作评论;②建议发言不必深思熟虑,意见观点越多越好;③鼓励独立思考、奇思妙想;④在多轮发言中可补充完善自己已给的建议。

2) 小组讨论法

小组讨论法是选择所需决策问题相关领域的一些人员成立讨论小组,决策过程如下:①先提供一些与决策问题相关的信息,鼓励小组中各位成员经独立思考后提出决策建议;②接着召开小组会议,让小组成员一一陈述自己的决策方案;③最后全体小组成员对所有备选决策方案进行投票,协同产生大家最赞同的决策方案,并形成对其他备选方案的意见,以供上级决策参考。

3) 德尔菲法

德尔菲法，也称专家调查法，该方法主要通过反复收集专家对某一问题意见的方式做决策，决策步骤如下：①选择和邀请合适数量的相关领域专家，并与这些适当数量的专家建立直接函询联系，通过函询收集各专家意见；②然后对收集的专家意见加以综合整理再匿名反馈给各位专家，再次征询各位专家意见；③这样反复经过四至五轮，逐步使专家的意见趋向一致，以此作为形成最后协同决策方案的依据。在运用此方法时，需要注意的是，要求在选定的专家之间相互匿名。

2. 定量协同决策方法

针对不同的决策问题，现有的定量协同决策方法和技术比较丰富，在此主要基于本书后续章节将要采用的相关研究工具，简要介绍几种常用的定量协同决策方法。

1) 数学规划法

很多决策过程都可抽象定量建模成在一定约束限制条件下寻找总体目标最优的数学规划问题。其中，当约束条件与目标函数均为线性函数时，该决策模型为线性规划问题；若目标函数与约束条件均为非线性函数时，该决策模型是非线性规划问题；若在目标函数与约束条件中考虑时间因素且将决策问题划分为若干时间段时，该决策模型就是动态规划问题；当考虑多个决策目标时，则该决策模型为多目标规划问题。这些多种约束条件下的优化决策问题及相应的数学规划方法，为协同决策提供较为客观的辅助参考方案。

2) 模糊决策法

模糊决策是指在模糊环境下进行决策的数学理论和方法，适用于解决包含大量不确定和模糊信息的问题。在众多实际决策问题中既有客观因素(如决策环境的不确定性等)，又有决策者自身的主观因素(如性格、偏好、能力和认知程度等)，模糊决策在充分考虑这些主客观因素的基础上采用各种方法把定性指标转化为定量指标，以提高决策的科学性。常用的模糊决策方法有模糊排序、模糊寻优和模糊对策等：①模糊排序是研究决策者在模糊环境下如何确定各种决策方案之间的优劣次序；②模糊寻优同一般数学规划问题类似，也是在给定备选方案集及各种目标函数和限制条件的基础上寻求最优方案的优化，只不过此时目标函数或约束条件是模糊的；③模糊对策问题是决策双方在选取策略时接受一定模糊约束的协同决策方式。

3) 系统理论方法

系统理论中的耗散结构论认为，如果一个系统处于开放的环境中，并且该系统远离平衡，系统与外界环境不断交换物质和能量，通过能量耗散过程和系统内部的非线性动力学机制来形成和维持宏观时空的有序结构，那么该系统就称为耗散结构系统。从系统理论方法视角研究某体系的协同决策，是指远离平衡态的开放体系在与外界进行物质和能量交换的情况下，如何通过自己内部的协同作用，自发地实现时间、空间以及功能上的有序结构，即属于系统进化的内在动力问题。

如前 1.1.1 节所述，系统协同学通常认为，在远离平衡态的开放系统由无序向有序转化的过程中，系统中不同的参量在临界点处的行为大不相同。根据在临界点附近变化的快慢程度可将参量分为两类：一类是阻尼大、衰减快，对转变的整个进程没有明显影响的快弛豫参量；另一类是临界无阻尼，在演化过程中起着主导作用的慢弛豫参量。这两类参量相互联系、相互作用、相互制约、相互竞争。虽然慢参量只有一个或几个，但它却控制着系统演化的整个过程，决定着演化结果所具有的结构和功能，代表着系统的"序"，因而也被称为是表征系统有序程度的序参量。序参量支配系统，系统伺服于序参量，系统的有序演化过程及相互关联性如图1-1所示[3]。

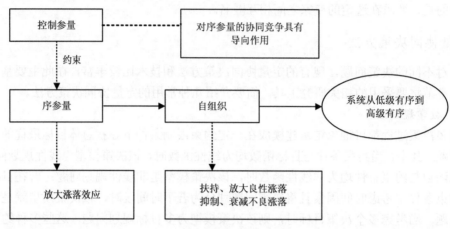

图 1-1 系统的协同有序过程及相互关联性

4) 博弈论方法

博弈论研究的是两个或两个以上决策者行为发生相互作用时的策略方案以及各种策略方案间的均衡问题。从结构上分析，所讨论系统中的各交易决策者构成了博弈参与人主体；而每个参与人由于目的不同，导致策略选择各不相同，这就构成了博弈的策略空间；每个参与人在整个系统中所获得的收益不同，进而形成各自不同的收益函数。目前，应用博弈论方法主要从两方面对系统决策进行协同优化的讨论：一方面是从影响某系统博弈活动复杂程度的因素入手，如博弈方数量、偏好、信息获得、次数、时序等；另一方面则是从关注某系统协同优化实现过程的角度进行分析。

5) 超网络方法

如1.1.2节所述，超网络方法是将相互作用的多维属性要素构造成相互关联相互交织的不同网络，可利用整个超网络的共享与联动机制来均衡优化配置各关联主体间的孤岛资源。通过超网络中各类主体与要素之间的整合与协同，全面实现1+1>2的协同效应。应用超网络方法来实施协同决策通常具备以下几个典型特征：①所研究的整个网络体系本身较复杂，超网络方法有利于对复杂网络结构的抽象与概括，且各子网络间的关联高度密集，既可以是嵌套，也可能是相交，亦可能是重叠；②不同网络的节点关联之间既存在同构同质性，也可能存在异构异质性，且从超网络中抽取的部分子网络也可能存在异质异构的节点或关联边；③超网络整体优化与单个网络个体优化之间可能存在冲突，需要协同；④不同的子网络内部可能存在一定拥塞性。

6) 时空网络方法

同样如 1.1.2 节所述,时空网络方法相比一般物理连接网络最大的不同,就在于其将时间和空间进行了有机结合,面向时间轴和空间轴构成了一个二维空间,给复杂动态网络流协同优化问题的建模和求解带来便利。依据时间的离散和连续表达,时空网络方法一般分为离散型和连续型两种:①离散型时间时空网络法早期主要应用于动态交通分配中,是将一般物理连接网络上的节点在离散时间轴上进行复制扩展形成一个二维的时空网络,此方法中离散的时间段表达有利于网络弧的时空扩展以及动态流的机理解析;②连续型时间时空网络法是在时间连续的时空网络上确定决策事件发生的时空位置,并将该位置作为时空网络节点,而节点之间的弧表征了决策事件发生的连续过程,此方法最先针对性地应用于研究动态连续车流组织问题。总的来看,时空网络方法为外在环境发生变化下某系统协同优化决策问题的研究提供了较好的分析工具。

1.2 应急协同决策

如 1.1 节所述,序参量之间的协同合作与竞争决定着系统从无序到有序的深化进程。协同学认为,可以采用被组织状态,促使系统达成有序或高级有序的自组织状态。因此,要认识并遵循自组织的规律,通过被组织的方式进行动态调节,使系统转化为自组织。这里的被组织就是对序参量施加外部压力,它是通过动态调节对序参量起主导作用的控制参量来实现的。这正是本书拟运用协同学来研究应急决策场景中各方面复杂因素协同优化的理论支点。应急场景中的突发事件具有涉及多部门多组织多领域、时间紧迫性以及信息的高度缺失性等复杂特性,使得面向突发事件的应急应对行为中更需要广泛动员各方力量相互协作地参与其中,通过全面整合组织、资源、行动等各应急要素,以达到整个应急系统协同优化的状态。本节主要从应急协同决策的类型和影响因素、应急协同决策基本特征以及应急协同决策的步骤这三个方面对应急协同决策体系予以系统介绍。

1.2.1 应急协同决策的类型和影响因素

1. 应急协同决策的分类

有关应急协同决策分类的方法有很多,从不同角度出发,可以得到不同的决策类型:

(1) 按应急协同决策内容的重要性,可以分为战略决策、战术决策和操作决策。应急协同战略决策是针对突发事件场景下的全局性和长远性问题而做出的重大应对决策;应急协同战术决策是为了实现战略决策目标而进行的响应决策;应急协同操作决策则是按照战术决策的要求对应急应对执行方案进行选择。

(2) 按应急协同决策的结构,可以分为程序性决策和非程序性决策。应急协同程序性决策一般是基于应急预案进行有章可循、规范化、可重复的决策;而应急协同非程序性决策通常是无固定步骤可循或凭经验的,往往是针对特定突发事件场景的一次性的决策。

（3）按应急协同决策的性质，可以分为定性决策和定量决策。应急协同定性决策是指建立在经验、逻辑思维和推理基础上的决策，定性决策方法主要通过社会调查或搜集建议，采用少量的数据和直观材料，结合人们的经验加以综合分析，对决策对象做出综合判断和决策；而应急协同定量决策则是指当决策对象相关指标可以量化分析时，采用合适的定量建模得出最优方案以辅助决策的方法。

（4）按应急协同决策量化的内容，可以分为确定型决策、不确定型决策和风险型决策。应急协同确定型决策是指外部环境完全确定情境下做出的应对选择也是确定的；应急协同不确定型决策是决策者对将要发生结果的概率无法估计和确定，只能凭借主观意向进行选择的应对决策；风险型决策则是指外部环境虽不完全确定但其发生的概率可以推算或者已知的决策情形。

（5）按应急协同决策目标的数量，可分为单目标决策和多目标决策。应急协同单目标决策是指最终要实现的优化目标只有一个的决策；应急协同多目标决策则是指要达到的优化目标不止一个的决策。在实际应急协同决策中，大多是多目标决策问题，通常具有两方面复杂特征：①多个目标之间衡量标准不统一，不同目标之间难以在一个维度上进行比较；②多个目标之间存在冲突性和矛盾性，往往某一目标的改善是以损害其他目标为代价，如降低应急成本与提高应急救援效率之间存在着明显的冲突。

（6）按应急协同决策的阶段构成，可分为单阶段决策和多阶段决策。应急协同单阶段决策是在突发事件的某个时期针对某一问题的决策，整个问题只由一个阶段构成，故单阶段最优决策方案即为整个应急决策问题的最优策略；而应急协同多阶段决策也称动态决策，它具有如下复杂特点：①决策流程是由多个不同阶段的决策问题构成；②前一阶段决策结果是下一阶段决策的前提，直接实时影响下一阶段的决策；③多阶段决策要求分别做出各个阶段的优化决策，但各阶段最优决策结果之和不一定能够保证系统整体决策结果的最优，需注意的是，应急协同多阶段决策追求的是整体最优化。

2. 应急协同决策的影响因素

与一般决策过程相比，应急协同决策的主要影响因素有以下几点。

1）决策环境

任何决策的首要影响因素是决策环境，不同的决策环境决定了不同的决策形式、决策效率、决策的合理性和有效性。一个好的决策环境，具有相对全面透明的决策信息、相对稳定的决策需求、协同合作的决策群体、健全合理的决策机制等特点。而应急协同决策面临的决策环境极其复杂，不确定因素较多，信息沟通不畅、应急需求不断变化、决策流程具有非常规性等（如突发事件应急决策所面临的灾害环境就通常同时具有动态演化性和信息缺失性）。

2）决策者偏好

应急协同决策群体中每个决策者都有各自不同的偏好，只有某些特定情况下决策者的偏好是完全一致的，而大多情况下决策者之间的偏好却不尽相同，某个决策者认为合理的决策方案而另一决策者可能认为并不合理，某些决策者偏向于风险激进型而另一些决策者可能更趋向于风险保守型决策。有时甚至决策者之间存在着相对冲突的偏好，不同决策者之间个人偏好的冲突强度影响着应急协同决策的方式及决策结果。

3）决策者能力

由于应急协同决策的决策者通常是一个多元化的群体，群体决策是由来自不同区域、不同领域的各个决策主体意见综合而得的结果，因此各个决策主体的意见直接影响最终协同决策方案。每个决策主体的决策判断主要是由单个决策部门或组织能力决定的，单个部门或组织决策者由于所在领域的知识广度、经验丰富程度、信息的感受和处理方式不同，对未来情况的估计和判断也不同，这些均对应急协同决策方案的选择有重要影响。

4）决策者间的信息沟通

应急协同决策最大的关键就在于协同运作，这要求多元化决策群体中的各个决策者之间需保持有效的信息沟通。在信息沟通过程中，各决策者相互交流各自的意见、决策目标、决策偏好以及对突发事件未来发展趋势的判断等，从而了解其他决策者或决策部门组织的决策意图和有价值的信息，以弥补自身掌握信息的不足，避免单个决策主体判断的片面性，做到取长补短、集思广益。

1.2.2 应急协同决策的基本特征

与一般决策相比，应急协同决策的基本特征主要体现在以下几方面。

1. 决策主体的协同性

有些一般决策过程由单一决策主体执行，而实际应急决策问题往往由应急管理领域专家、政府部门领导、非政府组织成员、相关企业或者应急需求人员等多决策主体共同参与，即应急决策过程具有多主体协同的明显特征。例如，重大灾害事件呈现的跨区域性或单个区域资源紧缺性等特点，致使应急救援中对资源的过量需求和有限资源储备之间的矛盾很突出，势必需要多个决策主体(中央/地方政府、企业、非政府组织等)的联合储备和协作调度。多决策主体的共同参与一方面有助于弥补单个决策者信息的不足、能力的限制、经验的盲区等不足，使得决策结果更加客观合理；另一方面，如果多元化决策主体沟通不畅、协同不力，极易导致决策失败的尴尬局面。因此，多元化决策主体的协同性要求具有以下特征：虽然不同决策者在空间位置分布上往往较为分散，但具有很强的相互沟通需求；单个决策者掌握的信息容易不完整，亟须从其他决策者处获得自己欠缺的信息；单个决策者的知识、经验、精力等个体能力均有限，需要其他决策者的协调辅助完成决策；各决策者自身的能力和所能提供的有用信息常可与其他决策者形成互补优势。

2. 决策客体的协同性

应急决策的客体可以指多方面因素，如应急决策最终作用的对象(受灾体)、应急决策过程所涉优化对象(运输车辆)以及应急决策方案等。以决策方案为例说明,一般问题的决策目标往往是"多选一",即从多个备选方案中选择一个作为最终方案,备选方案的决策评价指标也常常仅关注单个备选方案的个体表现,缺乏对备选方案间关联度的考虑。但在实际应急决策活动中,许多应急决策方案都是由多个主体共同实施完成的,应急决策的优化结果往往会从多个评价对象(备选方案)中选出协同表现较好的若干来共同完成应急应对活动,即以决策方案为代表的决策客体间常表现出明显的协同性。

3. 决策过程的协同性

应急活动中通常具有多个不同任务目标的决策过程,这些具有不同网络结构特征和不同决策目标的异构过程之间需要高度协同。以避难安置、医疗救护和资源调配这些典型应急救援过程为例说明,一方面不同决策过程涉及不同的服务设施和服务对象,即形成以不同网络节点和不同网络流为特征的异构应急决策网络:避难安置过程中服务设施是应急避难场所(如学校或体育馆),服务对象是需要安置的灾民;医疗救护过程中服务设施是应急医疗中心(如医院或诊所),服务对象是需要救治的伤员;资源调配过程中服务设施是应急资源调配中心(如物资储备库),服务对象是提供救助的应急资源。另一方面,不同决策过程的决策目标追求各异:避难安置救援网络的决策目标是尽快为灾民提供充足的临时生活空间,决策问题有应急避难场所的选址以及从灾区到避难场所的撤退路径选择;医疗救护救援网络的决策目标是尽快对伤员进行合适的医疗救护(如处理伤者伤口或治疗疾病),决策问题包括应急医疗中心的选址以及从灾区或特定避难场所到医疗中心的就医路径选择;资源调配救援网络的决策目标是尽快将所需的应急资源从供应地送至灾区、避难场所和医疗中心,决策问题包括应急资源调配中心的选址,以及从调配中心到灾区、特定避难场所和医疗中心的配送路径选择。

这些不同决策过程之间存在复杂的关联性(因果关联或时空关联等),如避难安置网络中作为救援服务目的地的避难场所在医疗救护网络中成为救援服务的起始点,而避难和医疗网络中的救援服务起始地灾区在资源调配网络中却是救援服务的终点,这些均可被抽象为因果关联性。再如避难安置网络中避难场所需选址于一个较容易被撤离者到达的地点,医疗救护网络中医疗中心不仅需靠近灾区,还应邻近避难场所,而应急调配中心也必须设置在一个距离避难场所、医疗中心和灾区都可接受的距离范围内,这些都是时空关联的体现。因此,这些异构过程优化决策之间密切相关,其中任一决策网络节点和结构的确定均影响其他异构决策网络的构建,即不同应急决策过程之间表现出强烈的协同需求。

4. 应急协同决策的环境特殊性和风险性

与一般决策相比,应急协同决策的环境更加复杂且不确定。正因为应急协同决策面对的外在环境是突发事件,决策问题具有时间的紧迫性,并始终呈现扑朔迷离和变幻莫测等现象。因此,面向突发事件不稳定环境的应急协同决策常常不仅具有信息传递滞后、信息残缺、信息实时变化等复杂信息特质，而且表现为应急需求数量与种类不断发生改变以及决策过程需要多主体共同参与等特点。

应急协同决策的风险性也表现在多个方面：一方面，应急协同决策的结果具有极化现象，即在面向突发事件的决策过程中，决策个体在群体约束或避免个人承担责任的考虑下往往存在着逃避责任和从众心理，少部分决策者可能会隐瞒自己真实意见而附和众议。当决策群体中大多数人属于风险激进型时协同决策的风险会大大升高，而当大多数成员是风险保守型时协同决策也将趋于保守；另一方面，虽然应急协同决策涉及多主体参加，有更多智力支持、集思广益、取长补短，在某种程度上能够有效弥补片面性而提高决策的正确性，但由于应急协同决策是在特殊的环境下进行，决策过程始终面对的都是一个信息沟通相对不畅、环境不断变化、应急需求模糊的外在环境，这给决策群体做出合理有效的决策无疑会造成一定困难，故基于特殊决策环境的应急协同决策有时存在正确性下降的风险。

1.2.3　应急协同决策的步骤

应急协同决策的步骤同一般决策性流程大体类似，关键的不同在于整个流程始终要考虑其协同性，主要包括选择协同决策主体、确定协同决策目标、拟定备选方案、选择决策方案、对决策方案实施有效性分析以及执行决策方案等基本过程，如图 1-2 所示。

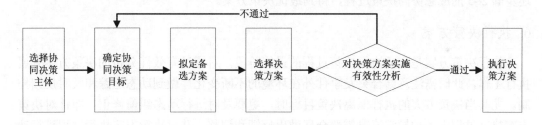

图 1-2　应急协同决策的步骤

1. 选择协同决策主体

如 1.2.2 节所述，应急协同决策是多元化主体共同参与的决策过程，应根据突发事件应急需求的特点选择合适的决策主体，如政府相应主管部门、相关领域的专家、相关供应企业或非政府组织等。面向不同的突发事件场景应首先科学选择恰当的决策主体，将为后续应急协同决策取得较满意的决策结果奠定坚实的基础。

2. 确定协同决策目标

决策目标的确定是应急协同决策的第二步骤，这个阶段主要是在发现问题、摸清现状的前提下制定合理目标。通过发现问题充分认识突发事件产生的原因和规律，针对性探讨应对突发事件的方法，为制定合理的应急决策目标提供充分的依据。需要注意的是，由于应急协同决策具有较强的紧迫性，故需要及时确定决策目标，以便各决策主体能够迅速进行响应并有序开展应急协同救援活动。

3. 拟定备选方案

在应急协同决策中，面向多种方案拟定备选决策方案的这个阶段主要是从不同角度运用各种途径探寻可行方案，并对方案实施的环境条件、可操作性以及有效性等方面做出较全面的判断，最后对可行方案进行详细的设计补充和完善，从而形成决策备选方案。

4. 选择决策方案

选择决策方案也是应急协同决策过程的重要步骤之一，该阶段主要的流程包括：确定决策方案的评价指标，对决策方案实施论证，对决策方案进行选择和模拟检验。多元化决策主体通过合适的决策方法对备选方案进行综合评价，最后依据综合评价结果的排序来选择最优决策方案。

5. 对决策方案实施有效性分析

对决策方案实施有效性分析是应急协同决策过程的后检验阶段，也需要采取适当方法对应急决策结果进行评估，若形成的决策方案不能通过评估(如方案支持率低或共识程度低)，则需对决策问题本身进行反馈修改(如修改决策目标或评价指标等)，然后重复上述步骤 2~5 的应急协同决策过程，得到最优决策方案。

6. 执行决策方案

执行决策方案是应急协同决策过程的最终阶段，对通过有效性分析的决策方案开展执行工作，此时需注意结合突发事件外在环境的不断变化，做到动态追踪和及时反馈控制。尤其当决策方案的执行偏离决策目标时，更要及时进行动态纠偏修正。即针对决策方案执行过程中各种异常情况需要合理做出反馈和调整，并对决策方案执行过程进行动态控制，以保证应急协同决策目标的顺利实现。

1.3 应急协同决策的关键问题及研究方法

面向复杂的突发事件场景，应急决策者不仅要指挥分布在不同区域、不同领域的多个部门密切配合，同时也要根据突发事件灾害环境的实时变化动态合理地调整应对策略，还需具备从海量不确定数据中提取有用信息的能力，且需要高效地求解算法支持以实现在有限时间内制定实际有效的应急应对方案。因此，应急管理体系是一个需要多方面元素高度协同决策的系统。在全面了解协同和应急协同理论的基础上，本节拟讨论在复杂应急管理系统中需要协同决策的几个关键问题及可采取的研究方法，为本书后续内容框架提供逻辑概要，主要包括以下四个方面：面对有限的应急资源和多变的应急环境，需要建立和完善高效合理的跨区域应急协调联动体系、面向灾害的应急协同决策系统、不确定信息下科学的决策模式以及有效的协同决策优化算法。

1.3.1　跨区域应急协同决策

　　跨区域应急协同决策主要针对的是重大灾害侵袭时单个区域拥有的应急资源有限或灾害本身波及地域相邻的多个区域情境，此时不仅需要单个区域内部多应急主体间的资源联动，更要求应急资源在邻近区域间能够被协同的配置和调度，以形成统筹规划、合理布局、资源整合的跨区域应急协同体系。

　　在跨区域应急协同决策体系中，最为关键的研究问题在于怎样体现具有异构特征的不同区域实现协同优化的过程，这个过程不是仅仅将应急决策对象的物理范围扩大至一个更大的普通网络结构即能讨论分析实现的，因为普通网络缺少对各个不同区域间差异化属性的探讨。而真实的跨区域应急协同决策场景中，不同区域的人文和自然地理特征均存在区别，且隶属不同区域的各应急主体所具备的承灾脆弱性和应急保障等能力均不同，这些都意味着跨区域应急协同决策网络结构中点或边同质性的丧失。如此，跨区域协同问题的难点就在于如何准确地将不同区域的多维异构性特征定量表达出来，以及怎样准确地刻画这些多维异构属性间的关联关系，进而分析这些差异化属性对整个跨区域应急协同方案的影响，这是本书第二部分(第 2、3 章)拟研究的关键内容。

　　研究跨区域应急协同决策的主要方法，本书拟采用超网络理论。因为相较一般事件，跨区域的重大事件尤其具有突然性、地理环境依赖性、演化性、信息缺失性以及多范畴性等特征。而面对如此复杂的突发事件机理特性，作为应对性策略的跨区域应急协同决策体系自身具备一些典型的超网络特征：多主体、多层级、多属性、多准则、多维度、拥塞性、动态性以及协调性，且整个跨区域应急协同决策体系内的多维异构属性间也存在明显的相互关联关系(如自然地理关联、经济合作联系和资源协同共享等)。因此，跨区域应急协同决策过程实质上可看成具有多维异构交织属性的多网络关联优化问题，非常适合采用超网络方法加以刻画和分析。研究的重点在于找出同构但具有不同性质的多个关联网络来表达这多维异构属性间的交错联系，进而将整个跨区域应急协同决策体系构造成一个包含多种不同类型又相互关联网络的典型超网络结构来进行研究，详见本书第 2 章和第 3 章。

1.3.2　互馈效应下的应急协同决策

　　面向灾害的应急协同决策主要针对的是作为系统外在环境的灾害事件本身始终呈现一定的变化性，这动态变化不仅是由灾害自身发生发展演变规律所致，也有实时应急决策不断影响的结果，因此灾害环境和应急决策两者之间本质上也存在不断协同优化的需求。具体来说，灾害事件的动态变化与应急响应决策之间有着相互协同影响关系：一方面，各类突发事件(自然灾害、事故灾难、社会安全事件、公共卫生事件)的演变性(如扩散、迁移)会影响应急决策方案的选择；另一方面，最优应急决策方案也会在某种程度上决定着各类灾害事件的发展态势和演化路径(如公共卫生事件中的流行病传播,其人群扩散机制就决定着药品在受灾区域的合理发放,而药品及时准确的调度和配置也能够有效减缓灾情)。

上述协同现象导致仅单方面考虑灾害影响下应急决策优化的相关成果在真实应急决策场景中往往不能被直接应用。故在面向灾害的应急协同决策体系中,最为关键的研究问题是选择合适的研究工具充分描述灾害变化与应急决策的相互协同关联关系,以保证应急决策方案的时效性和应急需求满足的准确性。然而,灾害的动态变化与应急决策方案的形成本就属于完全不同性质的两个过程,故面向灾害应急协同问题的难点在于如何在同一维度的空间里定量表达两类不同属性特征对象间的相互关联作用和相互影响机制以及怎样结合受应急决策方案影响的灾害演化信息反馈来及时调整决策方案,进而实现外在环境与内在决策的协同优化,这是本书第三部分(第4、5章)拟研究的关键内容。

研究面向灾害应急协同决策的主要方法,本书拟综合采用超网络理论和时空网络理论。一方面,针对时间维度离散的灾害变化,可借鉴超网络理论在研究供应链网络与知识网络、金融网络与社会网络相互作用和相互关联等方面的成功应用经验,充分利用面向灾害应急协同决策体系实质也具备超网络特征的这一特性,选择采用超网络理论从定量角度来刻画离散时间变化的灾害环境和应急决策这两不同属性网络间的协同影响机制(第4章内容);另一方面,针对时间维度连续的灾害变化,尤其为清楚分析灾害环境在不同时间节点对不同部门不同区域的影响,选择采用时空网络理论来定量刻画动态灾害下应急优化决策中的时间约束和空间约束(第5章内容)。不论是应用超网络方法还是时空网络方法,面向灾害应急协同决策研究的重点都在于面对实时变化的灾害环境,如何定量表达不同属性主体间动态应急决策与灾害风险变化之间的相互协同关联,详见本书第4章和第5章。

1.3.3 不确定信息下的应急协同决策

不确定信息下的应急协同决策针对的是各类信息不确定现象(如异构、信息缺失或模糊性)对应急决策过程的影响,此时需要应用各种处理技术和方法来尽量规避不确定信息带来的负面作用,以提高应急协同决策的准确性和有效性。

在不确定信息的应急协同决策过程中,首先要提炼出应急决策问题所面临的典型信息不确定类型。由于突发事件的随机性和有限资源下决策能力的限制,应急活动中的信息往往会出现主观认识与客观实际间的较大差异,主要表现为信息不完全、信息不可靠、信息不精确、信息不一致或者信息表达语言的模糊性和歧义性。基于这些区别化的不确定信息类型,应急决策过程具有不同的协同操作任务和目标。例如,针对表达不一致或存在歧义性的信息,需要采用有效的信息集成技术予以协同化处理,通过比较不同信息间的相似度来实现信息的准确识别;针对信息不精确或信息表达中模糊性的特点,需要利用去模糊化或者模糊推理的方法予以解决,通过将模糊决策场景转化成确定型决策环境或经由不精确的前提集合得出可能的不精确结论推理，从而实现模糊信息下的协同决策过程；针对信息不完全或不可靠现象，需要综合多种协同决策方法予以分析，通过合理多属性协同决策方法的集成应用来有效解决信息缺失情景下的应急方案选择问题。这些均是本书第四部分(第 6、7、8 章)拟研究的关键内容。

研究不确定信息下应急协同决策的主要方法，本书拟基于信息不确定的不同类型选择合适的处理技术：面向异构信息拟采用本体匹配集成技术(第 6 章内容)，深入分析应急决策活动中对异构信息处理的不同需求(精确度和及时性等)，针对不同异构类型和层次的信息，设计有效的相似性度量方法，并应用基于本体映射的语义信息集成技术来实现应急协同决策；面向模糊信息拟采用模糊决策和案例推理技术(第 7 章内容)，研究基于多元模糊信息案例库的突发事件案例推理的应急协同决策方法；面向不完全信息拟采用多属性综合协同决策方法(第 8 章内容)，研究构建包含集成决策实验室分析法、网络层次分析法、证据理论以及改进型理想点法等多种方法序贯集成的协同决策机制，以提高信息缺失环境下应急协同决策方案的科学性和合理性。详见本书第 6 章、第 7 章和第 8 章。

1.3.4 应急协同决策的优化算法

应急协同决策优化算法研究针对的是面向突发事件场景构造的种种复杂应急决策模型亟须高效算法予以求解的现象，尤其考虑到应急决策对时间和效率的严格要求，设计科学合理的协同优化算法能够提供更好的决策辅助，对提高应急协同决策方案的适用性，以及提升灾害事件发生时的响应处置能力，推进全面高效的应急管理体系建设，保障社会和人民生命财产安全等都具有重要作用。

在应急协同决策优化算法设计的过程中，最为关键的是速度与精度的平衡，即不仅求解收敛速度要快，而且需确保优化方案尽可能是近似全局最优解。基于这两方面的要求，本书在第五部分(第 9、10 章)分别选择决策优化中最为常见的两种启发式算法为例(遗传算法和粒子群算法)进行讨论分析。第 9 章内容是关于算法求解速度方面的协同优化改进研究，针对遗传算法虽对决策问题总体的把握能力较强，但局部搜索能力较差，因而优化求解时存在收敛速度缓慢的特点，提出将遗传算法和局部搜索算法相结合的混合遗传算法，并以应急物资调配决策案例验证所设计的混合遗传算法不仅能快速收敛到问题的近似最优解，而且能很好地维持种群的多样性；第 10 章内容是关于算法求解精度方面的协同优化改进研究，针对粒子群算法虽结构简单、求解速度较快(由于没有选择、交叉与变异等操作)，但容易出现求解局部最优的早熟现象(即当某粒子发现一个当前最优位置时，其余粒子便会向其靠拢，若该位置是一个局部最优点，粒子群算法就不会继续搜索，于是求解陷入局部最优)，提出通过控制关键算法参数来实现跳出局部最优的改进粒子群算法，并结合应急物资调配决策案例验证所设计的改进粒子群算法具有较好的方案优化效果。详见本书第 9 章和第 10 章。

参 考 文 献

[1] Haken H. 协同学: 大自然构成的奥秘[M]. 上海: 上海译文出版社, 2005.

[2] 方忠民. 基于契约合作与信息共享的供应链协同研究[D]. 长沙: 中南大学, 2013.

[3] 邹辉霞. 供应链协同管理: 理论与方法[M]. 北京: 北京大学出版社, 2007.

[4] 朱莉. 全球供应链网络优化管理: 协调、均衡、协同[M]. 北京: 科学出版社, 2014.

[5] Nagurney A, Dong J, Zhang D. A supply chain network equilibrium model[J]. Transportation Research Part E: Logistics and Transportation Review, 2002, 38(5):281-303.

第二部分　跨区域应急协同决策理论与方法

第 2 章 跨区域应急协同决策的超网络理论与方法

随着全球经济的快速发展和城市化进程的不断加快，原本作为独立单元体的各区域在经济、社会、政治等方面日趋呈现明显的相互联系和相互作用，跨区域协同发展效应逐渐显现。跨区域协同的出现虽能够有效促进区域经济格局的整合与优化，但也不可避免带来一些负面隐患：由于各区域之间的经济联系紧密、交通通信发达、人员互动频繁，当其中任一区域发生大规模突发事件时，都可能直接冲击或间接影响到其他区域。因此，在日渐以综合经济区为主要经济单元的当今社会，迫切需要构建跨区域应急协同的长效机制，以有效预防重大灾害的侵袭，最大限度地降低突发事件造成的损失。本章以超网络理论为基本研究方法，讨论跨区域应急协同决策所具有的超网络机制和特征，在构造跨区域应急协同一般超网络结构和模型的基础上，深入考虑差异化因素下的跨区域应急协同超网络模型构建方法及其求解分析。

2.1 跨区域应急协同的一般超网络方法

本节全面论证应用超网络方法来研究跨区域应急协同的可行性，首先从超网络基础理论概述入手，接着对超网络应用与发展进行追踪，最后介绍跨区域应急协同的一般超网络构造方法。

2.1.1 超网络理论基础

超网络乃是高于而又超于现存网络的网络，或者说是由网络组成的网络。早期在计算机、遗传学、运输等领域，就有学者使用"超网络"一词来泛指节点众多、网络中含有网络的系统，特别把互联网认为是超网络。首次将"超网络"概念应用于物流供应链领域的是学者 Nagurney，她在美国马萨诸塞大学伊森伯格管理学院创立的超网络研究中心（Virtual Center for Supernetworks）专门从事超网络及其相关应用研究，并形成了一批超网络建模优化的成果。最初通过考虑网络中各层市场成员的个体独立行为与其他成员决策的相互影响，建立了一套反映供应链网络中生产商之间竞争状况、零售商之间竞争状况、终端市场上消费者购买行为的超网络结构基本均衡模型[1]。随后许多有关超网络的研究都是建立在这个基本模型之上，包括考虑电子商务、环境污染、全球化以及逆向回收等不同应用场景。下面以供应链超网络为例，介绍超网络基本均衡模型及相关概念。

1. 供应链超网络基本均衡模型

"均衡"（equilibrium）是指系统中所有竞争因素的影响都达到平衡（没有任何变化趋势）的状态。供应链超网络均衡具体指位于供应链多层网络结构中各节点决策者（如生产商、供应商和零售商）之间的相互交易量和交易价格满足系统全局最优条件时的状态，其中同一层次内的决策者相互竞争，不同层次间的决策者相互合作[1]。

超网络均衡模型（supernetwork equilibrium model）起源于对运输网络的研究，通过网络分析方法反映现实交通网络状况，了解运输流量在交通网络结构中的分布状态。以运输网络均衡分析为例，根据是否考虑时间因素，现有的超网络均衡模型可简单划分为静态模型与动态模型两类[2-3]。近年来，学者们已不满足于研究运输网络中供应地和需求地之间的供需均衡状态，超网络均衡模型已被广泛应用在各种大规模竞争性系统上，特别是在运营管理、经济学、运输科学及供应链管理等领域。

供应链超网络均衡（supply chain supernetwork equilibrium）的概念最早是由 Nagurney 等于 2002 年提出来的，他们利用变分不等式建立的供应链超网络均衡模型描述了供应链中生产商之间的竞争状态、零售商之间的竞争状态以及需求市场上的消费者对产品的购买行为，这个模型的前提假设是供应链中各个决策者（生产商—零售商—消费者）上下游之间会有合作交易行为[1]。另外，该模型还假设各个生产商都生产同一种产品来供应给市场，产品通过零售商销售给消费者。Nagurney 等考虑的最基本的供应链超网络结构如图 2-1 所示，以下介绍其所建立的供应链超网络均衡基本模型。

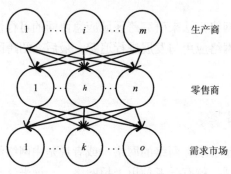

图 2-1　供应链超网络均衡基本结构

假设有 m 个生产商生产某一产品，有 n 个零售商购买并销售它，同时存在 o 个需求市场的客户需要购买该产品。某一生产商用 i 表示，某一零售商用 h 表示，某一消费者用 k 表示。在图 2-1 的简单超网络结构中，生产商位于超网络的最高层，零售商位于中间层，而需求市场位于最低层，供应链超网络图中的连线表示物流交易量。

1）生产商行为及其最优化条件

用 q_i 表示生产商 i 的生产量，假设每个生产商 i 面对的生产成本函数为 f_i，它取决于整个产量，即 $f_i = f_i(q_i)$。某一生产商 i 与某一零售商 h 交易的产品量用 q_{ih} 表示，其交易成本用 $c_{ih}(q_{ih})$ 表示。由生产商 i 生产的产量满足等式：$q_i = \sum_{h=1}^{n} q_{ih}$，表示某生产商的产量要与此生产商运往各零售商的产品交易总量相等。用 ρ_{1ih} 表示生产商 i 给予零售商 h 的产品交易价格，则生产商寻求利润最大化的目标函数为

$$\max \quad \sum_{h=1}^{n}(\rho_{1ih} \times q_{ih}) - f_i(q_i) - \sum_{h=1}^{n} c_{ih}(q_{ih}) \tag{2-1}$$

$$\text{s.t.} \quad q_{ih} \geqslant 0, \quad \forall h$$

假设每个生产商 i 的成本函数 f_i 是连续凸函数。假定在非合作竞争行为下的均衡概念是一种古诺双寡头模型，即每个生产商可以决定他们各自的最优产量和销售交易量。那么对于任一生产商，最优条件可以用以下变分不等式表示：

$$\sum_{i=1}^{m}\sum_{h=1}^{n}\left[\frac{\partial f_i(q_i^*)}{\partial q_{ih}} + \frac{\partial c_{ih}(q_{ih}^*)}{\partial q_{ih}} - \rho_{1ih}^*\right] \times [q_{ih} - q_{ih}^*] \geqslant 0 \tag{2-2}$$

这个生产商最优均衡条件所具有的经济解释是：如果零售商愿意支付给生产商的交易价格，刚好等于生产商自身的边际生产成本以及与零售商合作的边际交易成本之和，那么生产商愿意销售大量的产品给零售商(此时在图 2-1 中的生产商与零售商两层次间的连线上是正向流量)。如果生产商的边际生产成本与边际交易成本之和超出了零售商愿意接受的交易价格，那么这时在图 2-1 中相应连线上的流量就是零。

2) 零售商行为及其最优化条件

零售商既要购买生产商的产品，同时也必须将所获得的产品销售给消费者，因为消费者才是产品的最终购买者。用 $c_h(q_{ih})$ 表示零售商 h 所需要付出的"处理成本"(例如产品的延迟成本、缺货成本等)，也就是说，零售商的处理成本是一个从各生产商获得产品交易数量的函数。用 ρ_{2h} 表示零售商的销售价格，追求利润最大化的零售商 h 的目标函数如下：

$$\max \quad \rho_{2h} \times \sum_{k=1}^{o} q_{hk} - c_h(q_{ih}) - \sum_{i=1}^{m}\rho_{1ih}q_{ih} \tag{2-3}$$

$$\text{s.t.} \quad \sum_{k=1}^{o} q_{hk} \leqslant \sum_{i=1}^{m} q_{ih}, \quad q_{ih} \geqslant 0, \quad q_{hk} \geqslant 0 \quad \forall i,k$$

假定零售商之间的竞争是一种非合作竞争行为，每个零售商在考虑其他零售商行为的基础上谋求其自身利润最大化。零售商寻求的不仅是通过具体零售渠道提供给消费者最佳的产品销售量，而且希望从生产商处获得最优的产品交易量。假设所有零售商的处理成本 $c_h(q_{ih})$ 都是连续凸函数，那么对于任一零售商，最优均衡条件可以用以下变分不等式来表示：

$$\sum_{i=1}^{m}\sum_{h=1}^{n}\left[\frac{\partial c_h(q_{ih}^*)}{\partial q_{ih}} + \rho_{1ih}^* - \gamma_h^*\right] \times [q_{ih} - q_{ih}^*]$$

$$+\sum_{h=1}^{n}\sum_{k=1}^{o}[-\rho_{2h}^* + \gamma_h^*] \times [q_{hk} - q_{hk}^*]$$

$$+\sum_{h=1}^{n}[\sum_{i=1}^{m}q_{ih}^* - \sum_{k=1}^{o}q_{hk}^*] \times [\gamma_h - \gamma_h^*] \geqslant 0 \tag{2-4}$$

其中，γ_h 为拉格朗日系数，它将零售商 h 有关产品交易量的约束条件反映在最优目标函数里。

以上零售商最优均衡条件所具有的经济解释是：从不等式 (2-4) 中的第一项可知，如果一个生产商与零售商发生交易，即导致在双方之间存在产品的正流量 ($q_{ih} > 0$)，那么影子价格 γ_h^* 要等于零售商 h 支付给生产商 i 的交易价格 ρ_{1ih}^* 与零售商的边际处理成本之和。从不等式 (2-4) 的第二项来看，如果在需求市场的消费者购买来自于零售商 h 的产品（即 $q_{hk} > 0$），则由零售商制订的产品销售价格 ρ_{2h}^* 要恰恰等于零售商 h 的影子价格 γ_h^*。

3) 需求市场中消费者行为和均衡条件

在需求市场 k 中，消费者做出消费决策时，不仅要考虑由零售商所给出的销售价格，而且也会考虑自己获得该产品所付出的交易成本。用 $c_{hk}(q_{hk})$ 表示消费者在需求市场 k 中获得来自零售商 h 的产品的交易成本，ρ_{3k} 表示在需求市场 k 的产品零售价格，$d_k(\rho_{3k})$ 表示在需求市场 k 中产品的需求量。在任一需求市场里的消费者要与其他需求市场的消费者进行竞争，并决定是否接受零售商对产品制订的销售交易价格。消费者在需求市场做出消费决策时，均衡条件可以采用条件式 (2-5) 和式 (2-6) 来表示：

$$\rho_{2h}^* + c_{hk}(q_{hk}^*)\begin{cases} = \rho_{3k}^* & \text{当} q_{hk}^* > 0 \\ \geqslant \rho_{3k}^* & \text{当} q_{hk}^* = 0 \end{cases} \tag{2-5}$$

$$d_k(\rho_{3k}^*)\begin{cases} = \sum_{h=1}^{n}q_{hk}^* & \text{当} \rho_{3k}^* > 0 \\ \leqslant \sum_{h=1}^{n}q_{hk}^* & \text{当} \rho_{3k}^* = 0 \end{cases} \tag{2-6}$$

均衡条件式 (2-5) 表明：在均衡状态下，如果在需求市场 k 的消费者购买了来自零售商 h 的产品，那么零售商与消费者之间的产品交易价格与交易成本之和，恰好等于消费者在需求市场所愿意支付的价格。而均衡条件式 (2-6) 说明：如果消费者愿意支付产品的价格在均衡状态下是正的，那么零售商与消费者交易的产品量与需求市场的需求量是相等的。可将这两个均衡条件式变换成变分不等式 (2-7) 来表示：

$$\sum_{h=1}^{n}\sum_{k=1}^{o}[\rho_{2h}^{*}+c_{hk}(q_{hk}^{*})-\rho_{3k}^{*}]\times[q_{hk}-q_{hk}^{*}]$$

$$+\sum_{k=1}^{o}[\sum_{h=1}^{n}q_{hk}^{*}-d_{k}(\rho_{3k}^{*})]\times[\rho_{3k}-\rho_{3k}^{*}]\geqslant 0 \qquad (2\text{-}7)$$

4）供应链超网络均衡条件

在供应链超网络均衡状态下，生产商销往零售商的产品交易量必须等于零售商对产品的需求量，消费者在需求市场中的产品购买量必须等于零售商的产品销售量。此外，供应链超网络均衡状态下的交易量与交易价格必须同时满足不等式(2-2)、式(2-4)、式(2-7)，才能使供应链各层次决策者之间相互顺畅交易。因此，供应链超网络均衡状态就是指在不同层各决策者之间产品流相当，且交易量与交易价格要满足优化条件式(2-2)、式(2-4)和式(2-7)。由式(2-2)、式(2-4)和式(2-7)经简单代数加和运算，得出图 2-1 所示的供应链超网络结构均衡条件如下：

$$\sum_{i=1}^{m}\sum_{h=1}^{n}\left[\frac{\partial f_{i}(q_{i}^{*})}{\partial q_{ih}}+\frac{\partial c_{ih}(q_{ih}^{*})}{\partial q_{ih}}+\frac{\partial c_{h}(q_{ih}^{*})}{\partial q_{ih}}\right]\times[q_{ih}-q_{ih}^{*}]$$

$$+\sum_{h=1}^{n}\sum_{k=1}^{o}[c_{hk}(q_{hk}^{*})+\gamma_{h}^{*}-\rho_{3k}^{*}]\times[q_{hk}-q_{hk}^{*}]$$

$$+\sum_{h=1}^{n}[\sum_{i=1}^{m}q_{ih}^{*}-\sum_{k=1}^{o}q_{hk}^{*}]\times[\gamma_{h}-\gamma_{h}^{*}]$$

$$+\sum_{k=1}^{o}[\sum_{h=1}^{n}q_{hk}^{*}-d_{k}(\rho_{3k}^{*})]\times[\rho_{3k}-\rho_{3k}^{*}]\geqslant 0 \qquad (2\text{-}8)$$

2. 超网络均衡中的个体与全局优化

关于超网络中全局优化和个体优化的关系，最早可追溯到 1952 年 Wardrop 教授对于交通网络的描述，在该经典文献中 Wardrop 教授提出交通网络个体优化的均衡定律和全局优化的均衡定律[2]。交通网络中个体优化的均衡定律是：每个出行者的出行成本在每条已经使用的路径上是相等且最小的，此时是整个网络个体优化的均衡点。交通网络中全局优化的均衡定律是：边际总出行成本在每条已经使用的路径上是相等且最小的，此时是整个网络全局优化的均衡点。

交通网络的个体优化和全局优化均衡定律同样适用于供应链超网络：在供应链超网络中，如果每个个体决策者在已经使用的路径中成本相等且最小，这就是供应链超网络的个体优化均衡点，个体优化的均衡点其实是非合作博弈中的纳什均衡点；如果总的边际成本在每条已经使用的路径中是相等且最小，此时就是供应链超网络全局优化的均衡点，全局优化的均衡点其实是有一个局外人(如行业协会、供应链中起主导地位的生产制造商、政府部门等)进行控制和协调整个供应链超网络的决策。两种均衡的最终优化结果也是完全不同的，个体优化是代表分散式决策，而全局优化是代表集权式决策。

总结来看，个体优化和全局优化是基于供应链不同决策方式下的最优解：个体优化最优解是供应链超网络中各交易决策者进行独立决策并追求各自效用最优化时的均衡解，个体优化结果可为完全竞争环境下个体交易者的决策提供参考；而全局优化是供应链超网络追求整个网络中所有决策者的整体效用最大化，全局优化结果可为处于垄断地位或者存在行业协会进行整体协调情形下的整体最优决策提供依据。

3. 超网络均衡中的变分不等式

1) 变分不等式的概念

有限维的变分不等式问题（variational inequalities problem, VIP）(F, K)，把最优化问题转化为通过求解一个向量 $X^* \in K$，从而满足以下变分不等式：

$$\left\langle F'(X^*), (X - X^*) \right\rangle \geqslant 0, \quad \forall X \in K$$

其中，F' 是给定的从 K 到 R^N 的连续函数的导数；$\langle \cdot, \cdot \rangle$ 表示定义在 R^N 上的内积。

变分不等式对于研究许多均衡问题是一个很好的工具，已被广泛应用于经济、交通和工程等领域。变分不等式的研究最早来源于变分法，学者们在 20 世纪 60 年代左右就开始对其进行了系统的研究，最初关于变分不等式讨论的文献主要用于解决力学方面的研究问题。后来，Baiocchi 和 Capelo 在其著作中对于变分不等式的应用进行了全面的梳理介绍[3]。1980 年 Kinderlehrer 和 Stampacchia 把变分不等式的应用扩展到无限维函数空间[4]。Nagurney，Zhang 和 Dong 提出了交通网络的均衡表达式，并通过运用变分不等式对其实施优化求解，自此以后变分不等式问题被应用到更广的领域，包括寡头垄断的市场均衡、经济、供应链和金融均衡问题等[5-6]。其中，变分不等式在环境网络中的应用可以参看文献[7]，在金融网络中的应用可以参看文献[8]。

2) 演化变分不等式的概念

2003 年 Gwinner 在其著作中对多阶层的演化变分不等式进行了一个综述[9]，下面给出有限维演化变分不等式的标准形式。

考虑希尔伯特空间 $L^2(0, T)$，R^N 上的一个非空、闭合的凸集，T 代表时间间隔。给定如下：

$$\kappa = \left\{ x \in L^2(0, T), R^N : 0 \leqslant x(t) \leqslant \mu \text{ a.e. } \in [0, T]; \sum_{p \in P_w} x_p(t) = d_w(t), \forall w, \text{a.e.} \in [0, T] \right\}$$

存在时变性需求 $d_w(t)$ 等于 t 时刻所有路径上的时变性流量 $x_p(t)$ 之和。同时定义如下：

$$\left\langle \left\langle \Phi, x \right\rangle \right\rangle = \int_0^T \left\langle \Phi(t), x(t) \right\rangle \mathrm{d}t$$

$\Phi(t) \in L^2(0,T), R^N, x \in L^2(0,T), R^N$，函数 F 为 $F : \kappa \to L^2(0,T), R^N$。则有以下标准形式的演化变分不等式[10-11]：

$$\langle\langle F(x^*), x-x^* \rangle\rangle \geqslant 0, \quad \forall x \in \kappa$$

标准形式的演化变分不等式的解 $x^* \in \kappa$ 可以通过下式来计算求出：

$$\int_0^T \langle F(x(t)), x(t)-x^*(t) \rangle \mathrm{d}t \geqslant 0, \quad \forall x \in \kappa$$

3）解的存在性和唯一性证明

变分不等式自 20 世纪 60 年代提出以来，关于证明变分不等式解的存在性和唯一性的文献众多，详细可参看文献[5]、[12]，在此仅简要阐述变分不等式解的存在性和唯一性的证明思路。

解的存在性证明思路：变分不等式解的存在性证明，假设 $b = (b_1, b_2) \geqslant 0$，并且 $f_a^j \leqslant b_1, d^j \leqslant b_2$，表示每个向量中的每个元素都小于右边 b 中对应的元素。解向量是一个有界的凸子集，因此变分不等式 $\langle F'(X^*), (X-X^*) \rangle \geqslant 0, \forall X \in K$ 至少存在一个解。

解的唯一性证明思路：变分不等式解的唯一性证明，假设成本函数都是连续可微的凸函数且单调递增；需求函数也是连续可微的凸函数并单调递减，则变分不等式中的函数 F 为单调函数。F 是单调函数对于变分不等式 $\langle F'(X^*), (X-X^*) \rangle \geqslant 0, \forall X \in K$ 来说，一定有一个唯一的解满足超网络均衡模型。

2.1.2　超网络应用与发展

超网络概念自提出后受到诸多学者的关注，特别是以 Nagurney 为首的美国超网络研究中心对其理论的应用与发展起着非常重要的推动作用。从 Nagurney 和 Dong 率先将超网络应用于物流供应链领域[5]，随后学者们将超网络理论拓展至更多实际交易场景中[13-16]。如 Yamada 等[13]发现在"供应链—运输"超网络中运输网络的改进能够显著增强供应链网络的效率。Nagurney 等[14]构建一个超网络模型为核医学供应链优化提供决策建议。Liu 和 Nagurney[15]讨论在需求和成本不确定情况下，如何利用全球外包和快速生产策略实现供应链超网络均衡问题。Farahani 等[16]对竞争型供应链网络优化研究进行综述，指出超网络方法可用来刻画复杂的供应链网络竞争环境。下面主要分国外和国内对超网络相关研究文献做一梳理。

1. 超网络国外相关研究

如前所述，学者们对 Nagurney 等提出的基本供应链超网络均衡模型[1]有多方面扩展的研究。

1) 建模时考虑不同因素

(1) 考虑多种商品交易方式，Nagurney 等把 B2B 和 B2C 电子商务类型整合到供应链超网络均衡模型中，生产商不仅能够销售和运输产品给零售商，而且能够通过网络直接销售和运输给顾客，另外还可以通过电子商务与零售商交易，即模型中融入探讨了互联网对供应链超网络均衡的影响[17]。

(2) 考虑到供应链超网络中分散化决策者常面临不止一个目标的现实需求，例如生产商不仅想提高销售利润，而且还希望能够扩大市场份额，零售商要综合考虑到利润、运输时间和消费者服务水平等，不同消费者在个体行为下主要权衡获取产品的时间和成本。因此，Nagurney 等又提出了在空间上分布在不同区域的供应和生产同种产品的多目标生产商和多层次多目标消费者的空间经济超网络[18]。在这个空间经济超网络中，每个生产商能够在不同的市场生产和销售产品，并依据成本的不同选择不同的运输方式，而消费者根据不同的特征(如地理位置、消费行为、出行模式和收入水平)被归类为不同的类别。生产商的两个决策目标体现为在最优化生产水平决策和针对市场合适的运输模式选择下最大化利润和最大化市场份额，消费者则依据产品的价格与获得产品相关的运输时间和运输成本来决策在每个市场采购的数量，不同类型的消费者在个体决策行为下权衡获得产品相关的时间和成本[18]。文献[19]对[18]所构的供应链超网络模型进行了层级的拓展，建立了生产商、零售商和消费者在非合作条件下达到多目标最优化状态的均衡条件(纳什均衡)，额外增加的一类多目标决策者零售商同时考虑三个决策目标——利润最优化、运输时间最小化和服务水平最佳化[19]。

(3) 考虑商品交易的多种不确定性，如市场消费者的需求通常是一个随机变量，不仅受零售商价格的影响，而且受竞争者价格的影响；除了需求的不确定性，决策交易者们还需控制供应链风险(如原材料价格的变化、供应短缺、运输问题、生产中断和机器故障等)。故在风险管理和需求不确定性考量方面，Mahajan 和 Ryzin 提出了零售商面临不确定性需求市场的两层级供应链超网络模型，该模型假定产品价格是外生给定的前提下研究零售商之间的库存竞争问题[20]。Dong 等不仅研究与零售折扣有关的不确定需求，而且考虑零售商和消费市场之间的运输时间是不确定的，模型中零售商对于额外的供应与需求以及库存与短缺分别采用特殊的价格折扣来处理，以动态价格来反映交易者之间的竞争和不确定性市场需求[21]。

(4) 也有不少对上述因素综合考虑的研究，如 Dong 等把多目标决策引入了具有不确定性需求的供应链超网络中，并且又增加一类决策者(分销商)将网络结构扩展至讨论四层级(生产商—分销商—零售商—消费市场)，分销商的决策目标是从每个生产商获得最优产品的数量、最经济的运输模式和达成最优服务水平[22]。基于文献[22]，Nagurney 等又整合考虑供应风险和电子商务对供应链超网络的影响[23]，模型中的生产商和运输商通过风险函数来体现其风险管理，且该模型也同时扩展了生产商和运输商在电子商务方面的交易方式。Nagurney 和 Matsypura 在全球交易范围研究供应链风险和不确定性，提出全球供应链超网络的动态均衡模型[24]。Nagurney 等在文献[24]基础上，进一步构建了生产商、分销商和零售商在相同或不同国家通过不同货币进行交易的全球供应链超网络模型，其中生产商和分销商是多目标决策者(追求利润最大化和全球货币交易风险最小化)，零售商面临不确定性产品需求[25]。而 Nagurney 和 Zhang 首次提出针对供应链超网络中所有决策者的非均衡行为实施调整的过程可通过投影动态系统来解决[26]。

2) 在不同场景的应用

(1) 电力供应链超网络。Nagurney 研究团队关注到美国电力产业正经历管理和运行方面的变革，变革思路是从一个垂直整合性垄断产业的集中管理方式向开放和竞争的环境转变。竞争市场的出现和市场参与者数量的增加，不仅从根本上改变了电力交易的模式，改变了电力供应链的结构，而且对于不同发电燃料需要不同污染税和排放控制策略，这些新的行业情境亟须新的数学模型、工程模型和算法工具来解决。故 Nagurney 和 Matsypura 针对电力生产、供应、运输和消费，首次提出电力供应链超网络模型，与一般供应链网络结构不同，顶层的生产商由电厂代替，中间层的零售商由电力供应部门代替，需求市场在最底层，最优决策变量是不同层级之间的均衡电力流量和不同节点的电力价格[27]。由于无论全球环境的变化或是能源安全问题都鼓励国家和地区采取污染税或碳排放税等政策干预，在电力行业主要体现在根据电厂使用燃料类型的不同直接征收不同比率的税收，故 Wu 等在文献[27]的基础上考虑环境污染税因素，基于电厂的期权投资组合行为构建了电力供应链超网络模型，并通过多个示例分析了污染税/碳排放税的变化如何影响电力供应链超网络的均衡输出量、电力需求市场均衡价格和碳排放总量[28]。Matsypura 等在电力供应链超网络模型中区别对待可再生能源和不可再生能源的供应商，且在网络运输中考虑不同流量不同类型的燃料，电力生产可以使用不同类型的燃料或者使用不同类型燃料的组合产生电能[29]。Nagurney 等构建了已知需求下静态电力供应链超网络均衡模型，分析了此模型与具有固定需求超网络结构的运输网络均衡模型的等价关系[30]，并进而验证了需求随时间变化的动态电力供应链超网络模型可以通过演化变分不等式来刻画[31]。Nagurney 等讨论在不同环境政策下使用三种不同类型的碳排放税，从而为电厂构建最优碳排放税应用的超网络模型[32]：第一种是完全分散化的干预计划，税收被用于每个个体电厂以确保不会超过每个已分配的碳排放范围；第二种是集中的干预计划，针对整体电力供应链超网络在碳排放总量方面设置固定的范围；第三种是允许碳排放范围是有关税收的函数。Liu 和 Nagurney 构建了包括燃料市场的电力供应链超网络新模型，结合案例法分析了新英格兰地区 6 个州 5 种类型燃料，涉及 82 个部门共计 583 个电厂和 10 个需求市场的情况，验证了通过构建的模型可以很好地预测新英格兰地区的区域电力价格，并运用参数敏感性分析讨论了燃料价格变化对电力价格的影响[33]。

(2) 金融和社会供应链网络。金融和社会网络问题也可以从供应链超网络模型角度考虑，不少相关文献整合了金融工程、关系价值和社会责任等方面因素于供应链超网络中。如 Nagurney 和 Ke 构建了包含金融企业、中间商和需求市场的金融超网络供应链均衡模型，其中金融企业追求净收入最大化和风险最小化的双目标决策优化，且模型中采用不同权重和普通风险函数以统一的基准来比较金融产品价格和资金流量[34]。Cruz 等提出涉及金融工程方法的带有社会网络的全球供应链超网络动态模型，研究了在电子商务环境下社会网络中不同生产商、零售商和消费者的多目标决策行为，模型中决策者的多目标包括利润最大化、关系价值最大化和风险最小化，并且决策者相互之间的关系水平影响着交易的成本和风险[35]。随后，Cruz 又构建了具有环境保护社会责任的供应链超网络模型，该模型中相关决策者追求利润最大化、污染排放最小化和风险最小化，决策变量是与价格和社会责任活动水平相关的动态产品流量[36]。Hsueh 和 Chang 研究了三种不同模式下供应链超网络中各决策者(生产商、分销商和零售商)的行为和收益，三种模式分别是：分散决策供应链网络、集权决策供应链网络和考虑社会责任的供应链网络，并证明了集权决策供应链网络中系统最优解通常是不存在或不稳定的，也探讨了所有生产商考虑社会责任的分散化供应链网络的均衡解，并通过多个实例验证在决策中考虑社会责任，无论供应链网络是否协调，整个供应链网络的总体利润均能够得到提升[37]。

(3) 逆向物流和组织知识网络。Nagurney 和 Toyasaki 构建了针对电子废品逆向物流管理的供应链超网络均衡模型，建模对象是四层级网络结构：电子垃圾的源头、废品收购者、废品处理者和不同产品的需求市场，模型特殊之处在于允许电子废品物流沿着回收网络转换成其他产品(或者副产品)[38]。Hammond 和 Beullens 构建了一个均衡模型来分析闭环的供应链超网络[39]：产品由全新的原材料和由顾客返回产品经再加工的材料两部分构成，通过从生产商到顾客市场的零部件装配、半成品到成品的正向物流和由顾客返回产品拆卸成可再次使用的零部件返回到生产商的逆向物流共同形成一个闭环。而社会作为整个系统额外的参与者关心的是此系统的环境绩效问题，主要应用该均衡模型探讨了欧盟指令在促使生产商针对电子垃圾形成闭环回收操作的效率[39]。在知识管理领域，Nagurney 和 Dong 于 2005 年针对知识密集型系统，选择从超网络视角构建了首个知识超网络模型[40]，随后在组织的知识网络应用方面也出现一批创新研究，此领域在国内超网络研究中尤为受到关注。

2. 超网络国内相关研究

近年来，国内学者也开始越来越关注超网络问题。王志平和王众托对超网络的理论及其应用进行述评，并且出版了国内关于超网络的第一本著作，总结出超网络理论可被广泛用于描述具有多层、多级或多维结构特征的网络系统，尤其适用于表示不同网络之间的相互作用和影响[12]。2010 年 7 月，上海理工大学建立国内首个超网络研究中心，全面与美国超网络研究中心展开深入合作，并于 2011 年 5 月在上海举办国内首届超网络专题会议——超网络与系统管理国际学术会议。

国内的超网络研究也涉及供应链网络、社会网络、知识网络以及应急管理等多个领域。如在供应链领域，徐兵和朱道立考虑不同消费者对产品质量或品牌等属性的偏好不同，研究多用户多准则随机选择下的供应链超网络均衡条件[41]。滕春贤等构建了需求随机情形下的供应链超网络模型，并提出供应契约(如数量折扣契约)的合理使用能够增强供应链抗突发事件的能力[42]。张茹秀和计国君以经济效益最大化、环境影响和风险最小化为优化目标，构建了一个由制造商和消费市场组成的两层生态供应链超网络模型，用来分析环境规制及产品的可再造比例对整个供应链绩效的影响[43]。李学迁等针对包含供应商、制造商、零售商、顾客和回收处理商的闭环供应链，在多商品流和随机需求假设下，基于政策补贴构建了闭环供应链均衡模型[44]。杨鹏和史峰构建了包含物流仓储设施和各类商品供需成员的多层级供应链物流竞争超网络均衡模型[45]。徐兵和张小平考虑突发事件导致的供需矛盾，为应对需求扰动而提出基于二次"订货—回购"契约的供应链超网络均衡模型[46]。

在社会网络和知识网络领域，席运江等研究加权知识超网络，对知识网络的鲁棒性进行了分析，并提出了一种关联节点删除的方法来研究知识网络的鲁棒性[47]。沈秋英和王文平构造了由社会网络和知识网络组成的超网络模型，探讨集群中社会网络和知识网络如何相互作用的问题[48]。于洋和党延忠从知识和知识管理的角度出发，提出基于定量化方法的组织人才培养超网络模型[49]。席运江和党延忠基于组织知识系统中的知识、人、存储载体三类要素及其之间的复杂关系，构建了组织知识系统的知识超网络模型并进行了应用研究[50]。张苏荣和王文平在知识型企业间知识网络、经济网络与社会网络相互作用的基础上，构建由知识网络、经济网络和社会网络组成的超网络模型[51]。曹霞和刘国巍从产学研合作实际出发，探寻社会资本中社会关系网络和合作网络交织的超网络均衡实现路径[52]。

在应急管理领域，朱莉和曹杰运用超网络理论分析了灾害风险环境与应急资源动态调配间的相互影响，其中以灾害风险度和应急资源调配数量分别作为灾害网络和应急网络的网络流[53-54]。曹杰和朱莉针对跨城市灾害或单个城市资源紧缺的情况，提出由出救点、中转点和受灾点构成的多层级城市群应急协调超网络结构和模型，并运用随机均衡配流理论研究决策偏好下多种应急调配方式的随机选择问题[55-56]。

3. 相关文献总结

通过调研发现，应用超网络理论解决跨区域应急协同决策问题仅有少量的相关研究[55-56]。而关于应用超网络理论研究跨区域应急协同决策是否可行或有效，还是得提及学者 Nagurney 研究团队的系列成果。Nagurney 等通过构建超网络模型来分析全球供应链网络与社会网络、国际金融网络与社会网络之间的相互作用和相互关联关系[35,57]。且Nagurney 于 2009 年提出了一个定量理论模型，用来说明供应链超网络中同层次交易者建立物流合作的决策优势。通过比较合作前和合作后两种交易结构，发现同层合作后整个供应链超网络的绩效得到明显提升[58]。随后，Nagurney 和 Qiang 聚焦应急物流的角度关注两个救助团体(组织)之间的相互合作，分析不同应急救助团体(组织)进行合作的超网络协同优化效应，即以更少的救助成本实现更高的救助水平[59]。由此可见，现有工作大多认可超网络理论适用于描述和表示不同属性网络间的相互作用和关联[12-13,52,57]。

这些超网络应用的相关文献对本书选择以超网络视角研究跨区域应急协同优化有很大的启发，至少从技术上保障了方法的可行性：单个区域内部的应急决策运作可被看成一个独立的多主体多层级网络，而由各邻近区域组成的跨区域应急协同决策体系则是由以上各独立网络相互协调而形成的集成超网络结构，故跨区域应急协同决策便可转化成由多个相互关联的网络所构成的超网络如何实现均衡的问题。

事实上，跨区域应急协同体系的确具备典型超网络结构特征[12]：①多层级，至少包括应急指挥中心、出救点和受灾点等不同层级的多个应急主体相互关联；②流量的多维性，可通过铁路、公路和水路等不同方式输送食品或药品类救灾资源；③多准则，应急优化目标往往需同时考虑时间、成本、需求满足率等；④拥塞性，应急救援决策中的资源调配网络易存在拥堵问题；⑤协调性，跨区域全局优化和各区域个体优化需均衡协调。因此，超网络理论为研究跨区域应急协同运作提供了合适工具，能够更好地刻画各区域协同应急过程中复杂的多层(级)、多属性、多目标性等特征，且突破了对一般应急网络中"点"和"边"同质性假设的限制，更能从定量角度刻画不同属性网络间的相互协调合作机制。下节将详细介绍如何构造跨区域应急协同决策一般超网络结构的方法。

2.1.3　跨区域应急协同的一般超网络结构

对于跨区域应急协同概念的界定，各学者的观点存在细微差别。此处借鉴文献[60]，认为其本质是应急资源(包括信息、能量和物资)的协同调配，涉及灾前预防性资源的部署、灾中应对性资源的调度以及灾后恢复性资源的安置等全过程。故以下在构造超网络结构及后续构建超网络模型的过程中都将选择以应急资源协同调配作为应急协同的具体体现。

将单个区域内应急救助拓展到跨区域协同应急的想法，并非首创。Tüfekçi 早在 1995 年就提出了构建一个区域性综合救援体系来应对飓风灾害的思路[61]。Green 和 Kolesar 总结了多年来为改进应急体系响应性而运用的一些管理科学方法，指出跨区域协同是未来重要的发展方向[62]。自此，跨区域应急协同概念受到国内外学者的关注。如 Costello[63]和 Groothedde 等[64]通过成本效益分析探讨了跨区域协调机制的重要性，验证了各城市间相互协同的网络能在保持服务水平的前提下有效降低物流成本。史培军[65]和张永领[66]针对突发灾害下如何架构区域性应急救援体系提出了建议。Kutanoglu 和 Mahajan 提出设置区域性仓库，以解决紧急状况下各邻近城市物资库存共享问题[67]。吕志奎和朱正威详细介绍了美国跨州应急管理协作制度和框架[68]。Calixto 和 Larouvere 以巴西为例，探讨了区域应急联动计划的必要性，并提出多组织跨区域协同的应急模式[69]。Arora 等分析面向重大公共卫生事件的跨区域资源调配问题，发现一些小区县更大程度受益于相互协调而非中央储备库的救助[70]。滕五晓等提倡构建"沟通、协调、支援"的多层次、网络状区域应急联动模式[71]。佘廉和曹兴信设计了以信息化和资源化为基础、纵横交错的跨区域应急联动综合体[72]。Sawik 应用弹性供应组合方法解决不同灾害情形下区域性紧急库存的预先部署问题[73]。Toro-Díaz 等提倡建立应急医疗服务的跨区域联合选址和联合配送模式[74]。Li 等强调在跨区域应急管理中构建信息协同共享系统的重要性[75]。

纵观国内外有关跨区域应急的现有研究，大多是在分析构建区域性合作体系必要性的基础上，提出跨区域的应急协同机制或联动模式，以描述跨区域应急愿景概念框架的定性研究为主[61,64,68,72]，虽有少量研究[67,73-74]通过建立定量模型验证跨区域应急协同的优势，但基本也是考虑多点合作应急的一般网络优化模型，即仅将研究对象扩大至一个更大的普通网络结构中讨论分析，缺少对各个不同区域或区域间差异化属性的关注。然而，不同区域所具备的承灾脆弱性和应急保障等能力均不同，这意味着跨区域应急协同网络结构中点或边同质性的丧失。事实上，面对不同类型的突发事件，跨区域应急资源协同调配体系具有多主体、多层级、多属性、多准则等复杂特征，对于如此错综复杂的应急体系，怎样才能顺畅运作以及其最佳协同状态如何实现等问题，都亟须采用合适的方法来研究清楚。下面以应急资源调配为例，介绍跨区域应急资源协同调配超网络结构的构造方法。

针对应急救援活动中典型的资源调配过程，首先构造以 A 和 B 两区域为例的跨区域应急协同超网络结构(如图 2-2 左部)。把各区域应急指挥中心、多出救点(资源供应点)和多受灾点(资源需求点)等应急主体抽象成网络中的节点。将各区域应急主体间资源调配(指令)关系抽象成超网络中的有向边，用实线表示；而两个区域应急网络之间的相互协调关系则用虚线表示。在这个超网络中，既有不同层级间的纵向合作(如某出救点将一定数量的应急资源送至某受灾点)，同时又存在同一层级诸如考虑选择哪个出救点去救助某受灾点等问题的横向竞争。基于跨区域应急资源协同调配超网络结构，可构建一个与之功能等价的网络模式用以建模优化分析(如图 2-2 右部)。设立用于协调不同区域合作应急的总指挥中心 O，且使各区域受灾点不但与本区域内出救点有关联，也可接受来自其他邻近区域出救点的应急资源救助。

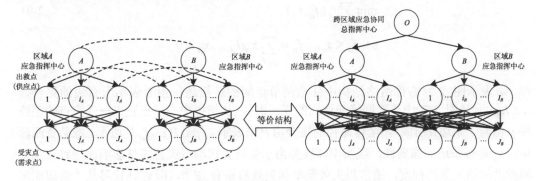

图 2-2　跨区域应急资源协同调配的超网络及其等价结构

鉴于不同区域应急协同合作关系的复杂性，为便于超网络模型的构建，做如下假设：①各出救点配给和各受灾点接收的应急资源都是同种类、可替代、无差别的，以保证在选择出救点实施救助的决策中无需考虑资源区别因素。②应急指挥中心发出救助指令给各出救点，各出救点接收指令后调配资源给各受灾点。③资源调配活动所涉及的出救点和受灾点都是理性的应急主体，在符合应急能力范围(如供给限制因素)、满足资源需求的基础上，以最小化应急成本和时间为优化目标。④应急成本和时间函数均是连续可微的凸函数。

2.2 跨区域应急协同的一般超网络模型

基于 2.1.3 节中已构造的跨区域应急资源协同调配一般超网络结构，本节拟从应急资源协同调配的优化问题和对受灾点实施资源救助决策的最优行为两个方面，对整个跨区域应急资源协同调配体系进行超网络建模。

2.2.1 跨区域应急协同一般超网络模型构建

由 2.1.3 节假设条件①②③，可将跨区域应急资源协同调配的超网络优化目标表述为：在一定应急能力限制下，以满足资源需求为前提，选择合适的出救点对受灾点实施合理量的资源调配，使应急成本和时间最小。

1. 应急资源协同调配的优化目标

$$\min \sum_{a \in L} c_a(f_a, v_a)$$
$$\min \sum_{a \in L} t_a(f_a, v_a)$$
$$\text{s.t.} \ f_a \leqslant s_a, \quad f_a = \sum_{p \in P} x_p \delta_{ap}, \quad x_p \geqslant 0 \tag{2-9}$$

a 表示图 2-2 右部网络结构中任意两节点间的连接边，用 L 表示所有边的集合，$a \in L$；p 是图 2-2 中连接网络起迄点的任一路径(从指挥中心→出救点→受灾点的某路径 p 由若干条边 a 组成)，全体路径的集合用 P 来表示，$p \in P$；f_a 是边 a 上应急资源流量；v_a 是每条边的脆弱性，现实中体现为由于受外界扰动或灾害事件影响而导致应急资源救助活动失效的程度，通常与失效概率和失效后果有关[76]，即 v_a 往往可从"资源调配网络中哪些连接边易于中断"和"哪些连接边对于整个资源调配系统的运作最为关键"两方面来测度；s_a 是边 a 上资源应急能力上限，其值可从应急资源的供应保障能力或调配资源路段的最大通行能力等指标中获得；x_p 是路径 p 上的应急资源流量。

目标函数 $c_a(f_a, v_a)$、$t_a(f_a, v_a)$ 分别代表边 a 上应急资源调配所耗费的成本和时间，考虑其不仅与各边上资源流量有关[1,59]，还与各边的脆弱性有关。约束条件含义如下：① $f_a \leqslant s_a$ 表示每条边上资源流量不能超过此边所相应的能力上限，若具体到出救点与受灾点间连接边的能力上限，可理解为两者之间应急资源调配的负荷限量。② $f_a = \sum_{p \in P} x_p \delta_{ap}$ 表示某边 a 上资源流量等于经过此条边的各路径 p 上资源流量之和。其中，若边 a 包含在路径 p 中，则 $\delta_{ap} = 1$；否则 $\delta_{ap} = 0$。③ $x_p \geqslant 0$ 是对各应急路径上资源流量的非负限制。

由于多目标函数求解不是该超网络模型构建研究中的重点，故在此采用赋予权重的方式将多目标问题转化成单目标，得到以下应急资源协同调配的广义优化问题：

$$\min \sum_{a \in L} g_a(f_a, v_a) = \alpha_1 \sum_{a \in L} c_a(f_a, v_a) + \alpha_2 \sum_{a \in L} t_a(f_a, v_a)$$

$$\text{s.t.} \quad f_a \leqslant s_a, \quad f_a = \sum_{p \in P} x_p \delta_{ap}, \quad G_p = \sum_{a \in L} g_a \delta_{ap}, \quad x_p \geqslant 0 \tag{2-10}$$

用 $g_a(f_a, v_a)$ 表示边 a 上广义应急目标函数(下称广义应急成本),α_1、α_2 分别是协同调配决策中所耗成本和时间两衡量目标的相应权重。用 G_p 表示与路径 p 相关的广义应急函数,有 $G_p = \sum_{a \in L} g_a \delta_{ap}$,即某路径 p 上广义应急成本是构成此路径的各边 a 上广义应急成本之和。

2. 对受灾点实施资源救助的最优行为

由于选择出救点对各受灾点实施应急资源救助行为很难用一个最优目标来表达,各区域应急指挥中心对资源调配的合理决策更多是从相互比较的角度来考虑。故可采用交通网络均衡中用户最优选择行为(Wardrop 准则)进行分析[1,12]:

$$G_p(x_p^*) - \lambda_w^* \begin{cases} = 0, & x_p^* > 0 \\ \geqslant 0, & x_p^* = 0 \end{cases} \tag{2-11}$$

用 w 表示图 2-2 网络结构中任一起迄点对,W 是全体起迄点对集合,$w \in W$;λ_w 是某一起迄点对 w 上的资源调配失效成本,可理解为配送应急资源从某起点至某迄点所需的最小救助成本。

式(2-11)表示以应急救助成本最小为标准来选择资源调配路径:只有当某路径 p 上广义应急成本 $G_p(x_p)$ 等于最小救助成本时,此条路径上才有应急资源通过;否则,不选此路径实施应急救助,即此路径 p 上的应急资源流量 x_p 为 0。

另外,各起迄点对间应急资源的需求量与通过各路径配给资源的总流量之间存在以下关系:

$$\sum_{p \in P_w} x_p^* \begin{cases} = d_w(v_w, \lambda_w^*), & \lambda_w^* > 0 \\ \geqslant d_w(v_w, \lambda_w^*), & \lambda_w^* = 0 \end{cases} \tag{2-12}$$

P_w 是连接某起迄点对 w 的所有路径集合,任一路径 $p \in P_w$;$d_w(v_w, \lambda_w)$ 是某起迄点对 w 间的应急资源需求量,假定它与此点对间脆弱性 v_w 以及最小应急救助成本 λ_w 有关。由于图 2-2 超网络结构中起点都是仅有行政职能的应急指挥中心,故可将 v_w 单纯理解成始终作为网络迄点的各受灾点处脆弱性或承灾能力(与该受灾点区域的人口密度、基础设施、应急意识等因素有关),同样可从受灾概率和受灾后果两方面来测度。

式(2-12)是对各受灾点提供应急资源救助的必要条件:若存在应急资源救援活动,对各受灾点调配资源的总供给量就必须满足其资源需求量;而只有当相应路径上资源调配的总流量超过此起迄点对间资源需求量(供大于求)时,才可停止应急救援活动,此时

最小应急救助成本 λ_w 为 0。

2.2.2 跨区域应急协同一般超网络模型求解

由 2.1.3 节假设条件④可知，所构建的跨区域应急协同一般超网络模型是一个目标函数连续可微的凸优化问题，可将其最优化求解过程转化成对等价变分不等式的求解。

1. 应急协同优化问题的转化

运用拉格朗日乘子 β_a，将式(2-10)中能力约束条件 $f_a \leqslant s_a$ 代入广义应急优化目标函数：

$$\min \sum_{a \in L} g_a(f_a, v_a) - \sum_{a \in L} \beta_a(s_a - f_a)$$

$$\text{s.t. } f_a = \sum_{p \in P} x_p \delta_{ap}, \quad G_p = \sum_{a \in L} g_a \delta_{ap}, \quad x_p \geqslant 0 \tag{2-13}$$

则应急资源协同调配优化问题可转化成求解一组最优的 (f_a^*, β_a^*) 使满足变分不等式(2-14)，具体推导过程省略，详细证明参见文献[59]。

$$\sum_{p \in P}\left(\frac{\partial G_p}{\partial x_p} + \sum_{a \in L} \beta_a^* \delta_{ap}\right) \times (x_p - x_p^*) + \sum_{a \in L}\left(s_a - \sum_{p \in P} x_p^* \delta_{ap}\right) \times (\beta_a - \beta_a^*) \geqslant 0 \tag{2-14}$$

2. 对受灾点实施应急救援最优行为的转化

由变分不等式与其互补形式的等价性，可将对各受灾点实施资源救助的最优行为表达式(2-11)和式(2-12)转换成如下变分不等式形式：

$$\sum_{w \in W} \sum_{p \in P_w}\left[G_p(x_p^*) - \lambda_w^*\right] \times (x_p - x_p^*) + \sum_{w \in W}\left[\sum_{p \in P_w} x_p^* - d_w(v_w, \lambda_w^*)\right] \times (\lambda_w - \lambda_w^*) \geqslant 0 \tag{2-15}$$

综合上述求解分析，现给出跨区域应急资源协同调配的一般超网络优化模型求解定理。

定理 2.1 所构建的跨区域应急协同一般超网络模型优化，等价于求解一组最优的 $\{x_p^*, \beta_a^*, \lambda_w^*\}$，使满足变分不等式互补条件(2-16)：

$$X^* \geqslant 0, \quad F(X^*) \geqslant 0, \quad X^{*T} F(X^*) = 0 \tag{2-16}$$

其中，$F(X) = \{F1(X), F2(X), F3(X)\}^T$，且有

$$F1 = \frac{\partial G_p}{\partial x_p} + \sum_{a \in L} \beta_a \delta_{ap} + G_p - \lambda_w$$

$$F2 = s_a - \sum_{p \in P} x_p \delta_{ap}$$

$$F3 = \sum_{p \in P_w} x_p - d_w(v_w, \lambda_w)$$

证明： 对变分不等式(2-14)和式(2-15)进行简单代数加和并化简，且结合变分不等式与其互补形式的等价性，可证得充分性；反之，将互补条件(2-16)在 $(x_p, \beta_a, \lambda_w)$ 各维度上做相应拆分，即可得必要性成立。

2.2.3 算例仿真与参数分析

对所构建的跨区域应急资源协同调配一般超网络模型进行数值仿真分析：首先以各区域单独实施应急资源救助为例，讨论模型关键参数对资源调配优化方案的影响；然后针对跨区域应急协同超网络结构开展分析，进一步探讨各关键参数对选择跨区域应急协同或各区域独自应急决策的影响。

1. 单个区域独自应急

假设区域 A 有 2 个出救点、2 个受灾点，应急资源调配网络的各边分别用数字 1~6 在图 2-3 中标注。对两个受灾点进行资源救助的路径共有 4 条：$p_1 = [1,3]$，$p_2 = [1,4]$，$p_3 = [2,5]$，$p_4 = [2,6]$，且分别以两受灾点为迄点的路径集合是：$p_{w_1} = \{p_1, p_3\}$，$p_{w_2} = \{p_2, p_4\}$。不具体设置各目标函数 $c_a(f_a, v_a)$、$t_a(f_a, v_a)$ 及其权重，直接在表 2-1 中给出 $g_a(f_a, v_a)$ 的表达式。设救助资源需求函数 $d_w(v_w, \lambda_w) = v_w - \lambda_w$，其中 $v_{w_1} = 200$、$v_{w_2} = 400$。其他参数设置也列于表 2-1。为分析简便，在此暂不考虑各变量单位，仅给出无量纲化的数值。

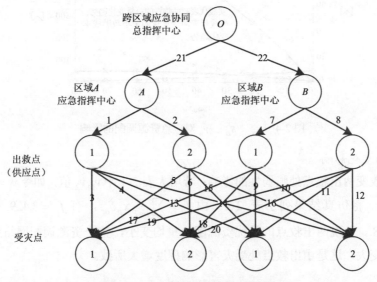

图 2-3 跨区域应急协同的仿真算例

应用 MATLAB R2010b 实现求解使用的 Euler 算法[1,59]，将表 2-1 中的相关参数和需求函数表达式代入互补形式 (*)。收敛条件是 $\left\|X^k - \max\left\{X^k - F(X^k), 0\right\}\right\| \leqslant 0.001$，所有输入变量的初始值都设为 100。数值求解花费约 19 秒、历经 60 213 步迭代，其良好的收敛效果验证了所建超网络模型的有效性，将部分最优解列于表 2-2 中作为基准比对数据。由式 (2-10) 中目标函数，能够计算出区域 A 单独进行资源救助所花费的广义应急成本为：

$$TC_A = \sum\nolimits_{a=1}^{6} g_a^* = 52.278 \, 。$$

表 2-1 区域 A 仿真算例中的参数设置

连接边	$g_a(f_a, v_a)$	v_a	s_a	连接边	$g_a(f_a, v_a)$	v_a	s_a
1	$(v_1+1)f_1$	$v_1 = 1$	$s_1 = 4$	4	$(2v_4+1)f_4$	$v_4 = 3$	$s_4 = 2$
2	$(2v_2+1)f_2$	$v_2 = 1$	$s_2 = 5$	5	$(3v_5+1)f_5$	$v_5 = 0$	$s_5 = 5$
3	$(v_3+1)f_3$	$v_3 = 2$	$s_3 = 1$	6	$(v_6+1)f_6$	$v_6 = 3$	$s_6 = 1$

下面对跨区域应急协同一般超网络模型优化的相关参数 v_a、s_a、v_w 进行敏感性分析，它们对各路径上应急资源总量 $\sum_{p \in P} x_p$ 和各起迄点对间最小救助成本之和 $\sum_{w \in W} \lambda_w$ 的影响如图 2-4 所示。

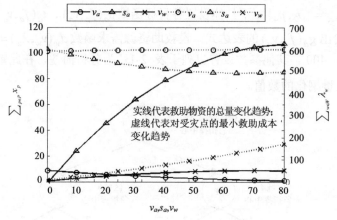

图 2-4 v_a、s_a、v_w 对应急资源调配的影响

1) v_a 的变化影响

先讨论改变两出救点处脆弱性的影响：若增大表 2-1 中 v_1, v_2 值，如令 $v_1 = v_2 = 3$，其他参数不变，将仿真结果列于表 2-2。由 $f_a = \sum_{p \in P} x_p \delta_{ap}$，有 $f_1^* = 3.429$，$f_2^* = 5.069$，$TC_A = 78.478$。发现两出救点的最优资源配给量均变小，整个资源调配网络所耗费的广义应急成本变大，这是由出救点处受灾害影响程度增大所致。

表 2-2　单个区域独自应急的参数分析结果

部分最优解	x_1^*	x_2^*	x_3^*	x_4^*	$\lambda_{w_1}^*$	$\lambda_{w_2}^*$
基准结果	0.936	2.691	4.555	0.737	194.627	396.523
$v_1 = v_2 = 3$	0.700	2.729	4.067	1.003	195.356	396.231
$v_5 = 100$	1.302	2.402	0	1.798	198.696	395.689
$s_a = 1$	0	1	0	1	200	398
$s_a = 100$	20.426	30.793	10.212	41.326	168.810	327.074
$v_{w_1} = 10, v_{w_2} = 20$	0.040	1.020	0.725	0.790	9.245	18.222
$v_{w_1} = v_{w_2} = 1000$	1.086	2.741	4.568	0.866	994.395	996.283
$v_{w_2} = 100$	1.333	2.333	5	0	193.667	97.667

再分析改变 $v_3, \cdots, v_6$（两出救点与两受灾点之间脆弱性）的影响。以表 2-1 中 $v_5 = 0$ 为例，其含义表明图 2-3 中区域 A "出救点②" 与 "受灾点①" 间的承灾能力非常强，几乎不受灾害事件影响，故经由此边的资源流量最高，有 $f_5^* = 4.555$。现若设 "边 5" 的脆弱性非常大（如令 $v_5 = 100$），其他参数不变，仿真结果同样被列于表 2-2，有：$f_5^* = 0, \lambda_{w_1}^* = 198.696$。说明面对灾害事件，区域应急网络中代表资源调配的某连接边脆弱性越大，则包含此边在内的起迄点对间最小救助成本 λ_w 越大，故经由此边的资源流量 f_a 越小（图 2-4），直至完全不选择经过此边实施应急资源救助。

2) s_a 的变化影响

将表 2-1 中区域 A 所有边的应急能力上限减小，令 $s_a = 1$，其他参数不变，仍将此仿真结果列于表 2-2。结果显示资源调配网络中连接边的应急能力上限越小，导致通过此边的路径上应急资源总量越小，对各受灾点实施资源救助的最小救助成本越大。反之，若增大所有边的能力上限，如令 $s_a = 100$，从表 2-2 数据看出应急能力上限的增大使得资源调配总量明显增多且对各受灾点的最小救助成本变小，变化趋势见图 2-4。

以表 2-1 中应急能力上限最大的 $s_2 = s_5 = 5$ 为例，其含义意味着图 2-3 中经由 p_3 这条路径的应急资源可负荷量最多，这在一定程度上也可解释表 2-2 的基准结果中，为何 p_3 路径上应急资源流量最高（$x_3^* = 4.555$）以及对此路径所至迄点受灾点①实施的最小救助成本低于受灾点②（$\lambda_{w_1}^* = 194.627 < 396.523 = \lambda_{w_2}^*$）。同理，表 2-1 中 s_3 和 s_6 应急能力上限最小，故 p_1 和 p_4 上资源流量较小 $x_1^* = 0.936, x_4^* = 0.737$。

3) v_w 的变化影响

通过降低各受灾点脆弱性以增强其承灾能力，如令 $v_{w_1} = 10, v_{w_2} = 20$，其他参数不变，仿真结果见表 2-2。结果表明受灾点承灾能力越强，所需应急资源量越少，最小救助成本越小。反之，提高各受灾点脆弱性，当 $v_{w_1} = v_{w_2} = 1000$，表 2-2 的相关数据则体现了越脆弱的受灾点就需要越多数量的资源实施救助，所需耗费的最小救助成本也越大（图 2-4）。

表 2-1 中所设受灾点②脆弱性大于受灾点①，这也可作为解释受灾点②所需最小救

助成本更高的原因之一（$\lambda_{w_1}^* = 194.627 < 396.523 = \lambda_{w_2}^*$）。现若仅减小受灾点②的脆弱性，如令 $v_{w_2} = 100$，其他参数不变，发现由两出救点调配至受灾点②的应急资源量减少 $f_4^* = 2.333, f_6^* = 0$，且对受灾点②的最小救助成本较基准结果显著降低。

2. 跨区域应急协同

以区域 A 和 B 为例，对两个区域应急资源协同调配的简单超网络作算例分析。假设两区域各有 2 个出救点、2 个受灾点，应急资源协同调配超网络结构的各边分别用数字 1~22 在图 2-3 中做出标注。对两区域共 4 个受灾点进行救助的路径有 16 条：$p_1 = [21,1,3]$，$p_2 = [21,2,5]$，$p_3 = [22,7,17]$，$p_4 = [22,8,19]$，$p_5 = [21,1,4]$，$p_6 = [21,2,6]$，$p_7 = [22,7,18]$，$p_8 = [22,8,20]$，$p_9 = [21,1,13]$，$p_{10} = [21,2,15]$，$p_{11} = [22,7,9]$，$p_{12} = [22,8,11]$，$p_{13} = [21,1,14]$，$p_{14} = [21,2,16]$，$p_{15} = [22,7,10]$，$p_{16} = [22,8,12]$。至 4 个受灾点的路径集为：$p_{w_1} = \{p_1, p_2, p_3, p_4\}$，$p_{w_2} = \{p_5, p_6, p_7, p_8\}$，$p_{w_3} = \{p_9, p_{10}, p_{11}, p_{12}\}$，$p_{w_4} = \{p_{13}, p_{14}, p_{15}, p_{16}\}$。

假设四个受灾点的脆弱性均为 $v_w = 20$，将区域 B 中边 7~12 以及代表跨区域资源协同调配运作边 13~20 的相关参数设置为与表 2-1 区域 A 的对应一致（参见表 2-1）。另用 g_{21} 和 g_{22} 分别表示协同应急超网络结构中"跨区域应急协同总指挥中心 O"与"区域 A 指挥中心"、"区域 B 指挥中心"之间的广义协调成本，而将两个区域指挥中心处的脆弱性和应急能力上限分别设为 $v_{21} = v_{22} = 0, s_{21} = s_{22} = 4$。

在跨区域协同成本 $g_{21} = g_{22} = 0$ 的前提下，将相关参数和函数表达代入互补形式 (2-16)，所有输入变量初始值仍设为 100，收敛精度是 0.001，经 105 167 步迭代，得出各路径上最优调配方案。由式 (2-10) 中目标函数，能够计算出区域 A 与 B 采取协同应急模式所耗总成本为 $TC_O = 43.812$，比两区域单独实施应急救助所花成本之和 $TC_A + TC_B = 2 \times 24.78 = 49.56$ 略小。这说明在此仿真算例的参数设置条件下，跨区域应急协同决策的模式优于各区域独自应急救助。

下面对跨区域应急协同超网络结构中的增添边 13~22 所涉参数作敏感性分析，即关注讨论跨区域协同相关参数的变化如何影响资源调配优化方案。

1) $v_a (a = 13, \cdots, 22)$ 的变化影响

先分析跨区域资源协同调配运作边（即出救点与受灾点分别属于不同区域）脆弱性 $v_a (a = 13, \cdots, 20)$ 的影响：若减小 $v_{13}, \cdots, v_{20}$ 值为 0，其他参数不变，有 $TC_O = 30.096$，说明跨区域协同调配连接边脆弱性的减小使得跨区域应急协同的优势增加；反之，若增大 $v_{13}, \cdots, v_{20}$ 值至 5，得 $TC_O = 46.143$，即随着跨区域协同调配运作脆弱性的增大，采取跨区域应急协同的优势逐渐减弱。

再讨论改变两个区域指挥中心处脆弱性的影响，如令 $v_{21} = v_{22}$ 分别为 10、100、1000，发现资源调配优化方案并未受太大影响。这意味着在跨区域应急协同的超网络结构中，即使某单个区域指挥中心受灾害影响发生失效情形，跨区域应急协同总指挥中心也可替代其发挥调配应急资源的功能。

因此，面对灾害事件，是否启动跨区域应急资源协同调配的超网络模式，与不同区域间资源调配运作关联的脆弱性有很大关系。只有在跨区域连接脆弱性比较小、承灾能力比较强的前提下，跨区域应急协同才显得更有意义。

2）$s_a(a=13,\cdots,22)$ 的变化影响

减小跨区域资源协同调配的应急能力上限，如令 $s_{13},\cdots,s_{20}$ 为 1，其他参数不变，有 $TC_O=44.650$，这说明跨区域协同调配路径上应急可供能力的减小会使跨区域应急协同的优势减弱；反之，若增大 $s_{13},\cdots,s_{20}$ 至 5，得 $TC_O=41.941$，即应急协同的优势会随着跨区域资源调配应急能力上限的增大呈增强态势。但若继续增大 $s_{13},\cdots,s_{20}$ 值至 10、100、1000，发现应急总成本会一直保持在 $TC_O=41.941$，且资源调配优化方案也几乎不变。这是由于任何灾害事件造成各受灾点处的资源需求量都在一定范围，当应急能力上限的增加超过此需求范围时，其变化对资源调配方案的影响就会变得微弱。

改变两个区域指挥中心处应急能力上限，观察其影响：$s_{21}=s_{22}=1$ 时，$TC_O=2.687$，调配资源量极少；$s_{21}=s_{22}=5$ 时，$TC_O=56.805$，且应急资源调配量较大。这说明 s_{21} 与 s_{22} 的值显著影响着跨区域应急资源协同调配方案，故在资源协同应急的超网络调配优化中，关注各区域指挥中心的应急能力建设尤为关键。

3）$v_w(w_1,w_2,w_3,w_4)$ 的变化影响

分析各受灾点处脆弱性变化的影响：若减小 v_w 至 5，其他参数不变，得 $TC_O=1.778$，而同样情景下的两区域单独实施应急救助所耗总成本为 $TC_A+TC_B=2\times0.8=1.6$，此时宜采取各区域独自应急。但若 $v_w=100$，有 $TC_O=43.806$，相应 $TC_A+TC_B=2\times43.418=86.836$，则跨区域应急协同决策显然更高效。

因此，越脆弱的各区域受灾点就越迫切需要跨区域应急协同的超网络模式实施资源救助。换句话说，若能通过加强单个区域内部基础设施建设或增强区域内居民应急防范意识等措施来降低受灾点的脆弱性，无疑有助于提高各区域独自应急救助的能力。

4）g_{21} 与 g_{22} 的变化影响

以上仿真算例均在跨区域协同成本 $g_{21}=g_{22}=0$ 前提下进行，现讨论其不为 0 时，如令 $g_{21}=g_{22}=1,\cdots,10$，发现在 10 组仿真实验中，所得的最优资源调配量 $x_p^*(p=1,\cdots,16)$ 几乎没有出现变化，均与跨区域协调成本为零时结果一致。这说明跨区域协同成本的大小对各主体间资源调配的优化设计并无直接影响，而不变的资源调配方案导致除不断增加的协同成本（$g_{21}+g_{22}$ 由 $2\to20$）外，其资源调配运作成本 $TC_O-g_{21}-g_{22}$ 几乎不变。故跨区域应急资源协同调配的总成本 TC_O 与协同成本 $g_{21}+g_{22}$ 之间呈线性关系，如图 2-5 所示。

在图 2-5 中，比较跨区域应急资源协同调配的总成本 TC_O 与两区域单独实施应急资源调配的成本之和 TC_A+TC_B，发现只有当 $g_{21}+g_{22}<5.748=49.56-43.812$ 时，采取跨区域应急协同决策模式才具有优势。否则，各区域偏向单独实施应急资源救助。

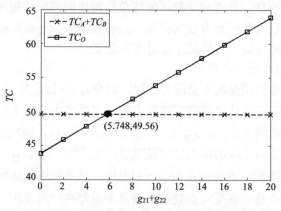

图 2-5　g_{21} 与 g_{22} 对应急资源救助方案选择的影响

本节运用超网络理论分析不同区域相互合作的协同应急机制，构建了一个跨区域应急协同的一般超网络模型。考虑应急成本和时间因素，应用此超网络模型优化整体应急目标和实施最优救助行为的条件，并设计有效算法对模型算例进行数值求解和参数分析。实验表明，不同区域应急主体间连接边的脆弱性和应急能力上限、各区域受灾点处脆弱性以及不同区域协同成本等关键参数影响资源调配方案的优化设计。这些结论对制定相关应急政策具有一定指导意义，为不同情形下跨区域应急协同或各区域独自应急的决策选择提供有益思考。本章下一节内容将进一步考虑各不同区域间自然关联程度和社会关系水平等因素的差异化对整个跨区域应急协同超网络的影响，深入讨论考虑差异化因素下的跨区域应急协同超网络结构构造方法。

2.3　考虑差异化因素的跨区域应急协同超网络方法

由于在真实的应急场景中，跨区域应急协同决策所涉及的各个区域具有明显差异化特征，体现在自然地理位置、经济发展水平和人文环境等很多方面，而 2.1 节和 2.2 节的一般超网络结构及模型构建过程中，并没有考虑这些差异化因素。故本节研究将仍采用超网络工具刻画应急场景下各邻近区域不同自然、社会属性与资源调配之间的高度耦合关系，通过创新性地把各区域应急主体(间)的资源调配数量、自然关联度和社会关系水平视为均衡网络流，将差异化因素影响下的跨区域应急资源协同调配体系抽象成一个超网络结构(由不同属性但具有相同结构且相互关联的三种网络构成)，全面论证从超网络视角研究面向差异化因素的跨区域应急协同决策体系的可行性和有效性。

2.3.1　考虑差异化因素的跨区域应急协同超网络特征

首先对真实应急场景中跨区域应急协同所面临的重大突发事件从机理上进行深入分析，仍以应急资源调配活动为例，在了解突发事件发生、发展、演化等内在规律的基础上，探讨作为应对性策略的跨区域应急资源协同调配全过程所展现的超网络特征。

1. 重大突发事件机理分析

相比一般事件，跨区域应急协同所面临的重大突发事件具有以下复杂特性。

1) 突然性

无论是可预测或不可预测的重大突发事件，它们发生的直观表征均具有突然性。事前毫无征兆或有征兆但征兆出现距离事件爆发间隔太短的均被视作不可预测事件，如地震发生前只能在几秒内探知明显震波。另有一些事件虽在发生前有明显征兆且此征兆可被较准确地预测，但事件本身发展演化时长与应急响应过程相比仍显短暂，故而也具有突然性特征，这类事件需要加强对事前征兆或诱发因素的实时监测预警，来提高对事件发生概率预估的准确性(如台风灾害形成时凭借对迁移路径的监控可预测其登陆点)，以便采取更充足的应急准备来尽可能降低损失，从而高效率完成"灾前—灾中—灾后"的全面应急管理过程。

2) 地理环境依赖性

跨区域应急协同所面临的重大突发事件可能涉及的灾种和波及的范围往往与所处地域地理特征密切相关。譬如自然灾害中的地震集中于地表活动断裂带上，滑坡、泥石流、山崩多呈点状突发和带状集群分布，洪涝灾害则在河流两岸呈大范围面状分布；又如，以化工产业为核心的某区域就有着因化学危险品泄漏而致使整个周边区域遭受工业事故灾难的潜在风险。正是由于地理环境依赖性，这些跨区域的重大突发事件通常影响范围广、破坏性强、危害严重，迫切需要建立以灾害地理单元为基础、面向地域性灾种的跨区域应急协同决策体系予以应对。

3) 演化性

跨区域应急协同所面临的重大突发事件在其发生发展过程中具有多形态的演化性，表现为转化、蔓延、衍生及耦合等多种机理特征[77]。以蔓延为例，蔓延是事件在某环境介质下自身趋势的发展规律，在地理空间邻近的区域表现得尤为突出，火灾、传染病、谣言等都极易在短时间内近距离大范围的蔓延传播。再如，耦合是指两个及以上因素共同作用而使事件进一步发展的规律。跨区域协同中的各个区域不是孤立存在，而是共同构成一个相互联系、影响和融合的系统整体，其中每一个子系统、每一种关联都代表区域某一方面的属性，多维异构属性间的相互作用若处理不当有时会导致更大的灾难。例如，在出爆炸引发的重大火灾安全事故中，若城际道路出现交通堵塞这个耦合因素，必然会耽搁跨区域协同救援进度，使灾情变得愈发严重。突发事件如此复杂的演化性使跨区域应急资源协同调配在灾前、灾中、灾后等不同阶段面临差异化的应急任务和目标。

4) 信息缺失性

一方面，由于事发突然，跨区域应急协同所面临的重大突发事件在发生时就表现出信息的高度缺失，决策者在有限时间内难以获得充足、准确、真实的信息，以致可能无法对事态的发展变化做出科学的判断分析，进而影响到应急决策的有效性；另一方面，突发事件在发展演变过程中时常会出现意想不到的新情况，而信息传递通常是按行政层级进行,对于跨多个行政区域的区域性应急活动来说,受行政区划和地域范围所限,相关信息的收集、传递、分析和反馈等操作也极易出现不及时、不准确和不充分等现象。这就导致跨区域应急资源协同调配在灾害发生初期和中后期均易处于不完全信息的决策状态,需要各应急主体加强信息沟通和协同联动。

5) 多范畴性

跨区域应急协同所面临的重大突发事件复杂演化特征使得其发生发展涉及多个行业、领域、部门和学科,即具有多范畴性。具体而言,突发事件常会因转化而引发次生衍生灾害,进而导致多灾种并存,其应急应对所涉任务便随之呈现多专业、多领域、多层面的需求。而事件的多范畴性又决定参与跨区域应急管理的主体应是一个多元化、分布广泛、具有多样职能的组织集合,不仅各区域消防、公安、气象、环保、交通、卫生等政府职能部门需发挥灾前应急准备、灾中应急救援、灾后应急恢复等功能,且各区域社会群众、各类媒体、救助基金会等非政府应急组织也应积极参与灾前、灾中、灾后的人力物力财力保障和补充等应急后勤工作。

2. 超网络机制特征

跨区域应急所面临的重大突发事件机理特性要求构建一个与之相适应的应急协同决策体系,使各区域应急主体在信息高度缺失状态下能够尽快准确地协调跨区域多种资源,采取及时合适的应对措施,并根据实际的资源演化需求来动态调整应急方案,最终达到有效处置事件、减少灾害损失的目的。面对突发事件这些复杂的机理特性,作为应对性策略的跨区域应急资源协同调配具备以下典型的超网络特征,即多主体、多层级、多属性、多准则、多维度、拥塞性、动态性、协调性。

1) 多主体

参与应急资源协调的主体多元化一方面不仅缘于区域性重大突发事件的多范畴性,需要政府、市场和社会组织等多方互相支持、精诚合作才能共同架构稳健的应急管理体系。另一方面,整个应急管理过程中各阶段也需要多主体的密切配合:灾前准备阶段,不同应急主体应积极了解彼此的资源保障能力,协同制定并实施符合各自实际的资源配置方案,提前做好规划部署以预防灾时所需;灾中响应阶段,各应急主体更应通力合作,基于配置方案和应急预案,结合灾情的演化合力完成资源协同调配任务;灾后恢复阶段,各类应急主体需共同分析实际应急效果,寻找偏离预期应急目标的原因,进一步修正完善资源安置方案和应急预案。

2) 多层级

应急资源协同调配体系至少涉及从出救点到需求点两层级运作,有时更需途经一些交通枢纽来实现资源的集散,进而形成"由出救点经中转点临时集聚后分发至各需求点"的三层级调配网络。另外,发挥应急功能的出救点和中转点本身也会呈现多层级特征。以目前我国具备出救点性质的资源储备库为例[60]:在遇突发事件时,首先调配受灾区域当地本级储备库的物资;数量不足时,依据行政区划和行政管辖关系,由当地政府申请调拨同属上级管辖、与受灾区域同级的其他邻近区域储备库的物资,或直接申请调拨上级行政区储备库物资；若数量仍不足，则求助更高一级行政区储备库；依次直至国家中央级储备库，形成不同优先级别的多层级出救点救援队列。

3）多属性

每个区域的应急能力与该区域的规模形态、人口密度、经济水平、用地状况、道路网络、交通需求特点等因素有关。跨区域应急协同中不同区域的经济水平和等级规模相差很大，这导致各区域能承受的灾害强度或能提供的灾害救援力度均具有较大差异性。以长三角区域为例，上海是核心城市，南京、杭州、苏州、无锡、宁波是中心城市，其余城市与上述城市有不同程度的合作关系，形成多维差异化属性并存的跨区域网络结构。这些具有不同自然和社会关联关系的各区域对突发事件的响应能力均不同，比如从某区域出救点经不同道路将应急资源送至另一区域受灾点所耗费的时间或成本往往存在差别，且此类多属性特征指标常会随突发事件发生发展演化等不同阶段而动态变化。

4）多准则

应急资源协同调配过程需考虑多方面准则，大致可分为时间、经济、需求满意、安全和环境五大类因素：时间因素体现在资源送达时限、平均调配时间和应急响应时间等指标上；经济因素指灾害损失、储备库固定成本、资源调配费用等；需求满意因素涵盖受灾点需求的满足率、救援覆盖度等；安全因素包括应急系统的鲁棒性和城市道路交通的稳定性等；环境因素涉及交通条件、道路特性、运输耗能等。这些准则之间存在一定联系，彼此相互影响，且在应急资源协同调配运作的"灾前—灾中—灾后"不同阶段其决策准则是不同的。例如，整个应急资源协同调配体系的目标通常是在保证时效性前提下综合权衡需求满足率和应急成本等；而灾中应对性资源调度决策时往往需细化到既要考虑路径的选择，又要确定合适的调配方式，以使受灾损失程度最小。

5）多维度

应急资源协同调配体系具有流量的多维度性。一方面，跨区域应急协同决策网络需要在考虑各个区域间自然和社会等关联关系的基础上讨论资源调配数量的优化。例如，长三角区域中的苏州虽隶属江苏省管辖，但由于地理位置毗邻上海而极大程度受上海经济文化辐射影响，苏州与上海的自然社会关联程度可谓比与南京更紧密。故而当苏州是应急资源需求地时，跨区域协同应急可能优先选择上海为出救点。另一方面，各区域可根据实际情况合理选择各具特点的多种方式来调配资源。如速度最快的空运虽能在极短时间内对身处复杂地形的受灾点实施资源救助，但其对气象条件依赖程度很高；而公路运输速度虽相对较慢并要求各区域交通道路具有一定抗毁性，不过它却能实现救灾资源的"门到门"送达服务。

6）拥塞性

突发事件爆发后灾情往往发展迅速，具有在短时间蔓延、扩散的特点，这要求来自不同区域不同部门的多个主体尽快参与应急过程。然而在信息高度缺失的救援处置前期，被紧急调集至受灾点的应急资源极容易发生拥堵现象。尤其跨行政区域的约束更易加剧应急信息的残缺和不对称。例如，2008 年汶川地震后，各地力量立即投入抗震救灾，应急物资运输车辆在通往灾区的道路上拥堵达十多公里，整个交通曾一度陷入中断，严重影响了应急效率。另外，由于电力中断、网络基站受损、传输光缆断裂等引发的通信拥塞也不容忽视，这些可能出现的拥塞性会直接影响各决策目标的实现，在应急资源协同调配方案选择时应予以关注。

7）动态性

突发事件历经发生、演变和终止过程，对应的应急资源调配活动相应呈现动态性特征，每个阶段不同的应急任务导致资源协同调配的决策目标随之改变：灾前，应急资源规划部署的目的是为预防突发事件发生而配置各种资源进行日常防范性准备工作，此时决策目标通常是以最小成本完成最大力度(范围)的资源保障；灾中，需迅速判断事件发展态势，并根据事件的瞬息万变不断改变应对措施，这时的决策目标是用最快响应速度协调资源以将突发事件所致的危害和损失降到最低；灾后，资源调配的目的是最大可能提供事后补偿和救济救助，以尽快恢复正常的社会生产生活秩序，且通过合理安置资源为未来更好应对突发事件做准备，最终形成一个螺旋上升循环的应急管理保障体系，此时决策目标则往往是以最大的需求满足率来设计资源配置方案。

8）协调性

跨区域应急本身就是一个根据突发事件性质对多个区域进行供需协调的过程，其资源调配运作中更是存在多种需要协调的要素：各区域自然、社会关联关系与资源调配数量之间需要均衡协调，面对突发事件的各区域应急主体，需在综合考虑彼此自然和社会关联关系的基础上权衡决定资源调配方案；整个跨区域协同应急与单个区域的应急优化目标有时会存在不一致，它们在信息沟通、行动指挥、授权与职责等方面也需要有效协调；实时变化的突发事件风险和动态的应急应对措施之间更需要高度协调，不断改变的灾害态势迫使各应急主体必须基于最新灾情的确认及时采取相应措施，并伴随事态发展变化而不断动态地调整应对策略。

2.3.2　考虑差异化因素的跨区域应急协同超网络结构

基于上述机理和机制分析，本小节介绍差异化因素下跨区域应急协同超网络结构的构造方法，并说明用超网络方法研究考虑差异化因素的跨区域应急资源协同调配的优势。

面向重大突发事件的跨区域应急资源协同调配体系不仅具有上述超网络特征，整个系统内的多维异构属性还存在明显的相互关联性。具体而言，各个区域中的各主体之间除了调配资源以实现协同应急之外，相互间原本就存在一定联系，以自然关联(彼此间的地理距离和相连的道路等级等)和社会关系(体现为经济联系紧密程度、是否隶属同一行政区划、信息化平台互通水平等)为例，这三个典型维度的属性之间有着互相交错影响的复杂关系，如：①地理位置越邻近，通常经济联系越紧密；经济合作越频繁，对物流运输需求越大，往往彼此连接的道路等级越高。②地理距离相隔越短，应急救援行动越快，实施资源调配具有更高的应急效率；但若救援时都选择途经某最短路径，又可能会使资源通行量超出容量限制而引发拥堵现象，导致应急角度上的实际地理距离反而增加。③经济文化关联度越强，越容易实现应急协同，因为彼此愿意共享的资源数量可能越多；各应急主体间实施相互调配的资源数量越大，也许能够促使今后彼此间的社会关联关系愈发紧密。

　　因此，跨区域应急资源协同调配属于具有多维异构交织属性的多网络关联优化问题，非常适合采用超网络方法加以刻画和分析[5,12]。其中的关键问题是找出同构但具有不同性质的多个关联网络来刻画这多维异构属性间的交错联系，进而将整个应急资源协同调配体系构造成一个包含多种不同类型又相互关联网络的典型超网络结构(图 2-6)。具体构造步骤如下：①将整个跨区域应急资源协同调配运作过程抽象成一个三层级网络。网络中节点是资源调配所涉及的应急主体，包括提供资源救助的出救点、负责资源集散的中转点以及产生资源需求的受灾点。网络中有向连接边意味着这些应急主体间的资源调配关系，如由出救点指向中转点的连接边表示资源从出救点出发被调配至中转点进行临时储备。②构建两个与资源调配网络相同结构的网络，称为跨区域自然关联网络和跨区域社会关系网络，分别以各区域应急主体间的自然关联度(如连接道路的规模等级)和社会关系水平(如是否同属一个行政区)作为各自网络流。③据此，将应急资源协同调配体系视为由不同性质却相互作用的多个网络构成，形成一个超网络结构。在图 2-6 中，用实线表示各相邻层级应急主体间的资源调配操作或自然、社会关联关系，虚线则反映应急协同体系不同属性之间的相互影响和相互作用。

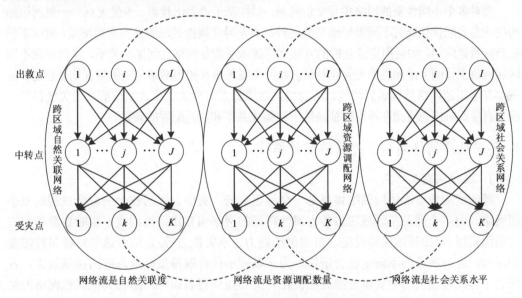

图 2-6　跨区域应急资源协同调配的超网络结构

　　如上构造的跨区域应急资源协同调配超网络结构中，存在相互关联的三种网络流：自然关联度、资源调配数量以及社会关系水平。这些变量的取值(范围)均可参考相关指标或统计数据来获取。具体地，①自然关联度若选择凭借相互连接道路的规模等级来判断，其值可依据我国大陆公路被划分为高速、一级、二级、三级、四级五个等级而设定；

若是基于相隔的地理距离来界定，则可由官方地图基础数据获知。②资源调配数量在跨区域应急协同体系中是需要优化的决策变量，取值范围可由分地区分产业贸易量等统计年鉴数据以及结合应急物资储备信息综合权衡而定。事实上，有关应急物资储备信息正被逐步完善中，如苏浙皖沪三省一市已签订跨界联动协议，并印发了《长三角地区环境应急救援物资信息库》，这为掌握跨区域应急资源调配数量及其容量限制等信息提供了可操作性和便利性。③社会关系水平可采用各区域生产总值为基础数据，通过空间计量方法实施各地区各产业部门之间的经济溢出效应和反馈分析，利用这些分析结果合理评价出不同区域之间的社会关联程度。

与其他研究工具相比，应用超网络理论解决跨区域应急资源协同调配问题的优势在于：在选定资源调配作为基准属性的前提下，利用同构网络流这一特征指标将其他维度的属性映射至基准属性网络结构中，从而顺利实现对研究对象的降维处理。换言之，超网络方法能够在同一个维度内有效处理具有多维异构关联属性的跨区域应急主体间全过程资源协同问题(包括灾前规划部署、灾中动态调度和灾后恢复安置)，可以自然地将多网络优化问题转化成一个由各多维属性网络相交织而成的超网络均衡问题。

2.3.3 基于差异化因素超网络的关键问题及解决方案

面对多个不同性质的网络相互交织问题，以往基于"多出救点、多受灾点"一般网络结构的应急调配优化研究不能很好地反映这种具有差异化属性关联的真实应急场景，故而不便被直接照搬应用。如何用定量分析的方法来描述或厘清各网络之间影响关系，如何刻画不同区域应急主体间多维属性的差异化特征，如何实现各相互作用网络之间的最优均衡状态，这些都是运用超网络结构研究跨区域应急协同决策体系时至关重要且亟待解决的关键科学问题，直接影响应急资源在不同特征属性下被集成共享和协同配置的效果。

1. 不同性质网络间相互关联的定量描述

1) 关键问题及难点

跨区域应急资源协同调配体系是一个涵盖灾前、灾中、灾后整个应对全过程的复杂超网络，由多个涉及单区域应急各方属性特征的网络相互作用而构成。影响资源调配方案的因素很多(如基础保障设施、资源供给能力、承灾能力等)，随着这些特征属性维度的增加，应急决策的不确定性会增加。为了以较小代价取得最佳应急协同决策效果，各应急主体既要在网络中实现资源调配优化，又要找到资源调配网络与其他属性网络的组合优化。因此，超网络结构首要解决的关键问题就是如何用客观定量的方法来分析各网络之间影响关系，即怎样用数学工具描述清楚不同属性之间的组合关联。其中，构建一个恰当的关系函数以刻画这些不同层次不同属性的各区域应急主体间相互联系，从而对多个交织组合的异构属性完成合理降维处理，这是该关键问题中的难点。

2) 解决方案

针对如图 2-6 所示的"自然关联、资源调配、社会关系"这三个含义和网络流均完全不同的网络，可尝试从以下方面定量描述它们之间的相互影响。

（1）构造体现相互影响的优化目标。

可选用 $c_{ij}(p_{ij},q_{ij},s_{ij})$、$t_{ij}(p_{ij},q_{ij},s_{ij})$、$r_{ij}(p_{ij},q_{ij},s_{ij})$、$f_{ij}(p_{ij},q_{ij},s_{ij})$ 分别表示超网络结构中从出救点调配资源至中转点所花费的成本、时间、所遭遇的风险损失及需求满足率。这些函数表达式设定本身可反映自然关联度 p_{ij}、资源调配数量 q_{ij} 以及社会关系水平 s_{ij} 之间的相互作用。例如，应急主体间的地理位置距离越近，应急调配所耗费的成本、时间和风险损失通常越小，需求满足率往往更高，促使相互协同配置的资源数量越多；但若距离近的应急主体间实施救援的资源数量太多、超出容量限制，就可能会导致救援优势的丧失、实际应急距离增大，反而使成本、时间和风险损失增大，需求满足率降低。

另外，也可通过这些函数的组合来体现跨区域应急资源协同调配全过程中各阶段不同的应急决策目标。例如，灾前以最小成本完成最大力度资源保障的决策目标可建模成 $\min c_{ij}(p_{ij},q_{ij},s_{ij})$，$\max f_{ij}(p_{ij},q_{ij},s_{ij})$；灾中以最快速度响应使事件所致损害最低的决策目标可建模成 $\min t_{ij}(p_{ij},q_{ij},s_{ij})$，$\min r_{ij}(p_{ij},q_{ij},s_{ij})$；灾后以最大程度补偿救济来实现秩序恢复的决策目标可建模成 $\max f_{ij}(p_{ij},q_{ij},s_{ij})$，$\min c_{ij}(p_{ij},q_{ij},s_{ij})$。

类似地，由中转点至受灾点的优化目标则可用函数 $c_{jk}(p_{jk},q_{jk},s_{jk})$、$t_{jk}(p_{jk},q_{jk},s_{jk})$、$r_{jk}(p_{jk},q_{jk},s_{jk})$ 和 $f_{jk}(p_{jk},q_{jk},s_{jk})$ 等来表示。

（2）构造体现相互影响的资源需求函数。

跨区域应急协同调配运作受资源需求驱动，故需求函数中也应反映出多种属性相互交织的特征。可构造各受灾点需求函数 $d_k(p_k,\sum_{j=1}^{J}q_{jk},s_k)$，以间接体现自然、社会属性与资源调配间的相互影响。其中，p_k 表示受灾点的自然地理特征，关乎应急救援的可达程度等；而 s_k 是受灾点的社会发展水平，表现为经济文化发达程度等。一方面，自然地理特征和社会发展水平存在关联关系，共同决定受灾区域的承灾能力，且直接影响到对应急资源的需求量。例如，欠发达地区由于地处偏僻或应急设施不健全而导致灾害抵御能力较弱，所需救助资源的数量和种类可能相对较多。另一方面，受灾点处需求也与以往所接受救助的资源数量有关。若已实施应急救助的资源数量越多，受灾点后续所需的资源量通常就越少。

2. 应急主体间差异化属性特征的准确刻画

1）关键问题及难点

在所构造的跨区域应急资源协同调配超网络中，尤其关注隶属不同区域的各主体应急能力的不同。这意味着超网络结构中点和边"同质性"的丧失，该特性是与传统"多出救点、多受灾点"一般网络结构最大的区别。因此，针对各区域从灾前预防、灾中响应到灾后恢复的全过程应急协同决策，如何准确地刻画出不同区域应急主体的多维属性以及这些差异化属性对整个应急资源协同配置和调度有怎样的影响，成为超网络结构需要分析的另一个关键问题。其中，具体选择什么属性或属性组合来体现各区域应急主体间协同调配的关键特征，以及如何进一步表征这些特征属性的差异性，是此关键问题中需要面对的技术难点。

2) 解决方案

各区域应急主体具备的救助供给或灾害承受能力不同，且它们之间的资源调配方式也存在差异。该关键问题及难点的解决方法可从以下方面予以思考。

(1) 确定能表达各主体间协同应急特征的属性或属性组合。

不同区域应急主体具有不同的地理位置、文化底蕴、经济发展程度以及应急管理战略等，直接决定着其自身所拥有的救助资源储备是否充足、应急救援设施是否健全，进而影响到各出救点的应急保障力(如资源供应量)和各受灾点的脆弱性(如资源需求量)等。因此，可选择协同优化决策中重要的影响因素作为属性指标来表达应急主体间调配资源的差异性。例如，可用"脆弱性"作为区分各受灾点应急资源需求特征的属性，也可采用"应急资源运抵灾区所耗时间的不同"来体现各出救点所在区域交通基础设施的差异性，还可选用以上两种属性的组合来表征和细化不同协同调配方案的差别。

(2) 采用随机效用理论分析各属性特征的差异性。

基于已确定的各属性指标，将多维属性间的差异化程度抽象成某个随机变量，构造包含此随机因素影响的应急决策效用，并应用随机效用理论，以实现效用最大化为目标来选择应急资源协同调配的最优方案。

以出救点与中转点间的运输调配方式选择(如公路、铁路、水路)为例，说明应急主体间差异化的自然关联度对资源协同调配方案的影响：①记出救点 i 以方式 h 调配资源至中转点 j 所获的效用值为 U_{ij}^h。应急场景下选择哪种方式依赖于 U_{ij}^h 的大小，设其与三方面因素有关： i 选择方式 h 对 j 实施资源救援所耗的成本 c_{ij}^h、以方式 h 调配资源所遇的风险损失 r_{ij}^h、选择方式 h 时的主观随机误差 ε_{ij}^h。②以" i 与 j 间以方式 h 调配资源所获的最大应急效用"为依据，来确定随机选择概率 $w_{ij}^h = prob\{U_{ij}^h \geqslant U_{i'j}^h, i'=1,2,\cdots,I\}$，且应急资源调配运作遵守流量守恒关系式： $q_{ij}^h = q_{ij} \cdot w_{ij}^h$。其中， q_{ij}^h 表示 i 以方式 h 配送至 j 的资源数量。③以最大化效用为目标，结合随机均衡配流模型，可得出应急主体间自然关联度差异化选择下的协同调配优化条件： $\left\langle c_{ij}^h + r_{ij}^h + \dfrac{1}{\theta}(\ln q_{ij}^h - \ln q_{ij}) + \dfrac{1}{\theta}\ln\sum_{h=1}^{H}e^{-\theta(c_{ij}^h + r_{ij}^h)}, q_{ij}^h - q_{ij}^{h*} \right\rangle \geqslant 0$ 。

3. 多维差异化属性下超网络均衡状态的实现途径

1) 关键问题及难点

基于多维交织属性的跨区域应急资源调配超网络优化，实际是一个蕴含多种关联因素相协调的复杂过程(如各应急主体自然社会属性与资源调配数量之间、整个跨区域协同应急与某单个区域应急目标间均需要综合协调)，其最终优化决策等价于超网络实现均衡状态。因而如何实现表征多维关联属性的各相互作用网络之间最优均衡，以高效完成跨区域应急资源协同的全过程优化问题(包括灾前配置、灾中调度和灾后恢复安置)，是超网络结构研究中最终不可忽视的关键问题。其难点在于怎样在同一个维度里有效处理多个相互依存相互关联的异构属性协同优化问题，以及选择怎样有效的数学工具对均衡状态下各最优网络流进行定量的求解和分析。

2）解决方案

分析具有多维属性特征的跨区域应急资源协同调配优化等价于研究构造的超网络结构如何达到均衡状态，求解方法可参考如下步骤展开讨论。

（1）构建超网络的多个均衡目标。

跨区域应急资源协同调配的超网络优化是一个具有多维属性的多目标决策问题。例如，①资源调配网络的目标包括：时间最短 $\min t_{ij}(p_{ij},q_{ij},s_{ij})$、成本最少 $\min c_{ij}^q(p_{ij},q_{ij},s_{ij})$、风险损失最小 $\min r_{ij}(p_{ij},q_{ij},s_{ij})$、需求满足率最大 $\max f_{ij}(p_{ij},q_{ij},s_{ij})$，且在灾前灾中灾后不同阶段的决策目标存在差别；②自然关联网络的目标可构建为：维持某种自然关联度所需成本最小 $\min c_{ij}^p(p_{ij})$；③社会关系网络的目标为：构建一定社会关系水平所耗成本最小 $\min c_{ij}^s(s_{ij})$。

（2）利用变分不等式方法计算均衡解。

可应用最优化问题与变分不等式的等价关系[78]，给出超网络均衡解的推导过程：①根据跨区域应急资源协同调配"灾前—灾中—灾后"全过程的实际场景设定各目标相应的权重，以表示不同阶段应急决策优化任务的区别。通过赋予权重的方式将多目标转化成单目标，构建协同应急的广义优化目标：

$$\min \alpha_1 \cdot \sum_{j=1}^{J} t_{ij} + \alpha_2 \cdot \sum_{j=1}^{J}[c_{ij}^q + c_{ij}^p + c_{ij}^s] + \alpha_3 \cdot \sum_{j=1}^{J} r_{ij} - \alpha_4 \cdot \sum_{j=1}^{J} f_{ij}$$

其中，$0 \leqslant \alpha_1, \alpha_2, \alpha_3, \alpha_4 \leqslant 1$ 为权重因子，满足 $\alpha_1 + \alpha_2 + \alpha_3 + \alpha_4 = 1$。②若相关多个目标函数均是连续可微的凸函数，则寻求整个超网络的均衡状态就等价于求解一组最优的 $\{q_{ij}^*, p_{ij}^*, s_{ij}^*\}$，使其满足变分不等式的互补条件：

$$X^* \geqslant 0, \quad F(X^*) \geqslant 0, \quad X^{*T} F(X^*) = 0$$

其中，$F(X) = \{F1(X), F2(X), F3(X)\}^T$，且有

$$F1(X) = \alpha_1 \cdot (\partial t_{ij}/\partial q_{ij}) + \alpha_2 \cdot (\partial c_{ij}^q/\partial q_{ij}) + \alpha_3 \cdot (\partial r_{ij}/\partial q_{ij}) - \alpha_4 \cdot (\partial f_{ij}/\partial q_{ij})$$

$$F2(X) = \alpha_1 \cdot (\partial t_{ij}/\partial p_{ij}) + \alpha_2 \cdot (\partial c_{ij}^q/\partial p_{ij} + \partial c_{ij}^p/\partial p_{ij}) + \alpha_3 \cdot (\partial r_{ij}/\partial p_{ij}) - \alpha_4 \cdot (\partial f_{ij}/\partial p_{ij})$$

$$F3(X) = \alpha_1 \cdot (\partial t_{ij}/\partial s_{ij}) + \alpha_2 \cdot (\partial c_{ij}^q/\partial s_{ij} + \partial c_{ij}^s/\partial s_{ij}) + \alpha_3 \cdot (\partial r_{ij}/\partial s_{ij}) - \alpha_4 \cdot (\partial f_{ij}/\partial s_{ij})$$

如此，便可将超网络均衡状态的实现转化成变分不等式的求解问题，已有求解算法很多，如投影梯度算法、预估-校正算法以及相继平均法等，有兴趣的读者可详见文献[5]、[12]，本书在此不再赘述。

综上，面对跨区域重大突发事件的复杂机理，作为应急应对重要环节的资源协同调配系统具备多主体、多层级、多属性、多准则、多维度、拥塞性、动态性和协调性等超网络特征，且不同区域应急主体(间)资源调配运作与其自然、社会关联关系之间存在相互影响。本节从超网络视角分析考虑差异化因素的跨区域应急资源协同调配体系，将其抽象成一个包含"自然关联网络、资源调配网络和社会关系网络"这三个不同性质却相互作用网络的超网络结构，并讨论了采用超网络方法实施差异化因素下跨区域应急协同决策研究所面临的关键问题、难点以及可行的定量解决方案框架。本节研究内容及成果对构建多个差异化区域应急网络间资源相互共享集成的优化模式具有指导意义，也为政府宏观层面推动区域协同和应急联动机制的建设提供了新思路。

一方面，国内外对跨区域应急协同研究中鲜有关注各不同区域间差异化属性的定量探讨，现有成果多为对策性框架建议的定性描述或一般普通网络结构优化。故本节提出的以超网络结构方法建模分析差异化区域应急资源协同调配是对跨区域应急协同研究思路方面的一种有益补充。另一方面，本节立足于超网络视角，揭示跨区域应急协同实际是多个不同性质网络间相互交织关联的这一本质特征，弥补了以往超网络应用研究中几乎从未涉及区域性应急管理领域问题的不足。和已有研究相比，采用超网络方法解决差异化区域应急资源协同调配问题的优势在于，利用交织网络流间的关联关系将各区域应急主体间的自然关联度和社会关系水平映射至资源调配网络中，从而把多网络优化问题转化成一个由各多维属性网络交错而成的超网络均衡问题。此部分研究成果为理解、管理、控制和优化差异化区域应急体系提供了新方法，对于复杂条件下的应急决策具有重要理论和现实意义。

但需注意的是，本节内容仅提出差异化区域应急资源协同调配的超网络结构构造方法研究，至于在什么时候协同调配什么资源以及资源协同调配的数量具体如何确定，还需要通过超网络模型的优化求解来完成。故本书将在下面的章节着手构建考虑差异化因素的跨区域应急资源协同调配超网络定量模型，并拟根据超网络模型的实际规模合理设计相应算法实施求解分析，还将结合真实应急场景探讨定量研究结果对现实应用的辅助决策价值。

2.4　考虑差异化因素的跨区域应急协同超网络模型

随着区域化进程的不断加快，各邻近区域间社会经济发展紧密相连，灾情易发生连锁反应和放大效应，单个区域的应急资源在跨区域灾害面前显得愈发脆弱。为有效抵御重大灾害的侵袭、最大限度地降低灾害事件造成的损失，不仅需要单个区域内部多应急主体间的资源联动，更要求应急资源在邻近区域间能够被及时的配置和调度，以形成统筹规划、合理布局、资源整合的灾害应急协同决策体系[79]。例如，北京市"十二五"时期应急体系发展规划中就明确提出了与周边省市县建立协作应急处置体系。受国内外超网络应用领域研究工作[12,95]的启发，本节继续选择以超网络视角研究具有应急方式选择偏好且考虑差异化因素的跨区域资源协同调配运作，为定量刻画不同区域应急网络间的相互作用提供合适理论模型，尤其能够体现各区域在资源协同调配过程中复杂的多层（级）、多目标、多属性、多维度以及差异化决策偏好等真实应急特征[12]。本节内容安排如下：首先，在简单梳理跨区域应急协同建模相关文献的基础上明确本节研究的创新之处，然后将单个区域内部应急资源调配看作是一个独立的多主体、多层级网络，并构造由不同区域调配网络相互关联而形成的跨区域应急协同超网络，且将其转化成等价结构进行定量建模；接下来，对超网络结构的应急优化目标和各种应急方式选择决策偏好进行分析，构建超网络模型并将其转化成等价的变分不等式；最后，设计典型算例对所构建的超网络模型实施数值求解，对模型中相关参数进行敏感性分析，分析结果为从定量角度更好地理解、建设、管理和优化差异化因素下跨区域应急协同决策体系提供有益思考。

2.4.1　差异化因素下跨区域应急协同超网络模型构建

如前所述，本书观点认为，跨区域应急协同的关键是资源[66]（包括物资、信息和能量），其定量分析一般可抽象为应急资源的协同调配问题。国内外在"资源布局配置"和"资源调度路径"等方面的研究已较为成熟[80]。例如 Haghani 和 Oh[81]早在 1996 年就构建了时间窗约束下以总救援成本最小为优化目标的线性网络调配模型。随后许多学者从不同角度探讨需求/供应或时间约束[82-84]、多种资源多周期救助[85-87]、多目标规划[88-90]以及模糊场景[82,84]等复杂情境下的应急调配优化决策。还有研究将选定址问题集成到调配运作中，通过构建两阶段选定址-路径优化模型[84,91-92]，利用情景规划方法[93]、混合模糊聚类方法[94]等确定应急物资储备库在何处选址以及如何规划运输调配。总体上，此类文献大多关注多出救点、多受灾点这一普遍场景下应急主体间的资源调配优化，很少涉及以跨区域为背景，具有差异化特征的各应急主体在考虑决策偏好等差异化因素时怎样进行资源协同调配的问题，而这正是本节研究的切入点。事实上，各区域应急主体的差异化因素表现形式有很多，有上节所涉及各区域自然关联程度和社会关系水平的差异，也有在本节下面建模讨论中将要重点讨论的各区域应急主体决策偏好的差异。

现以区域 A 和 B 为例，构造图 2-7(a)用来表示跨区域应急协同的简单超网络结构，实际区域的个数可不受限制地被扩展至多个的情形。具体地，将单个区域中典型的应急资源调配过程抽象成一个三层级网络[83]：应急资源由各出救点送至做临时储备之用的各中转点，再由各中转点配至各受灾点。面对重大突发事件，邻近区域的不同应急网络需要高度协同集成，这表现为各区域内部应急主体不但与本区域中应急主体紧密合作，也可接受邻近区域应急主体的资源救助。由于不同区域内应急主体具有不同的多维属性，且这些多维属性相互关联，故如图 2-7(a)的跨区域应急协同网络是一个超网络结构，它包含不同性质却相互作用的两个网络。其中，实线表示相邻层级应急主体间的资源调配流量，虚线则表示不同区域应急网络之间的相互协同关系。

为便于定量分析，可将跨区域应急协同超网络转化成一个与之功能等价的网络结构进行建模[95]，如图 2-7(b)所示。在这个等价结构中，虚拟地增设决策者角色的跨区域应急协同指挥中心 O 作为资源调配网络的起点，受灾点是网络的迄点、中间节点有出救点和中转点；增添新的连接边体现资源协同运作，反映某区域内出救点与其他区域中转点、某区域内中转点与其他区域受灾点之间存在协同关联关系；将应急资源调配体系所涉及的各项活动抽象地用网络相邻层级节点间的有向连接边来表达，由上至下实线边流量的含义分别是各出救点处的资源供给量、各出救点至各中转点以多种应急方式调配的资源量、各中转点处的资源储备量以及各中转点至各受灾点以多种应急方式调配的资源量。

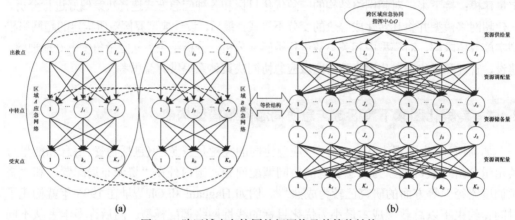

(a)   (b)

图 2-7 跨区域应急协同的超网络及其等价结构

由文献[95]，类似于供应链交易网络的应急网络与交通运输网络之间存在着等价同构关系，故可以通过对图 2-7(b) 的等价结构进行建模分析，从而得出跨区域应急资源协同调配优化方案。针对图 2-7 所示的超网络及其等价结构，分两阶段构建超网络模型：首先基于各受灾点处资源需求，在符合应急能力的前提下，定量化表达整个超网络应急协同的优化目标；然后考虑应急决策偏好问题，着重分析出救点至中转点以及中转点至受灾点的资源调配层级中多种应急方式的随机选择。

1. 超网络优化目标

面对灾害的应急救助过程需重点关注两个问题：①应急资源的配给量是否达到需求；②应急资源配给对于受灾点的时效性。基于此，跨区域应急资源调配优化问题可被表达成式(2-17)，在满足需求和符合应急能力限制的前提下，确定最优的资源流量和应急能力追加量，以实现整个应急救助过程所耗成本和时间的最小化。其中，应急成本涉及两个方面：实施应急资源救助的成本和应对灾害非常态而需追加应急能力的成本。用 $g_a(f_a, u_a, s_a, r_a)$ 表示含时间和成本因素的广义应急目标，下称广义应急成本：

$$\min \sum_{a \in L} g_a(f_a, u_a, s_a, r_a) = \sum_{a \in L} c_a(f_a, s_a, r_a) + \sum_{a \in L} \phi_a(u_a) + \alpha \sum_{a \in L} t_a(f_a, s_a, r_a)$$

$$\text{s.t.} \sum_{p \in P_w} x_p \geqslant d_w(s_w, r_w), \quad f_a \leqslant \bar{u}_a + u_a, \quad f_a = \sum_{p \in P} x_p \delta_{ap}, \quad x_p \geqslant 0, \quad \bar{u}_a + u_a \geqslant 0 \tag{2-17}$$

其中，a 是图 2-7(b) 相邻层级各应急主体间的任一连接边，代表应急救助的不同环节（供给—调配—储备—调配），$a \in L$，L 是所有边的集合；p 是图 2-7(b) 连接起讫点的任一路径，任一路径 p 由若干条边 a 组成，$p \in P$，P 是全体路径的集合；用 w 表示图 2-7(b) 任一起迄点对，$w \in W$，W 是所有起迄点对的集合；某一起迄点对 w 之间的路径集合用 P_w 表示，显然 $p \in P_w$。

目标函数中，$c_a(f_a, s_a, r_a)$ 和 $t_a(f_a, s_a, r_a)$ 分别表示在各应急环节实施资源救助所耗的成本和时间，与资源流量 f_a、承灾能力 s_a、灾害风险度 r_a 有关；$\phi_a(u_a)$ 是指灾害应对中在各环节追加 u_a 单位的应急能力所花费的成本，因为灾害的发生会致使某类资源需求量陡增，需通过诸如社会各界援助方式来增加各出救点处对此类资源的供给能力；α 是应急决策优化中时间因素相对于成本因素的转换系数，体现应急场景下时间因素的重要程度。其中，承灾能力 s_a 在现实中体现为由于受外界扰动或灾害事件影响而导致应急资源救助活动失效的程度，通常与失效概率和失效后果有关[76]，往往可从"调配网络中哪些连接边易于中断"和"哪些连接边对于整个调配网络运作最为关键"两方面来衡量，这个参数反映了不同应急主体间的属性特征；而灾害风险度 r_a 是刻画外界灾害强度的一个参量，r_a 越大，受灾越严重，救助所需的成本越大，所耗时间越长，在实际应急中可由科学方法监测而得(如台风强度可依赖气象部门的预报获知)。

约束条件中，$\sum_{p \in P_w} x_p \geq d_w(s_w, r_w)$ 表示各起迄点对之间的需求 $d_w(s_w, r_w)$ 必须被来自各可行路径上的应急资源总量所满足，其中 x_p 是路径 p 上的应急资源流量；$f_a \leq \bar{u}_a + u_a$ 是对各边上资源流量的限制条件，限定其不能超过现有应急能力 $\bar{u}_a$ 与追加应急能力 u_a 之和；$f_a = \sum_{p \in P} x_p \delta_{ap}$ 是路径/边的流量关联关系式，指任一边上资源流量等于经过此条边的各路径上流量之和，若边 a 包含在路径 p 中，$\delta_{ap} = 1$，否则 $\delta_{ap} = 0$；约束的最后两项是对路径流量和应急能力的非负限制。

假设优化目标中的相关成本和时间函数是连续可微凸函数[12,95]，利用拉格朗日乘子 β_a 和 λ_w，将优化问题 (2-17) 转化成等价的变分不等式 (2-18) 进行求解分析。式中，$C_p = \sum_{a \in L} c_a \delta_{ap}$，$T_p = \sum_{a \in L} t_a \delta_{ap}$ 分别是调配资源经过路径 p 所花费的成本和时间。β_a 可看成是追加单位应急能力时所耗的费用，λ_w 可理解为起迄点对 w 间资源供需相等时的最小救助成本。

$$\sum_{p \in P}\left(\frac{\partial C_p}{\partial x_p} + \alpha \frac{\partial T_p}{\partial x_p} + \sum_{a \in L} \beta_a^* \delta_{ap} - \lambda_w^*\right) \times (x_p - x_p^*) + \sum_{a \in L}\left(\frac{\partial \phi_a(u_a^*)}{\partial u_a} - \beta_a^*\right) \times (u_a - u_a^*)$$
$$+ \sum_{a \in L}(\bar{u}_a + u_a^* - \sum_{p \in p} x_p^* \delta_{ap}) \times (\beta_a - \beta_a^*) + (\sum_{p \in P_w} x_p^* - d_w(s_w, r_w)) \times (\lambda_w - \lambda_w^*) \geq 0 \qquad (2\text{-}18)$$

2. 决策偏好下对应急方式的随机选择

在图 2-7(b) 所示的两个资源调配运作层级中，面对 M 种可替代的应急调配方式(如公路、铁路、水路)，决策者会通过综合权衡对各种方式的偏好程度以及各应急主体特征属性来进行合理选择。用 $f_{(2)a}$ 和 $f_{(4)a}$ 分别表示"出救点至中转点"、"中转点至受灾点”间的应急资源调配量，而 $f_{(2)a}^m$ 和 $f_{(4)a}^m$ 则特指相应层级选用第 m 种应急方式所调配的资源量，有：$f_{(2)a} = \sum_{m \in M} f_{(2)a}^m$，$f_{(4)a} = \sum_{m \in M} f_{(4)a}^m$。

由于应急情境下存在信息不对称现象，故在选择应急方式时，决策者通常只能对运用各方式调配资源所耗费的广义应急成本做一个大致估计。现用 $G_{(2)a}^m(f_{(2)a}^m, s_{(2)a}^m, r_{(2)a}^m)$、$G_{(4)a}^m(f_{(4)a}^m, s_{(4)a}^m, r_{(4)a}^m)$ 来分别表示"出救点至中转点"、"中转点至受灾点"间选择第 m 种方式调配资源所耗广义费用的估计值（称理解广义应急成本），而 $g_{(2)a}^m(f_{(2)a}^m, s_{(2)a}^m, r_{(2)a}^m)$、$g_{(4)a}^m(f_{(4)a}^m, s_{(4)a}^m, r_{(4)a}^m)$ 则是相应广义费用的实际值（称实际广义应急成本），它们之间存在如下关系：

$$G_{(2)a}^m = g_{(2)a}^m - \frac{1}{\theta}\xi_{(2)a}^m, \qquad G_{(4)a}^m = g_{(4)a}^m - \frac{1}{\eta}\xi_{(4)a}^m \qquad (2\text{-}19)$$

设 $\xi_{(2)a}^m$ 和 $\xi_{(4)a}^m$ 是服从 Gumbel 分布且相互独立的随机变量，可证明[78]：$\text{var}(G_{(2)a}^m) = \frac{\pi^2}{6\theta^2}$、$\text{var}(G_{(4)a}^m) = \frac{\pi^2}{6\eta^2}$，参数 $\theta > 0$、$\eta > 0$ 是决策者对以各种方式调配资源所耗广义应急成本了解程度的一种测度，它们与理解广义应急成本的方差成反比。

在以各方式调配所耗实际广义应急成本的度量中，往往也涉及决策者的选择偏好，体现在对各种应急方式选择时会综合考虑 N 个因素（如成本、时间、灵活便捷性）。记 $g_{(2)an}^m$、$g_{(4)an}^m$ 分别是两调配层第 m 种应急方式在第 n 个因素方面的实际所耗广义费用，γ_n^m 是第 m 种应急方式在第 n 个因素方面的衡量权重，有

$$g_{(2)a}^m = \sum_{n \in N} \gamma_n^m g_{(2)an}^m, \qquad g_{(4)a}^m = \sum_{n \in N} \gamma_n^m g_{(4)an}^m \qquad (2\text{-}20)$$

用 $P_{(2)a}^m$ 和 $P_{(4)a}^m$ 分别表示两调配层级上选用应急方式 m 的概率。由式 (2-17) 可知，方式 m 被选中的概率就是运用此种方式调配资源时其理解广义应急成本达到最小的概率，故有

$$P_{(2)a}^m = prob[G_{(2)a}^m = \min_{m' \in M} G_{(2)a}^{m'}], \qquad P_{(4)a}^m = prob[G_{(4)a}^m = \min_{m' \in M} G_{(4)a}^{m'}] \qquad (2\text{-}21)$$

根据 Gumbel 分布的性质，应急方式的选择概率可表达成如下形式：

$$P_{(2)a}^m = \frac{1}{1 + \sum_{m' \neq m} \exp\left[-\theta(g_{(2)a}^{m'} - g_{(2)a}^m)\right]}, \qquad P_{(4)a}^m = \frac{1}{1 + \sum_{m' \neq m} \exp\left[-\eta(g_{(4)a}^{m'} - g_{(4)a}^m)\right]} \qquad (2\text{-}22)$$

令 $S(g_{(2)a})$ 和 $S(g_{(4)a})$ 分别表示两调配层级中多种方式选择的期望最小理解广义应急成本，由文献[78]，$S(g_{(2)a})$、$S(g_{(4)a})$ 各自关于 $g_{(2)a}^m$、$g_{(4)a}^m$ 的偏导数是相应层级第 m

种应急方式被选中的概率，即

$$\frac{\partial S(g_{(2)a})}{\partial g_{(2)a}^m} = P_{(2)a}^m, \qquad \frac{\partial S(g_{(4)a})}{\partial g_{(4)a}^m} = P_{(4)a}^m \tag{2-23}$$

结合式 (2-22) 和式 (2-23)，期望最小理解广义应急成本的函数表达可写成

$$S(g_{(2)a}) = -\frac{1}{\theta}\ln\left[\sum_{m'\in M}\exp(-\theta g_{(2)a}^{m'})\right], \qquad S(g_{(4)a}) = -\frac{1}{\eta}\ln\left[\sum_{m'\in M}\exp(-\eta g_{(4)a}^{m'})\right] \tag{2-24}$$

综合上述分析，决策偏好下应急方式的选择实际上是一个随机用户均衡问题。运用随机均衡配流理论，所有满足如下流量守恒条件的资源量均为可行均衡解

$$f_{(2)a}^m = f_{(2)a} \cdot P_{(2)a}^m, \qquad f_{(4)a}^m = f_{(4)a} \cdot P_{(4)a}^m \tag{2-25}$$

为便于求解分析，将以上随机均衡配流问题转化成等价的变分不等式，即决策偏好下以各种方式实施应急调配的最优资源量满足

$$\sum_{(2)a\in(I_A\cup I_B)*(J_A\cup J_B)}\sum_{m\in M}\left[g_{(2)a}^m + \frac{1}{\theta}(\ln f_{(2)a}^{m*} - \ln f_{(2)a}) - S(g_{(2)a})\right]\times(f_{(2)a}^m - f_{(2)a}^{m*})$$

$$\sum_{(4)a\in(J_A\cup J_B)*(K_A\cup K_B)}\sum_{m\in M}\left[g_{(4)a}^m + \frac{1}{\eta}(\ln f_{(4)a}^{m*} - \ln f_{(4)a}) - S(g_{(4)a})\right]\times(f_{(4)a}^m - f_{(4)a}^{m*}) \geqslant 0 \tag{2-26}$$

2.4.2　差异化因素下跨区域应急协同超网络模型求解

对所构建的超网络模型实施数值求解，分为两步骤：首先使用 Euler 算法[12,95]求解变分不等式 (2-18)，得出四个应急环节上 (供给—调配—储备—调配) 的最优资源量，分别用 $f_{(1)a}^*$、$f_{(2)a}^*$、$f_{(3)a}^*$ 和 $f_{(4)a}^*$ 加以区分；然后代入变分不等式 (2-26) 并运用相继平均法 (method of successive average, MSA)[12,96]对其进行求解，计算出两个资源调配运作层中以多种应急方式调配的最优资源量 $f_{(2)a}^{m*}$ 和 $f_{(4)a}^{m*}$。

1. 算例构造

假设区域 A 和 B 各有两个出救点、两个中转点、两个受灾点，算例中跨区域应急协同超网络的等价结构共有 40 条连接边、64 条路径、8 个起讫点对。①按照连接网络层级的不同将 40 条边分成四类，在表 2-3 中列出不同类别边的相关函数和参数设置。为便于算例求解，将此类函数设置为满足连续、可微、凸性的简单常用形式[12,95]，具有一定代表性，现实应急中可根据实际情况作不同程度的改变。②64 条路径由分别来自 4 个类别的边组成，其中前 32 条代表以区域 A 中的受灾点为讫点的路径，后 32 条则以区域 B 中

的受灾点为迄点。③8 个起迄点对中，$w=1,\cdots,4$ 是以区域 A 中两受灾点为迄点的点对，而 $w=5,\cdots,8$ 的迄点是区域 B 中受灾点。

表 2-3 跨区域超网络算例仿真中不同类别的参数设置

四类连接边	起点	终点	$c_a(f_a,s_a,r_a)$	$\phi_a(u_a)$	$t_a(f_a,s_a,r_a)$	s_a	r_a	$\bar{u}_a$
$a=1,\cdots,4$	指挥中心	出救点	$(1-s_a+r_a)f_a$	$u_a^2+u_a$	$(2-2s_a+r_a)f_a$	0.8	0.2	2
$a=5,\cdots,20$	出救点	中转点	$(2-3s_a+r_a)f_a$	$u_a^2+5u_a$	$(3-2s_a+r_a)f_a$	0.6	0.5	1
$a=21,\cdots,24$	中转点	中转点	$(1-s_a+2r_a)f_a$	$2u_a^2+3u_a$	$(2-s_a+3r_a)f_a$	0.8	0.3	3
$a=25,\cdots,40$	中转点	受灾点	$(3-2s_a+r_a)f_a$	$0.5u_a^2+u_a$	$(3-s_a+2r_a)f_a$	0.5	0.8	1

设应急过程中可采取三种方式调配资源实施救助，分别是公路($m=1$)、铁路($m=2$)、水路($m=3$)；在对多种方式进行选择决策时衡量 2 个因素，分别是成本($n=1$)、时间($n=2$)。将各种应急方式选择下的决策偏好参数列于表 2-4，主要包括各应急方式在各衡量因素上的实际广义费用函数及相应权重。为突显应急资源调配过程中时间要素的重要性，设应急优化目标中的转换系数 $\alpha=10$。各起迄点对间资源需求函数设为 $d_w(s_w,r_w)=r_w-s_w$，且 $r_w=0.8$，$s_w=0.2$。并令决策偏好下随机选择模型中的参数值 $\theta=0.5$、$\eta=1$。

表 2-4 多种应急方式选择下的决策偏好参数设置

		公路	铁路	水路
调配层$(2)a$	成本	$(1-s_{(2)a}^1+r_{(2)a}^1)f_{(2)a}^1+5$	$(2-2s_{(2)a}^2+r_{(2)a}^2)f_{(2)a}^2+3$	$(2-s_{(2)a}^3+3r_{(2)a}^3)f_{(2)a}^3+2$
		$\gamma_1^1=0.2$	$\gamma_1^2=0.6$	$\gamma_1^3=0.9$
	时间	$(2-s_{(2)a}^1+r_{(2)a}^1)f_{(2)a}^1+3$	$(1-s_{(2)a}^2+2r_{(2)a}^2)f_{(2)a}^2+1$	$(2-s_{(2)a}^3+2r_{(2)a}^3)f_{(2)a}^3+4$
		$\gamma_2^1=0.8$	$\gamma_2^2=0.4$	$\gamma_2^3=0.1$
调配层$(4)a$	成本	$(2-s_{(4)a}^1+r_{(4)a}^1)f_{(4)a}^1+5$	$(1-2s_{(4)a}^2+3r_{(4)a}^2)f_{(4)a}^2+3$	$(1-s_{(4)a}^3+2r_{(4)a}^3)f_{(4)a}^3+2$
		$\gamma_1^1=0.2$	$\gamma_1^2=0.6$	$\gamma_1^3=0.9$
	时间	$(2-s_{(4)a}^1+2r_{(4)a}^1)f_{(4)a}^1+1$	$(2-2s_{(4)a}^2+r_{(4)a}^2)f_{(4)a}^2+2$	$(3-s_{(4)a}^3+3r_{(4)a}^3)f_{(4)a}^3+4$
		$\gamma_2^1=0.8$	$\gamma_2^2=0.4$	$\gamma_2^3=0.1$

注：$s_{(2)a}^1=1$，$r_{(2)a}^1=0.1$；$s_{(2)a}^2=0.1$，$r_{(2)a}^2=1$；$s_{(2)a}^3=0.5$，$r_{(2)a}^3=0.8$；$s_{(4)a}^1=0.6$，$r_{(4)a}^1=0.4$；$s_{(4)a}^2=0.8$，$r_{(4)a}^2=0.4$；$s_{(4)a}^3=0.3$，$r_{(4)a}^3=0.7$。

2. 算例求解

在 MATLAB R2010b 实现求解使用的 Euler 算法和 MSA 算法。将表 2-3 中参数和所设需求函数代入变分不等式(2-18)，输入变量初始值均设为 1，收敛精度为 0.0001。得出各路径上有相等的最优资源量 $x_p^*=0.0706$，并将此算例求解的其他部分结果列于表 2-5 的第 2 列，其中 f_a^* 的值由 $f_a=\sum_{p\in P}x_p\delta_{ap}$ 计算出。基于所得 $f_{(2)a}^*$ 和 $f_{(4)a}^*$ 值，结合表 2-4 和相关参数设置，求解变分不等式(2-26)，可以得出考虑决策偏好的三种应急方式随机选择下最优资源调配量，见表 2-6 的第 2 列。

从这个算例求解的结果(表2-5的第2列，表2-6的第2列)可以看出：

（1）64 条路径上的最优资源量均相等，8 个起迄点对间的最小救助成本均相同。原因是两个区域受灾点处具有相同的资源需求量，而且构成任一资源救助路径的 4 条边虽分别代表了 4 个不同的应急环节，但每一环节内的所有函数和参数设置也均相同(参见表 2-3)。

（2）所有的 $u_a^* = 0$，即各环节均无需追加额外成本去提高资源供给、储备和调配的能力。这表明此算例中各应急主体的现有能力能够应对应急状况。

（3）4 个出救点处资源供给总量，与出救点至中转点的资源调配总量、4 个中转点处资源储备总量、中转点至受灾点的资源调配总量均相等。这客观体现了整个超网络结构的均衡状态，间接验证了所构模型及求解的合理性。

（4）采用三种方式调配的最优资源量各不相同。这是由于决策者对公路、铁路、水路三种应急方式在成本和时间两衡量因素上的选择偏好不同所致(参见表2-4)。

表 2-5　超网络模型算例仿真及参数分析的部分最优解

部分最优解		模型求解结果	需求变化情况	$\bar{u}_a$ 变化情况	区分同一区域/跨区域情况
u_a^*	$a=1, \cdots, 4$	0	0	0.9267	0
	$a=5, \cdots, 20$	0	0	0.0817	0
	$a=21, \cdots, 24$	0	0	0.9204	0
	$a=25, \cdots, 40$	0	0	0.0824	0
λ_w^*	$w=1, \cdots, 4$	6.7551	6.8280 (A 受灾点) ↑	22.5593 ↑	5.9468 (同区域点对)
	$w=5, \cdots, 8$		9.0856 (B 受灾点) ↑		6.0038 (跨区域点对)
f_a^*	$a=1, \cdots, 4$	1.1293	1.3302 ↑	1.1321	1.1293
	$a=5, \cdots, 20$	0.2823	0.3326 ↑	0.2830	0.2731 (同区域边)
					0.2916 (跨区域边)
	$a=21, \cdots, 24$	1.1293	1.3302 ↑	1.1321	1.1293
	$a=25, \cdots, 40$	0.2823	0.2854 (A 受灾点) ↑	0.2830	0.2575 (同区域边)
			0.3797 (B 受灾点) ↑		0.3071 (跨区域边)

2.4.3　算例仿真与参数分析

对所构超网络模型中相关参数作敏感性分析，观察其变化如何影响整个跨区域应急协同调配方案。

1. 需求不同的情况

当以不同区域受灾点为迄点的资源需求量不同时，对模型求解实施分析。如令 $r_{w=1,\cdots,4} = 0.8$、$s_{w=1,\cdots,4} = 0.2$；$r_{w=5,\cdots,8} = 0.9$、$s_{w=5,\cdots,8} = 0.1$。得 $x_p^*(p=1,\cdots,32) = 0.0713$、$x_p^*(p=33,\cdots,64) = 0.0949$。即 64 条路径按前后 32 条被分成两个类别，相同类别路径上的最优资源量均相等，且前一类别(前 32 条路径)的资源量小于后一类。原因是迄点至区域 B 中两受灾点的资源需求数量比区域 A 中两受灾点处所需的量要大，从而验证了需求的增加会引起各路径上调配资源量的增大。

另将其他部分结果列于表 2-5 的第 3 列，与第 2 列比较，发现：

（1）各应急环节上的资源量以及所有起迄点对间的最小救助成本都变大(表中用向

上箭头标注）。这是由于应急资源需求的增大使得需要提供更多的资源实施救助，从而应急救援耗费随之增加。

（2）以不同区域受灾点为迄点的调配资源量和最小救助成本都显现出了区别。具体地，从中转点配至区域 B 受灾点处的资源量更大（0.3797>0.2854），以区域 B 受灾点为迄点的起迄点对间最小救助成本也更大（9.0856>6.8280）。原因仍是区域 B 受灾点处需求的增大。

2. $\bar{u}_a$ 的变化

改变体现各应急主体（间）属性特征的现有应急能力 $\bar{u}_a$，例如减小表2-3中所有 $\bar{u}_a$ 值，令 $\bar{u}_a = 0.2$，其他参数不变，得 $x_p^* = 0.0708$，并将其他部分最优解列于表2-5的第4列。

与模型求解结果（表 2-5 的第 2 列）相比，发现：

（1）u_a^* 和 λ_w^* 的值变化较大。所有环节的应急能力追加都变为正数，即不仅出救点处的供给和中转点处的储备无法满足现有应急状况，且出救点到中转点、中转点到受灾点这两环节也需要通过诸如加大运力投入等方式来增强应急调配能力。各起迄点对间的最小救助成本明显增大（上箭头标注），这反映了整个应急过程加大能力追加的力度会使得成本耗费显著增加。

（2）各路径/调配边上最优资源量无明显变化，即改变现有应急能力对最优资源量的影响并不大。这主要归因于此算例未改变资源需求函数，说明在应急场景下，救援网络中最优资源量的分配决策较大程度是基于各受灾点需求的驱动。

3. 同一区域/跨区域边属性的区分

在两个资源调配层级中，连接边均可被分为两类：同区域调配和跨区域调配。同区域调配是指资源发送点与资源接收点（如出救点与中转点或中转点与受灾点）都同属于一个区域，当它们分处不同区域时则被称为跨区域协同调配。同理，起点和迄点同属于一个区域的起迄点对被记为同区域点对，否则为跨区域点对。更换超网络等价结构中跨区域调配边的相关参数设置，目的是观察当区分同区域还是跨区域应急救助不同特征时，最优资源调配方案的变化情况。例如令跨区域连接边的 $s_a = 0.7$、$r_a = 0.2$，其他参数不变，将所得结果列于表 2-5 的最后一列，与表 2-5 的第 2 列比较发现：

不仅同区域/跨区域点对间最小救助成本呈现区别，且两调配层级的最优资源量也在同区域与跨区域连接边上有所差异。具体来说，跨区域边上承灾能力的增大、灾害风险度的减小使更多资源来自于跨区域之间的救助（0.2916>0.2731, 0.3071>0.2575），导致跨区域点对间最小救助成本高于同区域点对（6.0038>5.9468）。这说明跨区域应急协调超网络的最优调配方案不只与各区域受灾点处需求量有关，也与各区域应急主体间不同的属性特征密切相关。

4. 影响差异化决策偏好的相关参数

采用模型求解算例中三种应急方式下的最优资源调配量作为基准比对数据，讨论决策偏好相关参数的变化影响，见表 2-6。

表 2-6　差异化决策偏好相关参数变化下以各种应急方式调配的最优资源量

各方式下的资源量	模型求解（基准对比）	灾害变化		差异化决策偏好变化		随机参数变化	
		$s_{(2)u}^2=1$ $s_{(4)a}^3=1$	$r_{(2)u}^1=1$ $r_{(4)a}^2=1$	$\gamma_1^1=0.5$ $\gamma_2^1=0.5$	$\gamma_1^3=0.6$ $\gamma_2^3=0.4$	$\theta=0.0001$ $\eta=0.0001$	$\theta=10000$ $\eta=10000$
$f_{(2)a}^{1*}$	0.0683	0.0661	0.0669↓	0.0552	0.0749	0.0941	0
$f_{(2)a}^{2*}$	0.1094	0.1144↑	0.1102	0.1162	0.1187	0.0941	0.1618
$f_{(2)a}^{3*}$	0.1046	0.1018	0.1052	0.1109	0.0887	0.0941	0.1203
$f_{(4)a}^{1*}$	0.1244	0.1225	0.1269	0.0629	0.1419	0.0941	0.2380
$f_{(4)a}^{2*}$	0.0698	0.0685	0.0655↓	0.0998	0.0819	0.0941	0
$f_{(4)a}^{3*}$	0.0881	0.0914↑	0.0899	0.1196	0.0585	0.0941	0.0442

（1）改变各种方式下对应的承灾能力和灾害风险度，观察灾害变化所致应急方式选择的不同。例如将两调配层级中承灾能力最小的 $s_{(2)a}^2$ 和 $s_{(4)a}^3$ 都增至 1，其他参数不变，发现如表 2-6 的第 3 列所示，除 $f_{(2)a}^{2*}$ 和 $f_{(4)a}^{3*}$ 增大外（上箭头标注），以其他方式调配的最优资源量均减小；若将两调配层级中灾害风险度最小的 $r_{(2)a}^1$ 和 $r_{(4)a}^2$ 都增至 1，其他参数不变，会造成 $f_{(2)a}^{1*}$ 和 $f_{(4)a}^{2*}$ 的减小（下箭头标注）以及采用其他方式调配资源量的增大。这表明某种应急方式的承灾能力越大或是灾害风险度越小，都会导致以此种方式调配的资源量增多，而选择其他方式的资源数量相应减少。

（2）变动决策者在不同应急情境中对各种差异化方式的权重偏好参数，观察其影响。例如改变表 2-4 中各应急方式在各衡量因素方面的权重，若将公路方式在成本（γ_1^1）和时间（γ_2^1）上的权重都设为 0.5，或令水路方式在成本（γ_1^3）和时间（γ_2^3）上的权重分别是 0.6 和 0.4，其他参数不变，结果都会使三种应急方式下的最优资源调配数量发生较大变化，见表 2-6 的第 4 列。

（3）分析随机选择模型中参数 θ 和 η 对多种差异化应急方式调配资源的影响。若将 θ 和 η 的值都减小至趋于 0，例如当 $\theta=0.0001$ 时，出现以几乎相同概率选择各应急方式的现象，即以三种方式调配的最优资源量均相等；反之，若大幅度增大 θ 和 η 至 10000，发现对各种方式的选择区别变大，体现在三种方式下的最优资源调配量呈明显差异性（见表 2-6 的第 5 列）。这就验证了 θ 和 η 可用来表征决策者对以各种方式调配所耗广义应急成本的掌握程度，如图 2-8 所示：θ 和 η 的值越小，表明决策者越不了解各种方式所致的成本，以致对选用各种应急方式的偏好差别越大，使各种差异化方式逐步有几乎均等的机会被选择；而增大 θ 和 η 意味着决策者具有相对更明确的认知，导致随机偏好的区别变小，逐渐有某种方式必然不被选择的情况发生。

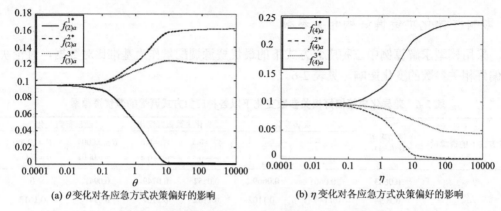

(a) θ 变化对各应急方式决策偏好的影响　　　(b) η 变化对各应急方式决策偏好的影响

图 2-8　随机参数影响下多种差异化应急方式的选择

  本节通过构建由出救点、中转点、受灾点组成的多层级超网络，提出了考虑决策者对多种差异化应急方式有选择偏好时的跨区域协同理论模型。设计典型算例对模型进行仿真求解和参数分析，实验结果表明各区域应急主体(间)的现有应急能力/承灾能力/灾害风险度、各受灾点处需求以及决策者对各差异化应急方式的选择偏好等因素都不同程度地影响着跨区域资源协同方案的优化设计。这些结论对制定相关应急管理政策具有指导意义，为不同情形下跨区域应急协同的科学决策提供有益思考。在本书下一章内容中，将考虑本章所构建的一些超网络模型在真实跨区域应急实例中的应用，并利用实证分析进一步讨论差异化区域应急协同调配的关键因素影响。

参 考 文 献

[1] Nagurney A, Dong J, Zhang D. A supply chain network equilibrium model[J]. Transportation Research Part E: Logistics and Transportation Review, 2002, 38(5):281-303.

[2] 马军. 供应链超网络均衡模型研究[D]. 大连: 大连理工大学, 2013.

[3] Baiocchi C, Capelo A. Variational and Quasivariational Inequalities: Applications to Free Boundary Problems[M]. Chichester: John Wiley, 1984.

[4] Kinderlehrer D, Stampacchia G. An Introduction to Variational Inequalities and their Applications[M]. New York: Academic Press, 1980.

[5] Nagurney A, Dong J. Supernetworks: Decision-making for the Information Age[M]. Cheltenham: Edward Elgar Publishing, 2002.

[6] Nagurney A, Zhang D. Projected Dynamical Systems and Variational Inequalities with Applications[M]. Boston: International Series in Operations Research and Management Science, 1996.

[7] Dhanda K, Nagurney A, Rramanujam P. Enviromental Networks: A framework for Economic Decision-making and Policy Analysis [M]. Cheltenham: Edward Elgar Publishing, 1999.

[8] Nagurney A, Siokos S. Finanical Networks: Statics and Dynamics [M]. Berlin: Springer-Verlag, 1997.

[9] Gwinner J. Time-dependent Variational Inequalities: Some Recent Trends [M]. Dordrecht: Equilibrium Problems and Variational Models, 2003.

[10] Cojocaru M, Daniele P, Nagurney A. Projected dynamical systems and evolutionary variational inequalities via hilbert spaces with applications [J]. Journal of Optimization Theory and Applications,

2005, 27(3):1-15.

[11] Cojocaru M, Daniele P, Nagurney A. Double-layered dynamics: a unified theory of projected dynamical systems and evolutionary variational inequalities [J]. European Journal of Operational Research, 2006, 175(1):494-507.

[12] 王志平, 王众托. 超网络理论及其应用[M]. 北京: 科学出版社, 2008.

[13] Yamada T, Imai K, Nakamura T, et al. A supply chain-transport supernetwork equilibrium model with the behaviour of freight carriers[J]. Transportation Research Part E: Logistics and Transportation Review, 2011,47(6):887-907.

[14] Nagurney A, Nagurney L S. Medical nuclear supply chain design: a tractable network model and computational approach[J]. International Journal of Production Economics, 2012,140(2):865-874.

[15] Liu Z, Nagurney A. Supply chain networks with global outsourcing and quick-response production under demand and cost uncertainty[J]. Annals of Operations Research, 2013,208(1):251-289.

[16] Farahani R Z, Rezapour S, Drezner T, et al. Competitive supply chain network design: an overview of classifications, models, solution techniques and applications[J]. Omega, 2014,45(2):92-118.

[17] Nagurney A, Loo J, Dong J, et al. Supply chain networks and electronic commerce: a theoretical perspective[J]. Netnomics, 2002,4:187-220.

[18] Nagurney A, Zhang D, Dong J. Spatial economic networks with multicriteria producers and consumers: statics and dynamics[J]. Annals of Regional Science, 2002,36:79-105.

[19] Dong J, Zhang D, Nagurney A. Supply chain networks with multicriteria decision-makers[C]. Transportation and Traffic Theory in the 21st Century, 1 Michael Taylored., Pergamon, Amsterdam, 2002: 79-196.

[20] Mahajan S, Ryzin G V. Inventory competition under dynamic consumer choice [J]. Operations Research, 2001,49: 646-657.

[21] Dong J, Zhang D, Nagurney A. A supply chain network equilibrium model with random demands[J]. European Journal of Operational Research, 2004,156:194-212.

[22] Dong J, Zhang D, Yan H, et al. Multitiered supply chain networks: multicriteria decision-making under uncertainty [J]. Annals of Operations Research, 2005,135:155-178.

[23] Nagurney A, Cruz J, Dong J, et al. Supply chain networks, electronic commerce, and supply side and demand side risk [J]. European Journal of Operational Research, 2005,164:120-142.

[24] Nagurney A, Matsypura D. Global supply chain network dynamics with multicriteria decision-making under risk and uncertainty [J]. Transportation Research E: Logistics and Transportation Review, 2005,41: 585-612.

[25] Nagurney A, Cruz J, Dong J. Global Supply Chain Networks and Risk Management: A Multi-agent Framework [M]. Berlin: Springer, 2006:103-34.

[26] Nagurney A, Zhang D. Projected Dynamical Systems and Variational Inequalities with Applications[M]. Volume in the International Series in Operations Research and Management Science, Kluwer Academic Publishers, 1996.

[27] Nagurney A, Matsypura D. A Supply Chain Network Perspective for Electric Power Generation, Supply, Transmission, and Consumption[M]. Berlin: Springer, 2006: 3-27.

[28] Wu K, Nagurney A, Liu Z, et al. Modeling generator power plant portfolios and pollution taxes in electric power supply chain networks: a transportation network equilibrium transformation[J]. Transportation Research D: Transport and Environment, 2006,11:171-190.

[29] Matsypura D, Nagurney A, Liu Z. Modeling of electric power supply chain networks with fuel suppliers

via variational inequalities[J]. International Journal of Emerging Electric Power Systems, 2007, (8) 5:15-36.

[30] Nagurney A, Liu Z, Cojocaru M, Daniele P. Dynamic electric power supply chains and transportation networks: an evolutionary variational inequality formulation [J]. Transportation Research E: Logistics and Transportation Review, 2007,43: 624-646.

[31] Cojocaru M G, Daniele P, Nagurney A. Projected dynamical systems and evolutionary variational inequalities via Hilbert spaces with applications[J]. Journal of Optimization Theory and Applications, 2005,27:1-15.

[32] Nagurney A, Liu Z, Woolley T. Optimal endogenous carbon taxes for electric power supply chains with power plants[J]. Mathematical and Computer Modelling, 2006,44: 899-916.

[33] Liu Z, Nagurney A. An integrated electric power supply chain and fuel market network framework: theoretical modeling with empirical analysis for New England [EB/OL]. http//:supernet.som.umass.edu, 2007.

[34] Nagurney A, Ke K. Financial networks with intermediation: risk management with variable weights [J]. European Journal of Operational Research, 2005,172: 40-63.

[35] Cruz J, Nagurney A, Wakolbinger T. Financial engineering of the integration of global supply chain networks and social networks with risk management [J]. Naval Research Logistics, 2006,53:674-696.

[36] Cruz J. Dynamics of supply chain networks with corporate social responsibility through integrated environmental decision-making [J]. European Journal of Operational Research, 2008, (184) 1:1005-1031.

[37] Hsueh C, Chang M. Equilibrium analysis and corporate social responsibility for supply chain integration[J]. European Journal of Operational Research, 2008, (190) 10:116-129.

[38] Nagurney A, Toyasaki F. Reverse supply chain management and electronic waste recycling: a multitiered network equilibrium framework for e-cycling[J]. Transportation Research E, 2005, 41: 1-28.

[39] Hammond D, Beullens P. Modelling oligopolistic closed loop supply chains [C]. Proceedings of 13th CIRP Life Cycle Engineering Conference, 2006.

[40] Nagurney A, Dong J. Management of knowledge intensive systems as supernetworks: modeling, analysis, computations and applications[J]. Mathematical and Computer Modelling, 2005,42:397-417.

[41] 徐兵, 朱道立. 多用户多准则随机选择下供应链网络均衡模型[J]. 系统工程学报, 2008, 23 (5): 547-553.

[42] 滕春贤, 胡引霞, 周艳山. 具有随机需求的供应链网络均衡应对突发事件[J]. 系统工程理论与实践, 2009, 29 (3): 16-20.

[43] 张茹秀, 计国君. 基于异质消费群体的生态供应链网络均衡模型[J]. 生态经济, 2010 (3): 22-27, 31.

[44] 李学迁, 吴勤, 朱道立. 具有随机需求的多商品流闭环供应链均衡模型[J]. 系统工程, 2011, (29) 10:51-57.

[45] 杨鹏, 史峰. 基于商品供需网络的城市物流仓储设施均衡模型及应用[J]. 系统工程理论与实践, 2012,32 (8):1681-1691.

[46] 徐兵, 张小平. 基于二次订货与回购的供应链网络应对需求扰[J]. 系统工程学报, 2012, 27 (5): 668-678.

[47] 席运江, 党延忠. 基于加权超网络模型的知识网络鲁棒性分析及应用[J]. 系统工程理论与实践, 2007, (4) 4:134-140.

[48] 沈秋英, 王文平. 基于社会网络与知识传播网络互动的集群超网络模型[J]. 东南大学学报 (自然科学版), 2009, 39 (2): 413-418.

[49] 于洋, 党延忠. 组织人才培养的超网络模型[J]. 系统工程理论与实践, 2009, (4) 4:154-160.

[50] 席运江，党延忠，廖开际. 组织知识系统的知识超网络模型及应用[J]. 管理科学学报，2009，(6) 3:12-21.

[51] 张苏荣, 王文平. 知识型企业的超网络均衡研究[J]. 南京航空航天大学学报（社会科学版），2011，(3) 1:25-30.

[52] 曹霞, 刘国巍. 基于社会资本的产学研合作创新超网络分析[J]. 管理评论，2013,25(4):115-124,157.

[53] 朱莉, 曹杰. 超网络视角下灾害应急资源调配研究[J]. 软科学, 2012, 26(11): 38-42.

[54] 朱莉, 曹杰. 灾害风险下应急资源调配的超网络优化研究[J]. 中国管理科学, 2012,20(6):141-148.

[55] 曹杰, 朱莉. 考虑决策偏好的城市群应急协调超网络模型[J]. 管理科学学报, 2014, 17(11):33-42.

[56] 朱莉, 曹杰. 城市群应急资源协调调配的超网络结构研究[J]. 管理评论, 2015, 27(7): 207-217.

[57]] Nagurney A, Cruz J, Wakolbinger T. The Co-evolution and Emergence of Integrated International Financial Networks and Social Networks: Theory, Analysis, and Computations[M]. Berlin: Springer, 2007:183-226.

[58] Nagurney A. A system-optimization perspective for supply chain network integration: the horizontal merger case[J]. Transportation Research Part E: Logistics and Transportation Review, 2009,45(1): 1-15.

[59] Nagurney A, Qiang Q. Fragile Networks: Identifying Vulnerabilities and Synergies in an Uncertain World[M]. New Jersey: John Wiley and Sons, 2009.

[60] 曹杰, 朱莉. 现代应急管理[M]. 北京: 科学出版社, 2011.

[61] Tüfekçi S. An integrated emergency management decision support system for hurricane emergencies[J]. Safety Science, 1995,20(1):39-48.

[62] Green L V, Kolesar P J. Improving emergency responsiveness with management science[J]. Management Science, 2004,50(8):1001-1014.

[63] Costello K W. Interregional coordination versus RTO mergers: a cost-benefit perspective[J]. The Electricity Journal, 2001, 14(2):13-24.

[64] Groothedde B, Ruijgrok C, Tavasszy L. Towards collaborative, intermodal hub networks: a case study in the fast moving consumer goods market[J]. Transportation Research Part E: Logistics and Transportation Review, 2005,41(6):567-583.

[65] 史培军. 制定国家综合减灾战略、提高巨灾风险防范能力[J]. 自然灾害学报, 2008, 17(1): 1-8.

[66] 张永领. 应急资源的区域联动研究[J]. 经济与管理, 2011, 25(6): 91-95.

[67] Kutanoglu E, Mahajan M. An Inventory sharing and allocation method for a multi-location service parts logistics network with time-based service levels[J]. European Journal of Operational Research, 2009,194(3):728-742.

[68] 吕志奎, 朱正威. 美国州际区域应急管理协作: 经验及其借鉴[J]. 中国行政管理, 2010, (11):103-109.

[69] Calixto E, Larouvere E L. The regional emergency plan requirement: application of the best practices to the Brazilian case[J]. Safety Science, 2010,48(8):991-999.

[70] Arora H, Raghu T S, Vinze A. Resource allocation for demand surge mitigation during disaster response[J]. Decision Support Systems, 2010,50(1):304-315.

[71] 滕五晓, 王清, 夏剑霭. 危机应对的区域应急联动模式研究[J]. 社会科学, 2010, (7): 63-38.

[72] 佘廉, 曹兴信. 我国灾害应急能力建设的基本思考[J]. 管理世界, 2012, (7):176-177.

[73] Sawik T. Selection of resilient supply portfolio under disruption risks[J]. Omega, 2013,41(2):259-269.

[74] Toro-Díaz H, Mayorga M E, Chanta S, et al. Joint location and dispatching decisions for emergency medical services[J]. Computers and Industrial Engineering, 2013,64(4):917-928.

[75] Li J, Li Q R, Liu C, et al. Community-based collaborative information system for emergency

management[J]. Computers and Operations Research, 2014,42:116-124.

[76] Jenelius E, Petersen T, Mattsson L G. Road network vulnerability: identifying important links and exposed regions[J]. Transportation Research Part A: Policy and Practice, 2006, 40 (7): 537-560.

[77] 陈安, 陈宁, 倪慧荟. 现代应急管理理论与方法[M]. 北京: 科学出版社, 2009.

[78] 周晶. 随机交通均衡配流模型及其等价的变分不等式问题[J]. 系统科学与数学, 2003, 23 (1):120-127.

[79] 曹杰, 杨晓光, 汪寿阳. 突发公共事件应急管理研究中的重要科学问题[J]. 公共管理学报, 2007, 4 (2): 84-93.

[80] 何建敏, 刘春林, 曹杰, 等. 应急管理与应急系统——选址、调度与算法[M]. 北京: 科学出版社, 2005.

[81] Haghani A, Oh S C. Formulation and solution of a multi-commodity, multi-modal network flow model for disaster relief operations[J]. Transportation Research Part A: Policy and Practice, 1996, 30 (3): 231-250.

[82] 刘春林, 何建敏, 盛昭瀚. 应急系统调度问题的模糊规划方法[J]. 系统工程学报, 1999, 14 (4): 351-355,365.

[83] 唐伟勤, 陈荣秋, 赵曼, 等. 大规模突发事件快速消费品的应急调度[J]. 科研管理, 2010, 31 (2): 121-125.

[84] 李守英, 马祖军, 郑斌, 等. 洪灾被困人员搜救问题的集成优化研究[J]. 系统工程学报, 2012, 27 (3): 287-294.

[85] 戴更新, 达庆利. 多资源组合应急调度问题的研究[J]. 系统工程理论与实践, 2000, 20 (9): 52-55.

[86] Barbarosoglu G, Arda Y. A two-stage stochastic programming framework for transportation planning in disaster response [J]. Journal of the Operational Research Society, 2004, 55 (1): 43-53.

[87] 王新平, 王海燕. 多疫区多周期应急物资协同优化调度[J]. 系统工程理论与实践, 2012, 32 (2): 283-291.

[88] 胡祥培, 孙丽君, 王雅楠. 物流配送系统干扰管理模型研究[J]. 管理科学学报, 2011, 14 (1): 50-60.

[89] Tzeng G H, Cheng H J, Huang T D. Multi-objective optimal planning for designing relief delivery systems[J]. Transportation Research Part E: Logistics and Transportation Review, 2007, 43 (6): 673-686.

[90] Yan S Y, ShihY L. Optimal scheduling of emergency road way repair and subsequent relief distribution[J]. Computers and Operations Research, 2009, 36 (6): 2049-2065.

[91] Yi W, Ozdamar L. A dynamic logistics coordination model for evacuation and support in disaster response activities[J]. European Journal of Operational Research, 2007, 179 (3): 1177-1193.

[92] Mete H O, Zabinsky Z B. Stochastic optimization of medical supply location and distribution in disaster management[J]. International Journal of Production Economics, 2010, 126 (1): 76-84.

[93] Chang M S, Tseng Y L, Chen J W. A scenario planning approach for the flood emergency logistics preparation problem under uncertainty[J]. Transportation Research Part E: Logistics and Transportation Review, 2007, 43 (6): 737-754.

[94] Sheu J B. Dynamic relief-demand management for emergency logistics operations under large-scale disasters[J]. Transportation Research Part E: Logistics and Transportation Review, 2010, 46 (1): 1-17.

[95] Nagurney A. On the relationship between supply chain and transportation network equilibria: a supernetwork equivalence with computations[J]. Transportation Research Part E: Logistics and Transportation Review, 2006, 42 (4): 293-316.

[96] 徐红利, 周晶, 徐薇. 基于累积前景理论的随机网络用户均衡模型[J]. 管理科学学报, 2011, 14 (7): 1-7, 54.

第 3 章　跨区域应急协同决策方法的实证应用研究

如第 2 章所述，频繁发生的灾害事件逐渐呈现跨区域性特征，究其原因或由于灾害本身根源及其波及范围跨区域，又或灾害所致影响的严重性已超越单个区域的应对能力。随着各邻近区域之间社会经济联系的愈发紧密，建立统筹部署、集成资源的区域联动应急协同模式逐渐被提上日程。如 2009 年在泛珠三角区域，内地 9 省(区)建立的全国首个省级区域性应急管理联动机制，开辟了我国区域应急协同先河。随后，2011 年京津冀城市群食品安全应急协同联动机制正式建立，2013 年京津冀构建区域重污染天气应急响应体系，2013 年沪苏浙皖签署《长三角地区跨界环境污染事件应急联动工作方案》[1]，这种种跨区域应急联动机制的构建，体现了倡导突破行政区域局限、集中资源、协同提高应急效率的目标。本章研究选择近年来真实的跨区域应急协同案例为分析对象，对所构建的跨区域应急协同超网络模型实施应用实证分析，并结合系统动力学方法深入探讨影响跨区域应急协同决策的关键因素。

3.1　跨区域应急协同的超网络应用实证——以太湖蓝藻事件为例

如前 2.1.3 节所述，在学术界已有不少学者关注跨区域应急协同问题，近期国内的研究如湛孔星和陈国华[2]、滕五晓等都强调突发灾害下跨区域应急协同救援体系建设的重要性，并对架构多层次、网络状的跨区域应急协同管理模式提出相应的对策和建议。汪伟全认为跨区域应急联动协同能力主要包括资源保障、信息沟通、风险预警、应急协调以及恢复重建能力五个要素[3]。肖俊华和侯云先以北京市昌平区救灾物资储备库优化为例，构建了跨区域救灾多目标多级覆盖设施选址模型[4]。与第 2 章所涉观点一致，总结目前跨区域应急协同的相关工作主要以提出定性概念框架为主，研究思路大多是分析跨区域应急体系构建的原因与影响因素、探讨跨区域应急协同模式及待解决的关键问题。也有少数的一些定量研究，采用的方法是运筹学理论中各类规划模型[4]，但此类优化建模也未特别关注各不同区域之间的差异化影响。而需再次强调的是，面对由来自不同区域的多个应急主体构成的跨区域应急协同救援体系，如何处理各区域间应急资源的共享集成问题，如何用定量的方法来理清不同区域应急主体之间的相互合作关系，以及如何平衡整个协同应急系统全局和单个应急主体个体的应急优化目标，这些都是跨区域应急协同机制构建中至关重要却又尚未解决的科学问题，直接影响到应急资源在跨区域环境中的高效集成和协同调配能力。

本小节以 2007 年太湖蓝藻事件为例，应用超网络方法来定量分析在应对蓝藻事件过程中跨区域应急资源调配的内在协同机制。研究内容安排如下：首先，介绍蓝藻水污染应急事件中牵涉的太湖和长江三角洲城市苏州、无锡、常州等研究区域及案例概况；然后，对采用超网络方法研究跨区域协同应急实施简单的可行性分析，并构造出由来自不同区域应急主体组成的跨区域联动应急协同超网络结构；接着，定量化表达跨区域应急协同的优化目标和协同救助受灾点的最优决策行为，构建跨区域应急资源协同调配的超网络模型；最后，将构建的超网络模型应用于太湖蓝藻事件中跨区域应急资源的协同优化配置研究，对关键参数进行敏感性分析，为完善跨区域应急协同机制建设提供有益思考。

3.1.1　实证区域概况及研究背景

太湖是中国第三大淡水湖，位于江苏省南部、长江三角洲中部，地处平原地区，是个浅水湖，全部水域在江苏省境内，湖水南部与浙江省相连。整个太湖水系共有大小湖泊 180 多个，连同进出湖泊的大小河道组成一个密如蛛网的水系。除现有 51 个岛屿之外，太湖实际水面面积为 2338.1 平方公里，湖岸线总线为 405 公里，平均水深 1.89 米[5]。太湖横跨长三角的苏州市(吴中区、相城区、虎丘区、吴江区)、无锡市(滨湖区、宜兴市)、常州市(武进区)、湖州市(长兴县、吴兴区)，形成环太湖城市群。太湖由苏州、无锡、常州三市共同管辖，各水域管辖比例分别为：苏州管辖 70%、无锡 28.5%、常州 1.5%。

苏州位于江苏省东南部，濒临东海，东邻上海、西抱太湖，紧邻无锡和江阴，隔太湖遥望常州和宜兴。苏州市总面积 8848.42 平方公里(含太湖水域)，常住人口 1176.91 万人(第六次全国人口普查)。苏州市共辖 5 个市辖区：姑苏区、虎丘区、吴中区、相城区、吴江区；1 个县级行政管理区即苏州工业园区；4 个县级市：常熟市、张家港市、昆山市、太仓市。无锡是太湖流域的交通中枢，北倚长江、南濒太湖、东接苏州、西连常州。无锡市总面积 4606.75 平方公里(含太湖水域)，常住人口 637.26 万人(第六次全国人口普查)。无锡市辖 6 个行政区：崇安区、南长区、北塘区、滨湖区、惠山区、锡山区；2 个县级市：江阴市、宜兴市；1 个国家级开发区：无锡新区。常州是长三角中心地带，北携长江，南衔太湖，东望东海，与上海、南京、杭州皆等距相邻，扼江南地理要冲，与苏州、无锡联袂成片。常州市总面积 4385 平方公里(含太湖水域)，至 2012 年底常住人口 468.68 万人。常州市共辖 5 个市辖区：武进、新北、天宁区、钟楼区、金坛区；1 个县级市：溧阳市[5]。

2007 年 5、6 月间太湖爆发蓝藻水污染事件，对周边城市正常经济运转和居民生活造成严重影响。5 月 14 日，太湖西北部水域出现较大范围蓝藻，面积达 151 平方公里；28 日上午无锡贡湖沙渚取水口水质虽基本正常，但水色已略发黄，下午起集聚在取水口的藻类突然大量死亡，水中溶解氧迅速下降，导致总氮、总磷等指标大幅上升；29 日早晨，无锡市民家中自来水夹带明显的腐败性臭味，无锡水源地水质严重恶化、水体黑臭，不能满足供水要求，水厂被迫停止供水。无锡市民纷纷前往超市抢购纯净水和面包，整个无锡笼罩在水污染的巨大阴影中。水危机发生之后，无锡市政府立刻采取了一系列应急措施，如增加了"引江济太"调水的力度和容量；令自来水公司紧急采取技术提高自来水水质；组织市民打捞蓝藻；实施人工降雨改善水质等。尤其紧急启动应急预案，组织从常州、苏州等周边城市大批量调运纯净水，在邻近区域开通纯净水运输绿色通道，保证无锡市饮用水市场供应。

自此次蓝藻事件之后，政府意识到跨区域应急协同的重要性，针对长三角经济环境跨界联系紧密的现象，众多专家也一再呼吁构建跨区域应急合作机制。2009 年 7 月，江浙沪共同签订了长三角地区跨界环境污染纠纷处置和应急联动工作方案；2012 年 10 月，在泛长三角新成员安徽的提议下，苏浙皖沪三省一市签订跨界联动协议，并通过《长三角地区环境应急救援物资信息调查工作方案》。2012 年 12 月~2013 年 1 月，上海、江苏、浙江、安徽分别组织开展环境应急救援物资信息调查，通过调研生产和储备情况，基本摸清了长三角地区环境应急救援物资生产企业和应急物资储备状况。随后在 2013 年 4 月 26 日召开的 2012 年度长三角地区跨界环境污染纠纷处置和应急联动工作总结会议上，印发了《长三角地区环境应急救援物资信息库》，包括 143 家环境应急救援物资生产企业和 1057 条环境应急救援物资储备信息，初步形成环境应急物资跨区域协同网络[1]。

3.1.2　太湖蓝藻事件的应急超网络结构及模型

面对太湖蓝藻事件的跨区域应急应对，下面构造合适的超网络结构及模型予以刻画，虽然其主要建模思路与前 2.2.1 节类似，但由于本节研究需应用此超网络模型进行实证分析，故在此再次简述整个建模过程。

1. 跨区域应急协同的超网络结构

采用第 2 章详述的超网络方法对蓝藻事件中跨区域应急资源的协同调配优化实施分析。仍选择针对应急救助活动中典型的"出救点(储备库)—受灾点(需求点)"两级资源调配过程，首先构造以 A 和 B 两城市为例的跨区域协同应急超网络结构(图 3-1(a))：把各城市多出救点(资源储备库)和多受灾点(资源需求点)等应急主体抽象成网络中的节点，将各城市应急主体间资源调配(指令)关系抽象成网络中的有向边，以实线表示；两城市应急网络之间的相互关联关系则用虚线连接，意味着两个网络之间的相互协同联动作用。在这个超网络中，既有不同层级间的纵向合作(如某出救点将一定数量的应急资源送至某受灾点)，同时也存在同一层级诸如选择哪个出救点去救助某受灾点等问题的横向竞争。同 2.1.3 节所述，基于跨区域应急资源协同调配超网络结构，可构建一个与之功能等价的层级网络用以建模优化分析(图 3-1(b))。参考《长三角地区跨界环境污染事件应急联动工作方案》，设立跨区域应急协同总指挥中心 O 来协调不同城市的合作应急，使各城市受灾点不但与本城市内出救点有关联，也可接受来自邻近区域其他城市的应急资源救助。

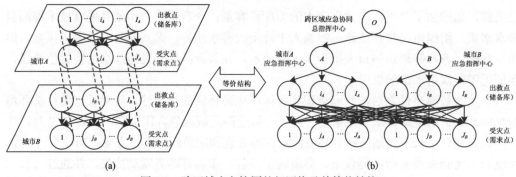

图 3-1　跨区域应急协同的超网络及其等价结构

2. 跨区域应急协同的超网络模型

鉴于不同城市协同应急合作关系的复杂性，为便于超网络模型的构建，与第 2 章建模分析类似，作如下假设：①各出救点配给和各受灾点接收的应急资源都是同种类、可替代、无差异的，以保证在选择出救点实施救助的决策中无需考虑资源区别因素。②应急指挥中心发出救助指令给各出救点、各出救点接收指令后调配资源至各受灾点。③资源调配活动中涉及的应急主体均是理性的，他们在符合应急能力范围（如不超出储备库容量限制）、满足资源需求的基础上，以最小化应急成本和时间为优化目标。④应急成本和时间函数是连续可微的凸函数。

1）应急资源协同调配的优化目标

在如图 3-1 所示的跨区域应急协同超网络等价结构中，用 a 表示任意两节点间的连接边，L 表示所有边的集合，$a \in L$；p 是图 3-1 等价结构中连接网络起迄点的任一路径（从指挥中心→出救点→受灾点的某路径 p 由若干条边 a 组成），全体路径的集合用 P 来表示，$p \in P$；f_a 是边 a 上应急资源流量；v_a 是每条边的脆弱性，现实中体现为由于受外界扰动或灾害事件影响而导致应急救助活动失效的程度，通常与失效概率和失效后果有关[6]，v_a 往往可从"应急网络中哪些连接边易于中断"和"哪些连接边对于整个应急系统的运作最为关键"这两个方面来测度；s_a 是边 a 上资源应急能力上限，其数值可以从此调配路段对应出救点的资源供应保障能力或该路段的最大通行能力等指标中获得；x_p 是路径 p 上的应急资源流量。v_a 和 s_a 均是能展现不同区域差异性的关键指标。

由假设条件①②③，跨区域应急协同超网络主体面临两个决策目标：应急成本最小 $\min \sum_{a \in L} c_a(f_a, v_a)$ 和应急时间最短 $\min \sum_{a \in L} t_a(f_a, v_a)$。目标函数 $c_a(f_a, v_a)$、$t_a(f_a, v_a)$ 分别代表边 a 上应急资源调配所耗费的成本和时间，考虑其不仅与各边上资源流量有关[7-8]，还与各边的脆弱性有关。跨区域应急资源协同调配的超网络优化目标表述为：在一定应急能力限制下，选择合适出救点对受灾点实施合理量的资源救助，使得应急成本和时间最小。

同参考文献[9]，仍可采用赋予权重的方式将多目标问题转化成单目标，构建跨区域应急资源协同调配的广义优化问题：

$$\min \sum_{a \in L} g_a(f_a, v_a) = \alpha_1 \sum_{a \in L} c_a(f_a, v_a) + \alpha_2 \sum_{a \in L} t_a(f_a, v_a)$$
$$\text{s.t.} \quad f_a \leqslant s_a, \quad f_a = \sum_{p \in P} x_p \delta_{ap}, \quad G_p = \sum_{a \in L} g_a \delta_{ap}, \quad x_p \geqslant 0 \tag{3-1}$$

约束条件是资源流量需符合一定应急能力限制，即 $f_a \leqslant s_a$，表示每条边上资源流量不能超过此边相应的能力上限，若具体到出救点与受灾点间连接边的能力上限，可理解为两者之间调配应急资源的负荷限量。此外，路径和边之间存在一定关联关系约束，如 $f_a = \sum_{p \in P} x_p \delta_{ap}$ 表示某边 a 上资源流量等于经过此条边的各路径 p 上资源流量之和。δ_{ap} 是应急资源协同调配超网络中的连接关系变量，反映了边和路径的关系（即若路径 p 包含边 a 时，$\delta_{ap} = 1$；否则 $\delta_{ap} = 0$）。再如，$g_a(f_a, v_a)$ 表示边 a 上广义应急目标函数（下称广义应急成本），α_1 和 α_2 分别是应急资源救助决策中所耗成本和时间这两个衡量目标的相应权重，$\alpha_1 + \alpha_2 = 1$。相应地，可用 G_p 表示与路径 p 相关的广义应急函数，路径与边的广义应急费用之间存在关联：$G_p = \sum_{a \in L} g_a \delta_{ap}$，即某路径 p 上广义应急成本是构成此路径的各边 a 的广义应急成本之和。最后，$x_p \geqslant 0$ 是对各路径上应急资源流量的非负限制。

2）对受灾点实施资源救助的最优行为

由于选择出救点对各受灾点实施应急资源救助的行为很难用一个最优目标来表达，应急指挥中心对资源调配的合理决策更多是从相互比较的角度来考虑。故仍采用交通网络均衡中的用户最优选择行为（Wardrop 准则）进行分析[8,10]：

$$G_p(x_p^*) - \lambda_w^* \begin{cases} = 0 & x_p^* > 0 \\ \geqslant 0 & x_p^* = 0 \end{cases} \tag{3-2}$$

用 w 表示图 3-1 超网络等价结构中任一起迄点对，W 是全体起迄点对集合，$w \in W$；λ_w 是某一起迄点对 w 上的资源救助失效成本，可理解为应急资源从某起点被送至某迄点所需的最小救助成本。式 (3-2) 表示以应急救助成本最小为标准来选择资源调配路径：只有当某路径 p 上的广义应急成本 $G_p(x_p)$ 等于最小救助成本时，才选择此路径实施应急救援；否则，该路径 p 上的应急资源流量 x_p 为 0。

另外，为满足受灾点需求，各起迄点对间应急资源的需求量与通过各路径调配至受灾点的资源总流量之间存在如下关系：

$$\sum_{p \in P_w} x_p^* \begin{cases} = d_w(v_w, \lambda_w^*) & \lambda_w^* > 0 \\ \geqslant d_w(v_w, \lambda_w^*) & \lambda_w^* = 0 \end{cases} \tag{3-3}$$

P_w 是连接某起迄点对 w 的所有路径集合，任一路径 $p \in P_w$；$d_w(v_w, \lambda_w)$ 是某起迄点对 w 间的应急资源需求量，假定它与此点对间实施应急救助的脆弱性 v_w 以及最小应急救助成本

λ_w 有关。由于图 3-1 超网络等价结构中起点始终都是具有行政职能的应急指挥中心，故可将 ν_w 简化理解为反映各受灾点处(网络迄点)脆弱性或承灾能力的因子，它与该受灾区域的人口密度、基础设施、应急意识等因素有关，可从受灾概率和受灾后果两方面来测度，也是体现不同区域应急救助差异性的关键指标之一。式(3-3)是对各受灾点提供应急资源救助的必要条件：若存在应急资源救助活动，向各受灾点调配资源的总供给量必须满足其需求量；而只有当相应路径上资源调配的总流量超过此起迄点对间资源需求量(供大于求)时，才可停止应急救助活动，此时最小应急救助成本 λ_w 为 0。

3.1.3　太湖蓝藻事件的跨区域应急协同分析

　　2007 年太湖蓝藻事件中两个比较严重的水污染地是无锡市的滨湖区和宜兴市，在实证分析中将这两地视为受灾点，应急物资需求品种暂考虑为纯净水。根据《长三角地区环境应急救援物资信息库》，与受灾点邻近区域有 3 个应急物资储备库可作为出救点，分别位于：无锡市的锡山区、常州市的武进区、苏州市的吴中区，如此形成的跨区域应急协同网络如图 3-2 所示。

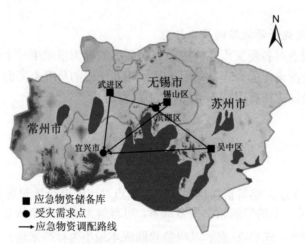

图 3-2　太湖蓝藻事件中跨区域应急协同网络示意图

1. 跨区域应急协同的最优资源调配方案

　　根据地图显示，得到出救点与受灾点之间的救援路程及耗时：无锡锡山至无锡滨湖，快速内环(南线)，12.5km、18min；无锡锡山至无锡宜兴，S48 沪宜高速，72.3km、70min；常州武进至无锡滨湖，S38 常合高速和 G42 沪蓉高速，68.2km、56min；常州武进至无锡宜兴，常武南路，51.7km、59min；苏州吴中至无锡滨湖，G2 京沪高速，60.8km、52min；苏州吴中至无锡宜兴，G42 沪蓉高速和 S48 沪宜高速，125km、98min。综合考虑各救援路径的路况、距离、应急物资储备库等级以及受灾区域的面积和人口等因素，对太湖蓝藻事件中跨区域应急协同网络设置相关参数，并将其列于表 3-1。其中，$\nu_a \in \{1,2,3,4,5\}$

和 $s_a \in \{1,2,3,4,5\}$ 是参考中国大陆公路被分为高速、一级、二级、三级、四级五个等级而设定，公路等级越高，v_a 值越小，s_a 值越大。v_w 的值直接依赖于受灾区域人口规模，v_{w_1} 表示具有 78 万人口的无锡滨湖区的脆弱性，v_{w_2} 指拥有 124.37 万人的无锡宜兴市的脆弱性。另设各起迄点对间纯净水物资的需求（单位：万瓶）函数 $d_w(v_w, \lambda_w) = v_w - \lambda_w$，该表达式直观反映了灾区脆弱性与最小救助成本对应急物资需求量的影响。

表 3-1　太湖蓝藻事件中跨区域应急协同实例的参数设置

边	起点	终点	$g_a(f_a, v_a)$	v_a	s_a
1	无锡锡山区	无锡滨湖区	$(v_1 + 1)f_1$	$v_1 = 2$	$s_1 = 4$
2	无锡锡山区	无锡宜兴市	$(3v_2 + 1)f_2$	$v_2 = 1$	$s_2 = 5$
3	常州武进区	无锡滨湖区	$(2v_3 + 1)f_3$	$v_3 = 1$	$s_3 = 5$
4	常州武进区	无锡宜兴市	$(2v_4 + 1)f_4$	$v_4 = 3$	$s_4 = 3$
5	苏州吴中区	无锡滨湖区	$(3v_5 + 1)f_5$	$v_5 = 1$	$s_5 = 5$
6	苏州吴中区	无锡宜兴市	$(6v_6 + 1)f_6$	$v_6 = 1$	$s_6 = 5$

如图 3-2 所示，采用苏锡常跨区域应急协同机制来协调应对太湖蓝藻事件中激增的纯净水需求，用 g_A、g_B 和 g_C 分别表示超网络结构中"无锡市锡山区应急指挥中心"、"常州市武进区应急指挥中心"以及"苏州市吴中区应急指挥中心"与"跨区域应急协同总指挥中心 O"之间的广义协同成本，暂先考虑跨区域应急协同成本 $g_A = g_B = g_C = 0$。将表3-1中相关参数和函数表达代入超网络模型，应用 MATLAB R2010b 实现求解的 Euler 算法[19]，收敛条件是 $\|X^k - \max\{X^k - F(X^k)\}, 0\| \leq 0.001$，所有输入变量的初始值都设为 100。优化求解花费约 10 秒、历经 24 706 步迭代，其良好的收敛效果验证了所建模型的有效性，得出跨区域应急协同的最优资源调配方案为：无锡锡山配送 35 342 瓶纯净水至滨湖区、48 551 瓶至宜兴市；常州武进配送 45 554 瓶纯净水至滨湖区、27 447 瓶至宜兴市；苏州吴中配送 44 405 瓶纯净水至滨湖区、46913 瓶至宜兴市。由式(3-2)中目标函数，能够计算出三城市采取跨区域应急协同模式所耗广义总成本为 $TC_O = 113.503$ 万元。

2. 影响跨区域应急协同的关键因素分析

1) v_a 的变化影响

由表 3-1，跨区域应急协同网络中边 1 和 2 表示的是无锡市自救(同城应急)，边 3~6 意味着常州和苏州市共同参与协同应急(跨城应急)，故下面分同城和跨城救助两个角度来分析：同城救助，以无锡锡山至无锡宜兴为例，若改变 v_2 值由 1 到 5，超网络优化方案中宜兴获来自无锡自救的纯净水数量逐渐减少，另一受灾区域滨湖接受无锡自救的纯净水数量呈上升态势，且整个跨城救助物资总数量逐渐增加，如图 3-3(a)所示；跨城救助，以常州武进至无锡滨湖为例，使 v_3 值从 1 至 5 变化，发现武进配往滨湖的纯净水数量逐渐减少，而武进配至另一受灾点宜兴的数量却愈加增多，且由无锡市自救的物资总数量呈上升态势，如图 3-3(b) 所示。

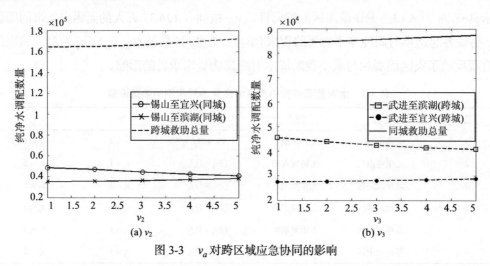

(a) v_2　　　　(b) v_3

图 3-3　　v_a 对跨区域应急协同的影响

　　这一方面说明，不论是同城还是跨城救助，出救点与受灾点间的脆弱性均对自身应急资源调配数量有负面影响，超网络中某连接边的脆弱性越大，此边对应的出救点与受灾点间调配资源的数量越小，相应同一出救点对其他受灾点实施应急救助的数量就越大；另一方面，面对灾害事件，是否启动跨区域应急协同的超网络模式，与各区域间资源调配运作的脆弱性有很大关系，只有在同城救助承灾能力不足或跨城救助脆弱性较小、承灾力较强的情形下，跨区域应急协同才显得更有意义，更能发挥其优势。

　　2) s_a 的变化影响

　　仍以同城和跨城为例代表两类应急救助模式，分别讨论同区域和跨区域救援对应急超网络优化方案的影响：同城救助，此处选择以无锡锡山至无锡滨湖为例，将表 3-1 中 s_1 值由 5 减小至 1，发现由锡山配送至滨湖的纯净水量随之减少，救助滨湖所需的最小成本逐渐增加，导致滨湖不得不更加依赖于常州和苏州市的应急救援，跨城救助的物资总数量相应增大，见表 3-2。跨城救助，观察 s_6 由 5 至 1 带来的变化，发现苏州吴中配至无锡宜兴的纯净水数量逐渐减少，对灾区宜兴实施救助的最小成本也随之增加，进而致使常州武进至宜兴以及无锡锡山至宜兴调配物资数量均增大，且无锡市同城自救的物资总量呈上升趋势，见表 3-2。

　　这反映了应急能力限制不仅影响资源调配数量，也对受灾区域最小救助成本的变化有着重要作用。首先，同城或跨城救助的应急可供能力紧缩，导致相应出救点至受灾区域配送的纯净水数量减少，而为了满足该受灾区域对应急物资的需求，从而致使其他出救点输送至该受灾区域的物资总数量增加；其次，同城应急救助能力上限的增加或跨城应急可供能力的减小，均会使得跨区域应急协同的优势减弱，反之亦然；再者，出救点至受灾点间的应急能力上限越小，意味着该应急路径上资源的可负荷量越少，故对此受灾点实施应急救助的最小成本呈现相应增加态势。

表 3-2 s_a 对跨区域应急协同的影响

s_1	5	4	3	2	1
锡山至滨湖(同城)/瓶	45 561	35 342	24 303	11 420	11
武进和吴中至滨湖/瓶	89 867	89 959	90 706	95 418	99 975
跨城救助总量/瓶	164 063	164 319	165 674	172 636	179 776
滨湖最小救助成本/元	647 106	657 265	667 630	673 636	680 029
s_6	5	4	3	2	1
吴中至宜兴(跨城)/瓶	46 913	37 339	27 785	18 246	8719
锡山和武进至宜兴/瓶	75 998	76 293	76 602	76 924	77 259
同城救助总量/瓶	83 893	83 907	83 939	83 989	84 061
宜兴最小救助成本/元	1 121 614	1 130 812	1 139 971	1 149 098	1 158 197

3) v_w 的变化影响

若无锡滨湖区在太湖蓝藻事件中脆弱性由 1 逐步放大到 5 倍,发现由无锡锡山、常州武进、苏州吴中调配至滨湖的应急纯净水总量呈现稳步增加态势,对滨湖的最小救助成本随之逐渐上升,且整个跨区域应急协同超网络所耗广义总成本也不断增加,如图 3-4(a) 所示。现对无锡宜兴市的脆弱性实施同样过程的参数分析,结论一致,见图 3-4(b)。这说明,与人口规模密切相关的受灾区域脆弱性,其数值的大小间接反映灾害强度,直接影响到应急物资的需求量,进而正向关联超网络中应急物资的调配数量和应急成本。因此,越脆弱的各城市受灾点就越需要跨区域应急协同的超网络模式实施资源救助。从另外一个角度来说,若能通过加强城市内部基础设施建设或增强城市居民应急防范意识等措施来减小受灾点的脆弱性,能够有助于提高各区域独自应急救助的能力。

综上,本节应用第 2 章介绍的超网络方法构建了一个跨区域应急协同的超网络模型,并将其应用于研究 2007 年太湖蓝藻事件中苏州、无锡、常州三城市跨区域应急资源的协调合作机制。以应急成本最低和时间最短为优化决策目标,结合面向受灾区域实施最优救助行为的建模思路,对水污染事件中无锡滨湖和无锡宜兴两受灾区域进行合理的应急物资救援配置,设计出跨区域应急协同的超网络优化方案,并进一步对关键因素影响实施分析,基于参数分析结果可总结给出有关跨区域应急协同机制优化的如下建议。

跨区域应急协同体系中所涉某区域的脆弱性反映在一些指标测度中,包括人口密度指数、人口年龄结构指数、经济密度指数、建筑物密度指数、公路敏感性指数、生命线工程密度指数、区域疏散脆弱性指数以及精细化土地类型易损指数等[11]。这些脆弱性指标及各区域资源调配能力上限对整个应急效能至关重要,建议通过灾前准备、灾中响应和灾后恢复三个方面的综合措施加以保障:①灾前准备可利用制定跨区域法律法规保障体系、建立跨区域应急预案、定期实施跨区域应急演练、加大灾害监测预警水平、加强跨区域固有基础设施、完善跨区域应急组织机构、提升跨区域预防突发事件的重视程度

(如完善区域性应急储备库网络以加大跨区域应急资源保障力度)等方式来完成。②灾中响应主要是加大各区域应急主体参与力度，使其积极配合、整合并调配应急资源来共同应对灾害，具体涉及的因素包括跨区域灾害响应力度、跨区域行动决策协调能力(快速性及一致性)、跨区域信息沟通水平(满足及时、准确、对称和共享等原则)以及参与跨区域应急人员的素质等。③灾后恢复是指使受灾区域恢复正常生活生产秩序，在稳定保障受灾民众基本生活及心理需求的基础上，建议各区域共同对事故灾害进行调查，总结经验教训并根据调查结果确定参与跨区域应急协同的各区域所需要付出的应急资源及实际应急资源投入，通过对灾后各自利益的协调、调整和合理补偿以保障各区域利益，这是推动受灾区域后期恢复以及健全跨区域应急协同机制健康长远发展的必要举措。

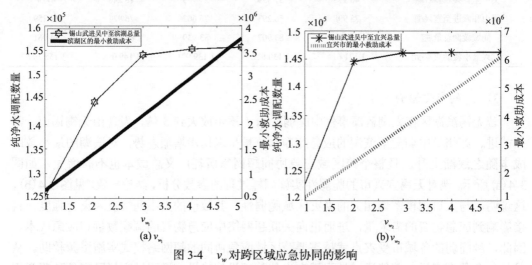

图 3-4　v_w 对跨区域应急协同的影响

需要说明的是，本节研究在分析跨区域应急协同超网络优化方案时，仅将跨区域协同运作视为零耗费，实际可参考本书 2.2.3 节参数分析中不为零的情形，深入探讨协同运作成本对整个跨区域应急协同超网络的影响。另外，本节实证分析中也仅考虑了既定灾情下跨区域应急资源协同调配的响应应对，后续本书在第三部分 4、5 两章内容还将尝试讨论灾害事件实时变化时跨区域应急协同的动态优化过程。

3.2　跨区域应急协同的动力学实证——以甲型 H1N1 流感疫情为例

3.1 节是有关跨区域应急协同超网络模型的实证应用，并结合实际案例对所构模型中影响区域协同应急的部分因素实施了参数分析。本节选择从系统动力学仿真这一角度研究重大传染病疫情灾害下的应急应对机制，通过对跨区域应急协同的关键影响因素做全面的因果关联分析，并对提出的面向疫情的多种可能跨区域应急协同方案进行实证比较。

3.2.1　面向疫情的应急研究背景

重大传染病疫情属于典型的公共卫生事件范畴，近年来发生的各类重大公共卫生事件(如 2003 年的 SARS、2009 年甲型 H1N1 流感、2013 年的人感染 H7N9 禽流感等)均严重危害到人民生命财产安全，给国民经济造成了极大损失。提高面向重大传染病疫情的快速反应和应急管理能力已成为全社会关心的热点问题。应急管理活动贯穿疫情发生前、中、后全过程的各个时期，主要包括预防准备、监测预警、处置救援、恢复重建 4 个阶段。其中应急物资(如疫苗、药品、消毒药械及防护用品等)的调配供应是疫情处置救援工作的核心任务之一，是全面加强疫情救治和控制的关键环节，属于复杂条件下的应急决策科学问题，对于疫情发生后挽救生命和减少财产损失具有重要意义。

面向疫情或突发事件的灾后应急物资运营优化相关研究，大体上分为选址(location)、分配(allocation)、路径优化(routing)或这三大类相互关联问题(如选址-分配 location-allocation(LAP)、选址-路径 location-routing(LRP))[12-13]。Barbarosoglu 和 Arda 运用一个包含多种运输方式、多种类货物网络流的两阶段随机线性规划模型来模拟震后应急物资的救援运输问题[14]。Tzeng 等以成本最小、时间最短和满意度最高为目标构建了一个应急物资配送的模糊多目标规划模型[15]。Yi 和 Özdamar 关注灾后响应初期应急中心和避难场所的选址以及运送物资到应急中心和撤退伤员到避难场所的运输调配问题[16]。Pérez-Rodríguez 和 Holguín-Veras 基于福利经济学创新性地提出以社会成本最小为决策目标，构建了一个分配-路径模型来解决应急物资的分配和最优路径的优化[17]。Sheu 借鉴心理学和认知理论，将最大化幸存者恢复力作为决策目标实施对灾后救援服务的合理分配[18]。国内在此领域也有较多成果，近期研究如王旭平等针对运力受限时救援车辆路径选择和应急物资分配的综合决策问题构建了一个混合整数规划模型[19]、马祖军等提出设计模糊多目标下开放式选址-路径优化模型[20]、曹杰和朱莉构建城市群应急物资协同调配的超网络模型[21]、葛洪磊和刘南建立一个两阶段随机规划模型来研究应急设施定位、应急物资库存以及不同灾害情景的应急物资分配决策[22]、王海军等探讨模糊供求条件下多模式联合调运的应急物资动态调度问题[23]。

上述灾后应急物资运营调配方面的这些丰富理论研究，总结起来，大多都是在"多出救点、单(多)受灾点"场景下的选址-分配-路径优化，虽有文献在建模时会关注以不同需求量为表征的受灾程度差异，但较少深入考虑不同受灾程度的邻近区域在应急响应时实施跨区域协同调配决策。事实上，正如本书第 2 章一再强调的观点，随着全球经济快速发展和城市化进程的不断加快，原本作为独立单元体的各邻近区域在经济、社会、政治等方面日趋呈现明显的相互联系和作用，跨区域协同发展效应逐渐显现。区域间紧密关联虽能够有效促进区域经济格局的整合与优化，也不可避免带来一些负面隐患，尤其当某种重大传染病疫情爆发后，尽管会采取严格的隔离措施，但由于各邻近区域经济联系紧密、交通通信发达、人员互动频繁，疫情都会对各区域有着直接冲击或间接影响[24]。因此，对于邻近但具差异化的区域之间如何协同应急以及根据各区域不同的疫情程度如何合理协同调配应急救援物资，都是迫切需要关注的现实问题。基于此，本书第 2 章的核心研究内容就是提出构造应急资源跨区域协同调配的超网络结构和模型。而本节研究拟从另一个分析角度切入，主要针对重大传染病疫情下的应急物资跨区域协同调配实施系统动力学分析，试图梳理清楚具有不同程度疫情的各区域在协同应急时的行为关联机制，并在寻找跨区域协同关键影响要素的过程中给出有效的应急策略。

将系统动力学应用于应急管理领域并非首创，近年来国内外在应急物资库存准备、应急物资救援调度等动力学仿真方面均取得一定研究进展。如 Besiou 等讨论了采用系统动力学方法研究灾害救援问题的优势，构建了包括物资获取、运输、消耗和需求变化等操作的因果关系图[25]。Peng 等针对震后道路运输网络和信息延迟的不确定性，运用系统动力学探讨灾区应急物资库存补货决策[26]。Diaz 等构建系统动力学模型来研究灾后恢复重建过程中的灾区物资供应问题[27]。王旭坪等建立了考虑决策者心理风险感知的地震应急物资调配全过程系统动力学模型[28]。李健等运用系统动力学探讨影响应急物资调运速度的主要因素[29]。武佳倩等基于系统动力学分析水污染突发事件的演化规律，寻求城市供水危机下的应急管理对策[30]。以上相关文献为本节拟选择系统动力学来分析应急物资调配机制提供了有力的技术支撑，然而目前这些采用系统动力学方法分析灾害应急救援问题的相关研究，也缺乏对自然或社会属性皆存在差异的各邻近区域协同应急动态关联机制的关注，更鲜有考虑实证背景下多种应急协同方案的决策选择问题。

因此，不同于传统应急物资调配优化和系统动力学在应急领域应用的研究，本节研究内容安排如下：首先，将重大传染病疫情影响下的应急物资调配系统分为三个子系统（传染病子系统、物资调配子系统和反馈机制子系统），分别对这三个子系统进行因果关联分析，并设计系统数据流图；然后，基于不同区域受灾程度的差异（轻度灾区、中度灾区和重度灾区），提出面向重大传染病疫情的三种应急物资跨区域协同调配方案；最后以长三角联防联控抗甲型 H1N1 流感疫情为例，讨论差异化区域应急物资调配的关键因素影响，并对提出的三种跨区域应急协同方案作仿真比较，为政府部门应急决策的制定提供参考建议。由于本节主要研究工具是系统动力学方法，为了便于读者对本节实证研究和仿真分析的理解，下面首先简单介绍一些有关系统动力学的基础知识。

3.2.2 系统动力学理论基础

1. 系统动力学基本概念

系统动力学(system dynamics, SD)方法首次被提出是在 1956 年，创始人为美国麻省理工学院的福瑞斯特教授。它既是一门分析研究信息反馈系统的学科，也是一门认识系统问题解决系统问题的交叉综合学科。从系统方法论的角度来看，系统动力学是结构的方法、功能的方法和历史的方法的统一，它基于系统理论，吸收了控制论和信息论的精髓，是一门综合自然科学和社会科学的横向学科。系统动力学贯彻"凡系统必有结构，系统结构决定系统功能"的系统科学思想，根据系统内部组成要素互为因果的反馈特点，是从系统的内部结构来寻找问题发生的根源，而不是用外部的干扰或随机事件来说明系统的行为性质。

1) 系统动力学基本观点

系统动力学是认识系统问题和解决系统问题的有效工具之一。所谓系统是指一个由相互区别、相互关联的各部分有机地结合在一起，以共同目标为目的而具备某种功能的集合构成。系统动力学体现了因果机理，它以反馈控制理论为基石，借助计算机相关仿真软件进行时间推移模拟，来深入研究繁杂系统的结构、作用与动态形式之间的关系。因此，系统动力学是自然科学(如体系论、控制论、信息化论等))与社会科学(如经济学)融为一体的交叉学科，它将信息反馈概念应用于社会经济系统。具体来说，系统动力学借助计算机仿真技术，考虑在不同的策略因素和不同参数变动下，所监测的主要状态变量或辅助变量随着时间的推移而发生改变的规律和趋势，帮助决策者探讨不同方案下整体系统所呈现的态势，并基于系统变化的基本态势提出相关的决策意见。总之，系统动力学方法力求将理论与实际情况相结合，通过模拟得出研究结论，以实现某种程度上改善从事社会科学实验而耗费高成本的现状。

系统动力学方法研究的对象是一个系统结构，它是指多个单元的排序，具体包括两方面因素：一方面是构成系统的每个单元；另一方面是各个单元之间的相互作用关系。整个系统构成的特征由系统的完整结构表现出来。基于系统的构成存在一定差异，可以将这些要素组合划分为多个子系统。一个系统中可以包含不止一个子系统，子系统下又可以细分包含其他子系统，也可以由其他单元要素组成，系统的构成与结构如图 3-5 所示。

系统动力学在构模过程中，需遵循一个"明确"三个"面向"的基本原则，即明确目的、面向问题、面向过程和面向应用。根据系统结构的特性，在对系统建模的构思、模拟与测试中，还要合理权衡使用分解与综合的原理：一方面综合原理是要从整体的观

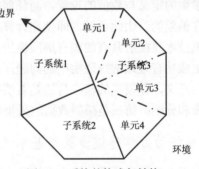

图 3-5　系统的构成与结构

点研究系统，从确定目标到确定系统边界；另一方面分解原理是将系统分解为不同等级层次的子系统进行研究，由上到下、由粗到细、逐步分解的过程。

2) 系统动力学的要素和边界的确立

从运筹建模的角度来看，模型是由变量、参数和函数关系构成的。变量可以分为内生变量、外生变量和状态变量三种，应用到系统这一概念中，内生变量是指系统流量的输出端，外生变量则是指系统流量的输入端，而状态变量则是系统流量在某个时间点的状态。而对于参数而言，主要可以通过参数的设置来实现系统环境。函数关系则是被用来借助于表示系统各要素之间的复杂关联。

运用系统动力学对一个现实系统进行建模分析时，需要选择一些要素将其作为研究对象。但由于现实系统中各要素之间的关系存在着千丝万缕的复杂关联，且构成系统的

要素是一个非常庞大的群组，故若要将其全部纳入系统建模分析中不具有现实性，并且即使将要素全部纳入讨论范围，在庞大的系统分析中也无法抓住重点，达不到应用系统动力学研究规律的目的。因此，在建模分析问题时需要对众多的系统要素进行合理抉择。

由于人类思维的多变性以及系统外置环境的复杂性，在确定模型建立系统边界时需要遵循如下原则：首先选择有关的状态变量及影响状态变量波动的直接要素，对它们进行归类、排列，从而确定核心状态变量和主要影响要素；然后进一步探求多个状态变量之间的相互作用，并将此相互作用具化为函数关系，同时将要素之间无函数关系的部分剔除出去。经过如此不断的反复推敲与调整，最终决定系统模型的边界。

3）系统动力学的学科基础和局限性

有关系统动力学方法的学科基础，主要涉及以下三个层面：第一层是以方法论为主，系统动力学的方法论是系统方法论，其基本原则是研究系统中研究对象的整体变动情况；第二层是指技术科学和基础理论，大致包括反馈控制理论、信息传播论和非线性函数理论等；第三层是应用技术层面，主要通过借助计算机相关模拟软件等技术，将系统模型代入实际参数值进行运行模拟，以此来确定理论与实际是否相符这一关键的客观要求。

随着计算机建模技术发展的日益成熟，借助计算机建立系统模型的方式虽大大克服了传统意义上理解和分析现实系统工具的缺陷，但在实际系统模拟中，尤其是采用计算机建模的前期，仍然需要人类进行判断和预测，这很大程度上是通过人脑来实现一些相关参数的定义与数值的设置。而任何人的决策虽然源自于现实世界，但每个人的认知是存在偏差的。由此可见，即使在计算机可视化技术与虚拟技术高速发展的当下，利用计算机技术建模所具有的固有局限性仍是不能回避的问题。因此，构建一个系统模型为了能更成功有效地解决现实中的问题，需要从三个方面来进行审视：一个是建模的核心目的与意义，即模型的核心目的是否明确且可度量；第二个则是模型边界的界定确立是否清晰和分明；第三是模型数据的采集是否贴近实例，可操作性高。

2. 系统动力学建模步骤与基本流程

表 3-3 给出了系统动力学的基本建模步骤，主要包括 5 步：明确问题，确定系统边界；提出动态假设；设置参数方程；模型测试；政策设计与评估。图 3-6 显示的是整个系统动力学方法建模的框架结构：在建模首端，首先要完成建模前期人脑对所研究系统的一个整体认知过程，在系统认知这个阶段需要确定研究的对象、模型运行背景、模型研究的目的与核心内容等；随后对研究的主要问题进行定义，所定义的问题必须是现实系统中确实存在、急需解决的问题；然后在系统具体化的基础上建立模型，将其应用到计算机技术模拟运算中，并针对模型的运行结果实施分析得出结论，给出有效的政策建议与措施；后续政策方案实施过程中需注意针对不合理的决策进行实时调整，并将其反馈给系统认知中，从而实现系统动力学方法的一个整体循环过程。

表 3-3　系统动力学的基本建模步骤

建模步骤	包含的具体内容
明确问题，确定系统边界	(1)选择问题：要解决的实际问题是什么？(2)选择变量：模型中要研究的变量有哪些？(3)选择时限：研究的时间跨度是多久？
提出动态假设	(1)现有理论的解释：现有理论对这一问题的解释？(2)系统内部的关系：提出一个由于系统内部的反馈结构导致动态变化的假设？(3)绘图：根据以上假设建立系统的因果结构图
设置参数方程	(1)明确决策规则；(2)确定参数、行为关系和初始化条件；(3)测试目标和边界的一致性
模型测试	(1)数据选取：模型中选取的数据是否可靠？是否具有代表性？(2)模型稳定性：改变时间步长等是否影响模型中状态变量的稳定性？(3)其他测试
政策设计与评估	(1)具体化方案：在模型限制下可能产生什么样的环境条件？(2)设计政策：在现实系统中可以实施怎样的决策规则？(3)假设分析：如果实施这样的政策，其效果如何？

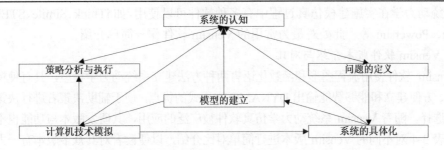

图 3-6　系统动力学建模的框架结构

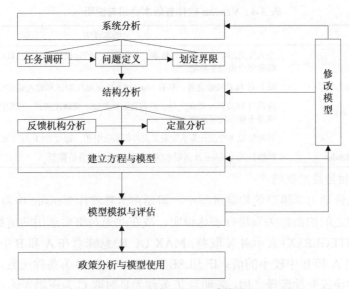

图 3-7　系统动力学的建模流程

系统动力学建模的基本流程可描述为：首先通过明确模型建立的目的来提出核心问题，即弄清楚整个系统运作需要解决和处理什么样的核心问题；再结合案例提出模型假设，对实际存在的系统行为模式进行参考分析，以实现改善和调整系统结构的目的；随后基于假设建立系统模型，从假设条件出发理清系统中各要素之间的因果回馈，设计各要素之间的函数关系并合理设置参数，从而使一系列假设条件都能够用清晰明了的数学函数关系来表达和说明；最后对所构系统模型进行运行模拟，通过调试参数来观察主要变量的波动趋势，由变动的参数范围和调节的系统要素变量来反映各要素之间存在的千丝万缕关系。总的来看，系统动力学的建模流程可以分为初期、中期、后期三个阶段，如图 3-7 所示：在初期建模阶段，需要进行系统边界确立、因果回馈图绘制、反馈机制分析和模型走势图建立四个环节；中期主要是初步建立模型；而后期主要是对所构建的模型进行调试、模拟评估以及政策分析。

3. 系统动力学仿真软件介绍

系统动力学在实施建模仿真过程中有多种软件可以使用，如 iThink、Simile、STELLA、Vensim、Powersim 等。此处对最为常用的 Vensim 软件作一简单介绍。

1）Vensim 软件版本介绍与对比

Vensim 软件使用流程图形和函数化语言两种方法建立系统动力学模型，具有使模型易于绘制、方便建立和能够智能输出 DYNAMO 方程式的优点，便于辅助决策者进行决策方案的优化选择。随着 Vensim 系统动力学仿真软件被广泛的应用，其研发版本与功能也不断被更新，表3-4 对不同的 Vensim 版本进行简单对比介绍，以便读者对其众多版本有一大概了解。本书仿真研究中选择的是功能较齐全且操作简单的个人学术研究版本 Vensim PLE。

表3-4　Vensim 软件各版本介绍与说明

版本名称	版本说明
Vensim PLE	个人免费的学术研究学习版本，不仅具有一般建模功能，而且具有多视窗、原因追踪和复合模拟等功能
Vensim PLE Plus	除具有 PLE 功能之外，具有 Monte Carlo 灵敏度测试和输入输出控制等功能
Vensim Professional	除具有 PLE Plus 功能之外，具有真实性测试、灵敏测试、模型优化、方程文本编辑及下标变量等高级功能
Vensim DSS	具有模拟飞行器开发、宏定义及外部函数引用、通过 DLL 与其他程序交互等功能
Vensim Model Reader	能够供无 Vensim 及高版本的人阅读，运行和分析模型

2）Vensim 相关应用说明

在下一节系统动力学模型的构建过程中，需要在仿真软件 Vensim 中将各状态变量、辅助变量与常量之间的函数关系进行表达说明，故在此先对将要运用的函数表达式进行简要解释：如 INTEGER(X)表示对 X 取整；MAX (A, B)意味着在 A 和 B 中取较大的值；MIN (A, B)是取 A 和 B 中较小的值；IF ELSE THEN (C, T, F)为条件函数，常用于仿真过程中作政策切换或变量选择之用，表明当 T 条件为真时取 C 为逻辑表达式，否则为 F；延迟函数是用来刻画延迟现象的函数，而延迟是指量变化需要经过一段时间滞后才能得到响应的现象，有 DELAY1、DELAY2、DELAY3，延迟函数用法 DELAY1I({in}, {dtime},{init})，其中 in 指要延迟的变量、dtime 表示延迟时间、init 是变量的初始值。

3.2.3 甲型 H1N1 流感疫情中跨区域应急协同的动力学模型

由多次疫情统计报告发现，面向重大传染病疫情的应急救援存在以下现象：应急救援过程中物资调配响应速度和时效性的欠缺常导致供不应求或运输延迟等问题；各区域医疗防护和相关物资储备水平的不同使疫情在不同区域的传播速率和发展态势存在明显差异；差异化区域之间的应急协同或联动水平低下直接影响着疫情态势的恶化。据此，本节研究中将不同受灾区域按疫情影响程度的差异分为轻度灾区、中度灾区和重度灾区，主要体现为各区域患病人数、平均患病时间、疫情平均接触速率、人均需求量和接触后感染率等要素的不同。

1. 模型的假设与说明

模型的研究对象是面向疫情的应急物资调配运作，涉及对各灾区所需物资的征集、仓储、配送和运输等环节，选取与主要环节紧密相关的六个状态变量：出救点库存、在途库存、灾区库存、易感染人数、患病人数以及康复人数。基于此六大状态变量，对状态所依托的载体进行归类和排列，挑选出与延迟效应、供需平衡、灾情差异、协同应急方式等最为关系密切的一些辅助变量和常量(如延迟效应可细分为运输延迟和信息延迟，其中运输延迟中的辅助变量可选择为在途运输延迟，常量则是正常运输时间和额外运输延迟)，并忽略当中无函数关系的自变量或因变量，以实现最佳模型边界。

模型假设：①各状态库存量受与应急物资相关的物流操作及其耗时因素制约，如物资征集和征集时间、物资运输和运输时间。其他如道路设施损坏程度等由于在传染病疫情事件中影响较小，暂不作考虑；②出救点按估计的灾区需求量征集并供给应急物资，在足够长时期内灾区会达到供需平衡；③灾区需求受患病人数和人均需求量这两个因素影响；④应急物资跨区域协同调配的前提是在满足自身灾区需求后才可将剩余物资运往其他灾区实施救援，且跨区域协同调配方向为：轻度→中度灾区、轻度→重度灾区、中度→重度灾区。

2. 因果关联分析

根据模型边界和假设，将面向重大传染病疫情的应急物资调配系统分为传染病子系统、物资调配子系统和反馈机制子系统，参考文献[26]，选定患病人数、物资征集速率、出救点补给决策、物资分发速率等 33 个关键因素，并对各因素间的正负关联关系进行分析。

(1) 传染病子系统：反映核心状态变量患病人数随时间变化情况，患病人数与易感染人数和康复人数有关，易感染人数通过感染率直接影响患病人数，而患病人数在恢复率作用下转变为康复人数，即主要关联为：易感染人数→感染率→患病人数→恢复率→康复人数。其中感染率与灾区总人口数、疫情平均接触率和接触后感染率有关，恢复率以平均患病时间为主要限制因素。

(2) 物资调配子系统：描述疫情发生后应急物资历经征集、储备、分发、运输、抵达直至被发放到灾区的整个救援调配环节，主要关联为：物资征集速率→出救点库存→物资分发速率→在途库存→物资抵达速率→灾区库存→物资发放速率→需求满足率。其中受人均需求量和患病人数影响的灾区需求又决定着灾区需求满足率和物资发放速率，且救援调配各环节的相关速率也受相应因素影响(如物资征集速率受物资征集时间和物资预计征集数量影响，而物资抵达速率的波动主要由在途运输延迟造成)。

(3) 反馈机制子系统：以出救点补给决策的反馈回路为核心，体现灾区物资供给与需求终将在未来某时段实现供需平衡，主要关联为：灾区需求→灾区求助订单→求助订单反馈→出救点补给决策→物资分发速率→在途库存→在途库存反馈→出救点补给决策。需要说明的是，灾区求助订单与求助订单反馈之间常存在一定时间延迟，故在因果关联分析中特设计延迟性来刻画这一特点，而在途库存和在途库存反馈间也存在同样现象。

3. 系统数据流图

根据关键因素的因果关联分析，绘制面向重大传染病疫情的应急物资调配系统数据流图，如图 3-8 所示。

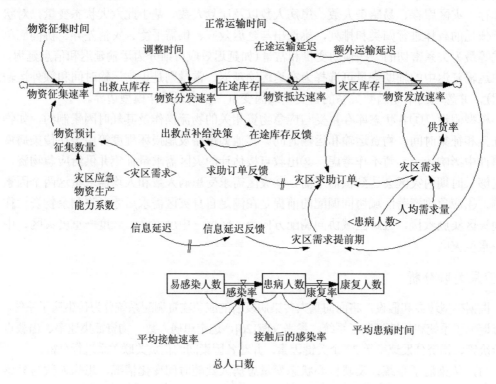

图 3-8　面向重大传染病疫情的应急物资调配系统数据流图

4. 应急物资跨区域协同调配方案

依照疫情对不同区域的差异影响可划分轻度、中度和重度灾区，差异化区域之间有多种应急协同方案组合，本节研究关注典型的三种跨区域协同调配方案。

1）方案一

轻度→中度、中度→重度，即轻度灾区的出救点在自身救援物资供给与需求达到平衡后将剩余物资转运到中度灾区，直至中度灾区同样完成供需平衡后将剩余物资运至重度灾区。故在方案一模型中加入"轻→中物资救援速率"和"中→重物资救援速率"两个主要辅助变量，通过对中度和重度灾区输入这两变量来实现跨区域应急协同。以"轻→中物资救援速率"为例，此变量受轻度灾区出救点库存和轻度灾区需求共同制约，仅当库存大于需求时，轻度灾区才有能力去救助中度灾区，且以最大值输出剩余物资库存。

2）方案二

轻度→重度、中度→重度，即轻度和中度灾区共同对重度灾区实施救援，在方案二模型中增加"轻→重物资救援速率"和"中→重物资救援速率"两个主要辅助变量。

3）方案三

轻度→中度、轻度→重度、中度→重度，此方案是指轻度灾区出救点在自身救援物资供需达到平衡后，分别对中度和重度灾区实施救助，且中度灾区需求被满足后若仍有剩余物资则运至重度灾区。在方案三模型中添加"轻→重物资救援速率"、"轻→中物资救援速率"和"中→重物资救援速率"三个主要辅助变量。

3.2.4　案例仿真及参数分析

下面以长三角联防联控抗甲型 H1N1 流感疫情为例，验证所构系统动力学模型在跨区域应急协同研究中的可行性和有效性，实施参数仿真并对差异化区域采取不同的协同调配方案进行比较分析。

1. 案例概况及相关方程设定

自 2009 年甲型 H1N1 流感疫情在全球范围爆发后，沪苏浙三地卫生交通信息等多部门就开始密切联系，并启动了相应的联防联控应急机制。两省一市应急救援信息及时沟通、应急响应和合作协查等机制的启动，在长三角地区拉起了一张防控流感病毒的协同应急网。

针对 H1N1 疫情下的应急救援物资调配系统决策，设置相关参数方程列于表 3-5。长三角跨区域应急指挥中心根据各区域疫情情况每半天进行一次调整，故设模型时间步长为 0.5 天，取 1 个月(30 天)为模型仿真运行时长，即每次观察 60 个决策周期。据 2010 年统计数据，长三角总人口数为 1.56 亿，由长三角经济发展水平设置应急物资生产能力系数为 0.94，依据 H1N1 平均传播速率设接触疫情后的感染率为 0.25。基于长三角区域面积及各区域交通关联情况，将信息延迟和应急物资正常运输时间均设为 0.5 天，额外运输延迟为 1 天，调整时间(除运输延迟或物资损坏需重新补给之外的分发速率调整所耗时间)为 0.5 天。

表 3-5 H1N1 疫情下的应急物资调配系统参数方程设置表

传染病子系统	
患病人数=INTEG(感染率−康复率,100)	康复人数=INTEG(康复率,0)
康复率=患病人数/平均患病时间	易感染人数=INTEG(−感染率,7.99999×10⁷)
感染率=(患病人数/总人口数)×易感染人数×接触后感染率×平均接触速率	

物资调配子系统	
出救点库存= INTEG (物资征集速率−物资分发速率, 10⁵)	在途库存= INTEG (物资分发速率−物资抵达速率,0)
灾区库存= INTEG (物资抵达速率−物资发放速率, 10⁵)	物资征集速率=物资预计征集数量/物资征集时间
物资分发速率=MAX(出救点补给决策,0)+出救点库存/调整时间	在途运输延迟=正常运输时间+额外运输延迟
物资发放速率=MIN(灾区需求,灾区库存+物资抵达速率)	
物资抵达速率=DELAY FIXED(物资分发速率,在途运输延迟, 0)	
物资预计征集数量=灾区需求×灾区应急物资生产能力系数	

反馈机制子系统	
灾区需求=人均需求量×患病人数	需求满足率=物资发放速率/灾区需求
灾区求助订单=灾区需求×灾区需求提前期−灾区库存	求助订单反馈=DELAY1I(灾区求助订单,0.5,0)
灾区需求提前期=信息延迟反馈+在途运输延迟	信息延迟反馈=DELAY1I(信息延迟,0.5,0)
在途库存反馈=DELAY1I(在途库存,0.5,0)	出救点补给决策=求助订单反馈−在途库存反馈

据搜狐网的中国疫情速递信息[31]，截至 2010 年 3 月 31 日，长三角两省一市甲型 H1N1 流感确诊病例为：江苏 1010 人、上海 2717 人、浙江 5735 人，因此在此实证案例中将江苏、上海、浙江分别视为轻度、中度和重度灾区。三种跨区域应急物资协同调配方案中相同的参数设置有：轻(中、重)度灾区出救点库存=INTEG(物资征集速率−物资分发速率,10⁷)；轻(中、重)度灾区出救点补给决策=10⁵−在途库存反馈；轻(中、重)度灾区出救点物资征集时间=2；轻(中、重)度灾区出救点物资预计征集数量=4×10⁹。三种方案中不同的参数方程设置见表 3-6。另依据各省市疫情统计数据，将四个体现差异化受灾程度的关键因素(患病人数、平均患病时间、平均接触速率、人均需求量)分别设置如下：轻度灾区江苏患病人数初始值为 100 人/天，平均患病时间为 2 天，平均接触速率为 6 人/天，人均需求量为 200 元/天；中度灾区上海相应为 200 人/天、4 天、8 人/天和 260 元/天；重度灾区浙江依次为 500 人/天、8 天、10 人/天和 300 元/天。需要指出的是，由于对抗疫情的应急物资包括各类药品和消毒药械等，物资单位混杂，为方便统计，此处统一将其转为等值金额来计量(采用"元/天"为单位)。

2. 模型检验

1) 现实性检验

为检验所构模型是否贴近现实应急救援活动，先单独选择浙江和江苏两个经济水平较为趋同的区域进行比较。由于在 2009 年 H1N1 疫情中两省受灾程度存在一定差异，相较而言浙江为重度灾区，江苏为轻度灾区。将两省应急救援物资数据代入所构模型，观察其供需变化如图 3-9 所示。发现浙江比江苏受疫情影响更早、影响程度更严重，反映在图 3-9 中表现为灾区库存和需求出现的时间点相对提前以及库存和需求量更大。这符合模型的预期设定，即所构模型能较真实地反映现实疫情中各区域受灾程度存在差异的特性，现实性检验通过。

表 3-6   三种跨区域协同调配方案下不同的参数方程设置表

面向重大传染病疫情的应急物资跨区域协同调配方案一

轻度灾区库存=INTEG(物资抵达速率−物资发放速率,2×10⁷)

中度灾区库存=INTEG(物资抵达速率+"轻→中物资救援速率"−物资发放速率,2×10⁷)

重度灾区库存=INTEG("中→重物资救援速率"+物资抵达速率−物资发放速率,2×10⁷)

"轻→中物资救援速率"=IF THEN ELSE(轻度灾区出救点库存>轻度灾区需求,轻度灾区出救点库存−轻度灾区需求,0)

"中→重物资救援速率"=IF THEN ELSE(中度灾区出救点库存>中度灾区需求,中度灾区出救点库存−中度灾区需求,0)

面向重大传染病疫情的应急物资跨区域协同调配方案二

轻(中)度灾区库存=INTEG(物资抵达速率−物资发放速率,2×10⁷)

重度灾区库存=INTEG("中→重物资救援速率"+物资抵达速率+"轻→重物资救援速率"−物资发放速率,2×10⁷)

"轻→重物资救援速率"=MIN(IF THEN ELSE(轻度灾区出救点库存>轻度灾区需求,轻度灾区出救点库存−轻度灾区需求,0)

"中→重物资救援速率"=IF THEN ELSE(中度灾区出救点库存>中度灾区需求,中度灾区出救点库存−中度灾区需求,0)

面向重大传染病疫情的应急物资跨区域协同调配方案三

轻度灾区库存=INTEG(物资抵达速率−物资发放速率,2×10⁷)

中度灾区库存=INTEG(物资抵达速率+"轻→中物资救援速率"−物资发放速率,2×10⁷)

重度灾区库存=INTEG("中→重物资救援速率"+物资抵达速率+"轻→重物资救援速率"−物资发放速率,2×10⁷)

"轻→中物资救援速率"=IF THEN ELSE(轻度灾区出救点库存>轻度灾区需求,轻度灾区出救点库存−轻度灾区需求,0)−"轻→重物资救援速率"

"轻→重物资救援速率"=MIN(IF THEN ELSE(轻度灾区出救点库存>轻度灾区需求,轻度灾区出救点库存−轻度灾区需求,0),重度灾区需求)

"中→重物资救援速率"=IF THEN ELSE(中度灾区出救点库存>中度灾区需求,中度灾区出救点库存−中度灾区需求,0)

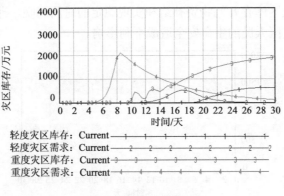

图 3-9   模型现实性检验

2）稳定性检验

对所构模型实施稳定性检验，以模型核心状态变量"患病人数"为例，改变时间步长观察对其的影响，如将时间步长分别设为 0.5（当前实证案例值）、0.55（步长 1）、0.6（步长2)和0.65(步长3),患病人数的变化如图3-10所示,发现总体趋势并没有出现显著变化,因此模型通过稳定性检验。

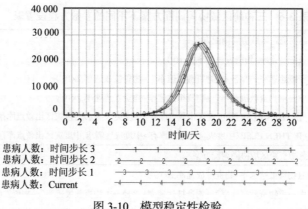

患病人数:时间步长3
患病人数:时间步长2
患病人数:时间步长1
患病人数:Current

图3-10 模型稳定性检验

3. 参数仿真

1) 延迟因素的影响

所构模型中的延迟因素体现在额外运输延迟和信息延迟,以额外运输延迟为例,观察延迟指标变化对整个应急物资救援的影响,如图3-11所示,其中横坐标表示额外运输延迟的天数,纵坐标是以金额来反映灾区库存量。

图3-11中线1和线2分别表示额外运输延迟为1天和4天时,灾区库存量的变化情况:当额外运输延迟为1天时,灾区库存量在疫情爆发18天时开始呈现上升趋势,直至27天左右达最大值进入稳定状态;而额外运输延迟为4天时,灾区库存量则推迟至疫情发生后20天时才开始增加,进入稳定状态的时间也推后至30天左右。这说明,额外运输延迟时间越长,灾区库存开始物资补给和实现稳定的时间越晚,即应急物资救援的时效性有所降低,对灾区人民的生命安全造成不利影响。

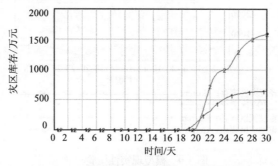

图3-11 额外运输延迟对灾区库存的影响

2) 差异化区域的供需平衡

不同程度受灾区域对应急物资的需求量不同,结合差异化区域的物资供应情况,得出轻(中、重)灾区的供需平衡状态变化图(图 3-12)。首先观察需求的变化，由图 3-12，重度灾区(浙江)需求量约在第 8 天达到峰值 2000 万元左右，相应地，中度灾区(上海)需求大概在第 11 天达到峰值 1500 万元，轻度灾区(江苏)需求约为第 17 天实现峰值 700 万元。这说明受灾程度越严重的区域越早出现最大需求缺口，且需求增长速率越快，物资需求数量越多。另从时间维度来观察，江苏、上海和浙江对应急物资需求的持续时间(从出现需求到需求降至零的时间段)分别为 18 天、23 天和 26 天，这表明灾情的严重程度直接影响调配应急物资实施救援活动的时长。

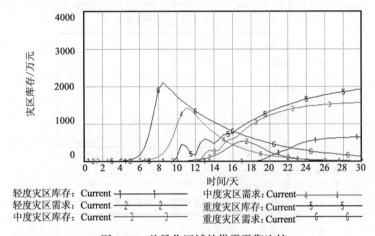

图 3-12　差异化区域的供需平衡比较

　　然后关注不同灾区供需平衡的情况，图 3-12 中线 1 和线 2、线 3 和线 4、线 5 和线 6 的交汇处分别意味着轻度(江苏)、中度(上海)和重度灾区(浙江)的供需平衡点。不难发现，虽然不同灾区在理想状态下通过自身区域出救点的库存救助供给(自救)终将达成供需平衡，但实现平衡状态所耗费的时长不同：重度灾区(浙江)出现需求的时间点是在第 4 天，达成供需平衡约在第 16 天，即实现供需平衡所耗时长为 12 天；同理，中度(上海)和轻度灾区(江苏)则分别需耗费 4 天和 3 天。这说明，灾情越严重，实现自救的效率越低，越需要凭借跨区域应急协同来提高救援效率。此外，供需平衡点右侧区域表明灾区库存大于需求的程度，即出现剩余物资供应的能力(其剩余供应能力大小由平衡点右侧两线所夹区域面积来衡量)。图 3-12 显示重度(浙江)和中度灾区(上海)的剩余物资供应能力竟然超过轻度灾区(江苏)，这反映了现实应急救援中常会出现的对较严重受灾区域救援过度而造成灾后应急物资大量积压现象，导致应急成本的无谓增加。

　　3) 应急物资跨区域协同调配方案的比较分析

　　对设计的三种应急物资跨区域协同调配方案进行比较分析，观察不同方案下各受灾区域在接受应急救援时由供需平衡历经平衡被打破到再次实现平衡所耗的时长，这段时间反映随疫情演化影响的受灾区域在不同应急救援方案下得以控制恢复平稳所需的时长，以中度(上海)和重度灾区(浙江)为例，如图 3-13 所示。

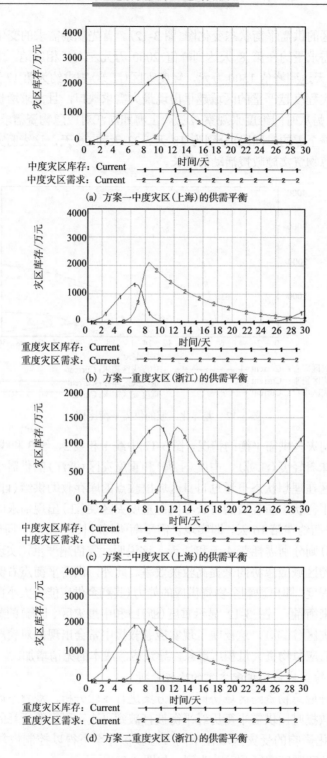

(a) 方案一中度灾区（上海）的供需平衡

(b) 方案一重度灾区（浙江）的供需平衡

(c) 方案二中度灾区（上海）的供需平衡

(d) 方案二重度灾区（浙江）的供需平衡

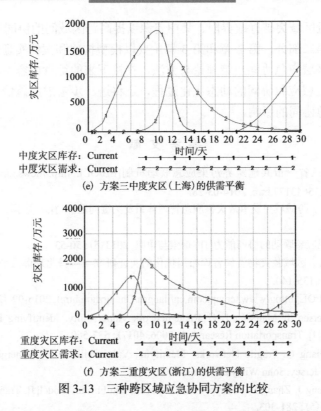

(e) 方案三中度灾区(上海)的供需平衡

(f) 方案三重度灾区(浙江)的供需平衡

图 3-13　三种跨区域应急协同方案的比较

图 3-13(a)显示方案一的中度灾区(上海)达到第一个供需平衡时间点约在第 12 天,而再次实现物资库存大于需求状态大概在第 22 天后,即受疫情演化影响的中度灾区(上海)采取应急协同方案一需要 10 天左右完成对疫情的基本控制。图 3-13(b)表明采取方案一的重度灾区(浙江)需要 20 天左右才能实现疫情的缓解。同理,图 3-13(c)和图 3-13(d)分别表示采取方案二的中度灾区(上海)需要约 12 天、重度灾区(浙江)要 18 天才能完成对疫情的控制; 图 3-13(e)和图 3-13(f)则说明方案三的中(重)度灾区实现疫情缓解各需要 10 天和 18 天。因此,从对疫情控制的救援时效性上来看,综合比较发现在此长三角联防联控抗甲型 H1N1 流感疫情的实证案例中,采取应急协同方案三的时间效益最好,救援时效性最佳。

综上,本节通过构建一个重大传染病疫情下的应急物资跨区域协同调配系统动力学模型,分析了不同程度受灾区域间的应急协同合作机制。在对传染病子系统、物资调配子系统和反馈机制子系统进行因果关联分析的基础上,给出整个应急物资救援调配的数据流图;并依据不同受灾程度将疫情影响区域划分为轻度、中度和重度灾区,提出三种跨区域协同应急调配方案;最后以长三角联防联控抗甲型 H1N1 流感疫情为实证案例,设置相关参数方程,对所构系统动力学模型进行现实性和稳定性检测,参数仿真结果表明:物资调配系统中延迟性因素会对应急救援产生不利影响,应采取综合防范措施尽量规避延迟因素;受疫情影响越严重的区域对跨区域应急协同有更强的需求,但仍需通过加强信息沟通来减少救援过度现象的发生;差异化区域间完全协同的应急救援效率最高,应大力提倡各邻近区域突破行政界限、集中资源以提高跨区域间的协同度。

作为本书的第二部分，第2章和第3章主要以模型构建和案例实证的形式介绍了特定灾害情景下跨区域应急协同决策理论与方法，在接下来的篇章内容中，将探讨突发事件实时变化时跨区域应急协同的动态优化过程，还将进一步考虑应急情景中信息不确定对整个跨区域应急协同的影响。

参 考 文 献

[1] 新华网. 华东三省一市共建跨界污染应急联动机制[EB/OL]. http://news.xinhuanet.com/politics/2013-05/05/c_115643177.htm, 2014-03-28.

[2] 湛孔星, 陈国华. 跨城域突发事故灾害应急管理体系及关键问题探讨[J]. 中国安全科学学报, 2009, 19(9): 172-176.

[3] 汪伟全. 论区域应急联动的协同能力[J]. 探索与争鸣, 2013(5): 50-53.

[4] 肖俊华, 侯云先. 区域救灾物资储备库布局优化的实证研究——以北京市昌平区为例[J]. 经济地理, 2013, 33(2): 135-140.

[5] 博雅地名网[EB/OL].http://www.tcmap.com.cn/jiangsn/Changzhou.html, 2015-09-12.

[6] Jenelius E, Petersen T, Mattsson L G. Road network vulnerability: identifying important links and exposed regions[J]. Transportation Research A, 2006, 40(7): 537-560.

[7] Nagurney A, Qiang Q. Fragile Networks: Identifying Vulnerabilities and Synergies in an Uncertain World[M]. New Jersey: John Wiley and Sons, 2009.

[8] Nagurney A, Dong J, Zhang D. A supply chain network equilibrium model[J]. Transportation Research Part E, 2002, 38(5): 281-303.

[9] 朱莉, 曹杰. 灾害风险下应急资源调配的超网络优化研究[J]. 中国管理科学, 2012, 20(6): 141-148.

[10] 滕春贤, 胡引霞, 周艳山. 具有随机需求的供应链网络均衡应对突发事件[J]. 系统工程理论与实践, 2009, 29(3): 16-20.

[11] 张斌, 赵前胜, 姜瑜君. 区域承灾体脆弱性指标体系与精细量化模型研究[J]. 灾害学, 2010, 25(2): 36-40.

[12] Anaya-Arenas A M, Renaud J, Ruiz A. Relief distribution networks: a systematic review[J]. Annals of Operations Research, 2014,223(1): 53-79.

[13] Caunhye A M, Nie X F, Pokharel S. Optimization models in emergency logistics: a literature review[J]. Socio-Economic Planning Sciences, 2012, 46(1): 4-13.

[14] Barbarosoglu G, Arda Y. A two-stage stochastic programming framework for transportation planning in disaster response[J]. Journal of the Operational Research Society, 2004, 55(1): 43-53.

[15] Tzeng G H, Cheng H J, Huang T D. Multi-objective optimal planning for designing relief delivery systems[J]. Transportation Research Part E: Logistics and Transportation Review, 2007, 43(6): 673-686.

[16] Yi W, Özdamar L. A dynamic logistics coordination model for evacuation and support in disaster response activities[J]. European Journal of Operational Research, 2007, 179(3): 1177-1193.

[17] Pérez-Rodríguez N, Holguín-Veras J. Inventory-allocation distribution models for postdisaster humanitarian logistics with explicit consideration of deprivation costs[J]. Transportation Science, 2015, http://dx.doi.org/10.1287/trsc.2014.0565.

[18] Sheu J B. Post-disaster relief-service centralized logistics distribution with survivor resilience maximization[J]. Transportation Research Part B: Methodological, 2014, 68: 288-314.

[19] 王旭平, 马超, 阮俊虎. 运力受限的应急物资动态调度模型及算法[J]. 系统工程理论与实践,

2013,33（6）: 1492-1500.

[20] 马祖军, 代颖, 李双琳. 带限制期的震后应急物资配送模糊多目标开放式定位-路径问题[J]. 系统管理学报, 2014,23（5）: 658-667.

[21] 曹杰, 朱莉. 考虑决策偏好的城市群应急协调超网络模型[J]. 管理科学学报, 2014, 17（11）: 33-42.

[22] 葛洪磊, 刘南. 复杂灾害情景下应急资源配置的随机规划模型[J]. 系统工程理论与实践, 2014,34（12）: 3034-3042.

[23] 王海军, 王婧, 马士华, 杜丽敬. 模糊供求条件下应急物资动态调度决策研究[J]. 中国管理科学, 2014,22（1）: 55-64.

[24] 王新平, 王海燕. 多疫区多周期应急物资协同优化调度[J]. 系统工程理论与实践, 2012,32（2）: 283-291.

[25] Besiou M, Stapleton O, Wassenhove L N V. System dynamics for humanitarian operations[J]. Journal of Humanitarian Logistics and Supply Chain Management, 2011, 1（1）: 78-103.

[26] Peng M, Peng Y, Chen H. Post-seismic supply chain risk management: a system dynamics disruption analysis approach for inventory and logistics planning[J]. Computers and Operations Research, 2014, 42: 14-24.

[27] Diaz R, Kumar S, Behr J. Housing recovery in the aftermath of a catastrophe: material resources perspective[J]. Computers and Industrial Engineering, 2015, 81: 130-139.

[28] 王旭坪, 杨相英, 杨挺, 等. 动态路况下考虑决策者风险感知的地震物资调配动力学模型[J]. 系统管理学报, 2015, 24（2）: 174-184.

[29] 李健, 张文文, 白晓昀, 等. 基于系统动力学的应急物资调运速度影响因素研究[J]. 系统工程理论与实践, 2015, 35（3）: 661-670.

[30] 武佳倩, 汤铃, 李玲, 等. 基于系统动力学的危险化学品水污染事件中城市供水危机应急策略研究——以 2005 年吉化爆炸引发哈尔滨水危机为例[J]. 系统工程理论与实践, 2015, 35（3）: 677-686.

[31] 搜狐网中国疫情速递[EB/OL]. http://news.sohu.com/s2009/zhuliuganyiqing/, 2015-07-15.

第三部分　互馈效应下的应急协同决策理论与方法

第4章 超网络视角下面向灾害互馈效应的应急协同决策

应急协同决策的另一切入点是需考虑外在灾害环境变化与应急响应活动之间的互馈效应，而面向灾害的应急协同决策本质上是讨论如何更好地实施应急应对活动以协同应对灾害事件，本章拟以超网络视角分析这一问题。首先在介绍相关研究的基础上，构造面向灾害考虑互馈效应的应急协同超网络结构，并提出超网络方法研究灾害下应急协同决策所面临的关键问题及可以考虑的解决方案；然后基于所构造的超网络结构，探讨面向灾害的应急协同超网络模型构建方法，最后对模型进行求解并实施算例仿真分析。

4.1 考虑互馈效应的灾害应急协同超网络结构

与本书第一部分研究对象相同，本章仍然选择以应急资源（包括信息、能量和物资）的协同调配运作为例来说明应急协同操作。事实上，应急资源调配是灾害应急管理体系中的一个重要组成部分，属于复杂条件下的应急决策科学问题[1]：灾害发生前，应急资源的合理优化配置是保障应急救援活动得以开展的基础和前提条件；灾害发生后，救援人员的及时到达和救援物资的合理运输发放，对提高应急响应能力和降低生命财产损失具有重要作用。

4.1.1 面向灾害的应急研究背景

1. 灾害下应急资源调配的相关研究

灾害环境下的应急管理近年来得到国内外许多专家学者的关注，在本书 2.4.1 节和 3.2.1 节中已有部分论述，本节拟从面向灾害的应急资源调配优化角度对相关研究再次作一梳理。宏观上来看，范维澄院士在 2007 年提炼出我国应急管理基础研究最近 5~10 年内迫切需要解决的 5 大关键科学问题，分别是应急管理体系的复杂性科学问题、应急心理与行为的科学问题、突发公共事件信息获取及分析的科学问题、多因素风险评估和多尺度预测预警的科学问题以及复杂条件下应急决策的科学问题[1]。曹杰等将突发公共事件应急管理中的科学问题归纳为战略研究、监测预警、资源管理以及模拟仿真等 8 大核心内容[2]。计雷等分析突发事件的发生机理，探讨应急管理机制、体系构建与应急处置等相关问题[3]。微观上来看，本书研究聚焦应急管理领域的资源调配运作，由应急管理主流研究的划分，"应急资源调配"属于"应急物流优化管理"，主要体现在受灾害影响的"多出救点、多受灾点"场景下"应急资源配置"和"选定址及调度路径优化"等定量研究[4]。

1) 国外相关研究

国外在应急资源配置和调度方面，Haghani 和 Oh 早在 1996 年就构建了多品种应急资源、有时间窗约束、以总救援成本最小为单目标的线性网络流优化模型，为应急救援调配的后续研究提供参考[5]。Fiedrich 等分析了当救灾资源和救灾时间有限时，如何通过有效利用资源来提高救援质量，将伤亡程度减至最低，并构建了一个动态组合优化模型，应用于地震后向多个受灾点运输和分发救灾物资的最优应急决策[6]。Helbing 和 Kühnert 运用复杂网络理论分析灾害变化下应急调配的动态性[7]。Economou 和 Fakinos 运用马尔可夫决策方法研究灾害风险对应急决策的影响[8]。Barbarosoglu 和 Arda 提出了一个两层（上层是战术决策、下层是操作决策）交互式应急资源调配方法，并基于地震发生范围和震级的预测概率，构建了一个两阶段具有多种运输方式、多品种的网络流模型，以实现应急救援物资的调配优化保障[9]。Özdamar 等将自然灾害下应急物流运输规划分解成两个多品种网络流优化问题：一个是线性的救灾物资商品流，另一个是整数的车辆流[10]。在此研究基础上，Yi 和 Özdamar 构建了一个集成的两阶段定位-路径(location routing problem, LRP)优化模型，分析车辆路径规划(vehicle routing problem, VRP)和多商品流派发，以协调应急物流活动中救助物资配给和伤员救治运送问题[11]。Chiu 和 Zheng 提出了一个动态交通分配(dynamic traffic assignment, DTA)模式，对未知灾害下需要优先响应的应急资源和救助群体进行动态调度决策[12]。Tovia 构架了一个应急响应系统，用来在应急准备时评估资源调配能力[13]。Mete 和 Zabinsky 通过建立一个两阶段随机规划模型来解决应急药品储存和供应分配的问题：第一阶段确定药品库存选址以及每种药品的最优库存水平，第二阶段对具有不同装载量的车辆进行路径规划，从而决定应急药品的运输调配计划[14]。Taskin 和 Lodree 针对飓风灾害风险迁移特征，构建随机动态规划模型来反映风速灾害因子的更新，以优化飓风季节中的应急资源配置[15]。此外，Balcik 等长期关注应急救助物流，并在此领域形成了一系列研究成果：如探讨救助物流中的绩效评价，对救助物流中的协调问题进行综述以及研究应急救助中的物资库存优化问题等[16]。

2) 国内相关研究

国内在应急资源配置和调度方面也有丰富的研究成果。刘春林等从多个角度研究了需求约束下多出救点的应急物资调度优化问题[17]。戴更新和达庆利将单种资源应急的研究成果扩展到多种资源多出救点的应急场景，建立了多资源应急调度优化模型[18]。谢秉磊等以期望应急响应时间最小为目标，研究了在需求稀少和需求密集两种情况下不同的应急车辆调度策略[19]。袁媛和汪定伟分析灾害扩散对应急网络通行状况的实时影响，建立了动态应急方案下路径优化选择模型[20]。杨继君等同时考虑多货物多起止点的网络流问题和多种运输方式选择的车辆调度问题，并在此基础上设计了应急物资调度的多模式分层网络[21]。陈达强和刘南在响应时间最短、出救点数目最少的应急目标下，建立了带时变供应约束的多目标应急资源分配决策模型[22]。代颖等以应急救援的总时间和总成本最小为目标，构建了应急物流系统中选定址-运输路线安排的多目标优化模型[23]。王炜等运用马尔可夫决策方法对灾害事件下应急资源调度的动态优化过程进行研究，根据每个阶段灾害事件发生发展的变化情况，相应调整应急资源调度方案，以保证救援行动的时效性[24]。另外，台湾一些学者在应急资源调配方面也开展了深入的研究。Sheu 认为应急物流的核心内容包括应急资源需求的预测、应急物流网络的规划与设计、应急资源的快速配给以及国际应急救助的合作问题，并提出了应用混合模糊聚类优化方法来解决紧急需求响应的应急资源动态配给问题[25]。Chang 等应用情景规划方法来分析洪灾下应急物资库存定位-配给问题(location allocation problem, LAP)[26]。Tzeng 等考虑最小化救援成本和救援时间以及最大化救援满意度，构建了多目标应急救助调配优化模型[27]。Yan 和 Shih 构造了两个时空网络来研究灾后应急道路恢复和救助物资分配之间的关系[28]。

2. 本节研究视角

上述国内外面向灾害的应急资源调配优化相关研究呈现出一些共性：①在多出救点、多受灾点的应急资源调配场景下，现有工作大多忽视了各应急主体具有不同的属性特征(如不同出救能力限制)。②现有研究大多都从单方面考虑灾害变化如何影响应急决策，即针对面向灾害的应急救助环境特征(如时间紧、出救点少、资源有限等条件限制)，侧重于探讨如何运用一些运筹学或管理科学理论模型来实现特定灾情前提下资源本身的优化配置[29-30]，而几乎未考虑资源动态调配对灾害变化趋势的反馈影响，仅有极少量文献提及灾害环境与应急决策之间存在一定协同互动关系[7]。而事实上，在面临一些可控灾害(如疫情等公共卫生事件、事故灾难或某些社会安全事件)时，灾情的变化虽决定资源调配优化方案，但资源调配运作也在某种程度上影响着灾情的变化。即灾害事件本身呈现的动态变化性，不仅由自身发生发展演变规律而致，也有应急资源调配运作不断影响的结果。换句话说，灾害事件实时变化(如扩散、迁移)与应急资源调配之间存在相互协同影响关系：一方面，各类灾害事件(自然灾害、事故灾难、社会安全、公共卫生)的演变性(如扩散、迁移)会影响应急资源的调配运作；另一方面，资源调配也会在某种程度上制约着各类灾害事件的发展(例如，公共卫生事件中的流行病传播，其人群扩散机制决定着药品在受灾区域的合理发放，而药品及时准确的送达能够有效减缓灾情)。这个现象导致仅单方面考虑灾害影响下的应急资源调配优化决策等相关成果在现实应急场景中往往不能被直接应用。

因此，面对实时变化的灾害环境，如何刻画不同属性应急主体间的资源协同调配[2]，如何用定量方法分析资源动态调配与灾害风险变化之间的相互协同关系以及如何平衡整个应急系统全局的和单个应急主体的救助优化目标，都是灾害风险下应急资源协同调配研究中重要却又尚未解决的理论问题。为实现灾害下应急资源调配方案的有效协同优化，选择合适的研究工具充分描述灾害变化与资源调配的相互协同演化作用，以保证资源救助的时效性和需求满足的及时性，是灾害应急管理体系中迫切需要解决的理论问题[2]。故应该关注灾害与资源调配运作之间的相互协同作用，结合受资源救助影响的不断更新的灾害演化信息，动态调整应急资源调配运作方案，以保证资源调配的时效性和需求满足的及时性。

本节正是以此研究视角作为切入点，探讨以超网络方法研究面向灾害的应急资源协同调配体系的可行性。和已有研究相比，本节研究特色在于构架出一个与应急资源调配体系对应结构的、用来表达灾害强度变化的网络，将灾害变化与资源调配之间的相互影响关系转化成由两种不同性质但相互作用的网络所构成的超网络问题。研究成果为理解、协调、管理、控制和优化应急资源调配运作提供了新方法，对于复杂条件下的应急协同决策具有重要理论和现实意义。

4.1.2 互馈效应下面向灾害的应急协同超网络结构

由本书之前 2.1.2 节有关超网络应用与发展的调研发现，应用超网络理论解决灾害下应急协同优化问题也暂无相关研究。而关于运用超网络理论刻画灾害与调配运作的相互影响是否可行并有效，同 2.1.2 节类似，仍然可借鉴 Nagurney 研究团队的系列成果思路，如 Nagurney 等通过构建超网络模型来分析全球供应链网络与社会网络、国际金融网络与社会网络之间相互作用、相互关联关系[31]。并且，与分析跨区域应急协同的决策问题相类似，面向灾害的应急资源协同调配体系也同样具备典型超网络特征(如多层级、多属性、多目标、拥塞性和协调性)[32]。故本节研究认为超网络理论方法能够为研究面向灾害的应急资源协同调配运作提供合适工具，它能从定量的角度刻画不同属性网络间的相互协同影响机制。应用超网络理论来刻画面向灾害的应急资源协同调配过程，这不仅有利于突破对一般应急救援网络中各应急主体或应急方式同属性假设的限制，而且能更好地刻画救助资源调配过程中复杂的多层(级)、多目标性、协调性等特征，以及灾害风险环境与应急资源调配方案间相互协同影响的特性。

下面以灾害下应急资源的协同调配为例，说明如何应用超网络方法研究面向灾害的应急协同决策。可分两步骤构建灾害下应急资源协同调配的超网络结构：①首先，考虑应急资源调配的一般流程[4]，通常可简化为资源由供应点至需求地，中间可能经过一些中转地进行集散。故构建一个抽象的包含 I 个资源供应点(出救点)、J 个资源储备点(分发中心)和 K 个资源需求点(受灾点)的三层应急调配网络，其网络流是上下层级点间的资源调配数量(图 4-1)。在这个三层网络中，既有不同层级间的纵向合作关系(某出救点 i 将 q_{ij} 数量的应急资源配送到分发中心 j 进行临时储备，经统筹安排后，分发中心 j 再将 q_{jk} 数量的资源调配至受灾点 k)，同时又存在同一层级的横向竞争，诸如考虑选择哪个出救点(供应量为 q_i)或哪个分发中心(储备量为 q_j)调配资源去救助某受灾点等问题。②接着，再构建一个与应急调配网络结构相同的灾害网络，其网络流是各应急主体(间)受灾害影响程度，称为灾害强度。用 e_{ij}、e_{jk} 分别表示出救点 i 与分发中心 j、分发中心 j 与受灾点 k 之间的灾害强度，而 e_i、e_j、e_k 分别是出救点 i、分发中心 j 和受灾点 k 处的灾害强度(图 4-1)。

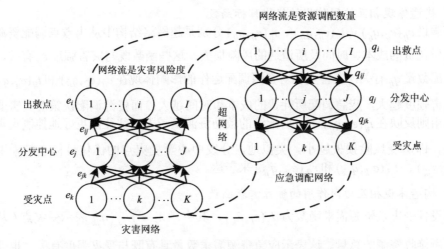

图 4-1　面向灾害的应急资源协同调配超网络结构

这样，灾害下应急资源的协同调配优化研究便可形象地转化成由一个灾害网络与调配网络交织的超网络结构进行分析。其中，图 4-1 中实线分别代表两个网络的网络流(资源调配数量或灾害强度)，而灾害变化与资源调配运作的相互协同作用和影响关系则用连接两个网络的虚线表示。如此，面向灾害的应急资源如何实现协同调配运作优化，就等价于讨论由两个性质不同但相互关联的网络(灾害网络与资源调配网络)所构成的超网络如何实现协同优化问题。

4.1.3　互馈效应下超网络的关键问题及解决方案

将灾害环境下由不同主体组成的应急资源协同调配体系抽象为一个包括两种不同性质网络的超网络结构，与"多出救点、多受灾点"模式下的一般网络结构存在着本质区别。这就决定了以各应急主体同质化为特征以及仅单方面考虑灾害影响的传统应急决策优化理论与方法等研究成果不能直接予以利用。因此，超网络视角下面向灾害的应急资源协同调配过程存在很多关键问题拟待探讨，现将主要的几个关键问题及可采取的解决方案简述如下。

1. 如何定量化表达不同性质网络之间的相互协同作用

在构建体现各应急主体受灾害影响程度的灾害网络之后，针对"灾害网络"与"资源调配网络"这两个含义和网络流都完全不同的网络，如何处理不同性质网络之间的相互协同作用，如何用定量建模的方法来理清不同网络之间的相互影响关系，如何在不同网络的相互协同作用反馈中实现最优均衡状态，这些都是灾害下应急协同决策中亟须解决的关键问题。可考虑采取以下方案开展研究。

1) 构造体现相互协同作用的优化目标函数

可假设 $c_{ij}(e_{ij},q_{ij})$、$t_{ij}(e_{ij},q_{ij})$、$r_{ij}(e_{ij},q_{ij})$ 分别是超网络结构中从出救点调配资源至分发中心所花费的成本、时间及所遭遇的风险损失。这些函数既与灾害强度 e_{ij} 有关，又与资源调配数量 q_{ij} 有关：灾害变化对资源调配运作的影响体现在 $c_{ij}(e_{ij},q_{ij})$ 和 $t_{ij}(e_{ij},q_{ij})$ 中，通常灾害强度越大，应急调配所耗费的成本和时间越大；而资源调配决策对灾害变化的抑制作用则反映在 $r_{ij}(e_{ij},q_{ij})$ 上，所配给的救助资源量越大，往往能更好地控制灾害造成的损失，即所受风险损失越小。类似地，分发中心至受灾点的优化目标也可采用函数 $c_{jk}(e_{jk},q_{jk})$、$t_{jk}(e_{jk},q_{jk})$ 和 $r_{jk}(e_{jk},q_{jk})$ 来表达。

2) 构造体现相互协同作用的资源需求函数

可设各受灾点资源需求函数为 $d_k(e_k,\lambda_k)$，其中，$\lambda_k = \sum_{j=1}^{J} q_{jk}$ 表示受灾点 k 从各分发中心所接收资源的总量。这表示应急资源需求数量具有既与受灾强度有关，也受所接收救助资源量影响的特征：一方面，灾害强度越大，受灾点所需应急资源数量越多；另一方面，若已实施应急救助的资源数量越大，受灾点所需资源量就越少。

2. 如何刻画各应急主体、应急方式的"差异性"特征

应急网络中各主体具有不同的救助供给和灾害承受能力，各应急主体可以采用不同的应急方式。采用如图 4-1 所示的超网络结构模式，虽然能较恰当地表达灾害变化与资源调配运作之间的相互协同作用关系，但具体如何选取能准确刻画各应急主体(或应急方式)调配运作特征的属性或属性组合，以及如何表征这些特征属性的差异性，都是需要解决的关键问题。可从以下方面予以思考。

1) 确定能表达各应急主体和应急方式特征的属性或属性组合

在面向灾害的应急资源协同调配超网络中，应急主体是指各出救点、各分发中心以及各受灾点。这些应急主体所处的不同地理位置、经济发展程度、应急管理战略地位以及文化底蕴等，直接决定着其自身所拥有的救助资源储备是否充足、应急保障设施是否健全，进而影响到诸如各出救点的应急保障力(如资源供应量)和各受灾点的脆弱性(如资源需求量)等。而各出救点经由各分发中心再至各受灾点之间会有不同的调配路径选择，或者会以不同的运输方式进行资源调配，这都表明各应急主体间应急方式的差异也会影响到整个超网络的优化目标(资源调配成本、调配时间、所遇风险等)。因此，选定何种属性作为指标来区分各应急主体和应急方式的差异性是一个值得关注的问题。例如，可选择"脆弱性"作为区分各受灾点应急资源需求特征的属性，也可采用"应急资源运抵各受灾点所需时间的不同"作为表征各出救点所在城市"交通基础设施脆弱程度"的差异性，还可选用多种属性的组合来细化不同特征的表达。

2) 采用随机效用理论分析各属性特征的差异性

基于已确定的不同属性特征，将各种属性的差异化程度抽象成某个随机变量，集成超网络理论与随机效用理论，探讨各应急主体和应急方式的差异性对整个灾害应急资源

协同调配超网络的影响，并以随机效用最大化为目标来选择最优的资源调配方案。

仍以出救点与分发中心之间的不同运输工具选择为例，简述"应急方式"差异化影响资源调配协同优化的建模过程：①记出救点 i 选择运输方式 h 调配资源送往分发中心 j 时的效用值为 U_{ij}^h，灾害环境下选择哪种方式对分发中心 j 实施应急资源救助依赖于 U_{ij}^h 的大小，可设其主要与三方面因素有关(出救点 i 选择方式 h 对分发中心 j 实施救助的资源调配成本 c_{ij}^h、选择方式 h 时调配资源的风险成本 r_{ij}^h 以及在选择方式 h 时的主观随机误差 ε_{ij}^h)。②依照最大化效用原则选择某种方式对某分发中心进行应急资源调配。以"分发中心 j 接受出救点 i 以方式 h 实施资源救助的最大应急效用"为依据，来确定应急方式的选择概率 $w_{ij}^h = prob\left\{U_{ij}^h \geqslant U_{i'j}^h, i' = 1, 2, \cdots, I\right\}$，且出救点与分发中心间的资源调配运作遵守流量守恒关系式：$q_{ij}^h = q_{ij} \cdot w_{ij}^h$。其中，$q_{ij}^h$ 表示出救点 i 以应急方式 h 对分发中心 j 调配资源的数量。③在最大化效用的前提下，结合随机均衡配流理论，可得出各应急主体或应急方式差异性选择下的资源调配协同优化条件。

3. 如何展现灾害实时变化与应急资源动态调配之间的协同匹配关系

面向灾害的应急资源协同调配优化运作，还需考虑解决"灾害实时变化"与"资源的时间和数量需求调整"之间的协同匹配问题。一方面，在描述灾害发生发展内在逻辑和规律的基础上，运用何种方式和手段来表达灾害信息不断反馈更新的特征，由标识灾害变化的关键影响参量如何合理关联到应急资源的时间和数量需求，是表述灾害变化对应急资源协同调配方案影响的一个关键问题。另一方面，在准确刻画灾害变化所致资源需求(数量、时间)的关联关系后，通过什么方式解决动态需求约束下的超网络优化问题，尤其在灾害扩散、迁移、衍生等变化所致的资源需求不断更新的情景下，如何实现各应急主体间资源协同调配决策的动态调整，设计出及时有效的应急协同调配方案，也是需要研究的另一个关键问题。可尝试从以下角度展开讨论。

1) 描述灾害实时变化导致应急资源协同调配网络的动态性

考虑灾害本身具有扩散、迁移等不确定性特点，即图 4-1 所示的灾害网络中的灾害强度 e_{ij}、e_{jk} 是不断变化的，这种实时变化会造成各受灾点对应急资源需求的不断调整，从而引起应急网络中资源协同调配的动态性。以灾害扩散对资源调配路径上通行速度的影响为例[33]，说明如何构造灾害实时变化对协同调配运作影响的函数：v_{ij}^0 表示灾害扩散前出救点 i 到分发中心 j 的资源调配通行速度，$v_{ij}(t)$ 表示灾害发生扩散变化后 t 时刻 i 到 j 的调配通行速度。可假设 $v_{ij}(t) = v_{ij}^0 \cdot \eta_{ij} \cdot e^{-\theta_{ij}t}$，其中 η_{ij}、θ_{ij} 为衰减系数，它决定着资源通行速度受灾害影响而变化的程度，且与出救点 i 到分发中心 j 的距离、i 到 j 间资源调配路径的脆弱程度以及灾害类别等因素有关。这样，通过定量手段就能准确表达灾害变化对应急资源协同调配网络通行状况的影响，以间接关联到在灾害变化情形下的整个应急网络协同调配资源所需时间的改变。

2) 考虑灾害信息不断反馈更新下的应急协同决策

采用科学的方法来表达灾害信息不断反馈更新的特征，定量分析灾害变化对应急资源需求(时间、数量)的影响。以马尔可夫决策方法为例说明灾害变化所致应急资源数量需求的协同调整过程[8]：用 e_{ij}^t 表示出救点 i 与分发中心 j 间在 t 时刻的灾害强度状态；P_{ab} 是各状态的一步转移概率(也称为转移矩阵)，$P_{ab} = P(e_{ij}^{t+1} = a | e_{ij}^t = b)$；$d_{ab}$ 表示灾害强度从状态 b 转移到下一状态 a 的应急资源数量需求；$f_n(i, \pi_n)$ 是在时刻 n 从灾害状态 i 到救助活动终止时的期望应急资源总数量需求，π_n 是从时刻 n 到应急结束时资源调配决策 δ 的序列 $\{\delta_n, \delta_{n+1}, \cdots\}$，$\delta_n$ 是时刻 n 的协同调配决策。有

$$D_n(i, \pi_n) = \sum_{b=1}^{n} P_{ab} d_{ab} + \sum_{b=1}^{n} P_{ab} D_{n+1}(i, \pi_{n+1})$$

由于 D_n 是与灾害强度更新变化有关的应急资源数量需求，因而可通过构建动态需求约束下资源协同调配的超网络模型，设计灾害变化情形下应急资源的动态协同调配优化方案。

综上，从面向灾害的应急资源协同调配优化决策来看，灾害下的应急协同决策不仅需要考虑灾害强度对应急活动的影响，还需要考虑应急决策的合理与否对灾害事件的反作用。以应急资源调配优化决策为例，针对灾害强度与资源调配运作相互间的协同关系，本节采用超网络视角，构造了具有不同性质但相互作用的两个网络来描述灾害变化与资源调配之间的相互协同影响，并分析了应用超网络理论研究灾害下应急资源协同调配运作所需考虑的关键问题及可以采取的研究应对方案。本节的研究成果能够增强基于可预测灾害变化的动态应急协同决策能力，为政府宏观层面和企业微观层面在应对重大灾害时的应急决策优化提供了新思路。下一节将着手全面构建面向灾害的应急协同超网络模型，并根据超网络优化模型的实际规模，合理设计相应算法实施求解分析，也将结合参数分析结果探讨灾害下应急协同超网络理论模型在应急决策应用中的实际价值。

4.2 考虑互馈效应的灾害应急协同超网络模型

基于上节所构造的面向灾害的应急资源协同调配超网络结构，本节研究仍选择以应急资源调配运作决策为例，探讨如何构建定量超网络模型来分析灾害环境下具有不同属性主体间的应急协同决策机制。首先，将刻画两个性质不同但相互影响的网络(资源调配网络与灾害网络)之间协同关联作用的超网络结构，转化成等价结构待定量建模分析。接下来，讨论灾害下资源协同调配体系的应急优化目标和对受灾点的资源救助行为，构建灾害风险下应急资源协同调配的超网络优化模型，并转化成变分不等式的互补形式进行求解；最后，设计数值算例以讨论超网络模型中应急能力限制和灾害风险度等关键参数对应急协同决策优化方案的影响，为实时灾害风险下的应急资源协同救援决策提供有益思考。

4.2.1　互馈效应下面向灾害的应急协同超网络模型构建

1. 超网络结构及其等价结构

如前 4.1.2 节所述，基于应急资源调配的一般流程，首先构建一个抽象的包含 I 个资源供应点(出救点)、J 个资源储备点(分发中心)和 K 个资源需求点(受灾点)的应急调配网络，其网络流是资源调配数量；再构建一个与应急调配网络结构相同的灾害网络，其网络流是各应急主体(间)受灾害影响程度，称为灾害风险度。如此可将灾害风险下应急资源协同调配体系形象地表示为由一个灾害网络与调配网络相互交织的超网络结构，如图 4-2(a) 所示，其中实线表示网络流，虚线表示相互协同作用和影响关系。

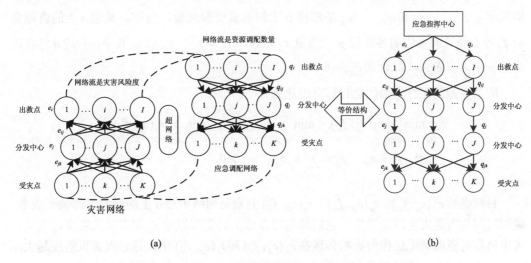

(a)　　　　　　　　　　　　　　　　(b)

图 4-2　灾害下应急资源协同调配的超网络及其等价结构

运用超网络结构研究灾害风险下应急资源的协同调配运作，有利于突破对一般应急救援网络中各应急主体或应急方式同属性假设的限制，能更好地刻画救助资源调配过程中复杂的多层(级)、多属性、多目标性等特征以及灾害风险环境与资源调配方案间相互协同影响的特性。为便于定量分析，现将图 4-2(a) 的超网络转化成一个等价结构[34](如图 4-2(b) 所示)：此结构中任一连接边用"a"表示，边 a 上的资源调配量和灾害风险度分别记作 f_a 和 e_a，不同层级边 a 含义也在图 4-2(b) 的等价结构中标出。

2. 超网络模型的构建

基于图 4-2 所示的超网络及其等价转换结构，现对灾害风险下应急资源协同调配运作进行定量建模分析。模型假设如下：①各出救点或各分发中心配给的以及各受灾点接收的应急资源都是同种类、可替代、无差别的，以保证在选择出救点或分发中心调配资源的决策中无需考虑资源区别因素。②应急资源由各出救点送至各分发中心，再由各分发中心配至各受灾点。③应急资源调配体系中的出救点、分发中心和受灾点都是理性的应急主体，在满足需求和符合能力限制的条件下，以最小化资源协同调配成本和时间以及最小化灾害风险损失等多准则为优化目标。④应急资源调配相关成本、时间和风险函数是连续可微的凸函数[32,34-35]。分别从应急资源调配的优化目标和对受灾点的资源救助决策两方面分析。

1) 应急资源调配的优化目标

a 是超网络等价结构中相邻层级任意两节点间的连接边，L 是所有连接边的集合，$a \in L$；p 是任意一条连接起讫点的路径，由若干条连接边 a 组成，网络中全体路径集合用 P 表示，$p \in P$。

e_a 是等价结构中连接边 a 上的灾害风险度(从上到下各层级边 a 上 e_a 的对应含义分别是 e_i、e_{ij}、e_j 和 e_{jk})；f_a 是等价结构中连接边 a 上的资源调配数量(自顶向下各层 f_a 分别表示 q_i、q_{ij}、q_j 和 q_{jk})；x_p 是路径 p 上的非负资源流量。可知，某边 a 上的资源负荷 f_a 等于经过此条边的各路径 p 上流量 x_p 之和：$f_a = \sum_{p \in P} x_p \delta_{ap}$。其中，若边 a 包含在路径 p 中，有 $\delta_{ap} = 1$；否则 $\delta_{ap} = 0$。

应急资源调配行为的优化目标可表达为

$$\min \sum_{a \in L} c_a(e_a, f_a), \quad \min \sum_{a \in L} t_a(e_a, f_a), \quad \min \sum_{a \in L} r_a(e_a, f_a)$$

$$\text{s.t.} \quad f_a \leqslant u_a, \quad f_a = \sum_{p \in P} x_p \delta_{ap}, \quad x_p \geqslant 0$$

目标函数 $c_a(e_a, f_a)$、$t_a(e_a, f_a)$、$r_a(e_a, f_a)$ 分别是网络中边 a 上的应急资源调配成本、调配时间和所遇灾害风险损失，它们都与每条边上的资源流量 f_a 和灾害风险度 e_a 有关：灾害风险对资源调配运作的影响体现在 $c_a(e_a, f_a)$ 和 $t_a(e_a, f_a)$ 中，通常灾害风险度越大，应急调配所耗费的成本和时间越大；而资源调配决策对灾害风险控制的反作用影响则反映在 $r_a(e_a, f_a)$ 上，对受灾点配给的救助资源量越大，往往能更好地控制灾害造成的损失。约束条件中 $f_a \leqslant u_a$ 表示每条边上的资源流量 f_a 不能超过自身应急能力限制 u_a，可理解为各应急主体(间)资源调配量不超过其可供给量。

同样通过赋予权重的方式将多目标问题转化成单目标，建立应急资源调配行为的广义优化目标：

$$\min \sum_{a \in L} g_a = \alpha_{1a} \sum_{a \in L} c_a(e_a, f_a) + \alpha_{2a} \sum_{a \in L} t_a(e_a, f_a) + \alpha_{3a} \sum_{a \in L} r_a(e_a, f_a)$$

其中，g_a 表示与边 a 有关的广义应急成本。α_{1a}、α_{2a}、α_{3a} 分别是应急决策中资源调配成本、调配时间、灾害风险损失这 3 个衡量标准所占的权重。

用 G_p 表示与路径 p 相关的广义应急成本，有 $G_p = \sum_{a \in L} g_a \delta_{ap}$，即某路径 p 上应急成本 G_p 等于构成此路径的各边 a 上应急成本 g_a 之和。

故应急资源调配行为的优化问题可表示为

$$\min \sum_{a \in L} g_a = \alpha_{1a} \sum_{a \in L} c_a(e_a, f_a) + \alpha_{2a} \sum_{a \in L} t_a(e_a, f_a) + \alpha_{3a} \sum_{a \in L} r_a(e_a, f_a)$$

$$\text{s.t.} \ \ f_a \leqslant u_a, \ \ f_a = \sum_{p \in P} x_p \delta_{ap}, \ \ G_p = \sum_{a \in L} g_a \delta_{ap}, \ \ x_p \geqslant 0 \tag{4-1}$$

2) 对受灾点实施资源救助的决策

由于选择出救点或分发中心对各受灾点实施应急资源救助的决策行为很难用一个最优目标来表达，应急指挥中心对资源调配路径的选择更多是从相互比较的角度考虑。因此，仍应用交通网络均衡中用户最优选择的 Wardrop 准则进行分析[32,34-35]：

$$G_p(x_p^*) - \lambda_w^* \begin{cases} = 0, & x_p^* > 0 \\ \geqslant 0, & x_p^* = 0 \end{cases} \tag{4-2}$$

用 w 表示网络中任一起迄点对，W 是全体起迄点对的集合，$w \in W$。λ_w 表示某一起迄点对 w 的资源调配失效成本，可理解为起迄点对之间的最小应急救助成本。式(4-2)表示以应急救助成本最小为标准来选择资源调配路径：只有当某路径 p 上的广义应急成本 $G_p(x_p)$ 等于最小应急救助成本时，此条路径上才有应急资源流量；否则不选此路径实施救助，即此路径上的资源流量 x_p 为 0。

另外，各受灾点对应急资源的需求量与各路径上调配资源的总流量之间存在以下关系：

$$\sum_{p \in P_w} x_p^* \begin{cases} = d_w(e_w, \lambda_w^*), & \lambda_w^* > 0 \\ \geqslant d_w(e_w, \lambda_w^*), & \lambda_w^* = 0 \end{cases} \tag{4-3}$$

连接某一起迄点对 w 的路径集合用 P_w 表示，任一路径 $p \in P_w$。$d_w(e_w, \lambda_w)$ 是某一起迄点对 w 相应的应急资源需求量，它与此点对间的灾害风险度 e_w 以及最小应急救助成本 λ_w 有关。由于图 4-2(b) 的等价结构中唯有一个起点(应急指挥中心)，故可将 e_w 单纯理解成各受灾点(等价结构中的迄点)的受灾害影响程度。式(4-3)是对各受灾点提供应急资源救助的必要条件：若存在应急救助资源调配运作，资源的总供给量要满足资源需求量；而当调配资源的总流量超过受灾点处资源需求量(供大于求)时，则停止应急资源调配的救助活动，此时最小应急救助成本 λ_w 为 0。

4.2.2　互馈效应下面向灾害的应急协同超网络模型求解

1. 求解转化过程

根据假设条件④，所构建的超网络模型是一个目标函数连续可微的凸规划问题。利用文献[36]中的定理，可将其最优化求解过程转化成变分不等式求解问题，下面首先详述该求解转化过程。

1) 目标函数的转化

利用拉格朗日乘子 β_a，将式 (4-1) 中应急能力限制的约束条件 $f_a \leqslant u_a$ 代入目标函数，有

$$\min \sum_{a \in L} g_a(e_a, f_a) - \sum_{a \in L} \beta_a(u_a - f_a)$$

$$\text{s.t. } f_a = \sum_{p \in P} x_p \delta_{ap}, \quad G_p = \sum_{a \in L} g_a \delta_{ap}, \quad x_p \geqslant 0$$

将 $f_a = \sum_{p \in P} x_p \delta_{ap}$ 代入目标函数，有

$$\min \sum_{a \in L} g_a(e_a, \sum_{p \in P} x_p \delta_{ap}) - \sum_{a \in L} \beta_a(u_a - \sum_{p \in P} x_p \delta_{ap})$$

$$\text{s.t. } G_p = \sum_{a \in L} g_a \delta_{ap}, \quad x_p \geqslant 0$$

则应急资源调配行为的优化问题可化成求解一组最优的 $\{x_p^*, \beta_a\}$，满足变分不等式

$$\sum_{p \in P} \left(\frac{\partial \sum_{a \in L} g_a \delta_{ap}}{\partial x_p} + \sum_{a \in L} \beta_a \delta_{ap} \right) \times (x_p - x_p^*) + \sum_{a \in L} (u_a - \sum_{p \in P} x_p \delta_{ap}) \times (\beta_a - \beta_a^*) \geqslant 0$$

将 $G_p = \sum_{a \in L} g_a \delta_{ap}$ 代入以上变分不等式，得

$$\sum_{p \in P} \left(\frac{\partial G_p}{\partial x_p} + \sum_{a \in L} \beta_a \delta_{ap} \right) \times (x_p - x_p^*) + \sum_{a \in L} (u_a - \sum_{p \in P} x_p \delta_{ap}) \times (\beta_a - \beta_a^*) \geqslant 0 \qquad (4\text{-}4)$$

2) 对受灾点救助必要条件的转化

由变分不等式与其互补形式的等价性[36]，可将对各受灾点实施应急资源救助的最优决策条件式 (4-2) 和式 (4-3) 转化成等价变分不等式形式

$$\sum_{p \in P} (G_p(x_p) - \lambda_w) \times (x_p - x_p^*) \geqslant 0 \qquad (4\text{-}5)$$

$$(\sum_{p \in P_w} x_p - d_w(e_w, \lambda_w)) \times (\lambda_w - \lambda_w^*) \geqslant 0 \qquad (4\text{-}6)$$

2. 求解定理及算法

1) 求解定理

基于以上求解过程分析，利用变分不等式与最优化问题、非线性互补问题之间的等

价转化关系，可给出灾害风险下应急资源协同调配超网络优化模型的求解定理。

定理 4.1　所构建的灾害风险下应急资源协同调配的超网络模型优化，等价于求解一组最优的 $\{x_p^*, \beta_a^*, \lambda_w^*\}$，使其满足变分不等式互补条件(4-7)

$$X^* \geqslant 0, \quad F(X^*) \geqslant 0, \quad X^{*\mathrm{T}} F(X^*) = 0 \tag{4-7}$$

其中，$F(X) = \{F1(X), F2(X), F3(X)\}^{\mathrm{T}}$，且有

$$F1 = \frac{\partial G_p}{\partial x_p} + \sum_{a \in L} \beta_a \delta_{ap} + G_p - \lambda_w$$

$$F2 = u_a - \sum_{p \in P} x_p \delta_{ap}$$

$$F3 = \sum_{p \in P_w} x_p - d_w(e_w, \lambda_w)$$

证明： 在此仅简述证明思路。由求解过程，式(4-1)、式(4-2)和式(4-3)等价于式(4-4)、式(4-5)和式(4-6)，先将式(4-4)、式(4-5)和式(4-6)进行简单代数加和并化简，再利用变分不等式与其互补形式的等价性，可证得充分性。反过来，将互补条件(4-7)在 $(x_p, \beta_a, \lambda_w)$ 各维度作相应拆分，可证得必要性。

2）求解算法

采用变分不等式求解中常用的 Euler 算法来解互补问题(4-7)。Euler 算法是一种迭代算法，具有良好的收敛性，迄今已被广泛用于求解动态超网络模型[32]。算法大致框架如下：

步骤一：（初始化）令 $X^0 = \left(x_p^0, \beta_a^0, \lambda_w^0\right) \in \Re$。$T$ 为迭代计数，初始设 $T = 1$。取序列 $\{\alpha_T\}$ 满足 $\sum_{T=1}^{\infty} \alpha_T = \infty, \alpha_T > 0$，且当 $T \to \infty$ 时，$\alpha_T \to 0$。

步骤二：（计算）通过解下列变分不等式问题来计算 $X^T = \left(x_p^T, \beta_a^T, \lambda_w^T\right) \in \Re$：

$$\left\langle X^T + \alpha_T F\left(X^{T-1}\right) - X^{T-1}, X - X^T \right\rangle \geqslant 0, \forall X \in \Re$$

步骤三：（收敛保证）如果 $\left|X^T - X^{T-1}\right| \leqslant \varepsilon$，$\varepsilon$ 为任一收敛精度，则停止计算；否则，令 $T := T + 1$，返回步骤二。

4.2.3 算例仿真与参数分析

设计仿真算例对构建的超网络模型进行数值求解，并对关键参数进行敏感性分析，讨论参数变化对灾害风险下应急资源协同调配优化方案的影响。

1. 数值算例

如图 4-3 所示，为便于分析，考虑简单应急网络（$I=2$、$J=2$、$K=2$）。事实上，出救点、分发中心、受灾点的个数可不受限制地被扩展至多个的情形，即本节所构模型能够支持复杂的实际应急网络场景。该算例里超网络等价结构中连接边分别用数字1~12在图4-3(b)标注。可以看出共有 8 条路径 $p_1=[1,3,7,9]$，$p_2=[1,4,8,11]$，$p_3=[2,5,7,9]$，$p_4=[2,6,8,11]$，$p_5=[1,3,7,10]$，$p_6=[1,4,8,12]$，$p_7=[2,5,7,10]$，$p_8=[2,6,8,12]$，对两受灾点进行资源救助。故经由两受灾点的路径集合分别是：$p_{w_1}=\{p_1,p_2,p_3,p_4\}$，$p_{w_2}=\{p_5,p_6,p_7,p_8\}$。

为分析简便，在此不具体设置各应急目标函数 $c_a(e_a,f_a)$、$t_a(e_a,f_a)$、$r_a(e_a,f_a)$ 表达式及其权重，而直接给出 $g_a(e_a,f_a)$ 的表达（表 4-1）。此处将这类函数设置为满足假设条件④（连续、可微、凸性）的简单常用形式，具有一定代表性，现实应急中可根据实际情况作不同程度的改变。参考文献[32]、[34-35]，设备受灾点处资源需求函数 $d_w(e_w,\lambda_w)=e_w/\lambda_w$，该形式函数直观反映了灾害风险度对资源需求的正比例影响以及最小救助成本对需求的反比例影响。

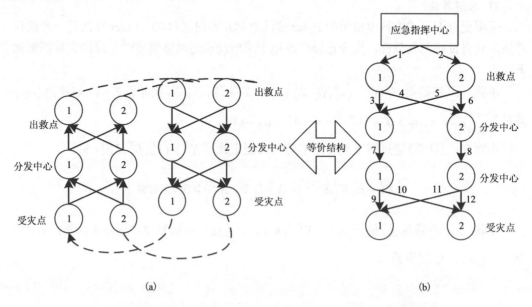

(a)   (b)

图 4-3 灾害下应急资源协同调配超网络及其等价结构的仿真算例

表 4-1　仿真算例中的参数设置

连接边	1	2	3	4
$g_a(e_a,f_a)$	$f_1^2 + 2e_1f_1$	$0.5f_2^2 + e_2f_2$	$0.5f_3^2 + e_3f_3$	$1.5f_4^2 + 2e_4f_4$
u_a	100	100	50	50
连接边	5	6	7	8
$g_a(e_a,f_a)$	$2f_5^2 + e_5f_5$	$0.5f_6^2 + e_6f_6$	$f_7^2 + e_7f_7$	$0.5f_8^2 + 2e_8f_8$
u_a	50	50	100	100
连接边	9	10	11	12
$g_a(e_a,f_a)$	$f_9^2 + 2e_9f_9$	$f_{10}^2 + 3e_{10}f_{10}$	$f_{11}^2 + 4e_{11}f_{11}$	$0.5f_{12}^2 + 3e_{12}f_{12}$
u_a	50	50	50	50

为保证参数设置的一般性意义，不考虑相关参量的单位，直接采用百分制给出无量纲化的数值。如①设各应急主体(间)的能力限制 $u_a \in [0,100]$，其具体赋值可从现实应急资源供应保障能力或调配应急资源路段的通行能力等指标因素中获得。$u_a = 0$ 代表无能力出救，u_a 值越大说明应急救援能力越强。②同样，e_a 和 e_w 取 0~100 间任意一个数。$e_a, e_w = 0$ 表示没有受到灾害影响，$e_a, e_w = 100$ 表示遭遇灾害的风险最大。算例中设连接边的灾害风险度 $e_a = 0$，受灾点处的灾害风险度 $e_{w_1} = e_{w_2} = 100$。此处采用赋予大小不一数值的方法表示各应急主体(间)遭遇灾害风险的程度不同，实际应急情境中可通过不同灾害级别的划分来相应确定。例如在暴雨灾害预测中，可采用每小时平均降雨强度来表示不同级别的灾害风险度[37]：无雨/微雨($e=5$)、中雨($e=20$)、黄色暴雨($e=30$)、红色暴雨($e=50$)、黑色暴雨($e=70$)。

将表 4-1 中的相关参数和需求函数代入互补形式式(4-7)，应用 MATLAB R2010b 实现求解算法，输入变量的初始值都设为 10，收敛精度为 0.001。数值求解花费约 10 秒经 7849 步迭代后收敛，得模型最优解：$x_{p_1}^* = 0.849, x_{p_2}^* = 0.427, x_{p_3}^* = 0.482, x_{p_4}^* = 1.016, x_{p_5}^* = 0.714$，$x_{p_6}^* = 0.441, x_{p_7}^* = 0.347, x_{p_8}^* = 1.483$。由 $f_a = \sum_{p \in P} x_p \delta_{ap}$，可将等价结构中最优解转化成灾害风险下应急资源协同调配超网络中相关量的解释：两个出救点的应急资源最优供给量分别是 $q_{i_1}^* = 2.431, q_{i_2}^* = 3.328$；两个出救点到两个分发中心的应急资源最优调配量分别是 $q_{ij_{11}}^* = 1.563, q_{ij_{12}}^* = 0.868, q_{ij_{21}}^* = 0.829, q_{ij_{22}}^* = 2.499$；两个分发中心的应急资源最优储备量分别是 $q_{j_1}^* = 2.392, q_{j_2}^* = 3.367$；两个分发中心到两个受灾点的应急资源最优调配量分别是 $q_{jk_{11}}^* = 1.331, q_{jk_{12}}^* = 1.061, q_{jk_{21}}^* = 1.443, q_{jk_{22}}^* = 1.924$。

2. 参数分析

下面对超网络优化模型中的相关参数：不同应急主体(间)的能力限制 u_a、不同应急主体(间)的灾害风险度 e_a、各受灾点的灾害风险度 e_w 进行敏感性分析。

1) u_a 对灾害下应急资源协同调配方案的影响

u_1、u_2（u_7、u_8）表示两出救点(两分发中心)的应急出救能力限制。现分别以 u_1 和 u_7 为例，讨论改变不同应急主体出救能力限制的影响：若减小 u_1，如令 $u_1 = 1$，发现与出救点 1 相关的应急资源量 $q_{i_1}^*$，$q_{ij_{11}}^*$，$q_{ij_{12}}^*$ 均变小，这是由于出救点 1 的应急出救能力变弱所致；同理，若使 u_7 变小，当 $u_7 = 1$ 时，发现与分发中心 1 有关的应急资源量 $q_{ij_{11}}^*$，$q_{ij_{21}}^*$，$q_{j_1}^*$，$q_{jk_{11}}^*$，$q_{jk_{12}}^*$ 均减少，同样是因为分发中心 1 应急出救能力减弱所致。

u_3、u_4、u_5、u_6（u_9、u_{10}、u_{11}、u_{12}）可理解成两出救点与两分发中心(两分发中心与两受灾点)间的应急资源通行能力限制。现分别以 u_3 和 u_9 为例，讨论改变不同应急主体间资源通行能力限制的影响：若减小 u_3，发现出救点 1 与分发中心 1 之间连接边 3 上的应急资源通行量 $q_{ij_{11}}^*$ 逐渐变小，且其他与边 3 相关联边 7、9、10 上的资源量也相应变少，即 $q_{j_1}^*$、$q_{jk_{11}}^*$ 和 $q_{jk_{12}}^*$ 都受到 u_3 变化的间接影响；类似地，若使 u_9 变小，极端情况令 $u_9 = 0$，得 $q_{j_1}^* = q_{jk_{12}}^* = 2.019$，$q_{jk_{11}}^* = 0$，说明分发中心 1 与受灾点 1 间由于种种原因导致的通行受阻，会使分发中心 1 放弃对受灾点 1 实施救助，并将其储备的所有应急资源全部调至受灾点 2。

2) e_a 对灾害下应急资源协同调配方案的影响

同 u_a 类似，也先以 e_1 和 e_7 为例，分析不同应急主体灾害风险度的变化如何影响面向灾害的资源协同调配方案：若设 $e_1 = 100$，得 $q_{i_1}^* = q_{ij_{11}}^* = q_{ij_{12}}^* = 0$，说明出救点 1 所遇灾害风险度过大，会导致其自身无法实施救助，仅剩下出救点 2 提供应急资源；设 $e_7 = 100$，同样发现分发中心 1 遭遇过大强度的灾害风险也会使其储备资源实施救助的功能失效，即与分发中心 1 相关的资源量 $q_{ij_{11}}^*$，$q_{ij_{21}}^*$，$q_{j_1}^*$，$q_{jk_{11}}^*$，$q_{jk_{12}}^*$ 全为 0。

再以 e_3 和 e_9 为例，分析改变不同应急主体之间灾害风险度的影响：若令 $e_3 = 100$，有 $q_{ij_{11}}^* = 0$，显然是由于出救点 1 和分发中心 1 间所遇灾害风险度过大所致；同理可解释为当 $e_9 = 100$ 时，有 $q_{jk_{11}}^* = 0$。

3) e_w 对灾害下应急资源协同调配方案的影响

e_w 在模型中可被理解成不同受灾点处的灾害风险度，讨论 e_w 变化所致的影响：若两受灾点所遇灾害风险度同时减小，如令 $e_{w_1} = e_{w_2}$ 分别为 80,60,40,20,0 时，发现对两受灾点配给的资源量 $q_{jk_{11}}^*$，$q_{jk_{12}}^*$，$q_{jk_{21}}^*$，$q_{jk_{22}}^*$ 均逐渐减少，直至 $e_{w_1} = e_{w_2} = 0$ 时达到最低；若仅考虑两受灾点中单个所遇的灾害风险度变化，如单独减小 e_{w_1} 值，发现受灾点 1 所接收应急资源数量少于受灾点 2 处的趋势逐渐明显。极端情况令 $e_{w_1} = 0$，有 $q_{j_1}^* = q_{jk_{12}}^* = 1.620$，$q_{jk_{11}}^* = 0$; $q_{j_2}^* = q_{jk_{22}}^* = 2.456$，$q_{jk_{21}}^* = 0$。即由于受灾点 1 处基本无灾害风险时，两分发中心的应急储备资源全被送往受灾点 2。改变 e_{w_2} 可观察到同样的现象。上述结果说明受灾点处的灾害风险度越大，则需要越多的应急资源对其实施救助。

4) u_a, e_a, e_w 对资源调配量和最小救助成本的影响

u_a, e_a, e_w 这些关键参数对整个协同应急网络中各路径上的救助资源调配总量 $\sum_{p \in P} x_p$ 和对各受灾点实施应急救援的最小救助成本之和 $\sum_{w \in W} \lambda_w$ 的影响关系如图 4-4 所示。从图 4-4 的变化趋势可以看出：

(1) 不同应急主体(间)的能力限制 u_a 变小，会使整个协同应急网络中救助资源总数量变少，对各受灾点实施资源调配的最小救助成本之和变大，即面对灾害风险开展相应的应急救援活动显得愈加困难。

(2) 救助资源总量随着不同应急主体(间)灾害风险度 e_a 的增大而减少，随着各受灾点处灾害风险度 e_w 的增大而增多。

(3) 不论各应急主体(间)灾害风险度 e_a 还是各受灾点处灾害风险度 e_w 的增加，都会导致对各受灾点实施资源调配的最小救助成本之和增大，即需要付出更大的代价完成应急救援。这些分析结论有助于灾害风险下应急资源协同调配决策的合理制定。

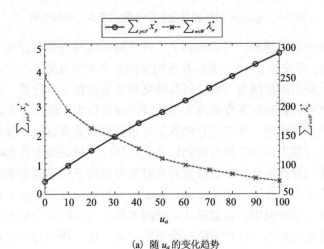

(a) 随 u_a 的变化趋势

(b) 随 e_a 的变化趋势

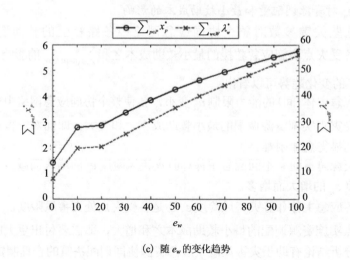

(c) 随 e_w 的变化趋势

图 4-4 u_a, e_a, e_w 对资源总量和最小救助成本之和的影响

综上，本节研究运用超网络理论刻画了灾害风险环境与应急资源调配运作之间的相互影响和协同作用，首先基于 4.1.2 节内容所构建的一个灾害风险下具有不同属性特征应急主体间协同调配资源的超网络，讨论将其转化成等价结构进行建模。通过分析超网络模型中广义应急优化目标和对各受灾点实施救助的决策行为，给出了灾害风险下应急资源协同调配方案的求解定理，并应用有效算法对仿真算例实施数值求解和敏感性分析。仿真实验证明，各应急主体(间)能力限制以及灾害风险度等关键参数影响着面向灾害的应急协同决策方案的设计优化。本节研究对实时灾害风险下科学制定多出救点、多受灾点的应急协同运作对策具有一定指导意义，为定量分析不同性质网络间相互作用问题提供有益思考。在下一节研究中，将尝试从时空网络理论方法的另一角度，探讨灾害风险演化(扩散、迁移)时变规律，分析不断反馈更新信息下灾害环境与应急决策间的协同互动。还将结合生物反恐体系场景，研究生物反恐体系中应急资源协同配置的时空网络优化机制。

参 考 文 献

[1] 范维澄. 国家突发公共事件应急管理中科学问题的思考和建议[J]. 中国科学基金, 2007, 21(2): 71-76.

[2] 曹杰, 杨晓光, 汪寿阳. 突发公共事件应急管理研究中的重要科学问题[J]. 公共管理学报, 2007, 4(2): 84-93.

[3] 计雷, 池宏, 陈安, 等. 突发事件应急管理[M]. 北京: 高等教育出版社, 2006.

[4] 何建敏, 刘春林, 曹杰, 等. 应急管理与应急系统——选址、调度与算法[M]. 北京: 科学出版社, 2005.

[5] Haghani A, Oh S C. Formulation and solution of a multi-commodity, multi-modal network flow model for disaster relief operations[J]. Transportation Research Part A, 1996, 30(3): 231-250.

[6] Fiedrich F, Gehbauer F, Rickers U. Optimized resource allocation for emergency response after

earthquake disasters[J]. Safety Science, 2000, 35 (1-3): 41-57.

[7] Helbing D, Kühnert C. Assessing interaction networks with applications to catastrophe dynamics and disaster management[J]. Physica A, 2003, 328 (3-4): 584-606.

[8] Economou A, Fakinos D. A continuous-time Markov chain under the influence of a regulating point process and applications in stochastic models with catastrophes[J]. European Journal of Operational Research, 2003, 149 (3): 625-640.

[9] Barbarosoglu G, Arda Y. A two-stage stochastic programming framework for transportation planning in disaster response [J]. Journal of the Operational Research Society, 2004, 55(1): 43-53.

[10] Özdamar L, Ekinci E, Küçükyazici B. Emergency logistics planning in natural disasters[J]. Annals of Operations Research, 2004, 129 (1-4): 217-245.

[11] Yi W, Özdamar L. A dynamic logistics coordination model for evacuation and support in disaster response activities[J]. European Journal of Operational Research, 2007, 179 (3): 1177-1193.

[12] Chiu Y C, Zheng H. Real-time mobilization decisions for multi-priority emergency response resources and evacuation groups: model formulation and solution[J]. Transportation Research Part E: Logistics and Transportation Review, 2007, 43 (6): 710-736.

[13] Tovia F. An emergency logistics response system for natural disasters[J]. International Journal of Logistics: Research and Applications, 2007, 10 (3): 173-186.

[14] Mete H O, Zabinsky Z B. Stochastic optimization of medical supply location and distribution in disaster management[J]. International Journal of Production Economics, 2010, 126 (1): 76-84.

[15] Taskin S, Lodree E J. Inventory decisions for emergency supplies based on hurricane count predictions[J]. International Journal of Production Economics, 2010, 126 (1): 66-75.

[16] Balcik B, Beamon B M, Krejci C C, et al. Coordination in humanitarian relief chains: practices, challenges and opportunities[J]. International Journal of Production Economics, 2010, 126 (1): 22-34.

[17] 刘春林, 盛昭瀚, 何建敏. 基于连续消耗应急系统的多出救点选择问题[J]. 管理工程学报, 1999, 13 (3): 13-16.

[18] 戴更新, 达庆利. 多资源组合应急调度问题的研究[J]. 系统工程理论与实践, 2000, 20 (9): 52-55.

[19] 谢秉磊, 毛科俊, 安实. 应急物流运输中的车辆调度策略分析[J]. 西南大学学报 (自然科学版), 2007, 29 (3): 151-155.

[20] 袁媛, 汪定伟. 灾害扩散实时影响下的应急疏散路径选择模型[J]. 系统仿真学报, 2008, 20 (6): 1563-1566.

[21] 杨继君, 许维胜, 冯云生, 等. 基于多模式分层网络的应急资源调度模型[J]. 计算机工程, 2009, 35 (10): 21-24.

[22] 陈达强, 刘南. 带时变供应约束的多出救点选择多目标决策模型[J]. 自然灾害学报, 2010, 19 (3): 94-99.

[23] 代颖, 马祖军, 郑斌. 突发公共事件应急系统中的模糊多目标定位——路径问题研究[J]. 管理评论, 2010, 22 (1): 121-128.

[24] 王炜, 刘茂, 王丽. 基于马尔科夫决策过程的应急资源调度方案的动态优化[J]. 南开大学学报 (自然科学版), 2010, 43 (3): 18-23.

[25] Sheu J B. Dynamic relief-demand management for emergency logistics operations under large-scale disasters[J]. Transportation Research Part E: Logistics and Transportation Review, 2010, 46 (1): 1-17.

[26] Chang M S, Tseng Y L, Chen J W. A scenario planning approach for the flood emergency logistics preparation problem under uncertainty[J]. Transportation Research Part E: Logistics and Transportation Review, 2007, 43 (6): 737-754.

[27] Tzeng G H, Cheng H J, Huang T D. Multi-objective optimal planning for designing relief delivery systems[J]. Transportation Research Part E: Logistics and Transportation Review, 2007, 43(6): 673-686.

[28] Yan S Y, Shih Y L. Optimal scheduling of emergency road way repair and subsequent relief distribution[J]. Computers and Operations Research, 2009, 36(6): 2049-2065.

[29] Green L V, Kolesar P J. Applying management science to emergency response systems: lessons from the past [J]. Management Science, 2004, 50(8): 1001-1014.

[30] Altay N, Green III W G. OR/MS research in disaster operations management[J]. European Journal of Operational Research, 2006, 175(1): 475-493.

[31] Nagurney A, Cruz J, Wakolbinger T. The Co-evolution and Emergence of Integrated International Financial Networks and Social Networks: Theory, Analysis, and Computations[M]. Berlin: Springer, 2007:183-226.

[32] 王志平, 王众托. 超网络理论及其应用[M]. 北京: 科学出版社, 2008.

[33] Yuan Y, Wang D. Path selection model and algorithm for emergency logistics management[J]. Computers and Industrial Engineering, 2009, 56(3): 1081-1094.

[34] Nagurney A. On the relationship between supply chain and transportation network equilibria: a supernetwork equivalence with computations [J]. Transportation Research Part E, 2006, 42(4): 293-316.

[35] Nagurney A, Dong J, Zhang D. A supply chain network equilibrium model [J]. Transportation Research Part E, 2002, 38(5): 281-303.

[36] 周晶. 随机交通均衡配流模型及其等价的变分不等式问题[J]. 系统科学与数学, 2003, 23(1): 120-127.

[37] Lam W H K, Shao H, Sumalee A. Modeling impacts of adverse weather conditions on a road network with uncertainties in demand and supply[J]. Transportation Research Part B, 2008, 42(10): 890-910.

第5章 时空网络视角下面向灾害互馈效应的应急协同决策

本章内容以生物恐怖事件为具体的灾害背景，研究该背景下的应急协同决策问题。面对生物恐怖事件，政府在决策时所表现出的应急综合管理能力，主要是由其对各类生物恐怖袭击的准备状况和认知程度所决定，即能否在生物恐怖事件发生后有限的时间和空间约束下迅速开展有针对性的应急救援。这种决策不是一次性、离散式的优化，而是要考虑生物危险源的扩散网络与应急资源配置网络间的动态协同交互作用，在优化的过程中不断调整，以实现应急救援决策的更高效。

5.1 考虑互馈效应的"演化-预测-配置"应急协同决策模式

在生物反恐应急救援体系中，应急资源需求和应急救援物资供应之间的关系主要表现为生物危险源扩散网络和应急物流网络的动态协同关系。因此，研究生物反恐应急管理，首先需要理解生物危险源扩散演化行为，继而根据其扩散规律预测出应急资源需求，再根据需求的情况进行应急资源动态配置，从而形成生物危险源扩散网络与应急资源配置网络两者间的"演化-预测-配置"动态多阶段互馈效应。

5.1.1 灾害演化机制分析

本节以生物危险源的扩散演化为例来分析灾害的演变过程，在对生物恐怖事件作一概述介绍的基础上，用定量模型表达生物危险源的扩散演化机制。

1. 生物恐怖事件概述

所谓生物恐怖事件，指的是利用可在人与动物之间传染或人畜共患的感染媒介物，如细菌、病毒、原生动物、真菌等，将其制成各种生物制剂，发动攻击，致使疫病流行，人、动物、农作物大量感染，甚至死亡，造成较大的人员、经济损失或引起社会恐慌、动乱。

根据《中华人民共和国突发事件应对法》、《突发公共卫生事件应急条例》、《国家突发公共事件医疗卫生救援应急预案》等相关法律法规，凡故意实施下列行为之一者，都属于生物恐怖袭击事件：

(1) 怀疑有通过邮件等各种载体或空中播洒等各种方式释放生物战剂的恐怖袭击事件。

（2）怀疑在党政机关、涉外机构、公众聚集场所及城市标志性建筑等重要地点施放生物恐怖战剂的袭击事件。

（3）怀疑有对城市饮用水源、中央空调及通风系统、大宗食品等民生相关的目标施放生物恐怖战剂的袭击事件。

（4）怀疑在江河、湖泊、海洋生态敏感区、水库及其他地表、地下水源等重要环境大量排放、倾倒、灌注生物恐怖战剂的袭击事件。

（5）怀疑有大规模施放生物战剂袭击境内动物、植物的恐怖事件。

（6）怀疑有利用各种手段攻击、破坏我国生物制剂的实验、生产、储运设施等相关恐怖事件。

（7）实验室泄露或有害标本丢失并对公众造成危害的事件。

（8）政府有关领导机构和相关部门提出的疑似生物恐怖事件。

（9）在一定范围内，发现有与传染病流行相关的异常现象，包括病种异常、传播途径异常、流行季节异常、职业分布异常及出现反季节的动物昆虫或生物媒介、发生多种传染病病原体混合感染的病例等，怀疑有发生生物恐怖战剂袭击事件的可能性。

用生物制剂作为武器打击对手的概念可以追溯到古罗马、古希腊和波斯文明时代及中世纪时代。那时人们以为疾病与恶臭气味及其播散有关，故在战争中将腐败有恶臭的动物尸体扔入水中，企图通过污染对方饮水系统而导致对手患病。12世纪意大利人巴巴罗沙甚至用腐败的人尸体污染敌方饮水源，而这一古老的方法直到19世纪美国内战时期仍被采用。

到中世纪时，人们开始用因病死亡的人尸体抛弃到敌方城里以播散疾病而求得胜利。最著名的例子是14世纪塔塔尔人围攻Kaffa（现今乌克兰境内的港口城市Feodossia）时将患鼠疫死亡的己方战士尸体扔入城内，有记载城内暴发了鼠疫，守军被迫弃城撤离。史学家推测，此后染病逃亡的人们及患鼠随船外逃至其他地中海沿岸港口城市如威尼斯、Genoa及Constantinople等地，从而导致14世纪中叶人类文明史上著名的第二次欧亚大陆鼠疫大流行，但流行病学家对此结论存质疑。

最早确有年史纪录的是18世纪（1754~1767年）大不列颠北美总司令Jffrey勋爵建议使用天花来"消除"与之对抗的北美印第安人部落的敌对战斗力。1763年1月24日，联队长Ecuyere率所属部队故意将己方患天花病者使用的毛毯、手绢散发留弃给北美印第安人部落，其在日记里写道："我希望这能达到预期效果"。不久在俄亥俄河谷区域的印第安人部落确实发生天花流行。在此时期，法国军队也曾采用类似方法对付印第安人。这些可能是最早有明确目的及具体方法手段并达到其目的的生物战实例，也是西方文明史里无耻黑暗的一页。

其后是第二次世界大战时的日本"731"部队。"二战"时期，日本"731"部队曾经大量培养炭疽杆菌，并用人体作为其进行细菌及细菌武器效能实验的工具。1942年，"731"部队第三批远征队参加了浙赣战役，用飞机把130kg的炭疽杆菌等病原运至预定地点，然后向水源地、沼泽区和居民区投撒，使这些地区陆续爆发疫情，造成中国军民大批死亡。日本战败后，"731"部队在逃跑时还将炭疽杆菌散播在华中地区一带，再次造成大量群众感染与死亡。20世纪50年代侵朝美军在朝鲜北部和中国东北地区也曾使用生物武器，至今在辽宁丹东的抗美援朝胜利纪念馆中还保存着美军所用生物弹的弹体残骸。

当前，随着经济全球化的迅猛发展，社会的复杂性和不确定性因素不断增加，环境结构也不断地向多样化发展。在这个不断变化的过程中，各种生物恐怖袭击事件仍然时有发生，如1993年的日本地铁沙林毒气事件、2001年的美国炭疽邮件事件等。有证据表明，日本奥姆真理教已经掌握了如何使炭疽病菌等存活的技术，能够大量生产有毒的细菌武器，并用炭疽杆菌和肉毒毒素在日本进行过3次不成功的生物恐怖攻击。

面对可能存在的各种生物恐怖事件，早在20世纪90年代，美国就开始投入大量的资金建设和完善突发公共卫生事件预警防御体系，从国家安全的高度防范潜在的生物、化学和放射性物资的恐怖袭击，大都市医疗反应系统(metropolitan medical response system，MMRS)就是其中的一个重要组成部分[1]。在"9·11"事件中，MMRS发挥了重要作用，7小时内就将50吨医药物资送到纽约。在2001年10月遭受炭疽病生物恐怖袭击时，联邦医药储备库及时向地方卫生部门发放了大量医药物资[2]。"9·11"之后，英国、法国、意大利等国相继制定了生物反恐计划，建立了生物反恐预警防御系统。2002年美国投入11亿美元，用于扩大联邦医药储备，将分布于全国的8个储备库增加到12个，境内任何地区都可以在12小时内得到储备的疫苗、抗生素、药物(包括消毒药械)等紧急救援物资，同时美国还投入9.18亿美元，用于扩大州和地方卫生部门的药品储备[2]。

生物恐怖威胁具有容易实施、施放突然、心理威胁大、后果严重[3]，以及生物恐怖威胁的跨国性、不确定性和高难度防扩散性[4]等特点，可以通过接种疫苗和适当的接触隔离防止疾病扩散[5]。美国的应急医疗服务(emergency medical services，EMS)在生物反恐预警防御系统中发挥着重要作用，EMS条例(1973年)规定乡村的紧急医疗救护必须在30分钟到达，城市必须控制在10分钟[6]。EMS和应急部门对生物恐怖袭击的反应能力，取决于他们对疾病和疾病扩散知识的了解程度[7]。2006年的《美国国家安全战略报告》指出："生物武器不需要那些难以获得的基础设施和材料来与之配套，这使得控制它扩散所面临的挑战更大"[8]。欧盟也密切关注生物武器扩散问题，欧盟认为，尽管有效地使用生物武器需要特殊的科学知识和技能，但随着生命科学的迅速发展，错误使用军民两用技术与知识的潜力在增长。生物武器特别难以对付，尤其是它在被使用时，针对植物、动物还是人类，会大不相同，所以防范起来更为困难[9]。

相比之下，中国目前正处于经济学家所预言的"非稳定状态"频发的"关键时期"，即人均国民收入水平处于1000~3000美元发展阶段。这是一个人口与资源环境、效率与公平正义等矛盾突出的时期，也是经济容易失控、社会容易失序、心理容易失衡、政治思想观念和社会伦理价值容易失调的关键时期。因此，更加有必要加强对生物恐怖袭击事件的防范和研究。2003年在我国爆发的非典型肺炎(severe acute respiratory syndrome，SARS)，虽然不是严格意义上的生物恐怖事件，但却用深刻的教训，验证了我国紧急救援物资储备和应急配送体系的不健全。2003年5月9日，国务院颁布了《突发公共卫生事件应急条例》，我国紧急救援物资的储备和应急配送才开始进入规范化管理的轨道。2008 年我国总理政府工作报告中指出"要加强应急体系和机制建设，提高预防和处置突发事件的能力；加强对现代条件下的自然灾害特点和规律的研究，提高防灾减灾能力"，并将"进一步加强应急管理工作"作为 2008 年国务院 57 条工作的要点之一。科技部相关部门在 2007 国际生物经济大会上发布的一份报告也指出：未来 20 年，中国将力争在生物安全与生物反恐技术上取得重大突破，建立健全生物安全保障体系，建立健全防御生物恐怖袭击及防治重大疫病的应急技术体系，保障人民健康和社会稳定。在 2009 年的国际生物经济大会，科技部相关报告再次强调了这一观点，并将未来 20 年改为未来 10 年。由此可见，我国正在加速构建生物反恐安全保障体系[10]。

在生物反恐预警防御系统建设过程中，必须首先了解危险源扩散的规律，以及危险源扩散网络和应急物流网络之间的协同关系。如果一座城市遭受生物恐怖袭击（如天花），将会形成一个以人为节点的危险源扩散网络，具有扩散的快速性和跳跃性。生物反恐预警防御系统中的紧急救援物资就会随着危险源的扩散，形成一个以城市中应急救援机构为节点的应急物流网络，具有流动的时效性和连续性。因此，生物反恐体系中的应急物流网络是由生物危险源扩散网络驱动的，有着与定常态物流系统不同的结构和从无序向有序演化的行为。

2. 生物危险源的扩散演化

生物恐怖事件发生后的生物危险源扩散演化分析，是建立生物危险源扩散网络与应急物流网络间的协同机制的前提条件。其整体结构如图 5-1 所示。

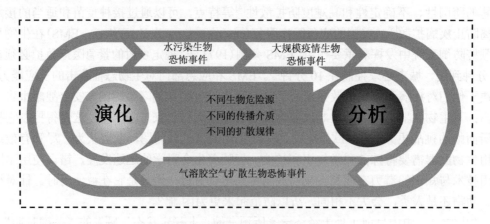

图 5-1　生物危险源扩散演化分析

对于水污染生物恐怖事件，可以根据污染物类型、数量、排放方式以及受纳污染物水体的规模和种类不同，分别采取完全混合模式、二维稳态混合模式、弗罗模式、稳态累积流量模式、稳态混合衰减模式等刻画其污染物在受纳水体中的扩散演化行为。

对于大规模疫情生物恐怖事件，主要根据生物危险源是否具有潜伏期、治疗期间是否需要隔离、治愈后是否具有免疫力等特性，采取 SIR、SEIR、SEIQR、SEIQRS 等模型进行生物危险源扩散演化。

对于气溶胶空气扩散生物恐怖事件，主要根据生物危险源在空气中释放的地点、高度、风向以及释放形式，采取高斯点源扩散模式、长期平均模式、熏烟模式、多源和面源扩散模式等对生物危险源扩散进行演化分析。

通过不同的演化模型在不同的环境背景中的规律分析，探讨生物危险源扩散网络与现实世界复杂网络拓扑结构之间的关系，挖掘控制生物危险源网络扩散的关键参数，为刻画生物反恐体系中的应急资源需求规律和控制策略提供理论基础。

以大规模疫情生物恐怖事件为例，该类型的生物恐怖事件发生后，首先需要了解和掌握被释放的生物危险源在人群中的扩散规律。生物危险源扩散在现实情况中最主要最直接的表现形式即是某种传染病的爆发，而传染病动力学是对传染病的流行规律进行理论性定量研究的一种重要方法。在实际生活中，生物恐怖袭击所引发的疾病传播过程中充满了偶然因素的影响，它显然是一种复杂现象，这是因为传染病传播的载体——人和人之间的交流、接触、联系所形成的社会网络是复杂的。人的生活环境具有高度的聚类性，人群之中的易感染者、已感染者，又全都是活动的个体，他们的行为方式对于疫情的发展具有重要的影响。此外，疫情的传播并非只具有单纯的增长特性，也有减少特性，而且不具有优先连接特性(一旦疫情爆发，人们会尽可能不与外人接触)，因此，采用小世界网络作为本章研究的基础网络，更加符合实际情况。

在人类社会的发展进程中，曾经遭遇过很多突发性的大规模传染病爆发事件，如近年出现的 SARS、H1N1 等。李光正和史定华研究了 SIRS 类传染病模型在小世界网络和无标度网络上的传播特性，得出小世界网络上 SIRS 模型的疾病传播阈值为 $\lambda_c = \langle k \rangle^{-1}$，无标度网络上 SIRS 模型的疾病传播阈值为 $\lambda_c = \langle k \rangle / \langle k^2 \rangle$，完全取决于网络的拓扑结构。并发现小世界网络的重连接概率 p 对疾病蔓延速度有很大影响，但不影响平稳状态指标[11]。上述研究主要集中在传播阈值和稳态染病节点密度两个指标，本节将其进一步拓展，考虑对感染者采取隔离措施后的传染病扩散情况，即建立基于小世界网络的 SIQRS 传染病扩散模型。

1) 模型建立

假设在某地区发生生物恐怖袭击事件后，该区域爆发了某种传染病。为方便模型的建立，首先给出相关的假设条件如下：

(1) 不考虑被感染区域人口自然出生率和自然死亡率；

(2) 假设生物恐怖事件发生后，生物危险源(疾病)在扩散过程中不会受到自身的干扰，即病毒传染率参数 β 为某一个常量；

(3) 假设生物恐怖事件发生后，各感染区域能被封锁，从而不需要考虑节点相互迁移的情况。

模型中所涉及的参数说明如下：

N：表示被感染区域内人口总数；

$S(t)$：表示被感染区域内易感人口(如年老体弱者、孕妇、小孩等)的数量；

$s(t) = S(t)/N$ 表示其密度；

$I(t)$：表示被感染区域中已被危险源感染且未被隔离的人口数量，$i(t) = I(t)/N$ 表示其密度；

$Q(t)$：表示被感染区域中已被隔离的感染人口的数量，$q(t) = Q(t)/N$ 表示其密度；

$R(t)$：表示被感染区域中感染过疾病但已被治疗健康的人口的数量，$r(t) = R(t)/N$ 表示其密度；

上述参数满足：$S(t) + I(t) + Q(t) + R(t) = N$，$s(t) + i(t) + q(t) + r(t) = 1$；

$\langle k \rangle$：网络节点的平均度分布；

β：生物危险源的传染率；

γ：已康复人口再次转化为易感人口的概率；

δ：已感染人口被发现并进行隔离的概率；

μ：被隔离进行治疗并康复为健康人口的概率；

d_1：感染人口中未被发现而死亡的概率，即感染因病死亡率；

d_2：被隔离进行治疗但失败而死亡的概率，即隔离因病死亡率。

根据上述假设和说明，如果在某地区发生生物恐怖袭击事件并造成当地传染病流行，在不考虑该疾病具有潜伏期的情形下，其危险源扩散过程可用图 5-2 表示。

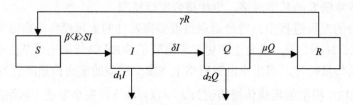

图 5-2　生物危险源扩散的 SIQRS 模型

在小世界网络中，运用平均场理论可以得出易感人口的密度 $s(t)$ 从时间 t 到时间 $t + \Delta t$ 满足以下公式：

$$s(t + \Delta t) - s(t) = -\beta \langle k \rangle s(t) i(t) \Delta t + \gamma r(t) \Delta t \tag{5-1}$$

将其变形后，可以得到

$$\frac{\mathrm{d}s(t)}{\mathrm{d}t} = -\beta \langle k \rangle s(t) i(t) + \gamma r(t) \tag{5-2}$$

同理可得

$$\frac{\mathrm{d}i(t)}{\mathrm{d}t} = \beta \langle k \rangle s(t) i(t) - d_1 i(t) - \delta i(t) \tag{5-3}$$

$$\frac{\mathrm{d}q(t)}{\mathrm{d}t} = \delta i(t) - d_2 q(t) - \mu q(t) \tag{5-4}$$

$$\frac{\mathrm{d}r(t)}{\mathrm{d}t} = \mu q(t) - \gamma r(t) \tag{5-5}$$

联合式 (5-2)、式 (5-3)、式 (5-4) 和式 (5-5)，可以得到基于小世界网络且未考虑潜伏期特性的 SIQRS 模型方程组：

$$\begin{cases} \dfrac{\mathrm{d}s(t)}{\mathrm{d}t} = -\beta\langle k\rangle s(t)i(t) + \gamma r(t) \\[2mm] \dfrac{\mathrm{d}i(t)}{\mathrm{d}t} = \beta\langle k\rangle s(t)i(t) - d_1 i(t) - \delta i(t) \\[2mm] \dfrac{\mathrm{d}q(t)}{\mathrm{d}t} = \delta i(t) - d_2 q(t) - \mu q(t) \\[2mm] \dfrac{\mathrm{d}r(t)}{\mathrm{d}t} = \mu q(t) - \gamma r(t) \end{cases} \tag{5-6}$$

其中，β，γ，δ，μ，d_1，d_2 皆为正的常数。

模型的初始条件为：$i(0) = i_0 \ll 1$，$s(0) = 1 - i_0$，$q(0) = r(0) = 0$。

2）模型分析

（1）传染发生的条件。

i_0 和 s_0 分别作为初始网络中的感染人口密度和易感人口密度，很显然，如果生物恐怖袭击引发疾病传染发生，则必须要满足以下条件：

$$\left.\frac{\mathrm{d}i(t)}{\mathrm{d}t}\right|_{t=0} > 0 \tag{5-7}$$

代入方程 (5-3) 可以得到

$$s_0 > \frac{d_1 + \delta}{\beta\langle k\rangle} \tag{5-8}$$

即 s_0 必须满足上述条件，生物危险源扩散才会发生。同时从上述不等式还可以看出，生物危险源的扩散与网络节点的度分布有关，即 $s_0 \propto \langle k\rangle^{-1}$。

（2）系统平衡态的存在性。

考虑区域中感染人口密度 $i(t)$ 随时间的变化情况，方程 (5-6) 的解析解一般很难得到。现考虑方程 (5-6) 的稳态情况，将 $s(t) + i(t) + q(t) + r(t) = 1$ 代入方程 (5-2)~(5-4)，消去方程 (5-5)，可得到

$$\begin{cases} \dfrac{\mathrm{d}s(t)}{\mathrm{d}t} = -\beta\langle k\rangle s(t)i(t) + \gamma[1 - s(t) - i(t) - q(t)] \\[2mm] \dfrac{\mathrm{d}i(t)}{\mathrm{d}t} = \beta\langle k\rangle s(t)i(t) - (d_1 + \delta)i(t) \\[2mm] \dfrac{\mathrm{d}q(t)}{\mathrm{d}t} = \delta i(t) - (d_2 + \mu)q(t) \end{cases} \tag{5-9}$$

考虑 $\dfrac{\mathrm{d}s(t)}{\mathrm{d}t}=0$，$\dfrac{\mathrm{d}i(t)}{\mathrm{d}t}=0$，$\dfrac{\mathrm{d}q(t)}{\mathrm{d}t}=0$ 时的情况。此时，容易直观地获得系统的一个平衡点：

$$P_1=(s,i,q)=(1,0,0) \tag{5-10}$$

由于此时感染区域中的感染人口密度为 0，被隔离人口的密度为 0，说明区域中的生物危险源没有进行扩散自行消亡，最后区域中的所有人口都成为易感人口，网络处于无病状态，即该点为感染区域的无病平衡点。

通过求解方程组(5-9)，还可获得方程组的另外一个解：

$$P_2=(s,i,q)=\left(\frac{d_1+\delta}{\beta\langle k\rangle},\frac{\gamma[\beta\langle k\rangle-(d_1+\delta)](d_2+\mu)}{\beta\langle k\rangle[(d_1+\delta+\gamma)(d_2+\mu)+\gamma\delta]},\right.$$

$$\left.\frac{\gamma\delta[\beta\langle k\rangle-(d_1+\delta)]}{\beta\langle k\rangle[(d_1+\delta+\gamma)(d_2+\mu)+\gamma\delta]}\right) \tag{5-11}$$

从式(5-11)可以看出，当危险源扩散系统处于稳态时，还存在被感染的人口，因此，该点称为感染区域的地方病平衡点。

(3) 系统平衡态的稳定性。

引理 5.1 如果 $\beta<\dfrac{d_1+\delta}{\langle k\rangle}$，生物危险源扩散网络中的无病平衡态 P_1 是稳定的；否则，P_1 是不稳定的。

证明： $P_1=(s,i,q)=(1,0,0)$，此时，方程组(5-9)对应的 Jacobi 矩阵为

$$J_{P_1}=\begin{bmatrix}\dfrac{\partial P_{11}}{\partial s} & \dfrac{\partial P_{11}}{\partial i} & \dfrac{\partial P_{11}}{\partial q}\\[2mm] \dfrac{\partial P_{12}}{\partial s} & \dfrac{\partial P_{12}}{\partial i} & \dfrac{\partial P_{12}}{\partial q}\\[2mm] \dfrac{\partial P_{13}}{\partial s} & \dfrac{\partial P_{13}}{\partial i} & \dfrac{\partial P_{13}}{\partial q}\end{bmatrix}=\begin{bmatrix}-\gamma & -\beta\langle k\rangle-\gamma & -\gamma\\ 0 & \beta\langle k\rangle-(d_1+\delta) & 0\\ 0 & \delta & -(d_2+\mu)\end{bmatrix} \tag{5-12}$$

其中，P_{11},P_{12},P_{13} 为 P_1 环境下依次对应方程组(5-9)中三个方程，则很容易求得该 Jacobi 矩阵的特征方程为

$$(\lambda+\gamma)(\lambda-\beta\langle k\rangle+d_1+\delta)(\lambda+d_2+\mu)=0 \tag{5-13}$$

通过解方程，容易得方程的三个特征根分别为 $-\gamma$，$\beta\langle k\rangle-d_1-\delta$，$-d_2-\mu$。由 Routh-Hurwiz 稳定性判据可知：当 $\beta\langle k\rangle-d_1-\delta<0$，即 $\beta<\dfrac{d_1+\delta}{\langle k\rangle}$ 时，方程组(5-9)的 Jacobi 矩阵三个特征根都具有负实部，此时，$P_1=(s,i,q)=(1,0,0)$ 是方程组的稳定解，否则，P_1 是不稳定的。证毕。

引理 5.2　如果 $\beta > \dfrac{d_1 + \delta}{\langle k \rangle}$，生物危险源扩散网络中的地方病平衡态 P_2 是稳定的；否则，P_2 是不稳定的。

证明： 类似于引理 5.1 的证明，结合方程组的另外一个解 (5-11)，此时，方程组 (5-9) 对应的 Jacobi 矩阵为

$$J_{P_2} = \begin{bmatrix} -\dfrac{\gamma[\beta\langle k\rangle - (d_1+\delta)](d_2+\mu)}{[(d_1+\delta+\gamma)(d_2+\mu)+\gamma\delta]} - \gamma & -(d_1+\delta) - \gamma & -\gamma \\ \dfrac{\gamma[\beta\langle k\rangle - (d_1+\delta)](d_2+\mu)}{[(d_1+\delta+\gamma)(d_2+\mu)+\gamma\delta]} & 0 & 0 \\ 0 & \delta & -(d_2+\mu) \end{bmatrix} \tag{5-14}$$

整理可得其 Jacobi 矩阵的特征方程为

$$\lambda(\lambda + A + \gamma)[\lambda + (d_2+\mu)] + \gamma\delta A + (d_1+\delta+\gamma)[\lambda + (d_2+\mu)]A = a_0\lambda^3 + a_1\lambda^2 + a_2\lambda + a_3 = 0$$

其中，

$$A = \frac{\gamma[\beta\langle k\rangle - (d_1+\delta)](d_2+\mu)}{[(d_1+\delta+\gamma)(d_2+\mu)+\gamma\delta]}$$

$$a_0 = 1$$
$$a_1 = (d_2+\mu) + (A+\gamma)$$
$$a_2 = (d_2+\mu)(A+\gamma) + (d_1+\delta+\gamma)A$$
$$a_3 = (d_2+\mu)(d_1+\delta+\gamma)A + \gamma\delta A$$

很显然，如果 $\beta > \dfrac{d_1+\delta}{\langle k \rangle}$，则 $A > 0$，很容易得到 $a_1 > 0, a_2 > 0, a_3 > 0$。

$$a_1a_2 - a_0a_3 = (d_2+\mu)(A+\gamma)(d_2+\mu+A+\gamma) + (d_1+\delta+\gamma)A^2 + \gamma A(d_1+\gamma) > 0$$

则由 Routh-Hurwiz 系统稳定性判据可知：当 $\beta > \dfrac{d_1+\delta}{\langle k \rangle}$ 时，Jacobi 矩阵的特征方程三个特征根将具有负的实部，此时方程组 (5-9) 的解 P_2 是稳定的，否则，P_2 是不稳定的。证毕。

结论 5.1　从引理 5.1 和引理 5.2 可以得出结论，在不考虑生物危险源具有潜伏期的情况下，生物危险源的扩散阈值除了取决于所构建的小世界网络拓扑结构 (节点平均度分布)，还与生物危险源的危险程度 (因病死亡率) 以及生物危险源爆发后采取多大强度的隔离措施 (感染者被隔离的比率) 有密切关系：当 $\beta < \dfrac{d_1+\delta}{\langle k \rangle}$ 时，生物危险源扩散网络会稳定于危险源消失的平衡点 P_1；当 $\beta > \dfrac{d_1+\delta}{\langle k \rangle}$ 时，生物危险源将会在较长的一段时间内扩散

并最终稳定于地方病 P_2 的状态。

本小节以大规模疫情生物恐怖事件为例，通过生物危险源在小世界网络中的扩散规律分析，探讨生物危险源扩散与现实世界复杂网络拓扑结构之间的关系，建立了相应的生物危险源扩散网络模型，并从理论上证明了平衡态的存在性。进一步地，读者可通过仿真分析的方法，挖掘出生物危险源扩散网络控制的关键参数，建立了生物危险源扩散环境下应急资源需求与感染人口数之间的关联函数，提出受生物危险源感染区域对应急资源需求特性，并分别针对每个阶段给出了应急资源控制策略。

5.1.2 面向灾害演化的应急需求预测

生物恐怖事件发生后应急资源时变需求的有效预测，是建立生物危险源扩散网络与应急物流网络间协同机制的重要保证。现有研究中有的将应急资源需求定义为脉冲变量[12]，有的将其定义为服从某种分布[12-14]，有的则设计为某种时变量[15-16]。实际的应急资源需求是非常难以预测的，且随着生物危险源的扩散不断地动态变化，特别是如何体现前期阶段的应急资源配置对后期救援阶段应急资源需求所产生的影响方面，还有待进一步挖掘。基于此，可假定遭受生物反恐袭击后，应急资源的需求与区域中的染病者人数密切相关，为方便计算，用简单线性函数表示如下：

$$d_t^* = aI(t) \tag{5-15}$$

传统的应急资源需求简单预测常采用该方法，式中 d_t^* 表示在 t 时刻受灾区域对应急资源的需求量，$I(t)$ 为 t 时刻受灾区域染病者人数。对于天花等容易引发传染疫情的生物危险源来说，上述公式为一常微分方程，很难取得其精确的数值解。因此，需将其结合应急时间点的变化作进一步细化。为方便计算，可构建一种折线比例法(类似于 Euler 方法)，其情况如图 5-3 所示。图中横轴代表每个决策阶段的时间点，纵轴代表受灾点的需

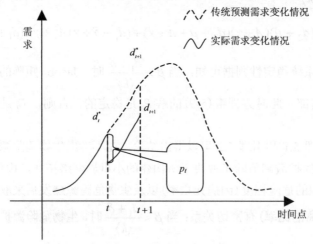

图 5-3　应急需求变化情况

求变化情况。图中的虚线部分为根据上述公式预测出的需求量变化情况，实线部分为实际需求量的变化情况。例如，假设根据上述公式计算出在第 t 时刻受灾区域的应急资源需求量为 d_t^*，在 $t+1$ 时刻该受灾点的资源需求量为 d_{t+1}^*。而实际上，由于在 t 时刻应急部门对该受灾点进行了应急资源的配置 p_t，其对生物危险源的扩散产生了一定的抑制作用，因此在第 $t+1$ 时刻，该点的实际应急资源需求量变为 d_{t+1}。

为反映出上述应急资源需求动态变化性质，可定义每个决策时刻的新增资源需求比例系数如下：

$$\eta_t = \frac{d_{t+1}^* - d_t^*}{d_t^*} \tag{5-16}$$

其中，η_t 为在第 t 次决策期内的新增资源比例系数。由于每个阶段的新增染病人数不同，因此新增资源需求比例系数 η_t 在每个决策期内的取值也不同。同时根据文献[17]调查显示，即使被感染者康复了，也还是有部分人员会再度被危险源感染，故定义应急救援的实际有效率系数为 θ。再考虑每个染病者治疗有一个时间周期 Γ，为方便计算，假设其为决策周期的整数倍，则相当于每个决策周期内实际有效救援的染病人数比率为 $\frac{\theta}{\Gamma}$。由此，可得如下函数递推关系：

$$\text{当 } t=1, \quad d_1 = (1+\eta_0)\left(1-\frac{\theta}{\Gamma}\right)d_0 \tag{5-17}$$

$$\text{当 } t=2, \quad d_2 = (1+\eta_1)\left(1-\frac{\theta}{\Gamma}\right)d_1 = (1+\eta_0)(1+\eta_1)\left(1-\frac{\theta}{\Gamma}\right)^2 d_0 \tag{5-18}$$

$$\cdots\cdots$$

$$\text{当 } t=n, \quad d_n = \prod_{i=0}^{n-1}(1+\eta_i)\left(1-\frac{\theta}{\Gamma}\right)^n d_0 \tag{5-19}$$

其中，$\prod_{i=0}^{n-1}(1+\eta_i) = (1+\eta_0)(1+\eta_1)\cdots(1+\eta_{n-1})$，$d_0 = aI(0)$ 为应急资源初始需求量。很显然，当间隔时间取值越小，预测结果将越精确。在上述递推公式中，初始需求量可以根据初始感染人数计算，因此通过上述模型，可以更好地预测出每个决策期的应急资源需求量。

5.1.3　灾害演化下的应急动态多阶段协同配置

生物恐怖事件发生后的应急资源动态优化配置，是生物危险源扩散网络与应急物流网络间协同作用的结果体现。在生物反恐应急时变需求预测模型的基础上，下一步需要解决的则是如何根据动态变化的需求，确定时变的资源配置方案。传统的研究成果较多地集中于应如何尽可能快地将爆发点周边区域原有储备应急资源配送到应急需求点，构建的模型为单一的、离散的规划模型。在生物反恐应急救援中，这种一次性离散规划结果往往难以在资源驱动环境下做出有效的调整以应对各点需求的变化。生物反恐应急救援体系中的应急资源应该动态地、时变地、源源不断地被输配送到应急需求点，以满足受感染区域的需求。反映在实际决策中，即决策—反馈—再决策—再反馈的动态的、多阶段的协同决策过程，其研究思路如图5-4所示。

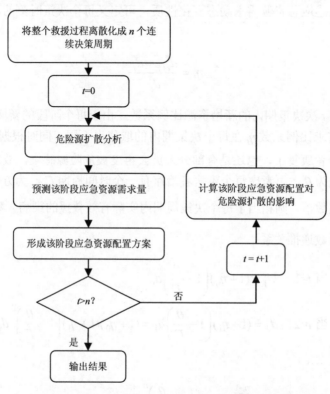

图5-4 生物反恐体系中的动态多阶段协同决策模式

从图 5-4 可以看出，研究生物反恐体系中的应急资源优化配置，需首先分析生物危险源的扩散规律，根据各受感染区域的生物危险源扩散规律来预测各区域的应急物资需求量，继而根据各区域的应急资源需求情况，制定应急资源储备库向各区域进行资源配置的方案。通过一次资源配置后，势必对生物危险源的扩散产生一定的抑制作用，然后产生新的危险源扩散情况，再产生新的应急资源需求，继而需要再做出新的资源配置方案，如此循环，直到生物危险源扩散趋于稳定。因此，生物反恐体系中的应急救援决策实质是一种"演化—预测—配置"逐次递进的协同决策模式，该动态多阶段协同决策模式的应用将极大地增强应急物流网络的应急应变能力。

对于任何一个政府应急管理部门而言，生物反恐应急决策知识和决策能力都是有限的。生物危险源扩散网络与应急物流网络间的"演化—预测—配置"动态协同机制的建立，不仅能够充分整合城市各应急决策主体的知识和能力，形成更加科学合理的救援方案，而且有助于实现生物反恐体系中的应急物流网络协同优化。

5.2　考虑互馈效应的应急协同决策机制分析

应急资源配置的交互作用，不仅体现在生物危险源扩散网络与应急资源配置网络间。在应急资源配置的过程中，不同的应急资源配送方式之间、应急决策涉及的多部门多环节之间以及有补给源和无补给源的环境下，都存在不同类型的互馈效应。

5.2.1　不同应急物资混合协同配送机制

由于生物反恐体系所具有的一些特性(如生物恐怖事件通常是在人群中释放某种生物危险源导致人群死亡，却并不会像自然灾害那样破坏交通通信、中断应急资源配送路径等)，使得生物反恐体系中的应急物资配送与其他灾害环境下的应急物资配送有着一定的差异性。经典的几类物资配送模式有点对点配送(PTP 模式)、枢纽辐射式(HUB 模式)以及旅行商或多旅行商模式(TSP、MTSP)等，这些物资配送模式都各自具有不同的优势。在应急条件下，如果应急资源能全部采用 PTP 模式进行配送，则各需求点都能在尽可能短的时间获得应急资源，但相应地，应急资源的配送缺乏规模效益性(反映在实际中即每个需求点都要进行单独配送，需要大量的人力、车辆等资源)。反过来，虽然传统的 HUB 模式具有较强的规模效益[18]和竞争优势[19]，可是其又会导致救援时效性的相对降低。在实际的应急救援中，由于应急事件的突发性和应急设备的有限性，常见的形式是应急救援的指挥中心根据所拥有的医疗资源(包括医疗车辆、医务人员等)分组同时出发对各应急物资的需求点进行配送或补给应急资源(如接种疫苗)，各组之间尽量不重复，使得所有的需求点都在尽可能短的时间内得到应急物资[20]，从而使得经典的 TSP 或 MTSP 理论在生物反恐应急物资配送中具有一定的借鉴性。

基于此，结合生物恐怖事件爆发后应急救援初期阶段，受感染区域对应急资源的需求还处于相对稳定状态的特性，可构建一类应急物资混合协同配送模式，使其兼顾各种模式之所长，该混合协同模式结构如图 5-5 所示。关于 HUB 模式与 TSP 模式的混合，Liu 等从运输总成本的角度研究了车辆运输系统的混合配送模式，指出混合后的网络无论从规模效益还是运输频率，都较混合前有所提高[21]。受其启发，本小节在对比分析了 PTP 模式和 HUB 模式运输效率的基础上，构建了一种混合协同配送模式以兼顾这两种模式的长处，并给出了具体求解的启发式搜索算法[22]。该混合协同方法的核心可归结为确定应急物资配送网络中哪些点之间的配送采用 HUB 配送模式？哪些点之间的配送采用 PTP 模式？并且要求这种混合配送的效果要比两种单纯的配送模式更优。求解该问题的启发式搜索算法的核心思想是利用计算机的快速重复计算功能，将应急物资配送弧集逐次枚举，以寻找出可能改进的地方。进一步地，我们考虑了在使用 MMTSP 模式进行应急资源配送的同时，允许部分时间窗要求严格的应急资源需求点采用 PTP 模式进行配送，以弥补单一应急物资配送模式的不足，从而实现在损失一部分路径长度目标的条件下，尽可能地将所有车辆充分使用，以更好地逼近现实决策和提高应急救援时效性[23]。

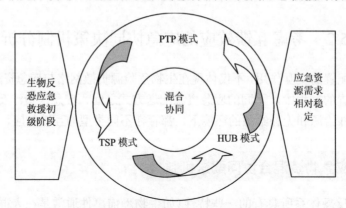

图 5-5　应急物资混合协同配送模式

5.2.2　多层次多部门应急动态协同机制

生物反恐体系中，城市储备库、区域疾控中心以及应急定点医院构成了一个多层次复杂网络(图 5-6)。在这种多层次复杂应急物流网络中，往往会形成一种上层与下层的控制与协调关系。上层问题和下层问题都有各自的目标函数和约束条件。上层问题的目标函数和约束条件不仅与上层决策变量有关，而且还依赖于下层问题的最优解；而下层问题的最优解又受上层决策变量的影响。一般上层决策者处于一个领导和协调下层各执行

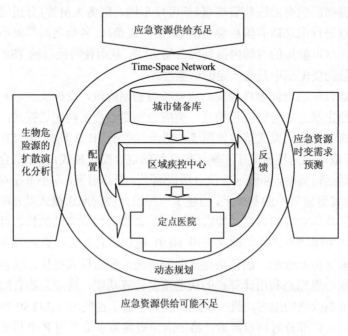

图 5-6　多层次、多部门应急物流网络动态协同机制

部门的地位(如城市储备库的职能),而下层各决策者处于执行地位(如区域疾控中心的职能)。在资源供应充足的环境下,各定点医院的应急资源需求最终总是可以得到满足,所不同的是,通过不同的应急资源配置方式,所需花费的时间和成本是不一致的。在生物危险源扩散演化分析以及应急资源时变需求预测基础上,通过应用 Time-Space Network以及动态规划理论,可建立相应的多层次多部门应急物流网络动态协同优化模型。在应急资源可能存在缺货的环境下,通过不同的应急资源配置方式,不仅花费的应急救援时间与成本不一致,而且所达到的应急救援效果也各不相同,此时,需要对上述的时变需求预测模型作出相适应的修正,以更好地反映出考虑每个决策期形成的应急资源配置对后续应急需求所产生的影响。

5.2.3　基于不同补给源状况的应急协同决策机制

充足的救援物资是实施生物反恐应急救援活动的基础。一旦救援活动开始,必然伴随着大量的救援物资消耗。而所需物资仅依靠储备网络节点储备库的库存供给往往是难以维持的。若库存物资耗尽,则救援活动将无法继续,势必大大影响应急救援的效果。因此,应急救援系统中必须建立救援物资补给系统,由应急救援指挥中心统一领导,根据生物危险源扩散状况及储备网络中救援物资储备情况及时安排救援物资的生产和运输,对救援活动进行支持和保障。补给系统具有一定的属性,这里的属性包括很多方面,如地理位置、生产速率、生产成本、运输速率、运输成本等。不同的应急救援系统,其对应的补给系统所具有的属性各不相同。按照对应的补给系统的不同属性,可以将应急救援系统分为有补给源和无补给源系统两类。赵林度和孙立研究表明,具有补给源的应急救援系统在运行效率和运行成本方面,比无补给源应急救援系统更加具有优势[24]。

有补给源应急救援系统中,紧急救援物资补给系统在地理位置上处于储备库网络中,位于储备库节点周围,如一小时都市圈中。由于优越的地理位置以及便利的交通条件,一旦发生生物恐怖事件,紧急救援物资补给系统可以在较短的时间内将所需物资运送至储备网络中的目标储备库。相对于有补给源应急救援系统,无补给源应急救援系统并不绝对意味着该应急救援系统中不存在补给系统,同时也包括补给系统在储备网络之外,距离储备库较远的情况。由于无补给源应急救援系统中,补给系统远离储备网络,交通条件不便,在一定程度上影响了应急救援补给物资的输送,造成物资运输时间较长。

为了提高无补给源应急救援系统的性能,可以构建将邻近的紧急救援物资储备库视为补给源,邻近的紧急救援物资储备库再从补给源补充资源的协同模式(图 5-7)。基于此,可将某个距离应急需求城市较近的国家储备库视为中转节点,距离应急需求城市较远的国家储备库为补给源,通过向该中转节点补给资源,从而使生物反恐体系中的每一个应急救援系统都能产生有补给源系统的优势。

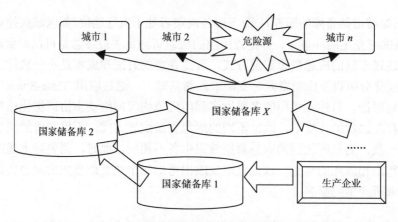

图 5-7　无补给源情况下的应急救援协同模式

5.3　考虑互馈效应的应急协同时空网络模型

5.3.1　时空网络理论基础

时空网络方法最早由 Berge 和 Hopperstad 于 1993 年提出[25]，主要应用于航空公司航班的排程调度和优化。在时空网络中，节点表示由机场轴、时间轴确定的二维时空点，即表示为航班的到港、离港事件。弧包括航班弧(flight arcs)、地面弧(ground arcs)以及环绕弧(wrap-around arcs)。在时空网络中，由于每种机型有不同的机型属性(特别是巡航速度)，因此对多种机型的时空网络，描述于一系列的子网络层，每种机型对应一个子网络层。与连接网络相比，它更方便航班段之间建立连接，由于航班段数远小于网络的可能连接数，所以能大大减少决策变量的数量，但是时空网络不能将地面上具体的飞机区分开来，这一问题限制了它在子路线问题上的应用。1995 年，Hane 和 Barnhart 对时空网络模型的求解提出了一系列的预处理技术，即节点缩减(node aggregation)和孤岛(island)技术，节点缩减即将航班数相同的连续到达航班和连续出发航班合并，产生一个聚合节点，这个聚合节点可以看作没有事件发生，所以聚合节点的地面飞机数量始终为上一个节点的地面飞机数量[26]。

从本质而言，时空网络方法是将物理网络上的节点在离散时间轴上进行复制扩展，形成一个二维网络，从而可以同时从时间与空间两个角度对所研究的问题进行刻画。近年来，时空网络方法被广泛应用于列车调度[27]、飞机排班[28]、轮船排程[29]、公交调度[30]等交通领域。其中，Yan 等学者在时空网络的应用和推广方面做了大量的工作，如 Yan 等应用时空网络设计了一个排程调度模型，以帮助混凝土制造商在面对干扰事件时可以及时地做出调整[31]。Yan 等应用时空网络对银行运钞车每天行经的路线进行了调度优化并设计了一套快速有效的求解算法[32]。Xue 和 Irohara 应用时空网络刻画了一类国际货物运输问题，其特色在于将 CO_2 排放水平考虑到优化模型中[33]。王伟等针对突发事件后的一些特殊需求铁路运输任务，应用时空网络编制运输计划，以提高货物列车的利用率及运输需求的满足程度[34]。

在应急物流网络优化应用方面，Yan 和 Shih 应用时空网模型研究了应急救援系统中的道路修复和应急物资配送协调问题，构建了一个多目标、混合整数、多商品网络流的规划问题模型，并设计了一类启发式算法来求解该模型[14]；郭晓汾等研究了灾后道路抢修和物资配送的整合优化算法，其利用时空网络流动技巧，构建了道路修复和物资配送两个时空网络，并建立了多目标的灾后道路抢修工程与紧急物资配送混合整数多重网络规划模型[35]。在生物危险源扩散规律分析基础上，本章节主要借鉴动态交通分配的时空网络架构，从时间和空间两个维度对生物恐怖事件下的紧急需求物资调度进行动态协同优化。

5.3.2　考虑互馈效应的应急协同时空网络模型构建

参照 5.2 节的"演化—预测—配置"研究思路，我们首先分析生物危险源的扩散规律，根据各受感染区域的生物危险源扩散规律来确立各区域的应急物资需求量，继而根据各区域的应急资源需求情况，制定应急资源储备库向各区域进行资源配置的方案。通过一次资源配置后，考虑其对生物危险源的扩散产生一定的抑制作用，然后产生新的危险源扩散情况，再产生新的应急资源需求，继而需要再做出新的资源配置方案，如此循环，直到生物危险源扩散趋于稳定，从而实现生物反恐体系中，应急物流网络与生物危险源扩散网络动态协同这一目标。

1. 生物危险源扩散规律分析

假设某地区在遭受生物恐怖袭击后，生物危险源开始大面积扩散，且该危险源具有一定的潜伏期。根据文献[17]调查显示，即使被感染者经过治疗康复了，但还是有部分人员会再度被危险源感染。因此，在不考虑人口流动、人口自然出生率和死亡率的情况下，其扩散过程可用图 5-8 表示。

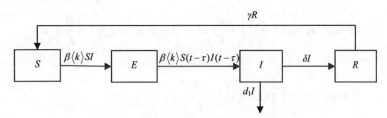

图 5-8　生物危险源扩散的 SEIRS 模型

根据第 2 章的方法，运用平均场理论[36]可得到基于小世界网络且考虑有潜伏期的 SEIRS 模型方程组为

$$\begin{cases} \dfrac{dS}{dt} = -\beta\langle k\rangle S(t)I(t) + \gamma R(t) \\[2mm] \dfrac{dE}{dt} = \beta\langle k\rangle S(t)I(t) - \beta\langle k\rangle S(t-\tau)I(t-\tau) \\[2mm] \dfrac{dI}{dt} = \beta\langle k\rangle S(t-\tau)I(t-\tau) - (d+\delta)I(t) \\[2mm] \dfrac{dR}{dt} = \delta I(t) - \gamma R(t) \end{cases} \tag{5-20}$$

模型中，$S(t)$，$E(t)$，$I(t)$，$R(t)$分别代表遭受生物恐怖袭击地区中的易感染者人数、被感染进入潜伏期的人数、染病者人数以及染病后康复的人数。其他参数包括：$\langle k\rangle$为网络节点的平均度分布，β为生物危险源的感染率，δ为感染人口的康复率，d为感染人员因病死亡率，τ为潜伏期，γ为康复后的人员再度被感染率。

从公式(5-20)可知，在给定了受灾区域中各参数的初始值后，区域中的$S(t)$，$E(t)$，$I(t)$，$R(t)$的变化情况是可以预测出来的，其中符号I代表区域中染病者的人数，而这个值正是生物反恐应急救援中最为关键的一个量。当I值越小甚至趋于 0 时，可认为危险源的扩散得到了有效的遏制并趋于消失。文献[37]研究指出，为有效地控制染病人数，应努力控制进入潜伏期的人数和提高康复人数比率，即应努力控制两个关键参数β和δ。反映在实际应急救援时，即应该保持有足够的应急资源以满足染病人员的需求，从而实现提高康复率δ，降低被染病者人数I的目的。

2. 动态需求预测

根据 5.1.2 节所述，假定某地在遭受生物反恐袭击后，其对应急资源的需求与区域中的染病者人数密切相关，可以表述如下：

$$当\ t{=}1，\quad d_1 = (1+\eta_0)\left(1-\frac{\theta}{\Gamma}\right)d_0 \tag{5-21}$$

$$当\ t{=}2，\quad d_2 = (1+\eta_1)\left(1-\frac{\theta}{\Gamma}\right)d_1 = (1+\eta_0)(1+\eta_1)\left(1-\frac{\theta}{\Gamma}\right)^2 d_0 \tag{5-22}$$

$$\cdots\cdots$$

$$当\ t{=}n，\quad d_n = \prod_{i=0}^{n-1}(1+\eta_i)\left(1-\frac{\theta}{\Gamma}\right)^n d_0 \tag{5-23}$$

其中，$\prod\limits_{i=0}^{n-1}(1+\eta_i) = (1+\eta_0)(1+\eta_1)\cdots(1+\eta_{n-1})$，$d_0 = aI(0)$为应急资源初始需求量。很显然，当间隔时间取值越小，预测结果将越精确。在上述递推公式中，初始需求量假设是给定已知的(根据初始感染人数计算)，因此通过上述模型，可以预测出每个决策周期各需求点的应急资源需求量。下一步需要解决的则是如何根据动态变化的需求，确定每个决策期内的资源配置方案。

3. 应急物流网络协同优化模型

时空网络的设计主要是将遭受生物恐怖袭击地区的城市疾控中心、各区域疾控中心以及各应急定点救治医院的分布情形以时空网络的形态体现，继而将应急资源配置到各定点医院以满足应急需求。

图 5-9 中的每一层代表一种应急资源，以区别遭受生物恐怖袭击后，不同层级救治机构在不同时间点对所需不同资源的时空分布状态。其中横轴代表应急救援系统中的城市疾控中心、各区域疾控中心以及各定点救治医院的空间分布，纵轴代表时间延续，以此反映出生物反恐应急救援中的时间约束和空间约束。网络的时间长度为整个生物反恐应急救援第二阶段。网络中节点代表某一应急救援机构在某一特定时刻的时空点，节点上的供给量与需求量分别代表此节点上进入或流出的应急资源量。节线代表两时空点间资源流动情况。分别说明如下：

(1) 节点：代表各层级应急救援机构在某一特定时刻的时空点。在本章中可细分为城市疾控中心节点、各区域疾控中心节点以及各定点救治医院节点。时间间距假设为 1 天(假设决策周期为 1 天)，实际应用中，决策者可根据实际情况需要进行调整。理论上，时间间距取得越小，越能反映实际情况，但相应地，问题的求解规模也会越大；实际上，如果时间间距过小，也缺乏实际操作的可行性。因此，时间间距的选取，应确定为一个适中的值。

(2) 节线：根据节线代表的轴向不同可分为物流节线和时间节线。说明如下：

(a) 类节线为城市疾控中心到各区疾控中心的资源配置节线；

(b) 类节线为区域疾控中心到区域内各定点医院的资源配置节线；

(c) 类节线为区域疾控中心到区域外各定点医院的资源配置节线。根据实际情况，一般一个城市有数个区域疾控中心，这是由我国行政体系决定的。

(d)-(f) 为各层级应急救援机构的时间延续节线，该节线每一段代表着一个决策周期。

为了更好地理解生物反恐体系中应急资源配置动态多阶段协同决策模式，在模型建立前，将模型建立的各项假设条件说明如下：

(1) 假设某地区发生生物恐怖袭击后，各感染区域能被互相隔离。

(2) 生物反恐体系下应急资源配置没有行政限制和路径问题。为了提高应急救援效率，由城市疾控中心统一指挥，打破行政区划限制，即所有的区域疾控中心可依据约束条件对所有定点医院进行应急资源配置。另外，根据生物恐怖袭击的特性，并不会对交通方面造成大的破坏，因此假设所有路径都是可行的，不存在路径中断问题。

(3) 为便于比较，本节假设所有节点上的应急资源需求量全为当量，所有节线上的成本数据全部为相对成本。实际生物反恐体系中所涉及的应急资源可能包含疫苗、抗生素药、口罩、隔离服等不同种类的资源，为方便计算，在此假设其分别按一定数量折算成单位资源量。

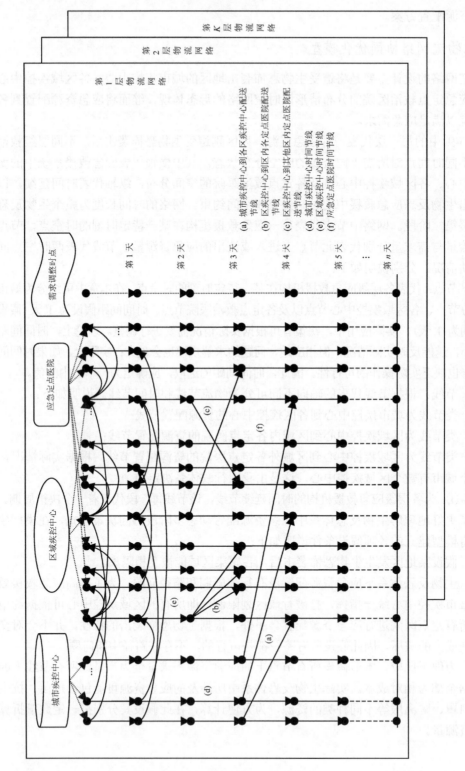

图 5-9　生物反恐体系中应急资源配置时空网络

(4) 假设区域疾控中心以及各定点医院的应急资源初始值皆为 0。

(5) 假设城市疾控中心每个决策期都能提供足够的应急资源。

本书涉及的参数说明如下：

cc_{ijt}^k：表示在第 t 次决策期内，第 k 层应急资源配置网络中，单位流量的应急资源从城市疾控中心 i 到区域疾控中心 j 的成本；

cr_{ijt}^k：表示在第 t 次决策期内，第 k 层应急资源配置网络中，单位流量的应急资源从区疾控中心 i 到定点医院 j 的配送成本；

es_{it}^k：表示第 t 次决策期内，第 k 层应急资源配置网络中，城市疾控中心 i 所能供给的最大应急资源量；

zr_{it}^k：表示第 t 次决策期内，第 k 层应急资源配置网络中，区域疾控中心 i 所需中转的应急资源量；

x_{ijt}^k：表示第 t 次决策期内，第 k 层应急资源配置网络中，从城市疾控中心 i 到区域疾控中心 j 之间的应急资源量；

y_{ijt}^k：表示第 t 次决策期内，第 k 层应急资源配置网络中，从区域疾控中心 i 到定点医院 j 之间的应急资源量；

d_{it}^k：表示第 t 次决策时，第 k 层应急资源配置网络中，应急定点医院 i 所需的应急资源量；

K：表示应急资源配置时空网络集合；

T：表示决策期集合；

C^k：表示第 k 层应急资源配置网络中，城市疾控中心节点集合；

R^k：表示第 k 层应急资源配置网络中，区域疾控中心节点集合；

H^k：表示第 k 层应急资源配置网络中，定点救援医院节点集合。

从图 5-9 可以看出，对于某个特定的应急资源配置时期而言，本节所构建的应急资源配置网络具有很明显的两阶段特性，即存在着两层决策者。其中上层决策者处于一个领导和协调的地位(如生物反恐中城市疾控中心)，其主要负责对各区域疾控中心进行应急资源的调配；下层各决策者处于具体的执行地位(如各区域疾控中心)，主要负责对被感染者进行应急资源分发(如接种疫苗、分发药品等)。这两层决策目标相互影响，具有明显的转运问题的特点。基于此，根据上述假设条件和参数说明，建立生物反恐应急救援条件下应急资源配置动态多阶段协同规划模型如下：

$$\min F(x,y) = \sum_{k \in K}\sum_{t \in T}\sum_{i \in C^k}\sum_{j \in R^k} x_{ijt}^k cc_{ijt}^k + \sum_{k \in K}\sum_{t \in T}\sum_{i \in R^k}\sum_{j \in H^k} y_{ijt}^k cr_{ijt}^k \tag{5-24}$$

$$\text{s.t.} \quad \sum_{i \in C^k} x_{ijt}^k = zr_{jt}^k, \forall j \in R^k, k \in K, t \in T \tag{5-25}$$

$$\sum_{j \in R^k} x_{ijt}^k \leqslant es_{it}^k, \forall i \in C^k, k \in K, t \in T \tag{5-26}$$

$$\sum_{i \in C^k} es_{it}^k \geqslant \sum_{j \in R^k} zr_{jt}^k, \forall t \in T, k \in K \tag{5-27}$$

$$\sum_{i \in R^k} y_{ijt}^k = d_{jt}^k, \forall j \in H^k, k \in K, t \in T \tag{5-28}$$

$$\sum_{j \in H^k} y_{ijt}^k \leqslant zr_{it}^k, \forall i \in R^k, k \in K, t \in T \tag{5-29}$$

$$\sum_{i \in R^k} zr_{it}^k \geqslant \sum_{j \in H^k} d_{jt}^k, \forall t \in T, k \in K \tag{5-30}$$

$$d_{i0}^k = aI_i^k(0), \forall i \in H^k, k \in K \tag{5-31}$$

$$d_{it}^k = \prod_{t=0}^{t-1}(1+\eta_{it}^k)\left(1-\frac{\theta}{\Gamma}\right)^t d_{i0}^k, \forall i \in H^k, t \in T/\{t=0\}, k \in K \tag{5-32}$$

$$\prod_{t=0}^{t-1}(1+\eta_{it}^k) = (1+\eta_{i0}^k)(1+\eta_{i1}^k)\cdots(1+\eta_{it-1}^k), \forall i \in H^k, t \in T, k \in K \tag{5-33}$$

$$x_{ijt}^k > 0, \forall i \in C^k, j \in R^k, t \in T, k \in K \tag{5-34}$$

$$y_{ijt}^k > 0, \forall i \in R^k, j \in H^k, t \in T, k \in K \tag{5-35}$$

上述模型中，式(5-24)为目标函数，追求整个应急资源配置成本最小化。约束条件式(5-25)和式(5-26)为上层应急资源流量守恒约束。式(5-27)为城市疾控中心应急资源供应约束，保证有足够的资源供应。约束条件式(5-28)和式(5-29)为下层应急资源流量守恒约束。式(5-30)为区域疾控中心应急资源供应约束，保证有足够的资源供应。式(5-31)~式(5-33)为应急时变需求预测公式。式(5-34)和式(5-35)为变量约束。随着生物危险源的不断扩散，上述模型将在一个动态变化的需求前提下执行，且问题的求解规模会随着执行时间的长短以及时间间距的选取而急剧变化，因此，需要设计相应的智能算法以代替人工计算求解。

5.3.3 考虑互馈效应的应急协同时空网络模型求解

对于 $\forall t \in T, k \in K$ 而言，上述构建的模型为一个转运问题。转运问题模型自产生以来，已被广泛地应用于资源分配、垃圾处理等社会现实问题。求解该问题的方法主要有分支定界法、图解法、遗传算法等。本节采用遗传算法来求解上述动态多阶段协同优化模型。首先通过调用 MATLAB 中的"DDE23"工具，并结合 5.1.2 节所设计的动态时变需求预测模型，可求得各应急需求点在各决策周期时间点上的应急物资需求量，然后设计相关的遗传算法如下。

1. 编码和产生初始种群

遗传算法的第一步即给种群中的染色体指定编码规则。实数编码在解的质量和算法效率方面均优于二进制编码，且实数编码所表示的问题更接近于问题的本身，所以在此采用实数编码。假设在第 t 次决策期内，第 k 层应急资源配置网络中，存在 R 个区域疾控中心，则染色体的长度为 R（或者说每条染色体包含 R 个基因），每个基因对应着城市中的每个区域疾控中心。每个基因位置上的值代表该区域疾控中心从城市疾控中心所得到的资源量，也是该区域疾控中心所能提供给各应急定点医院的最大供应量。初始种群的每个个体都是通过随机方法产生的，为了使产生的初始种群都在资源约束范围内，要求每个个体上所有基因位置上的值的总和要小于等于城市疾控中心所能供应的总量。

2. 适应度函数的设计

本节中，每个个体 (h) 的适应度由目标函数计算而得

$$F(x,y) = \sum_{k \in K} \sum_{t \in T} \sum_{i \in C^k} \sum_{j \in R^k} x_{ijt}^k cc_{ijt}^k + \sum_{k \in K} \sum_{t \in T} \sum_{i \in R^k} \sum_{j \in H^k} y_{ijt}^k cr_{ijt}^k$$

对于每个个体而言，其适应度 $f_h = F(x,y)$。因此，目标函数值越低，适应度越好，也更接近问题的最优解。

3. 复制算子的设计

采用最优个体拷贝策略。

4. 交叉算子的设计

交叉算子是遗传算法中最重要的算子之一。针对不同的染色体个体编码方式，可以采用不同的交叉规则。针对本节的实数编码方式，在此选用算术交叉的方式。算术交叉是产生两个完全由父代线性组合而成的子代。假设 P_1, P_2 为两个父体，P_{c1}, P_{c2} 为两个子体，则有如下关系存在：

$$\begin{cases} P_{c1} = \mu P_1 + (1-\mu)P_2 \\ P_{c2} = (1-\mu)P_1 + \mu P_2 \end{cases} \tag{5-36}$$

其中，$\mu = U(0,1)$ 为 $(0,1)$ 之间的均匀分布随机数。如此交叉后的两个子体自然满足资源约束条件，为合法子体，从而避免了再次验证约束条件的麻烦。通常交叉概率为 0.2~0.8。

5. 变异算子的设计

变异算子是模拟自然进化中的基因突变，能改善遗传算法的局部搜索能力，维持群体的多样性，防止出现早熟现象。本节设计的变异算子如下：按变异概率 p_m 随机选取种群内的染色体，调换其所包含的某一对基因的位置。通常变异概率取值较小，

为 0.001~0.1。

6. 终止判据依据

由于求解规划问题时，最优解事先无法知道，所以只能采用给定一个最大迭代次数作为终止判据。

本节运用遗传算法并套用线性规划工具箱的方式，以求解所建立的动态多阶段协同优化模型，具体步骤如表 5-1 所示。

表 5-1 算法具体步骤

步骤 1	初始化参数
步骤 2	将时空网络离散成 n 个相互联系的子规划问题
步骤 3	$t=0$，根据资源约束条件和遗传算法编码规则生成初始种群
步骤 4	对每条染色体个体，其每个基因位置上的值即为区域疾控中心的资源配置量，调用线性规划工具求解上下两层规划，得出目标函数值，即为每个个体的适值
步骤 5	根据复制规则选择需要进行复制的个体
步骤 6	根据算术交叉方式按一定概率对种群进行交叉操作，将交叉后的子体与父体比较，选其中较优的 2 个保留
步骤 7	根据变异规则按一定概率对种群进行变异操作，将变异后的子体与父体比较，选择其中较优的 1 个保留
步骤 8	判定遗传算法是否达到终止迭代条件，如果否，返回步骤 4；如果是，输出计算结果
步骤 9	判断 t 是否到达上限？如果否，$t=t+1$，更新各应急定点医院的资源需求量，返回步骤 3；如果是，到下一步
步骤 10	将各决策期应急资源配置的结果输出

5.3.4 算例仿真与参数分析

我们通过一个算例分析来验证和测试前面提出的动态多阶段协同优化模型在实际运营中的效果。假设在某地区发生生物恐怖袭击事件，在该地区存在有 2 个城市疾控中心，4 个区域疾控中心，并指定了 8 家应急定点医院，每个应急定点医院覆盖一定范围内的人口。为简化计算过程，假设仅配送一种应急物资[①]。给定 SEIRS 生物危险源扩散模型的基本参数设置，如表 5-2 所示。

图 5-10 为应急定点医院 1 所覆盖的区域中生物危险源的扩散情况，图中四条曲线分别代表该区域中四类群体 (S, E, I, R) 随时间变化而变化。从图中可知，生物危险源大规模扩散大概从第 10 天 $(t=0)$ 开始，至第 40 天 $(t=30)$ 左右结束。由于本章是研究生物反恐应急救援第二阶段的问题，假设第二阶段持续时间为 30 天，每个决策期时间为 1 天，则图 5-9 所刻画的生物反恐应急资源配置时空网络中，需要优化的应急资源配置节线规模数为 7680 条。

---

① 实际上，本节所构建的模型为多商品流模型，但由于在本节中并未考虑容量限制的问题，因此，这种多商品流问题只是单商品流的重复计算而已，故可以配送一种应急物资为例进行算例分析。

表 5-2　SEIRS 危险源扩散模型的基本参数

C	城市疾控中心 1				城市疾控中心 2			
R	区域疾控中心 1		区域疾控中心 2		区域疾控中心 3		区域疾控中心 4	
H	医院 1	医院 2	医院 3	医院 4	医院 5	医院 6	医院 7	医院 8
$S(0)$	5×10^3	4.5×10^3	5.5×10^3	5×10^3	6×10^3	4.8×10^3	5.2×10^3	4×10^3
$E(0)$	30	35	30	40	25	40	50	45
$I(0)$	5	6	7	8	4	7	9	10
$R(0)$	0							
β	5×10^{-5}							
$\langle k\rangle$	6							
δ	0.3							
d	1×10^{-3}							
γ	1×10^{-3}							
τ	5							

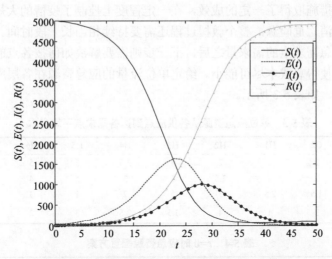

图 5-10　应急定点医院 1 覆盖区域的 SEIRS 模型

给定线性参数 $a=1$，应急救援的实际有效率系数 $\theta=90\%$，每个染病者平均治疗周期 $\Gamma=15$ 天，通过调用 MATLAB 中的 DDE23 工具，可以根据传统需求预测公式求得各时间点上的应急资源需求量(传统需求量)，继而根据公式(5-17)确定每个决策阶段的新增资源需求线性比例系数集，最后根据递推关系式(5-18)和式(5-19)预测出每个决策周期时间点上的实际需求量。以应急定点医院 1 在各时间点的应急资源需求量为例，其根据公式求得的传统应急物资需求量和预测出的实际需求量对比如图 5-11 所示。

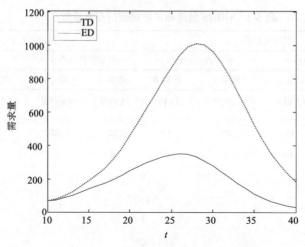

图 5-11　应急定点医院 1 需求变化图

从图 5-11 可知，在考虑每一阶段的应急资源配置会对生物危险源扩散产生一定的抑制作用，从而影响后期救援阶段应急资源需求的条件下，应急资源的需求相比传统的方法有明显的降低。但需要注意的是，资源需求随时间变化的趋势还是较为一致的，说明采取的应急救援措施取得了一定的成效，在一定程度上控制了疫情的大规模扩散，但并不能一蹴而就地消亡危险源，整个救援过程还需要持续相当长一段时间。在获得了各决策时间点上各应急需求点的需求量之后，下一步则需要解决如何按各点的需求去优化配置应急资源，且使得总成本尽可能小。给定单位流量的应急资源在各层应急救援机构间的平均流动成本，如表 5-3 所示。

表 5-3　单位应急资源从各供应点到达各需求点平均成本

成本	C1	C2	H1	H2	H3	H4	H5	H6	H7	H8
R1	3.5	2	1	2	4	2.5	5	5	2.5	1.5
R2	1.5	2	2	2.5	2	3	5	4	2.5	2
R3	3	1.5	2.5	3	5	2	1	3	1.5	4
R4	2.5	3	4	4	1.5	2.5	3	2	2	1.5

表 5-4　$t=0$ 时应急资源配置方案

资源量	R1		R2		R3		R4
C1	0		186.6901		0		163.759
C2	188.8323		0		191.9134		0

	H1	H2	H3	H4	H5	H6	H7	H8
R1	67.1588	43.0695	0	31.1464	0	0	0	47.4576
R2	0	23.5330	82.9355	22.1931	0	0	31.4635	26.5650
R3	0	0	0	38.6671	76.12403	0	78.3061	0
R4	0	0	28.1169	14.6546	0	86.9697	18.6328	15.3849

假设每次随机生成初始种群数为 200，交叉概率为 0.75，变异概率为 0.01，终止条件为迭代 200 次，以 $t=0$ 时的初始应急资源配置为例，调用前文设计的遗传算法并套用

线性规划工具箱求解 $t=0$ 时的规划模型，得到该时刻的应急资源配置方案（表 5-4，总成本为 2663.22），并通过计算得到该方案的总成本。为验证方法的有效性，将此工作重复 6 次以验证结果的稳定性，得到结果如表 5-5 所示。

表 5-5　初始阶段应急总成本

	1	2	3	4	5	6
$t=0$ 总成本	2666.127	2663.22	2663.22	2663.22	2666.127	2663.22

通过上述分析可知，应用我们设计的遗传算法求解该问题，其收敛结果较为稳定，差异性仅为 0.065%，因此该方法是可行的。根据该算法流程进行整体操作，从而可得到每天的应急资源配置方案，据此可计算出每天的应急救援总成本变化如图 5-12 所示。从图 5-12 分析可知，应急救援总成本与应急资源需求有着类似的变化趋势，先随着危险源的大规模扩散而逐渐增加，后随着危险源的扩散逐渐得到控制而减小。从另外一个侧面看，也说明生物反恐应急救援所具有的滞后性以及生物危险源的扩散驱动着应急物流网络性质，即很难短期内控制疫情的大规模扩散，很难通过一次应急救援解决所有问题，只能通过不断地、有效地去调整配置应急资源，使得这个大规模扩散造成的伤害规模尽可能的小。

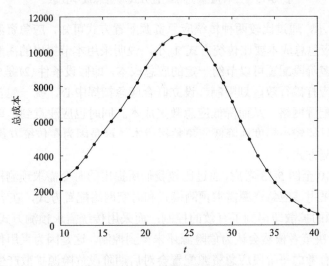

图 5-12　应急总成本变化图

为体现该动态多阶段协同模式的优势，本节同时计算了其他两种传统应急资源配置方式的总应急成本：一种是传统的确定式资源配置方案，即不考虑每阶段应急资源配置对下一阶段危险源扩散的影响，仅根据公式 (5-15) 预测每个阶段应急资源需求量作为应急资源配置的依据，且同时采取应急资源行政配置的方式，即区域疾控中心仅为本区内的应急定点医院提供服务（这里简称为传统方式 1）；另外一种则在传统上改进一步，依然按公式 (5-15) 预测每个阶段应急资源需求量作为应急资源配置的依据，但根据本节提出的时空网络进行资源配置(这里简称为传统方式 2)。三种应急救援方式下的总成本对比分析如图 5-13 所示。

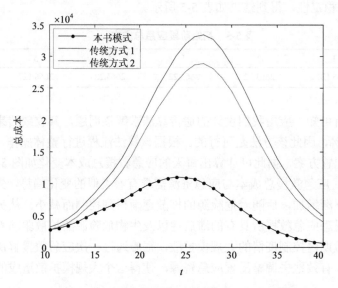

图 5-13　三种应急资源配置方式应急总成本比较

如图 5-13 所示，通过比较两种传统应急资源配置方式可知，应急资源采用传统方式 2 进行配置，其应急总成本要比传统方式 1 小，说明采用本节提出的离散时空网络形式对应急资源进行多阶段配置可以节约一定的应急成本，即假设条件(2)是成立的，即在生物反恐体系下，应打破行政区划限制，设立联合应急指挥中心，统一配置应急资源，形成资源协同优化配置网络，从而降低应急救援成本。同时也应注意到，单纯地改进应急资源配置形式，只能较小幅度地降低应急救援成本，这是因为在传统方式 2 中，依然采用传统的需求预测方式。

再综合图 5-10 至图 5-13 考虑，通过比较我们所提出的时变需求预测模式与两种传统方式，可以发现采用该应急资源需求预测模式和时空网络配置方式，在 $t=25$ 时(即第 35 天)，生物危险源的扩散即得到了有效的控制；而采用传统需求预测方式，即使在 $t=30$ 时(即第 40 天)，决策者依然会认为危险源还未得到控制。这是因为采用传统的需求预测方式，决策者没有考虑每阶段应急资源配置会对后期阶段危险源扩散产生一定的影响作用，从而做出一个放大的判断结果，使得每期的决策结果超过实际需求(图 5-11)，并因此造成应急资源的大量浪费和应急成本的大幅上升(图 5-13)。

5.4　考虑互馈效应且具模糊需求的应急协同时空网络模型

不论本书第 4 章还是 5.3 节有关面向灾害应急协同决策的研究内容，大多都是在一定资源需求假定下(如服从某种随机分布)进行应急网络优化。虽有少量相关研究[16,38]采用一些预测机制来刻画应急情境下的资源需求，但他们很少探讨灾害变化对需求乃至整个应急资源调配网络的实时影响，更少在应急调配方案设计时考虑灾害所致动态需求信息的模糊性特征。事实上，区分于一般资源调配过程，应急情境的资源调配强调对模糊、动态需求的快速响应和准确满足。尤其在灾后最初搜救期，资源需求相关信息很有限且无法利用历史数据作直观预测时，有必要重点关注灾害变化与需求变化以及资源调配响应之间的关系，这是关乎灾害应急管理效果的关键。

　　针对灾害扩散影响下以模糊需求信息为特征的应急资源调配网络优化问题开展研究。首先以经典传染病模型为例刻画某一类灾害的扩散特性，并由此预测灾害实时影响下的动态需求。然后，基于灾害驱动的资源需求，构建供应点、分发中心、受灾点三层应急网络调配模型，并将其转化成等价的变分不等式。最后，设计数值算例对所构模型实施数值求解，并分析模型中灾害扩散率和需求模糊程度等关键参数对资源调配优化方案的影响，为实时灾害风险下的应急资源救援决策提供有益思考。

5.4.1　面向灾害时空变化的模糊需求表达

　　本节研究对象是如图 5-14 所示的灾害扩散影响下应急资源调配网络优化问题。选择分析以扩散为特征的灾害动态变化过程具有一定普遍意义。如典型疫情的公共卫生事件或飓风暴雨等气象灾害的扩散和传播可能会引起应急资源需求的持续增加，而即使灾害不具有明显扩散特性，许多诸如自然灾害的重大突发事件发生后也往往会导致疾病的传播(大灾之后有大疫)，从而使一些药品、水和食物等用于救济的基本物资需求发生变化。

　　图 5-14 右部是基于资源调配一般流程所构建的一个三层级抽象应急调配网络，包含 I 个资源供应点、J 个资源分发中心和 K 个受灾点(资源需求点)，其网络流是资源调配数量。图 5-14 左部的网络结构是考虑在某种突发灾害扩散情境下，将所影响区域的受灾者成三类：易受灾人群 a，是指在 t 时刻虽没有受到灾害袭击，但依照灾害扩散规律预

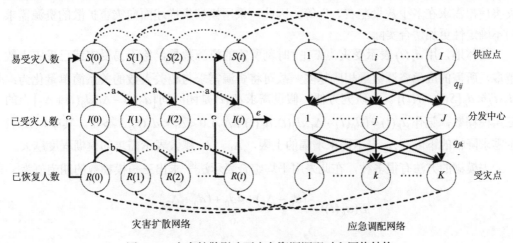

图 5-14　灾害扩散影响下应急资源调配时空网络结构

测将可能遭遇灾害侵扰的人们，其数量用 $S(t)$ 来表示；已受灾人群 b，其数量用 $I(t)$ 来表示；已恢复人群 c，指的是曾遭遇灾害袭击，但在 t 时刻处于恢复阶段的人们，其数量用 $R(t)$ 来表示。

1. 灾害扩散过程

灾害扩散的过程表达如下：某些易受灾人群受灾害扩散的影响转变成已受灾人群，已受灾人群受应急资源的救助可部分转为已恢复人群，已恢复人群可能由于再次遭遇灾害（如连续的风暴潮）又变成易受灾人群。这种灾害扩散过程类似于传染病的传播，可用经典传染病模型（$S \rightarrow I \rightarrow R \rightarrow S$）来分析。

由 SIRS 传染病理论[39]，易受灾人群比例 $s(t) = S(t)/N$、已受灾人群比例 $i(t) = I(t)/N$ 以及已恢复人群比例 $r(t) = R(t)/N$，满足方程（5-37）：

$$\begin{cases} \mathrm{d}s(t) = [-as(t)i(t) + cr(t)]\mathrm{d}t \\ \mathrm{d}i(t) = [as(t)i(t) - ei(t) - bi(t)]\mathrm{d}t \\ \mathrm{d}r(t) = [bi(t) - cr(t)]\mathrm{d}t \end{cases} \tag{5-37}$$

其中，N 是受灾害影响总人数；a 表示灾害的扩散率，b 表示已受灾人群的恢复率，c 表示已恢复人群的再次受害率，e 表示已受灾人群的死亡率。

2. 模糊需求表达

基于上述对灾害变化过程的描述，本节认为可采用灾害扩散表达式（5-37）来关联动态的应急资源需求，这是高效应急资源调配响应运作的首要关键步骤。另外，受灾害扩散影响，应急情境的救助网络容易出现信息缺失、信息不完全等现象，资源需求很难通过历史数据或应急预案库来准确预测，通常只能对需求的动态变化有一个较模糊的认识。例如，可用语言表示为："几级灾害造成某种资源需求大约是多少？"或"多大程度的灾害使得需求在多少数量左右？"等。因此，采用模糊集描述面向灾害扩散的资源需求的不确定性更加切合实际。

具体地，用 $\tilde{d}_k(t)$ 表示受灾点 k 在 t 时刻所需的资源数量，鉴于易受灾或已受灾人数越多，所需的应急资源数量相应越多，故可将资源需求与相关人数的关系简单量化为：$d_k(t) \propto d_k[S(t) + I(t)]$。为研究方便，假设需求 $\tilde{d}_k(t)$ 是闭区间 $[d_0(t) - \Delta_1, d_0(t) + \Delta_2]$ 上的三角模糊数，记作 $\tilde{d}_k(t) = (d_0(t) - \Delta_1, d_0(t), d_0(t) + \Delta_2), 0 < \Delta_1 < d_0(t), \Delta_2 > 0$。其中，$\Delta_1$ 表示需求降幅的下限；Δ_2 表示需求增幅的上限，Δ_1、Δ_2 越大表示需求的模糊程度越大。

去模糊的方法有很多种，在此采用平均综合表示法[40]求出三角模糊数的期望值为

$$E(\tilde{d}_k(t)) = \frac{(d_0 - \Delta_1) + 4d_0 + (d_0 + \Delta_2)}{6}$$

5.4.2　基于模糊需求的应急协同决策模型

考虑灾害影响下应急调配运作的复杂性,在对图 5-14 右部所示的"供应点→分发中心→受灾点"网络进行逐层建模分析之前,首先作出如下假设:①应急资源由各供应点送至各分发中心,再由各分发中心配至各受灾点。②各供应点或各分发中心配给的以及各受灾点接收的应急资源都是同种类、可替代、无差别的,以保证在选择供应点或分发中心调配资源的决策中无需考虑资源区别因素。③应急调配网络中的供应点、分发中心和受灾点都是理性的应急主体,在满足资源需求和符合能力限制的前提下,以最小化广义应急成本(包括所耗成本和时间因素)为优化目标。④资源调配相关广义应急成本函数是连续可微的凸函数。

由于多目标函数可采用诸如赋予权重的方式将其转化成单目标,故在讨论各应急主体行为优化时,为简便分析,将建模目标直接构造成含各种成本要素和时间要素在内的相关广义应急成本的单目标形式。

1. 供应点应急行为分析

面向灾害的 t 时刻,对每个供应点 i 考虑两部分广义应急成本:内部供应成本和外部运输成本。

供应点 i 处应急资源的广义供应成本函数表达为 $c_i(q_i(t), \alpha_i(t))$。其中, $q_i(t)$ 是资源供应量, $\alpha_i(t)$ 是体现灾害扩散对资源供应(如生产成本和生产时间)影响的随机参数,其相应的累积分布函数是 $F_i(\alpha_i(t))$。则供应点 i 处应急资源的期望广义供应成本可表达为

$$\bar{C}_i(q_i(t)) = \int_{\alpha_i(t)} c_i(q_i(t), \alpha_i(t)) \mathrm{d}F_i(\alpha_i(t))$$

供应点 i 给分发中心 j 调配应急资源所致的广义运输成本 $c_{ij}(q_{ij}(t), \beta_{ij}(t))$,体现运输运作所耗资金和时间,它不仅是资源调配量 $q_{ij}(t)$ 的函数,也与灾害扩散影响参数 $\beta_{ij}(t)$ 有关(其累积分布为 $F_{ij}(\beta_{ij}(t))$)。则供应点 i 处应急资源的期望广义运输成本为

$$\bar{C}_{ij}(q_{ij}(t)) = \int_{\beta_{ij}(t)} c_{ij}(q_{ij}(t), \beta_{ij}(t)) \mathrm{d}F_{ij}(\beta_{ij}(t))$$

每个供应点处的应急优化目标是最小化总广义成本,包括期望广义供应和运输成本。且由假设条件①,每个供应点资源调配总量以其自身资源供给量为上限。因此,面向灾害扩散的供应点处应急行为优化可表达为

$$\min \quad \bar{C}_i(q_i(t)) + \sum_j \bar{C}_{ij}(q_{ij}(t))$$

$$\text{s.t.} \quad q_i(t) \geqslant \sum_j q_{ij}(t), q_i(t) > 0, q_{ij}(t) \geqslant 0$$

(5-38)

由假设条件④,利用拉格朗日乘子 $\theta_i(t)$ 将流量守恒不等式的约束条件代入目标函数,则供应点处最优应急行为可转化成求解最优的 $(q_i^*(t), q_{ij}^*(t), \theta_i^*(t))$,使满足变分不等式:

$$
\sum_i \sum_j \sum_t \left\{ \left[\frac{\partial \overline{C}_i(q_i(t))}{\partial q_i(t)} - \theta_i(t) \right] \times [q_i(t) - q_i^*(t)] + \left[\frac{\partial \overline{C}_{ij}(q_{ij}(t))}{\partial q_{ij}(t)} + \theta_i(t) \right] \times [q_{ij}(t) - q_{ij}^*(t)] \right.
$$

$$
\left. + \left[q_i(t) - \sum_j q_{ij}(t) \right] \times [\theta_i(t) - \theta_i^*(t)] \right\} \geqslant 0 \tag{5-39}
$$

2. 分发中心应急行为分析

分发中心 j 在灾害情境的 t 时刻,考虑两方面广义应急成本:内部操作成本和外部运输成本。与供应点处类似,灾害的扩散同样影响着分发中心的各广义成本项。

分发中心 j 处的广义操作成本具体指诸如入库收货、拆分、装车、出库发货等操作所致的成本和时间,它与上下两层级间调配的资源量有关(从供应点处获得的资源量 $q_{ij}(t)$、送往需求地受灾点的资源量 $q_{jk}(t)$),函数表达式为 $c_j(\sum_i q_{ij}(t), \sum_k q_{jk}(t), \eta_j(t))$。其中,$\eta_j(t)$ 是反映灾害扩散对分发中心操作影响的随机参数,其相应累积分布函数为 $F_j(\eta_j(t))$。则分发中心 j 处应急资源的期望广义操作成本可表达为

$$
\overline{C}_j(\sum_i q_{ij}(t), \sum_k q_{jk}(t)) = \int_{\eta_j(t)} c_j(\sum_i q_{ij}(t), \sum_k q_{jk}(t), \eta_j(t)) \mathrm{d}F_j(\eta_j(t))
$$

分发中心 j 给受灾点 k 调配应急资源所致的广义运输成本 $c_{jk}(q_{jk}(t), \delta_{jk}(t))$,不仅与资源调配量 $q_{jk}(t)$ 有关,也受灾害影响参数 $\delta_{jk}(t)$ 的制约。则分发中心 j 处应急资源的期望广义运输成本为

$$
\overline{C}_{jk}(q_{jk}(t)) = \int_{\delta_{jk}(t)} c_{jk}(q_{jk}(t), \delta_{jk}(t)) \mathrm{d}F_{jk}(\delta_{jk}(t))
$$

每个分发中心处的应急优化目标是最小化包括期望广义操作和运输成本在内的总成本(内含时间因素)。由假设条件①,每个分发中心处向各受灾点发放资源总量不超过其接收资源总量。因此,面向灾害扩散的分发中心处应急行为优化可表达为

$$
\begin{aligned}
\min \quad & \overline{C}_j(\sum_i q_{ij}(t), \sum_k q_{jk}(t)) + \sum_k \overline{C}_{jk}(q_{jk}(t)) \\
\text{s.t.} \quad & \sum_i q_{ij}(t) \geqslant \sum_k q_{jk}(t), q_{ij}(t) \geqslant 0, q_{jk}(t) \geqslant 0
\end{aligned} \tag{5-40}
$$

由假设条件④,利用拉格朗日乘子 $\gamma_j(t)$ 将流量守恒不等式的约束条件代入目标函数,则分发中心处最优应急行为可转化成求解最优的 $(q_{ij}^*(t), q_{jk}^*(t), \gamma_j^*(t))$,使满足变分不

等式：

$$\sum_i \sum_j \sum_k \sum_t \left\{ \left[\frac{\partial \overline{C}_j(\sum_i q_{ij}(t), \sum_k q_{jk}(t))}{\partial q_{ij}(t)} - \gamma_j(t) \right] \times [q_{ij}(t) - q_{ij}^*(t)] + \left[\frac{\partial \overline{C}_j(\sum_i q_{ij}(t), \sum_k q_{jk}(t))}{\partial q_{jk}(t)} \right. \right.$$

$$\left. \left. + \frac{\partial \overline{C}_{jk}(q_{jk}(t))}{\partial q_{jk}(t)} + \gamma_j(t) \right] \times [q_{jk}(t) - q_{jk}^*(t)] + \left[\sum_i q_{ij} - \sum_k q_{jk} \right] \times [\gamma_j(t) - \gamma_j^*(t)] \right\} \geqslant 0$$

$$(5\text{-}41)$$

3. 对受灾点实施资源救助的行为分析

由于选择分发中心对各受灾点实施应急资源救助行为很难用一个最优目标来表达，对资源调配的合理决策更多是从相互比较的角度来考虑。故可采用交通网络均衡中用户最优选择行为（Wardrop 准则）进行分析[41]：

$$\overline{C}_{jk}(q_{jk}^*(t)) \begin{cases} = \lambda_k^*(t), & q_{jk}^*(t) > 0 \\ \geqslant \lambda_k^*(t), & q_{jk}^*(t) = 0 \end{cases} \qquad (5\text{-}42)$$

式 (5-42) 意味着以广义应急运输成本最小为标准来选择分发中心对各受灾点实施资源救助，即只有当某分发中心的广义应急运输成本等于某受灾点处最小救助成本时，才决定由此分发中心对该受灾点调配资源。$\lambda_k^*(t)$ 表示对受灾点 k 实施资源救助所需的最小救助成本。

此外，为尽快准确地满足各受灾点对资源的需求，各分发中心调配至受灾点的资源总量与受灾点处资源的需求量之间存在以下关系：

$$\sum_j q_{jk}^*(t) \begin{cases} = \tilde{d}_k(S_k(t) + I_k(t), \lambda_k^*(t)), & \lambda_k^*(t) > 0 \\ \geqslant \tilde{d}_k(S_k(t) + I_k(t), \lambda_k^*(t)), & \lambda_k^*(t) = 0 \end{cases} \qquad (5\text{-}43)$$

$\tilde{d}_k(S_k(t) + I_k(t), \lambda_k^*(t))$ 是受灾点 k 在 t 时刻对应急资源的模糊需求量，它不仅与易受灾和已受灾人数有关，还受最小应急救助成本的影响。式 (5-43) 是对各受灾点提供应急资源救助的必要条件：若存在应急资源救助活动，对各受灾点调配资源总量就必须满足其资源需求量；而只有当来自各分发中心的资源调配总量超过某受灾点资源需求量（供大于求）时，才可停止应急救助活动，此时表现为最小应急救助成本为 0。

由变分不等式与其互补形式的等价性，可将对各受灾点实施资源救助的最优行为表达式 (5-42) 和式 (5-43) 转换成求解最优的 $(q_{jk}^*(t), \lambda_k^*(t))$，使满足变分不等式：

$$\sum_j \sum_k \sum_t \left\{ [\bar{C}_{jk}(q_{jk}(t)) - \lambda_k(t)] \times [q_{jk}(t) - q_{jk}^*(t)] + [\sum_j q_{jk}(t) - \tilde{d}_k(S_k(t) \right.$$

$$\left. + I_k(t), \lambda_k(t))] \times [\lambda_k(t) - \lambda_k^*(t)] \right\} \geq 0 \tag{5-44}$$

5.4.3 算例仿真与参数分析

面向灾害扩散的模糊需求下应急网络实现最优资源调配,是指存在一组最优的 $\{q_i^*(t), q_{ij}^*(t), q_{jk}^*(t), \theta_i^*(t), \gamma_j^*(t), \lambda_k^*(t)\}$ 满足变分不等式 (5-39)、式 (5-41)、式 (5-44) 之和,详细推导在此省略,可参见文献[41]。下面对所构模型进行数值仿真求解和关键参数分析。

1. 算例求解

假定应急调配网络有两个供应点、两个分发中心、两个受灾点。灾害扩散影响的随机参数都设为服从简单的均匀分布: $\alpha_i(t) \sim [0,2]$, $\eta_j(t) \sim [0,2]$, $\beta_{ij}(t) \sim [0,1]$, $\delta_{jk}(t) \sim [0,1]$。设灾害扩散过程的相关参数为: $a = 0.0003, b = 0.8, c = 0.00005, e = 0.001$; $S(0) = 4000$, $I(0) = 45, R(0) = 0$。另将仿真算例中广义成本函数和模糊需求函数设置列于表 5-6。

表 5-6 仿真算例中相关函数设置

供应点	广义供应成本	$c_i(q_i(t), \alpha_i(t)) = 2.5q_i(t)^2 + 2\alpha_i(t)q_i(t)$
	广义运输成本	$c_{ij}(q_{ij}(t), \beta_{ij}(t)) = 0.5q_{ij}(t)^2 + 3.5\beta_{ij}(t)q_{ij}(t)$
分发中心	广义操作成本	$c_j(\sum_i q_{ij}(t), \sum_k q_{jk}(t), \eta_j(t))$ $= 0.5(\sum_i q_{ij}(t))^2 + (\sum_k q_{jk}(t))^2 + \eta_j(t)(\sum_i q_{ij}(t) + \sum_k q_{jk}(t))$
	广义运输成本	$c_{jk}(q_{jk}(t), \delta_{jk}(t)) = 0.5(q_{jk}(t))^2 + 5.5\delta_{jk}(t)q_{jk}(t)$
受灾点	模糊需求函数	$\tilde{d}_k(S_k(t) + I_k(t), \lambda_k(t)) = \tilde{g}[S_k(t) + I_k(t)] - \tilde{h}\lambda_k(t)$ $\tilde{g} = (10, 20, 30), \tilde{h} = (0.5, 1, 1.5)$

将仿真算例中所设参数代入应急调配模型的最优条件,应用 MATLAB R2010b 实现求解使用的修正投影梯度算法[41],所有输入变量的初始值都设为 10,收敛精度为 0.001。花费约 25 秒、历经 68 209 步迭代,得面向灾害的模糊需求下应急调配网络 t 时刻最优方案为: $q_i^* = 766, q_{ij}^* = q_{jk}^* = 383, \theta_i^* = 3827, \gamma_j^* = 4595, \lambda_k^* = 80134$, $\forall i = 1,2; j = 1,2; k = 1,2$。求解过程所展现的良好收敛性验证了所构模型和算法应用的有效性。

2. 仿真分析

1) 模型动态性分析

一方面，基于上述数值算例，可得出各时刻各种类型受灾者人数的变化情况，将其直观反映在图 5-15 中，间接体现了随时间推移的灾害扩散情形，图中三条曲线分别代表受灾区域三类群体的人数。从图 5-15 可知，灾害历时越长，易受灾人数逐渐减少(减少的速度趋缓)、已恢复人数逐渐增加(增加的速度也趋缓)，已受灾人数呈现先增后减态势。这些变化与一般灾害事件扩散所致的影响相吻合：灾害爆发初期，大规模扩散的灾害因子导致已受灾人数逐渐上升，而随着时间的推移，应急调配网络不断实施资源救助，导致已受灾人数由最高峰逐渐下降至 0；同样由于应急资源的连续救助作用，使得易受灾人数锐减、已恢复人数逐步上升，而后期变化速度趋缓则反映了灾害控制局面趋于稳定。

另一方面，在灾害实时影响下，应急网络中资源救助量和最小救助成本也发生改变，变化趋势如图 5-16 所示。从图 5-16 可看出，随着灾害应急应对活动的加强，供应点处资源供应量、供应点至分发中心以及分发中心至受灾点处资源调配量、各受灾点所需最小救助成本都呈逐渐下降态势，且下降速度趋缓。这也符合基于灾害事件不同生命周期的现实应急救援场景：灾害爆发初期需要较大规模的应急资源对灾区实施救助；随后灾害历经扩散、应对、控制直至恢复期，灾区所需应急应对网络提供的资源量逐渐减少直到趋于稳定。

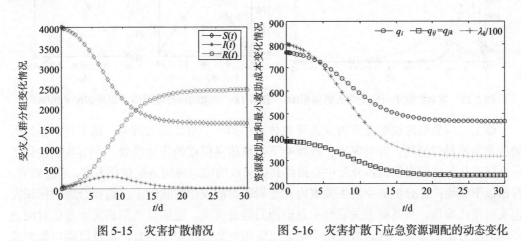

图 5-15　灾害扩散情况　　　　图 5-16　灾害扩散下应急资源调配的动态变化

2) 参数敏感性分析

现对灾害扩散率 a 和需求模糊参数 $(\tilde{g}, \tilde{h})$ 作敏感性分析，讨论灾害的扩散和需求信息的不完全程度如何影响应急调配网络。

面对扩散的灾害，相应应急方案的调整更多地是基于灾区受灾害影响人数的变化，故可观察不同灾害扩散速度造成已受灾人数的改变情况。如令灾害扩散率 a 分别为 0.0003、0.0006、0.0009 时，已受灾人数的变化如图 5-17 所示。从图 5-17 可知，灾害扩散率的不同对已受灾人数随时间变化的趋势影响不大，基本都是从灾后初期递增至最高峰值后逐渐下降至 0。所不同的是，灾害扩散率越大，导致已受灾人数在初期增长速度明显变快 (表现为上升曲线斜率陡增)，已受灾人数攀升至顶的峰值大幅增大且高峰值出现的时间前移。这说明越凶猛的灾情，越要重视尽早尽快地调配大量应急资源实施救助，以满足灾害爆发初期快速增长的需求，从而提高应急调配网络救助效果。

需求的模糊程度主要体现在 $\tilde{g}$ 和 $\tilde{h}$ 这两个三角模糊数参量上，用 $\Delta_{g_1}, \Delta_{h_1}$ 分别表示模糊降幅下限，相应 $\Delta_{g_2}, \Delta_{h_2}$ 则表示各自增幅上限，改变它们的值会给应急网络的资源调配方案带来变化，见图 5-18 (以 q_i 变化为例)。从图 5-18 可看出，参数 $\tilde{g}$ 和 $\tilde{h}$ 模糊程度对应急资源供应量的影响呈相反态势：应急资源供应量随着参数 $\tilde{g}$ 下限增大而减小、顺其上限增大而变大；相反地，应急资源供应量与参数 $\tilde{h}$ 下限呈正向变化趋势，而与其上限呈反向变化关系。这是由应急需求性质所致，资源需求随受灾害影响人数增多而增大，随最小救助成本增大而减小。这也符合一般现实应急场景：各受灾点所需应急资源数量越多，就需要应急网络提供更多资源实施响应救助。

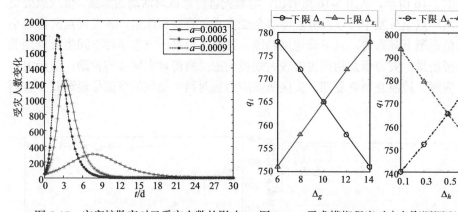

图 5-17　灾害扩散率对已受灾人数的影响　　图 5-18　需求模糊程度对应急资源调配的影响

综上，应急资源调配是灾害应急管理体系中的一个重要组成部分，属于复杂条件下的应急决策科学问题。针对灾害扩散影响下需求信息模糊的应急场景，本节我们设计了一个资源从各供应点经由各分发中心最终到受灾点的应急协同调配优化方案，通过研究，得出以下结论：在分析灾害发生发展内在逻辑和扩散规律的基础上，选择合理的标识灾害实时变化参量，将其动态关联到应急资源的数量需求，能够有效刻画灾害变化对应急资源调配方案的影响；应急情境由于缺乏足够历史数据和完全信息，很难用确切数据或概率理论描述动态的资源需求，采用模糊集描述灾害扩散影响下应急资源需求的不确定性更加切合实际；在灾害扩散所致模糊需求不断更新场景下，构建模型分析供应点、分发中心、受灾点间资源调配决策的动态调整，以保证应急网络的时效性和需求满足的及时性，为促进应急管理体系的科学构建提供参考依据；面对由灾害演变所引发的突变需求，应急资源调配网络如何提高自身鲁棒性将是可进一步深入探讨的方向。

参 考 文 献

[1] 张慧, 黄建始, 胡志民. 美国大都市医疗反应系统及其对我国公共卫生体系建设的启示[J]. 中华预防医学杂志, 2004, 38(4): 276-278.

[2] 李立明. 试论 21 世纪中国公共卫生走向[J]. 中华预防医学杂志, 2001, 35(4): 219-220.

[3] 施忠道. 全球严防生物恐怖袭击[J]. 实用预防医学, 2003, 10(1): 114-115.

[4] 周媛媛. 非传统安全视角下的生物安全[J]. 现代国际关系, 2004, 24(4): 17-23.

[5] Victor R S, Gary D V H. Smallpox and pregnancy: from eradicated disease to bioterrorist Threat[J]. Obstetrics and Gynecology, 2002, 100(1): 87-93.

[6] Tracy Y, James C T, Kristen C S. Factors associated with mode of transport to acute care hospitals in rural communities[J]. The Journal of Emergency Medicine, 2003, 24(2):189-198.

[7] Eric R S, David E F. Anthrax threats: a report of two incidents from salt lake city[J]. The Journal of Emergency Medicine, 2000, 18(2): 229-232.

[8] The White House. The National Security Strategy of the United States of America[EB/OL]. http://www.whitehouse.gov/nsc/nss/2006/ [2006-03].

[9] Council of the European Union. Fight against the Proliferation of Weapons of Mass Destruction: EU Strategy against Proliferation of Weapons of Mass Destruction, Brussels[EB/OL]. http://ue.eu.int/uedocs/cmsUpload [2003-12-10].

[10] 吴晶晶, 胡梅娟. 中国力争在生物安全与生物反恐技术上取得突破[EB/OL]. http://news.xinhuanet.com/politics/2007-06/26/content_6293450.html [2007-06-26].

[11] 李光正, 史定华. 复杂网络上 SIRS 类疾病传播行为分析[J]. 自然科学进展, 2006, 4(16): 508- 512.

[12] 赵林度, 刘明, 戴东甫. 面向脉冲需求的应急资源调度问题研究[J]. 东南大学学报(自然科学版), 2008, 38(6): 1116-1120.

[13] Yan S Y, Shih Y L. A time-space network model for work team scheduling after major disaster[J]. Journal of the Chinese Institute Engineers, 2007, 30(1): 63-75.

[14] Yan S Y, Shih Y L. Optimal scheduling of emergency roadway repair and subsequent relief distribution[J]. Computers and Operations Research, 2009, 36(6): 2049-2065.

[15] Sheu J B. An emergency logistics distribution approach for quick response to urgent relief demand in disasters[J]. Transportation Research Part E: Logistics and Transportation Review, 2007, 43(6): 687-709.

[16] Sheu J B. Dynamic relief-demand management for emergency logistics operations under large-scale disasters[J]. Transportation Research Part E: Logistics and Transportation Review, 2010, 46(1): 1-17.

[17] Tham K Y. An emergency department response to severe acute respiratory syndrome: a prototype response to bioterrorism[J]. Annals of Emergency Medicine, 2004, 43(1): 6-14.

[18] Claudio B C, Marcos R S. A genetic algorithm for the problem of configuring a hub-and-spoke network for a LTL trucking company in Brazil[J]. European Journal of Operational Research, 2007, 179(3): 747-758.

[19] 李红启, 刘鲁. Hub-and-Spoke 型运输网络改善方法及其应用[J]. 运筹与管理, 2007, 16(6): 63-68.

[20] Liu M, Zhao L D. Optimization of the emergency materials distribution network with time windows in anti-bioterrorism system[J]. International Journal of Innovative Computing, Information and Control, 2009, 5(11A), 3615-3624.

[21] Liu J Y, Li C L, Chan C Y. Mixed truck delivery systems with both hub-and-spoke and direct shipment[J]. Transportation Research Part E, 2003, 4: 325-339.

[22] 刘明, 赵林度. 应急物资混合协同配送模式研究[J]. 控制与决策, 2011, 26(1): 2011. 96-100.

[23] Liu M, Zhao L D, Sebastian H J. Mixed-collaborative distribution mode of the emergency resources in anti-bioterrorism system[J]. International Journal of Mathematics in Operational Research, 2011, 3(2): 148-169.

[24] 赵林度, 孙立. 生物反恐体系中应急救援系统协同模式研究[J]. 系统工程理论与实践, 2008, 28(增刊): 148-156.

[25] Berge M E, Hopperstad C A. Demand driven dispatch: a method for dynamic aircraft capacity assignment, models and algorithms[J]. Operational Research, 1993, 41(8): 153-168.

[26] Hane C A, Barnhart C, Johnson E L, et al. The fleet assignment problems: solving a large-scale integer program[J]. Mathematical Programming, 1995, 70(2): 211-232.

[27] 梁栋, 林柏梁. 铁路运输动态车流组织的策略优化模型研究[J]. 系统工程理论与实践, 2007, 27(1): 77-84.

[28] 白凤, 朱金福, 高强. 基于列生成法的不正常航班调度[J]. 系统工程理论与实践, 2010, 30(11): 2036-2045.

[29] Chen C Y, Chao S L. A time-space network model for allocating yard storage space for export containers[J]. Transportation Planning Journal, 2004, 33(2): 227-248.

[30] Yan S Y, Chen H L. A scheduling model and a solution algorithm for inter-city bus carriers[J]. Transportation Research Part A: Policy and Practice, 2002, 36(9):805-825.

[31] Yan S Y, Lin H C, Liu Y C. Optimal schedule adjustments for supplying ready mixed concrete following incidents[J]. Automation in Construction, 2011, 20(8):1041-1050.

[32] Yan S Y, Wang S S, Wu M W. A model with a solution algorithm for the cash transportation vehicle routing and scheduling problem[J]. Computers and Industrial Engineering, 2012, 63(2): 464-473.

[33] Xue Y D, Irohara T. A time-space network based international transportation scheduling problem incorporating CO2 emission levels[J]. Journal of Zhengjiang University-Science A (Applied Physics and Engineering), 2010, 11(12): 927-932.

[34] 王伟, 刘军, 李海鹰, 马敏书. 特殊条件下铁路输送计划编制模型和算法[J]. 系统工程理论与实践, 2012, 32(9): 2057-2064.

[35] 张毅, 郭晓汾, 李金辉. 灾后道路抢修和物资配送的整合优化算法[J]. 交通运输工程学报, 2007, 7(2): 177-122.

[36] Marco J, Dickman R. Nonequilibrium Phase Transitions in Lattice Models[M]. Cambridge: Cambridge University Press, 1999.

[37] Wang H Y, Wang X P, Zeng A Z. Optimal material distribution decisions based on epidemic diffusion rule and stochastic latent period for emergency rescue[J]. International Journal of Mathematics in Operational Research, 2009, 1(1): 76-96.

[38] Barbarosoglu G, Arda Y. A two-stage stochastic programming framework for transportation planning in disaster response [J]. Journal of the Operational Research Society, 2004, 55(1): 43-53.

[39] Sekiguchi M. Permanence of a discrete SIRS epidemic model with time delays[J]. Applied Mathematics Letters, 2010, 23(10): 1280-1285.

[40] Chang H C, Yao J S, Ouyang L Y. Fuzzymixtureinventorymodelinvolvingfuzzyrandom variable leadtimedemand and fuzzy total demand[J]. European Journal of Operational Research, 2006, 169(1): 65-80.

[41] NagurneyA, Qiang Q. Fragile Networks: Identifying Vulnerabilities and Synergies in an Uncertain World[M]. New Jersey: John Wiley and Sons, 2009.

第四部分 不确定信息下的应急协同决策理论与方法

第6章　面向不确定信息的应急本体集成协同决策

随着我国改革开放的不断深入，突发公共事件的发生愈显频繁，自然灾害、事故灾难、公共卫生事件和社会安全事件时有发生。科学、及时、有效地应对和处置突发公共事件已成为各级党委政府乃至全社会需要面对的一个重大课题。应急管理旨在建立更安全、更健全的机制来应对危机和灾难，其中公共事件发生时如何高效地进行应急决策是一个重要内容。为实施有序、高效的应急救助，面对不确定信息情景时，整合有用的资源信息、提供准确的参考数据、实现救援组织间的信息共享必不可少。数据集成技术是一种可能的解决方案，它有助于提高突发公共事件发生时应急决策的准确性。本章主要介绍不确定信息下的数据集成协同决策技术，研究采取本体匹配的方法以实现不确定信息场景下的应急协同决策优化。

6.1　应急本体集成协同概述

6.1.1　本体基本概念

语义网上知识表示和推理的基础是本体(ontology)。本体起源于哲学领域，属于形而上学(metaphysics)的一个重要分支，研究自然以及事物的组织，试图回答什么刻画了存在(being)以及最终什么是存在。根据《牛津英语辞典》的解释，本体是对于存在的研究或者科学。20世纪80年代，信息科学着重研究对自然世界认知的形式化表示，"本体"一词被借用到了计算机领域，含义为可被计算机表示、解释和利用的知识的形式化研究。目前一个被广泛采用的本体定义是由汤姆·格鲁伯(Tom Gruber)于1993年给出的[1]：一个本体是一个共享概念模型的显式的形式化规约。Studer等在1998年又对上述定义作了进一步说明，指出本体是领域知识规范的抽象和描述，是表达、共享、重用知识的方法[2]。一个本体通常包括：一个用于描述某个领域(的一个特殊视角)的词汇表，对于词汇表的显式说明，以及用于捕获领域背景知识的约束。理想情况下，一个本体应当捕获一个共同兴趣领域中的共享概念，并且提供一个形式化的、机器可操纵的模型。

本体是语义网的基础，能够描述类、实例以及它们的属性是如何定义、描述和关联的，是语义网中数据的语义信息的载体，是语义网中领域知识概念化和模型化的重要途径，数据通过一种通用本体语言上升为知识，可以更好地被共享和复用，发挥万维网的智能化潜力。根据我们的调研，目前本体匹配技术还较少被应用到应急决策这一特定领域。

6.1.2 本体描述语言

1. OWL

OWL（web ontology language）是万维网上的本体描述语言，其前身是 DAML+OIL。OWL 以描述逻辑（description logic）为理论基础，可以将概念和术语用结构化的形式表示出来，通过 RDF（resource description framework）中的链接可以使本体分布在不同的系统中，充分体现了万维网的标准化、开放性、扩展性和适应性。自 2004 年起，OWL 就成为 W3C 推荐的本体建模标准，新版推荐标准（OWL 2）于 2012 年发布，可参见技术标准文献[3]。OWL 的命字空间为 http://www.w3.org/2002/07/owl#。

OWL 的设计核心是要在语言表达能力和诸如推理这样的智能服务的高效性之间找到一个合理的平衡。例如，通过布尔算子（合取、析取、补取），OWL 可以递归地构建复杂的类，还提供了表示存在值约束、任意值约束和数量值约束等能力。同时，OWL 能提供描述属性，具有传递性、对称性、函数性等性质。另外，OWL 还可以通过公理声明两个类等价或者不相交、两个属性等价或者互逆、两个实例相同或者不同。显然，这些都超过了 RDFS 的表达能力。知识表达能力强的复杂语言通常会带来高昂的计算复杂性，甚至是推理的不可判定性。

OWL 提供 3 种表达能力递减的子语言：OWL Full、OWL DL 和 OWL Lite，任意一个 OWL 本体都可以完全映射为一个 RDF 图模型，分别介绍如下。

1) OWL Full

OWL Full 完全兼容 RDFS，但是超出了经典一阶逻辑的范畴，OWL Full 是不可判定的。与 OWL Full 有关的推理工具的实现仍在探索中。

2) OWL DL

OWL DL 是 OWL Full 的一个可判定子集，表达能力相对较强，可以有效支持逻辑推理，但是不完全兼容 RDFS。对应于描述逻辑中的 SHOIN(D)。具体的 OWL DL 抽象文法和描述逻辑文法之间的对照请参见表 6-1，包括公理和事实两个部分。

表 6-1　OWL DL 抽象文法与描述逻辑文法

	OWL DL 抽象文法	描述逻辑文法
类公理	Class (c partial $c_1 \ldots c_n$)	$c \subseteq c_1 \cap \cdots \cap c_n$
	Class (c complete $c_1 \ldots c_n$)	$c = c_1 \cap \cdots \cap c_n$
	EnumeratedClass ($c\ o_1 \ldots o_n$)	$c = \{o_1, \cdots, o_n\}$
	SubClassOf ($c_1\ c_2$)	$c_1 \subseteq c_2$
	EquivalentClasses ($c_1 \ldots c_n$)	$c_1 = \cdots = c_n$
	DisjointClasses ($c_1 \ldots c_n$)	$c_i \cap c_j = \perp, i \neq j, 1 \leqslant i, j \leqslant n$
	Datatype (d)	

续表

OWL DL 抽象文法		描述逻辑文法
数据类型属性公理	DatatypeProperty (p^d	
	super (p_1^d) . . . super (p_n^d)	$p^d \sqsubseteq p_i^d, 1 \leqslant i \leqslant n$
	domain (c_1) . . . domain (c_m)	$\geqslant 1 p^d \sqsubseteq c_i, 1 \leqslant i \leqslant m$
	range (d_1) . . . range (d_l)	$T \sqsubseteq \forall p^d . d_i, 1 \leqslant i \leqslant l$
	[Functional])	$T \leqslant 1 p^d$
	SubPropertyOf ($p_1^d p_2^d$)	$p_1^d \sqsubseteq p_2^d$
	EquivalentProperties ($p_1^d \cdots p_n^d$)	$p_1^d = \cdots = p_n^d$
对象属性公理	ObjectProperty (p^o	
	super (p_1^o) . . . super (p_n^o)	$p^o \sqsubseteq p_i^0, 1 \leqslant i \leqslant n$
	domain (c_1) . . . domain (c_m)	$\geqslant 1 p^o \sqsubseteq c_i, 1 \leqslant i \leqslant m$
	range (c_1) . . . range (c_l)	$T \sqsubseteq \forall p^o . c_i, 1 \leqslant i \leqslant l$
	[inverseOf (p_0^o)]	$p^o = (^{-} p_0^o)$
	[Symmetric]	$p^o = (^{-} p^o)$
	[Functional]	$T \sqsubseteq \leqslant 1 p^o$
	[InverseFunctional]	$T \sqsubseteq \leqslant 1 (p^o)^{-}$
	[Transitive])	$(p^o)^{+} \sqsubseteq p^o$
	SubPropertyOf ($p_1^o p_2^o$)	$p_1^o \in p_2^o$
	EquivalentProperties ($p_1^o \cdots p_n^o$)	$p_1^o = \cdots = p_n^o$
事实	Individual (o	
	type (c_1) . . . type (c_n)	$o \in c_i, 1 \leqslant i \leqslant n$
	value ($p_1^o o_1$) . . . value ($p_n^o o_n$)	$\langle o, o_i \rangle \in p_i^o, 1 \leqslant i \leqslant n$
	value ($p_1^d v_1$) . . . value ($p_n^d v_n$))	$\langle o, v_i \rangle \in p_i^d, 1 \leqslant i \leqslant n$
	SameIndividual ($o_1 . . . o_n$)	$o_1 = \cdots = o_n$
	DifferentIndividuals ($o_1 . . . o_n$)	$o_i \neq o_j, i \neq j, 1 \leqslant i, j \leqslant n$

3) OWL Lite

OWL Lite 是在 OWL DL 的基础上对允许使用的公理作了进一步的限制,主要限制了允许使用的公理。例如,不允许声明枚举类(enumerated class)、声明不相交或者使用任意数目的基数等。OWL Lite 和 OWL DL 的事实声明能力基本相同。OWL Lite 表达能力较弱,对应于描述逻辑的 SHIF(D)。

2. OWL 2

新版 Web 本体语言(OWL 2)是 W3C 对原先版本的修订。OWL 2 DL 是和 OWL DL 向后兼容的,通过附加一些新的特性进行了扩展。出于不同用途和计算复杂性,OWL 2 DL 包含 3 个指定的概图(profile):

1) OWL 2 EL

OWL 2 EL 能够允许以高效的多项式时间算法对类型可满足性检查、分类和实例检查进行推理,特别适合于使用含有大量属性和(或)类的本体的应用。

2）OWL 2 QL

OWL 2 QL 能够允许使用传统的关系数据库系统实现合取查询问答，特别适合于使用大量实例数据并且以查询问答作为最主要推理任务的应用。

3）OWL 2 RL

OWL 2 RL 能够允许以一种比较直接的方式，使用基于规则的推理引擎，在不牺牲太多表达能力的情况下实现大规模推理。

OWL 2 DL 所依赖的描述逻辑在表达能力和可扩展性方面达到了一个适中的平衡，并且通常是可判定的，存在有效的推理算法。从逻辑的角度看，OWL 语境下所关心的典型推理任务包括：类包含/等价/不相交、一致性检查、实例检查/检索等。把这些推理任务归约到对知识库的可满足性检查后，可以基于 Tableaux 算法进行推理。图 6-1 给出了 OWL 和 OWL 2 以及它们复杂度的关系，从 OWL 1 和 OWL 2 的关系上说，OWL 1 DL 和 OWL 1 Lite 也可以被理解成 OWL 2 的概图。

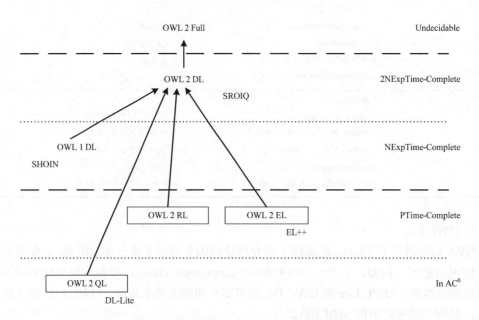

图 6-1　OWL 和 OWL 2 以及它们的复杂度

6.1.3　本体构建方法

本体开发方法有很多，近年来比较有名的方法如斯坦福"七步"法。顾名思义，斯坦福"七步"法包括 7 个步骤[4]：明确范围、考虑重用、列举术语、定义类、定义属性、定义约束和创建实例（图 6-2）。但是，在实际开发应用过程中，这个开发流程并不是瀑布型的，而可能是一个迭代过程，逐步完成本体的构建。而且还可能涉及广度优先覆盖式开发流程或是深度优先式开发流程之间的选择。

图 6-2 斯坦福"七步"法流程图[4]

1) 明确领域和范围

这步骤主要需要思考本体将覆盖什么领域，为什么要使用这个本体，以及这个本体应该提供针对什么类型问题的答案(即能力问题)。注意，这些问题的答案可能在本体的生命周期内改变。

2) 考虑重用

重用其他本体可以节省人力，方便与使用其他本体的应用交互，并且其他本体很可能已经在实践中通过检验，使用它们更加稳妥。可以重用的本体包括：从本体库中查找已有本体，例如 DAML 本体库；重用某些上层本体或通用本体，例如 IEEE Standard Upper Ontology、DMOZ 等；还可以针对应用领域，选择特定的领域本体，例如生物医学领域的 UMLS、Gene 本体等。在下一节的本体搜索中，我们将介绍有关通过本体搜索来发现可以重用的本体的知识。

3) 列举术语

列举术语主要关注需要谈论的术语，具体涉及这些术语的属性是什么以及想描述这些术语的什么内容等方面。

4) 定义类和类层次

类是领域中的概念，是拥有相似属性的元素集合，需要注意区分类和实例。类通常构成一个分类层次(子类—父类层次)，一个子类的实例也是父类的实例，如果把类想象成元素的集合，那么子类就是子集。开发模式上可以是自顶向下的，即先定义最通用的概念，再具体化它们；也可以是自底向上的，即先定义最具体的概念，再组织它们构成更通用的类；当然还可以是混合式的，即先定义最核心的概念，再分别泛化和具体化它们。注意，正确的类层次结构并不唯一，但是需要仔细考虑多继承、不相交、避免类层次循环、类层次中兄弟节点的个数等问题。

5) 定义属性

属性的类型可以包含内涵属性和外延属性，也可以分为简单属性(包含基础数值，例如字符串和数字)和复杂属性(包含或指向其他对象)。属性和类的继承关系是，子类从父类继承了所有属性，如果一个类有多个父类，那么它从多个父类继承了所有属性。

6) 定义约束

属性约束描述或限制一个属性可能的值的集合，包括属性基数约束、属性值的类型约束、最小/大值约束等。

7) 创建实例

当创建一个类的实例时，该类称为实例的直接类型，而直接类型的父类也是该实例的类型。为实例添加值时，属性值需要服从属性约束。

6.1.4 本体匹配技术

从历史观的角度来看，人类认识世界的一个重要方式就是比较，本体匹配(ontology matching)的核心即比较。语义 Web 领域也常将本体匹配称作本体映射(ontology mapping)或本体对齐(ontology alignment)。参照文献[5]，本节形式化地定义本体匹配如下：

定义 6.1 本体匹配是一个三元组 $\Delta = \langle O, O', M \rangle$，包括一个源本体 O、一个目标本体 O' 以及一个映射单元的集合 $M = \{m_1, m_2, \cdots, m_n\}$。其中 $m_i (i=1, 2, \cdots, n)$ 表示一个基本的映射单元(mapping)，可以写成 $m_i = \langle id, e, e', s \rangle$ 的四元组形式：

(1) id 为映射单元 m_i 的标识符，用于唯一地标识 m_i；

(2) e 和 e' 分别为 O 和 O' 中的实体(类、属性或实例)，且满足 $(e, e')|=M$；

(3) s 表示 e 和 e' 之间相似度(similarity)，即映射的确信程度，满足 $s \in (0,1]$。

1. 传统本体匹配算法

目前已有大量的研究人员对本体匹配这一研究课题开展了广泛而深入的研究，提出了许多各具特色的创造性方法，相关研究综述请参见文献[6]~[8]。本节根据本体匹配算法使用的本体特征加以分类，总体分为 4 大类(图 6-3)：基于语言学特征的本体匹配算法，基于结构特征的本体匹配算法，基于外部资源的本体匹配算法，以及基于逻辑推理的本体匹配算法。

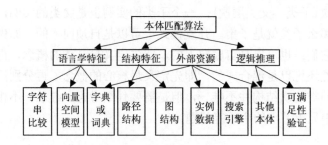

图 6-3 本体匹配算法分类

基于语言学特征的本体匹配算法主要利用人类可读、可理解的语言学描述，例如本地名、标签和注释。常使用基于字符串比较(例如 I-Sub[9])、向量空间模型(例如 V-Doc[10])和字典或词典查询(例如 HCONE-merge[11])等方法。另一方面，RDFS 或者 OWL 本体可以映射为一个 RDF 图结构，因此可以从路径(例如 Anchor-PROMPT[12])或图的视角(例如 Similarity Flooding[13]、GMO[14])实施基于结构特征的匹配。

除了利用本体自身的特征之外，还可以利用各种外部资源为本体匹配服务。根据外部资源的质量高低可以分为：以字典或词典、第三方本体(例如文献[15])为代表的高质量资源，以及以实例数据(例如 GLUE[16]、文献[17])、搜索引擎(例如文献[18])为代表的低质量资源。另外，OWL 本体以描述逻辑为基础，具有标准的模型论语义，基于逻辑推理的本体匹配方法正利用这些语义，检验和修正本体匹配。文献[19]给出了一个使用逻辑推理来检验概念匹配的框架；文献[20]提出了一种本体调试技术来修正错误的概念匹配。

单一的匹配算法在许多情况下并不能完全胜任各种匹配任务，因此研究人员集成多种匹配算法，构建各具特色的本体匹配工具或原型系统。这些工具尽可能多地利用各种本体特征以更好地发现匹配，部分工具已经日趋成熟。自 2005 年起，国际本体匹配工具测评大赛(OAEI，参见 http://oaei.ontologymatching.org)为本体匹配工具提供了一个较为客观的测试平台，参赛的本体匹配工具也由最初的几个逐渐发展到十几个，并且工具之间的性能差异日趋减小，竞争也日益激烈。清华大学开发的本体匹配工具 RiMOM[21]和东南大学开发的本体匹配工具 Falcon-AO[22]均在这项测评大赛中取得过优异的成绩。

2. 基于语义 Web 实例匹配算法

近年来，随着链接开放数据项目的不断开展，众多领域中的数据通过 RDF 的形式发布和链接，语义 Web 实例数量激增，针对语义 Web 实例匹配的研究逐渐增多。目前，对于语义 Web 实例匹配的研究主要采取两种思路：一种是基于相似度计算，另一种是基于显式语义等价。

1) 基于相似度计算的语义匹配算法

文献[23]和[24]分别基于字符串匹配算法和本体匹配工具 HMatch 来匹配实例。文献[17]进一步使用马尔可夫随机机场(Markov random field)来学习描述实例的多个属性的重要程度。文献[25]以关键词作为输入，首先根据同义词和语义 Web 搜索系统 Watson 对关键词扩展，获得候选实例集合，再为每个实例抽取上下文并计算相似度，最后使用一个层次化聚类算法生成多个实例匹配的集合。

2) 基于显式语义等价的语义匹配算法

文献[26]基于反函数型属性(inverse functional property)发现实例匹配，需要注意的是，对于单个实例，其反函数型属性的值唯一；文献[27]基于 owl:sameAs 属性建立实例的"等价"传递闭包，并构建了一个实例匹配查询服务 sameas.org；文献[28]综合考虑了 owl:sameAs、owl:differentFrom、函数型和反函数型属性。爱尔兰 DERI 研究所最新开发的 Sig.ma 系统，利用语义 Web 搜索系统 Sindice 采集的反函数型属性来寻找实例匹配，并对描述实例匹配的属性值进行糅合(Mash-up)，提供语义 Web 实例的浏览服务[29]。

6.2　不确定信息下本体匹配的应急协同决策

本节研究选择以自然灾害类突发事件发生时常遇的粮食物资应急调配决策为例，针对粮食物资应急决策过程中的数据集成问题，提出了一种创新的基于本体和 MapReduce 的粮食元数据匹配方法，以提高不确定信息下应急协同决策的有效性和准确性。章节内容安排如下：首先介绍粮食元数据的本体描述建立方法，通过对粮食元数据使用 AGROVOC 本体进行建模及按类别匹配，指出具有相同应急功能的粮食元数据实例；然后提出基于粮食应急功能的属性和属性值的两阶段匹配算法，并给出进一步使用

MapReduce 框架改进 TF-IDF 相似度计算模型；最后基于苏果超市有限公司提供的测试数据集，利用测试实验验证所提不确定信息匹配方法能够提高应急协同决策的准确性和高效性。

6.2.1 不确定信息的本体描述

粮食物资的应急调配是自然灾害类突发事件发生时应急决策中的一项重要内容，与受灾群众的生命健康息息相关。以粮食为代表的食品类应急物资的元数据描述通常存在异构性，例如"西红柿"又被称作"番茄"，而"红富士"和"国光"都属于苹果。传统的数据集成方法通过计算文本描述间的相似度（例如基于字符串的编辑距离、向量空间模型）来匹配异构数据，但是这类通用方法易受到"噪声"或"例外"的干扰。另一方面，应急决策环境的突发性和多变性也对传统集成方法的执行效率提出了更高的要求。

在突发公共事件发生时，采用本体匹配技术能够有助于异构物资调配信息的集成和共享，提高应急协同决策的准确性。目前国内外已有部分学者着手研究这一课题，但是研究工作还主要针对如何构建应急本体[30]，较少考虑如何利用建立好的应急本体来辅助应急协同决策。另一方面，现有的本体匹配方法多为通用方法，很少专门针对粮食物资这个特定领域[31]。而在粮食物资的应急调配决策过程中，本体匹配方法既需要消除不同粮食元数据之间的异构性、建立它们之间的互操作性，还要考虑执行效率，以应对突发和多变的应急决策环境。这些都对现有的本体匹配方法提出了新挑战。下面首先介绍以粮食物资数据为例的不确定信息的本体描述建立方法。

在此选取 AGROVOC 本体为粮食元数据建立本体描述。AGROVOC 本体是世界上最全面的多语种农业专业词汇表，由联合国粮食农业组织（FAO）负责开发①。该本体使用超过 20 种语言定义了近 4 万个粮食类，涵盖农业、林业、渔业等领域，还包含粮食安全、土地利用等跨领域专题。这 4 万个类被组织成一个树状分类结构。事实上，选取 AGROVOC 本体为粮食元数据建立本体描述的原因有 3 点：①AGROVOC 本体能够覆盖应急调配决策过程中涉及的绝大多数食品类型，例如米类、肉类、乳制品类等；②AGROVOC 本体对于每个类均包含多语言描述，尤其是含中文描述，适合我国的应急决策；③对于每个粮食类，AGROVOC 本体还给出了常见的别名，可以有效地帮助识别粮食物资领域中的同义词，使描述信息更加丰富。例如在 AGROVOC 本体中就给出了"西红柿"的别名"番茄"。

但是，AGROVOC 本体目前仅仅包含大量的粮食类别，却没有为每类粮食创建具体的属性描述。为更好地将粮食元数据本体化，本书作者收集了苏果超市有限公司农副产品商品铭牌上的描述，并且针对每类粮食抽取出 5~10 个具有代表性的属性，作为对 AGROVOC 本体的扩展。例如，对于"大米"类的一个实例"东北大米"，其本体化后的语义描述如表 6-2 所示，其中"eom:"为本节所定义属性的命名空间。

---

① http://aims.fao.org/website/AGROVOC-Thesaurus。

表 6-2　粮食元数据的本体化示例

<rdf:Description rdf:about="htttp://ws.nju.edu.cn/eom#i_3>"

<rdf:type>http://www.fao.org/aos/agrovoc#c_6599</rdf:type>

<eom:产品名称>东北大米</eom:产品名称>

<eom:品牌名>金元宝</eom:品牌名>

<eom:适用人群>所有人群</eom:适用人群>

<eom:价格>58.9 元</eom:价格>

<eom:产地>黑龙江佳木斯</eom:产地>

<eom:规格>10kg</eom:规格>

<eom:包装>袋装</eom:包装>

<eom:产品特点>口感清爽，清香柔韧，甘绵又富有弹性</eom:产品特点>

<eom:储存条件>避免阳光直射、潮湿、高温等</eom:储存条件>

<eom:保质期>18 个月</eom:保质期>

</rdf:Description>

6.2.2　基于本体和 MapReduce 的不确定信息匹配方法

在为粮食元数据建立本体描述后，接下来介绍如何使用本体匹配方法实现粮食元数据的集成。具体而言，本体包含人类可读可理解的文本描述，基于语言学特征的匹配算法主要采用字符串比较、向量空间模型或字词典查询等来发现这些文本描述间的相似程度；而基于本体结构特征的算法则在 RDF 路径或图结构上传播相似度来发现本体结构上的相似性；另外，还可以使用实例数据、搜索引擎、第三方本体、可满足性验证等方法来匹配本体。

本节提出一种基于粮食应急功能的两阶段粮食元数据匹配算法，此本体匹配算法同时利用了本体的语言学特征和类层次结构特征，在第一阶段计算属性之间的相似度，第二阶段计算属性的值之间的相似度。具体算法框架如下：①选取属于 AGROVOC 本体中同一类的任意两个粮食元数据实例 I_a 和 I_b；②计算 I_a, I_b 所使用的属性之间的相似度，获得一个可匹配的属性对集合；③针对任意一个可匹配的属性对，计算它们的值之间的相似性。I_a, I_b 之间的相似性等于可匹配属性的值之间的相似度的叠加：①如果 I_a, I_b 之间的相似度大于一个预先设定的阈值，则 I_a, I_b 对于粮食应急调配而言，具有相近的应急功能。②接下来，首先形式化地给出粮食元数据间的相似度计算方法，再介绍基于 MapReduce 框架的并行实现。

1. 粮食元数据实例间的相似度计算

应急决策环境下粮食元数据之间的异构性主要体现在三个方面：①用于描述粮食元数据的属性之间存在差异性，常见于对同一种信息使用不同名称的属性来描述，又或者是缺失某些属性；②即使是使用了相同属性，其属性值也可能不同，而且对于同一属性也可能存在多个属性值；③应急救援决策环境决定了匹配的目标不是寻找完全相同的粮食元数据描述，而是具有相似应急功能的粮食食品。例如，对于"东北大米"和"苏北大米"，尽管它们存在区别，但在应急决策过程中应视为可协同匹配的粮食元数据。

本节研究提出一种两阶段匹配算法，第一阶段就是使用 TF-IDF 模型[32]计算属性之间的相似程度。具体而言，首先要求待匹配的粮食元数据实例属于 AGROVOC 本体中的同一大类，即它们的 rdf:type 值相同或满足 rdfs:subClassOf 关系。每个出现在待匹配实例属性中的不同单词构成了向量空间的一个横坐标向量，向量空间的行数表示不同单词的个数。而每个实例使用的属性被表示为向量空间中的一个纵坐标向量，向量空间的列数表示属性的个数。纵坐标向量中的每个元素是对应横坐标单词的得分，反映单词和属性间的相关度。分数越高，表示该单词和该属性越相关。从而，在向量空间模型中，属性的特征由带权的单词集合刻画。为更好地反映单词对属性而言是否具有代表性，TF-IDF 模型被用来优化单词的得分。最终单词得分的计算方法为

$$WordScore = TF \times IDF$$

$$TF = \frac{w}{W} \tag{6-1}$$

$$IDF = \frac{1}{2}\left(1 + \log_2 \frac{N}{n}\right)$$

其中，w 表示单词出现的次数，而 W 表示某个特定属性中所有单词出现次数的总和。对于每个单词，n 表示包含该单词的属性个数，而 N 表示所有属性的数目。

属性间的相似度通过计算纵坐标向量间的余弦值获得。设 F_i 和 F_j 为 TF-IDF 模型中的两个纵坐标向量(指称两个属性 P_i 和 P_j)，余弦值的计算方法为

$$sim(P_i, P_j) = \cos(F_i, F_j) = \frac{\sum_{k=1}^{D} f_{ki} f_{kj}}{\sqrt{\left(\sum_{k=1}^{D} f_{ki}^2\right)\left(\sum_{k=1}^{D} f_{kj}^2\right)}} \tag{6-2}$$

其中，D 表示向量空间的行数，而 f_{ki}、f_{kj} 分别表示 F_i 和 F_j 中的元素。如果两个属性没有共享任何单词，则它们之间的相似度为 0；如果两个属性的单词得分完全相同，则相似度为 1。当 P_i 和 P_j 之间的相似度大于一个预先设定的阈值 θ 时，P_i 和 P_j 被认为是一对可匹配的属性。

第二阶段是在属性匹配的基础上寻找具有相似属性值的粮食元数据。设 I_a、I_b 为两个待匹配的粮食元数据，它们之间的相似度等于它们可匹配属性的值之间 TF-IDF 相似度的叠加：

$$sim(I_a, I_b) = \frac{\sum sim(P_i, P_j) \times sim(V_k, V_l)}{\sum sim(P_i, P_j)} \tag{6-3}$$

其中，P_i、P_j 分别是 I_a 和 I_b 所涉及的任意一对可匹配的属性(即 $sim(P_i, P_j) > \theta$)，而 V_k、V_l 分别是 P_i 和 P_j 的属性值，它们之间的相似度依然采用公式(6-2)计算。当 I_a 和 I_b 之间的相似度超过一个预先设定的阈值 η 时，可以称 I_a 和 I_b 是一对可协同匹配的粮食元数据实例。

需要说明的是，对于中文属性或属性值，在此使用中国科学院计算机技术研究所研制的汉语词法分析系统 ICTCLAS 2011。ICTCLAS 分词速度单机达 500kB/s，分词精度达 0.985，在国内外多项公开测试中名列前茅。实际使用中，对于中文粮食元数据描述的分词也取得了很高的准确度。例如，对于表 6-2 中的文本描述"口感清爽，清香柔韧，甘绵又富有弹性"，通过 ICTCLAS 分词可得"口感/n 清爽/an，/wd 清香/n 柔韧/an，/wd 甘绵/nr 又/d 富有/v 弹性/n"。

2. 基于 MapReduce 的并行算法实现

在粮食元数据匹配过程中，若对粮食元数据实例实行两两匹配操作非常耗时，因为对于 k 个粮食元数据实例一般需要重复 $k \times (k-1)/2$ 次。真实应急调配决策场景下时效性非常关键，面对大量的粮食元数据实例，上述计算很可能遭遇性能瓶颈，影响应急协同决策的及时性，因此有必要采用一种全新的分布式模型来提高计算能力。

实践表明，MapReduce 框架[33]作为一种新型的分布式计算模型，具有简单易用、高可扩展性和可靠性、自动负载均衡、较好的容错性等优点，特别适合数据密集型的计算处理。MapReduce 将分布式运算抽象成 map 和 reduce 两个步骤，模型中的数据一般存储于特定的分布式文件系统或数据库中，数据通过 (key, value) 对来传递。另外 MapReduce 还提供了 combine 步骤，对单个节点上的中间结果进行合并，进一步减少到 reduce 步骤的数据传输量，从而全面提高计算效率。目前 MapReduce 在许多领域都有成功应用，但是面向本体匹配这一应用方向还仅是初步的探索研究[34-35]。

针对粮食元数据实例间相似度计算的两个阶段（属性匹配和属性值匹配），此处尝试使用 MapReduce 来优化计算过程。为减少不必要的匹配以及相应的存储空间，本节提出一种基于单词权重排序的算法来改进相似度计算。对于一组单词及其得分 {(word$_1$, score$_1$), (word$_2$, score$_2$), $\cdots$, (word$_n$, score$_n$)}，按照得分从高到低排序。{word$_1$, word$_2$, $\cdots$, word$_k$} 被称为是一组重要单词当且仅当 k 是最小的整数，满足 score$_1$+score$_2$+$\cdots$+ score$_k \geqslant \delta$，δ 是[0,1]区间内的一个有理数。当非常强调计算速度时，可以选取相对较小的 δ 值（例如 δ=0.8）；而当要求较高计算精度时，则可以选取较大的 δ 值（例如 δ=0.99）。

图 6-4 展示的是一个基于 MapReduce 的属性匹配流程。其中，每一个 mapper 对单词按得分排序并抽取出重要的单词作为 key。例如对于属性 P_2 可以抽取出两个重要的单词 w_2 和 w_3，并以此生成键值对 $(w_2, (I_1, P_2))$ 和 $(w_3, (I_1, P_2))$。接下来 P_2、P_3 和 P_5 被分组到同一个 reducer 中，因为它们包含共同的单词 w_3。最后，通过使用文献[36]提出的集合相似度计算方法可以求出 (P_2, P_3) 等之间的相似度。最终的输出呈现的就是一个可匹配的属性对集合。

类似地，图 6-5 展示的是一个基于 MapReduce 的属性值匹配流程。和属性匹配流程的区别在于需要从分布式文件中读取之前计算好的可匹配的属性对集合，并代入到整个计算过程中。最终的输出呈现的是一个粮食元数据实例映射集合。

另外，为平衡负载，研究中可定制一个特殊的 partitioner 以选择合适的 reducer。单词将尽可能按照其出现次数被均匀地分配到各个 reducer 上，使得每个 reducer 可以在接近的时间内完成相似度计算任务。

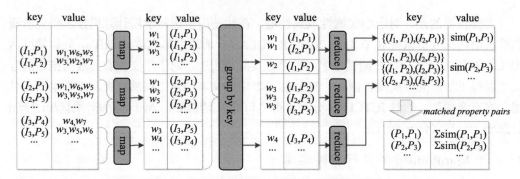

图 6-4   基于 MapReduce 的属性匹配流程示例

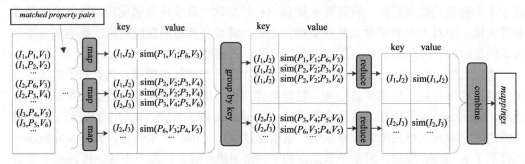

图 6-5   基于 MapReduce 的属性值匹配流程示例

6.2.3   本体匹配方法在应急协同决策中的应用

为了测试所设计的不确定信息匹配方法在辅助应急协同决策中应用的有效性，本小节将对不确定信息的协同匹配实施实验分析。

实验的硬件环境为一个包含 20 个节点的 Hadoop 集群。主节点 NameNode 的配置为：Intel Xeon X5660 2.8GHz 处理器、32GB 内存和 2TB 硬盘。主节点 JobTracker 的配置为：Intel Xeon E5620 2.4GHz 处理器、24GB 内存和 2TB 硬盘。19 个从节点的配置和主节点 JobTracker 相同。集群使用 Red Hat Enterprise Linux for Servers 6.0 操作系统，开发环境选用 Java SE 1.6 和 Hadoop 0.21.0。

实验数据集由苏果超市有限公司的 9 个便利店提供，包含米、肉和乳制品 3 大类农副产品元数据。经过 9 位学生的人工整理，手工构建了参考映射集合，其中每个参考映射由两个粮食元数据实例构成。具体统计数据如表 6-3 所示。

表 6-3   实验数据集

农副产品	粮食实例数量	参考映射数量
米类	274	1053
肉类	409	645
乳制品类	253	872

1. 方法有效性的测试分析

首先测评本节所提不确定信息匹配方法的有效性。使用信息检索领域中标准的精度（precision，也译作查准率）和召回率（recall，也译作查全率）这两个指标。经过反复实验，所构匹配算法中的相关参数设置如下：①属性匹配阈值 θ=0.9，意味着在应急协同决策中偏向于保证属性匹配的正确性；②属性值匹配阈值 η=0.5，这使得获得的粮食元数据实例映射不仅为完全相同的，也尽可能匹配具有相同应急功能的粮食元数据实例；③单词权重叠加阈值 δ=0.99，这是由于选择较高的 δ 可以取得较好的决策准确性。事实上，在这组参数下，本节所设计的不确定信息匹配方法也取得了最好的平均精度和召回率。

图 6-6 展示的是所构不确定信息匹配方法在米类、肉类和乳制品类数据集上的精度（分别为 0.88、1.0 和 0.91）和召回率（分别为 0.90、0.89 和 0.87）。由于使用了 AGROVOC 本体为粮食元数据建立语义分类，具有相似应急功能的粮食元数据实例得以匹配。例如，多种品牌的酸奶元数据实例相互匹配，但并没有错误地匹配到鲜奶类元数据上。由于本书作者尚未发现其他支持中文的匹配方法，所以这里没有给出相应的对比实验。但是从实验结果的数据值上看，针对粮食元数据匹配，本节所提出的不确定信息匹配方法能够取得较好的精度和召回率。

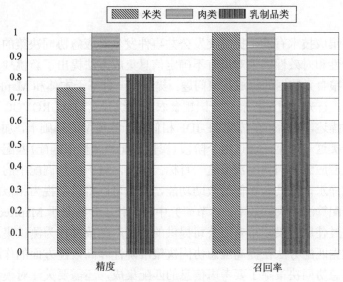

图 6-6　精度和召回率

2. 方法运行效率的对比分析

其次对比使用 MapReduce 和不使用 MapReduce 时运行时间的变化。这里通过人为设定不同数量的粮食元数据实例，计算在实验数据集上的平均运行时间，实验结果如图 6-7 所示。随着实例数目的不断增加，基于 MapReduce 的方法和单机方法的运行时间都逐渐增加。通过二次曲线拟合可以观测到，本节提出的基于 MapReduce 方法的运行时间的增速较单机方法明显减缓。尤其当实例数量超过 5000 时，单机方法由于内存不足而不能执行。这一结果表明，在实际应急调配决策过程中，当存在大量待集成的粮食元数据实例时，基于 MapReduce 的方法能够有效降低执行时间，提高计算效率，提供更加高效的应急协同决策辅助功能。

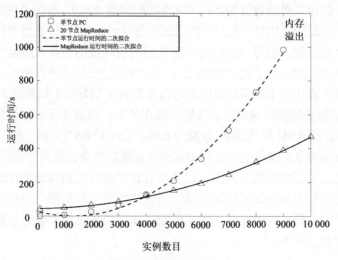

图 6-7　运行时间对比

综上，数据集成技术有助于提高突发公共事件发生时应急协同决策的准确性，然而应急救援的功能性和时效性需求对现有不确定信息集成方法提出了新挑战。故本节研究针对应急环境下粮食元数据的集成决策问题，提出了一种基于本体和 MapReduce 的粮食元数据匹配方法。首先，通过扩展联合国粮食农业组织开发的 AGROVOC 本体，为粮食元数据建立本体描述。然后，在传统 TF-IDF 相似度计算模型的基础上，加入按照粮食的不同应急功能分类这一约束，通过两个阶段(属性匹配和属性值匹配)匹配每个分类下的粮食元数据，适应应急协同调配决策这一目标。例如，对于应急调配中的饮用水，无论是矿泉水还是纯净水，都具有相似的救助功能，因此可以将它们视为相似的救援物资。为进一步提高匹配算法的执行效率，本节研究中还设计了一种基于 MapReduce 框架的并行匹配方法。通过使用苏果超市有限公司提供的农副产品数据作为测试集，验证了所提不确定信息下数据匹配方法在提高应急协同决策准确性和高效性方面的作用。然而，不确定信息下的应急协同决策除了要考虑信息的匹配集成，还需要关注对模糊信息情景的处理，故本书下一章内容将聚焦应急协同决策中不确定信息所常表现出的另外一个特征——模糊性，介绍模糊信息下的应急协同决策方法和技术。

参 考 文 献

[1]　Gruber T R. A translation approach to portable ontology specifications[J]. Knowledge Acquisition, 1993, 5(2): 199-220.

[2]　Studer R, Benjamins V R, Fensel D. Knowledge engineering: principles and methods[J]. Data and

knowledge Engineering, 1998, 25 (1-2): 161-197.

[3]　Hitzler P, Krotzsch M, Parsia B, et al. OWL 2 Web ontology language profiles (second edition) [S]. W3C Recommendation. http://www.w3.org/TR/owl2-profiles/ [2012-12-11].

[4]　Noy N F, McGuinness D L. Ontology development 101: a guide to creating your first ontology [R]. Stanford Knowledge Systems Laboratory Technical Report KSL-01-05 and Stanford Medical Informatics Technical Report SMI-2001-0880. 2001.

[5]　Euzenat J, Shvaiko P. Ontology Matching[M]. Heidelberg: Springer-Verlag, 2007.

[6]　Kalfoglou Y, Schorlemmer M. Ontology mapping: the state of the art[J]. The Knowledge Engineering Review, 2003, 18 (1): 1-31.

[7]　瞿裕忠, 胡伟, 郑东栋, 等. 关系数据库模式和本体间映射的研究综述[J]. 计算机研究与发展, 2008, 45 (2): 300-309.

[8]　李光达, 郑怀国, 常春, 等. 本体映射规则研究[J]. 情报杂志, 2012, 31 (9): 80, 98-103.

[9]　Stoilos G, Stamou G, Kollias S. A string metric for ontology alignment[C]//Proc. of the 4th International Semantic Web Conference (ISWC), 2005: 624-637.

[10]　Qu Y, Hu W, Cheng G. Constructing virtual documents for ontology matching[C]//Proc. of the 15th International World Wide Web Conference (WWW), 2006: 23-31.

[11]　Kotis K, Vouros G, Stergiou K. Capturing semantics towards automatic coordination of domain ontologies[C]//Proc. of the 11th International Conference on Artificial Intelligence: Methodology, Systems and Applications, 2004: 22-32.

[12]　Noy N, Musen M. The PROMPT suite: interactive tools for ontology merging and mapping[J]. International Journal of Human-Computer Studies, 2003, 59 (6): 983-1024.

[13]　Melnik S, Garcia-Molina H, Rahm E. Similarity flooding: a versatile graph matching algorithm and its application to schema matching[C]//Proc. of the 18th International Conference on Data Engineering (ICDE), 2002: 117-128.

[14]　Hu W, Jian N, Qu Y, et al. GMO: A graph matching for ontologies[C]//Proc. of the K-CAP Workshop on Integrating Ontologies, 2005: 41-48.

[15]　van Hage W, Kolb H, Schreiber G. A method for learning part-whole relations[C]//Proc. of the 5th International Semantic Web Conference, 2006: 723-735.

[16]　Doan A, Madhavan J, Domingos P, et al. Learning to map between ontologies on the semantic web[C]//Proc. of the 11th International World Wide Web Conference (WWW), 2002: 662-671.

[17]　Wang S, Englebienne G, Schlobach S. Learning concept mappings from instance similarity[C]//Proc. of the 7th International Semantic Web Conference, 2008: 339-355.

[18]　Gligorov R, Aleksovski Z, Ten Kate W. Using google distance to weight approximate ontology matches[C]//Proc. of the 16th International World Wide Web Conference (WWW), 2007: 767-775.

[19]　Jean-Mary Y, Shironoshita E, Kabuka M. Ontology matching with semantic verification[J]. Journal of Web Semantics, 2009, 7 (3): 235-251.

[20]　Qi G, Ji Q, Haase P. A conflict-based operator for mapping revision: Theory and implementation[C]//Proc. of the 8th International Semantic Web Conference (ISWC), 2009: 521-536.

[21]　Li J, Tang J, Li Y, et al. RiMOM: A dynamic multi-strategy ontology alignment framework[J]. IEEE Transactions on Knowledge and Data Engineering, 2009, 21 (8): 1218-1232.

[22]　Hu W, Qu Y. Falcon-AO: A practical ontology matching system[J]. Journal of Web Semantics, 2008, 6 (3): 237-239.

[23]　Issac A, van der Meij L, Schlobach S, et al. An empirical study of instance-based ontology

matching[C]//Proc. of the 6th International Semantic Web Conference (ISWC), 2007: 253-266.

[24] Ferrara A, Lorusso D, Montanelli S. Automatic identity recognition in the semantic web[C]//Proc. of the ESWC Workshop on Identity and Reference on the Semantic Web (IRSW), 2008.

[25] Gracia J, d'Aquin M, Mena E. Large scale integration of senses for the semantic web[C]//Proc. of the 18th International World Wide Web Conference (WWW), 2009: 611-620.

[26] Hogan A, Harth A, Decker S. Performing object consolidation on the semantic web data graph[C]//Proc. of the WWW Workshop on Identity, Identifiers, Identification (I3), 2007.

[27] Glaser H, Jaffri A, Millard I C. Managing co-reference on the semantic web[C]//Proc. of the WWW Workshop on Linked Data on the Web (LDOW), 2009.

[28] Nikolov A, Uren V, Motta E, et al. Refining instance co-referencing results using belief propagation[C]//Proc. of the 3rd Asian Semantic Web Conference (ASWC), 2008: 405-419.

[29] Tummarello G, Cyganiak R, Catasta M, et al. Sig.ma: Live views on the web of data[J]. Semantic Web Challenge, 2009.

[30] 祝伟华, 徐光侠, 杨丹. 应急事件的 Ontology 研究与建模[J]. 计算机科学, 2007, 34(5): 159-161, 170.

[31] van Hage W R, Sini M, Finch L, et al. The OAEI food task: An analysis of a Thesaurus alignment task[J]. Applied Ontology, 2010, 5(1): 1-28.

[32] Salton G, McGill M. Introduction to Modern Information Retrieval[M]. New York: McGraw-Hill, 1983.

[33] Dean J, Ghemawat S. MapReduce: simplified data processing on large clusters[J]. Communications of the ACM, 2008, 51(1): 107-113.

[34] Zhang H, Hu W, Qu, Y Z. Constructing virtual documents for ontology matching using MapReduce[C]. Joint International Semantic Technology Conference, LNCS 7185, 2011(12): 48-63.

[35] 胡伟. 语义 Web 中本体匹配方法的研究[D]. 南京: 东南大学, 2009.

[36] Vernica R, Carey M, Li, C. Efficient parallel set: Similarity joins using MapReduce[C]. International Conference on Management of Data (SIGMOD), 2010(6): 495-506.

第7章 面向不确定信息的应急模糊协同决策

应急管理的首要任务是应对由各种不确定性而演化出的社会后果。风险社会带来的不确定性让人们深感"不安"与"无序"。似乎一旦出现造成不确定性的突发事件就必会引起社会恐慌行为。例如，2003年非典型肺炎(SARS)蔓延期间抢购"板蓝根"，2009年甲型流感(H1N1)爆发期间抢购大蒜，2011年日本核泄漏危机期间抢购碘盐，这些行为背后隐藏的是人类社会对灾害不确定性的认识缺乏以及管理缺陷，是对政府应急管理提出的严峻挑战。传统应急管理模式可以利用官僚制组织体系和各类预案来完成对"常态"危机的应对，但该模式在不确定性下如何生存并运转是政府成功应对各类突发事件的基础。于是，在不确定性下，优化改造当前我国应急决策模式是必然的选择。模糊决策是指在模糊环境下进行决策的数学理论和方法。所谓模糊决策就是将模糊技术应用到决策过程中，使用模糊事实、模糊规则来描述决策过程中存在的不确定性和不准确性，使用模糊推理技术获得决策候选方案，使用模糊综合评判以获得最佳决策方案。本章主要介绍不确定环境下，模糊信息的处理方法与模糊协同决策技术，提出了两类常用的应急模糊协同决策模型以实现不确定信息场景下的应急决策优化。

7.1 应急信息模糊协同决策概述

7.1.1 模糊理论基础

1. 模糊理论的产生

通常在实际的物理空间里，人们所遇到的对象的"类"没有精确的定义隶属的标准。例如，动物类包括狗、马、鸟等，而不包括石头、液体、工厂等。然而像海星、细菌这样的对象相对于动物类就比较模糊了。"美丽的女人"或者"高个子"这样的类就更加模糊了。在人类的思想范畴，特别是模式识别、信息传输领域，这样的模糊类就更加突出了。

经典数学是适应力学、天文、物理、化学这类学科的需要而发展起来的，不可能不带有这些学科固有的局限性。这些学科考察的对象，都是无生命的机械系统，大都是界限分明的清晰事物，允许人们作出非此即彼的判断，进行精确的测量，因而适于用精确方法描述和处理。而那些难以用经典数学实现定量化的学科，特别是有关生命现象、社会现象的学科，研究的对象大多是没有明确界限的模糊事物，不允许作出非此即彼的断言，不能进行精确的测量。清晰事物的有关参量可以精确测定，能够建立起精确的数学模型。模糊事物无法获得必要的精确数据，不能按精确方法建立数学模型。实践证明，对于不同质的矛盾，只有用不同质的方法才能解决。传统方法用于力学系统高度有效，但用于对人类行为起重要作用的系统，就显得太精确了，以致很难达到甚至无法达到。

虽说模糊性是人类思维和语言的根本属性，但模糊被人们所承认和认识，却经历了一个漫长的历史过程。在西方最早注意到模糊现象是于公元前 4 世纪，古希腊麦加拉(Megarian)学派的著名学者欧布里德(Eubulides)提出了著名的"连锁推理悖论"(sorites paradox)。欧布里德的"连锁推理悖论" 以很多种形式流传下来。其中最常见的两种是麦粒堆问题(paradox of the heap) 和秃头问题(paradox of the bald)。

麦粒堆问题(paradox of the heap) 讲述的是：麦堆是一个模糊概念，一粒麦子自然不能构成一个麦堆。但是要多少粒麦子才能构成一个麦堆？这是谁也无法判断的事情：因为数字是精确概念，而麦堆却是模糊概念。用精确概念衡量模糊概念，自然是方枘圆凿，格格不入，构成悖论。

古老的秃子悖论的性质同麦堆悖论类似。假定一个人原来不是秃子，他的头发一根根地脱落，最后才变成秃子。于是有人争辩说，一定有一根头发，由于这根头发的脱落，便使他变成秃子。这种说法自然是荒唐的。秃头是一个模糊概念：有一些人肯定是秃子，有一些人肯定不是秃子。而处于这两者之间的一些人，就不能肯定地说是秃子或者不是。

这是一个量变引起质变的问题。但是量与质没有绝对的分割线。我们可以知道一粒谷一粒谷地加上去，最终可以得到一堆谷。但是"是一堆谷"与"不是一堆谷"之间却没有绝对的分割线。我们可以人为地定义达到 100 000 粒谷为一堆，但我们也可以人为地定义 99 999 粒谷为一堆谷。需要指出的是，这种定义只是近似地反映了这样的一个事实。为了更准确地反映这个事实，我们可以在是一堆谷和不是一堆谷之间设立一个模糊的界限。比如设处在 90 000 至 100 000 之间的谷可以叫作一堆谷也可以不叫作一堆谷。从根本上来说，我们的任何正确思想都只是近似地反映了客观世界而已。

亚里士多德的二值逻辑(Bi-valued logic)的主要特征是二元对立(非真即假，非假即真)。即各个范畴之间有明确的界限。范畴内部的各个成员地位相同。但二值逻辑却无法对"连锁推理悖论"作出解释。因为它的排中律使它无法对应一堆麦子和一粒麦子、秃头和非秃头这些根本不同范畴之间的中间过渡状态。

"连锁推理悖论"的提出使人们看到了传统二值逻辑和人类认识能力的局限性，看到了语言的模糊性，在一定意义上推动和导致了模糊数学和模糊逻辑的诞生。所谓模糊概念就是边界不清晰、外延不明确的概念。模糊集合中某些元素是否属于这个集合并不是非此即彼的。而可能是亦此亦彼，模棱两可的。模糊集合替代了原来的分明集合把经典数学模糊化。美国控制论专家 Zadeh[1]受模糊语言的启发，于 1965 年创立了模糊集合(fuzzy sets)，从而宣告模糊数学的诞生。Zadeh 开发的方法，即模糊集，用来研究一个概念的某些基本性质和含义。模糊集的概念可以处理以上提到的问题。模糊集为概念框架的建造提供了适宜的起点。在许多方面，概念的框架类似于普通集合所使用的概念的框架。但是前者比后者更普遍，并且可以有力地证明它具有比较宽的使用范围。模糊数学是运用数学方法研究和处理模糊性现象的一门数学新分支，它以"模糊集合"理论为基础。模糊数学提供了一种处理不肯定性和不精确性问题的新方法，是描述人脑思维处理模糊信息的有力工具。它既可用于"硬"科学方面，又可用于"软"科学方面。

在日常生活中，经常遇到许多模糊事物，没有分明的数量界限，要使用一些模糊的词句来形容、描述。比如，比较年轻、高个、大胖子、好、漂亮、善、热、远……这些概念是不可以简单地用"是"、"非"或数字来表示的。在人们的工作经验中，往往也有许多模糊的东西。例如，要确定一炉钢水是否已经炼好，除了要知道钢水的温度、成分比例和冶炼时间等精确信息外，还需要参考钢水颜色、沸腾情况等模糊信息。因此，除了很早就有涉及误差的计算数学之外，还需要模糊数学。

高标准的精确表达普遍存在于数学、物理、化学、工程学等"硬"科学之中，与此完全相对应的不精确表达普遍存在于社会、心理、政治、历史、语言、哲学、文艺、人类学等"软"科学中。"硬"科学主要关注相当简单的机械系统，其行为由数量术语描述；"软"科学基本上处理很复杂的非机械系统，其中人的感觉、直觉以及情感起主要作用。

尽管常规的数学方法一直且继续用于人文系统，但是人们已经清楚地认识到，人文系统的巨大复杂性要从精神上及物质上都极大区别于传统方法的新方法。传统方法高效地用于机械系统，而对于人文系统则过于精确了。

现代科学发展的总趋势是，从以分析为主对确定性现象的研究，进到以综合为主对不确定性现象的研究。各门科学在充分研究本领域中那些非此即彼的典型现象之后，正在扩大视域，转而研究那些亦此亦彼的非典型现象。自然科学不同学科之间，社会科学不同学科之间，自然科学和社会科学之间，相互渗透的趋势日益加强，原来截然分明的学科界限一个个被打破，边缘科学大量涌现出来。随着科学技术的综合化、整体化，边界不分明的对象，亦即模糊性对象，以多种多样的形式普遍地、经常地出现在科学的前沿。

模糊数学是一门新兴学科，它已初步应用于模糊控制、模糊识别、模糊智能化、聚类分析、模糊决策、模糊评判、系统理论、信息检索、医学、生物学等各个方面。模式识别是计算机应用的重要领域之一。人脑能在很低的准确性下有效地处理复杂问题。如果计算机使用了模糊数学，便能大大提高模式识别能力，可模拟人类神经系统的活动。在工业控制领域中，应用模糊数学，可使空调器的温度控制更为合理，洗衣机可节电、节水、提高效率。如日本松下公司研制的智能化家用空调器，可根据内置的传感器提供的室内空气温度数据，在室温高或低于 25℃时，会自动地"稍稍"调节空调器的阀门，进行 4608 种不同状态设定选择，从而获得最佳开启状态和尽可能少的消耗。而这种"稍稍"的程度，只有通过有经验的人的感觉来决定。

模糊技术方法不是对精确的摒弃，而是对精确更圆满的刻画。它通过模糊控制规划，利用人类常识和智慧，理解词语的模糊内涵和外延，将各方面专家的思维互相补充。虽然，目前要使模糊技术接近于人的思维，尚难以做到，但正如日本夏普公司电子专家日吉考庄所说：一个普遍应用模糊技术的时代，不久就会到来。

把模糊数学理论应用于决策研究，形成了模糊决策技术。模糊决策涉及自然科学、人文科学和管理科学等方面。在图像识别、人工智能、自动控制、信息处理、经济学、心理学、社会学、生态学、语言学、管理科学、医疗诊断、哲学研究等领域中，都得到广泛应用。只要经过仔细深入研究就会发现，在多数情况下，决策目标与约束条件均带有一定的模糊性，对复杂大系统的决策过程尤其是如此。在这种情况下，运用模糊决策技术，会显得更加自然，也将会获得更加良好的效果。

2. 基本符号与概念

首先用几个基本的概念来引出模糊集的相关定义。

令 X 是一个对象的空间，用 x 表示 X 的一个普通元素，于是就有 $X = \{x\}$。

X 的一个模糊集 A 通过隶属度函数 $f_A(x)$ 来刻画，$f_A(x)$ 使 X 内的每一个点与区间 $[0,1]$ 内的一个实数相对应，用 $f_A(x)$ 在点 x 的值表示 x 在 A 内的隶属度。因而，$f_A(x)$ 的值越接近 1，x 属于 A 的程度就越大。当 A 是通常意义下的普通集合时，它的隶属度取值只能是 0 或者 1，即 $f_A(x) = 0$ 或者 $f_A(x) = 1$。只有两个值，非真即假是普通集合的基本特征。

例如，令 X 是实数轴 R^1，以及令 A 是"比 1 大得多的"数的模糊集合。然后就能够用指定的 R^1 上的函数 $f_A(x)$ 给出一个明确的关于 A 的刻画。这样的函数表示的值可以是

$$f_A(1) = 0，f_A(2) = 0，f_A(5) = 0.01，f_A(10) = 0.2，f_A(100) = 0.95，f_A(500) = 1$$

模糊集 A 可以标注为

$$A = \frac{1}{0} + \frac{2}{0} + \frac{5}{0.01} + \frac{10}{0.2} + \frac{100}{0.95} + \frac{500}{1}$$

这里仅仅是借用了算术符号+和-，并不表示分式求和运算，而只是描述 A 中有哪些元素以及各个元素的隶属度值。还可使用形式上 $\sum$ 符号，从而可用这种方法表示论域为有限集合或可列集合的模糊集。比如 $\sum_{i=1}^{n} A(x_i)/x_i$。

还可使用积分符号 $\int$ 表示模糊集，这种表示法适合于任何种类的论域，特别是无限论域中的模糊集合的描述。与 $\sum$ 符号相同，这里 $\int$ 仅仅是一种符号表示，并不意味着积分运算。对于任意论域 X 中的模糊集合 A 可记为：$\int_{x \in X} A(x)/x$。

当 X 是可数集时，模糊集的隶属度函数与概率函数有些相似，但是，这两个概念在本质上是不一样的。这些区别在有些论文专著里有详细论述，本书在此不作赘述。

上面研究的都是单个集合的描述关系与定义，但往往更多时候需要研究的是模糊集与模糊集之间的关系，比如身高与体重的联系。这些涉及模糊关系的定义。

(1) 如果关系 R 是 $U \times V$ 的一个模糊子集，则称 R 为 $U \times V$ 的一个模糊关系，其隶属度函数为 $\mu_R(x,y)$。隶属度函数 $\mu_R(x,y)$ 表示 x,y 具有关系 R 的程度。

(2) 若一个矩阵元素取值为 $[0,1]$ 区间内，则称该矩阵为模糊矩阵。同普通矩阵一样，有模糊单位阵，记为 I；模糊零矩阵，记为 0；元素皆为 1 的矩阵用 J 表示。

（3）模糊矩阵的表示。

$X \times Y$ 上的模糊关系 R

$$
\begin{array}{ccccc}
 & x_1 & x_2 & x_3 & x_4 \\
y_1 & \mu_R(x_1,y_1) & \mu_R(x_2,y_1) & \mu_R(x_3,y_1) & \mu_R(x_4,y_1) \\
y_2 & \mu_R(x_1,y_2) & \mu_R(x_2,y_2) & \mu_R(x_3,y_2) & \mu_R(x_4,y_2) \\
y_3 & \mu_R(x_1,y_3) & \mu_R(x_2,y_3) & \mu_R(x_3,y_3) & \mu_R(x_4,y_3) \\
y_4 & \mu_R(x_1,y_4) & \mu_R(x_2,y_4) & \mu_R(x_3,y_4) & \mu_R(x_4,y_4)
\end{array}
$$

下面介绍模糊集的一些基本运算：

补：$\overline{A}$ 表示模糊集合 A 的补集，定义为 $f_{\overline{A}} = 1 - f_A$。

包含：B 包含 A，当且仅当 $f_A(x) \leqslant f_B(x)$。用符号表示 $A \subset B \Leftrightarrow f_A(x) \leqslant f_B(x)$。

并：分别相应于隶属度函数 $f_A(x)$ 和 $f_B(x)$ 的模糊集合 A 和 B 的并模糊集 C，记作 $C = A \cup B$。

集合 C 的隶属度函数通过 $f_C(x) = \max[f_A(x), f_B(x)], x \in X$ 表示，上式可以简写成 $f_C = f_A \vee f_B$。

交：分别相应于隶属度函数 $f_A(x)$ 和 $f_B(x)$ 的模糊集合 A 和 B 的交模糊集 C，记作 $C = A \cap B$。

集合 C 的隶属度函数通过 $f_C(x) = \min[f_A(x), f_B(x)], x \in X$ 表示，上式可以简写成 $f_C = f_A \wedge f_B$。

除了并和交运算之外，还有一些常用的代数运算。

代数积：用 AB 表示 A 和 B 的代数积，依据 A 和 B 的隶属度函数可以表示为 $f_{AB} = f_A f_B$，显然，$AB \subset A \cap B$。

代数和：用 $A+B$ 表示 A 和 B 的代数和，依据 A 和 B 的隶属度函数可以表示为 $f_{A+B} = f_A + f_B$（$f_A + f_B$ 小于等于 1），显然，$AB \subset A \cap B$。

绝对差：用 $|A-B|$ 表示 A 和 B 的绝对差，依据 A 和 B 的隶属度函数可以表示为 $f_{|A-B|} = |f_A - f_B|$。

下面通过几个例子说明模糊理论。

例 7.1　设以人的岁数作为论域 $U = [0,120]$，单位是"岁"，那么"年轻"、"年老"都是 U 上的模糊子集。隶属函数如下：

$\mu_A(u) =$ "年轻"

$$
\begin{cases}
1, & 0 < u \leqslant 25 \\
\left[1 + \left(\dfrac{u-25}{5} \right)^2 \right]^{-1}, & 25 < u < 120
\end{cases}
\tag{7-1}
$$

$\mu_A(u) =$ "年老"

$$\begin{cases} 0, & 0 < u \leqslant 50 \\ \left[1 + \left(\dfrac{u-50}{5} \right)^2 \right]^{-1}, & 50 < u < 120 \end{cases} \tag{7-2}$$

式 (7-1) 表示：不大于 25 岁的人，对子集"年轻"的隶属函数值是 1，即一定属于这一子集；而大于 25 岁的人，对子集"年轻"的隶属函数值按 $\left[1 + \left(\dfrac{u-25}{5} \right)^2 \right]^{-1}$ 来计算，

例如对 40 岁的人，隶属函数值 $\mu_A(u=40) = \left[1 + \left(\dfrac{40-25}{5} \right)^2 \right]^{-1} = 0.1$。

同理，由式 (7-2) 可得 $\mu_B(u=55) = 0.5$，$\mu_B(u=60) = 0.8$。

例 7.2 一个房地产商想将销售给客户的商品房进行分类。房子舒适如何的一个标志是其卧室的多少。设 $X = \{1,2,3,4,5,6\}$ 是房子卧室数集，模糊集"对三口之家的舒适型房子"可以描述为

$$A = \{(1,0.3),(2,0.8),(3,1),(4,0.7),(5,0.3)\}$$

模糊集"对三口之家的大面积型房子"可以描述为

$$B = \{(2,0.4),(3,0.6),(4,0.8),(5,1),(6,1)\}$$

A 与 B 的并表示"大或者舒适的房子"，为

$$A \cup B = \{(1,0.3),(2,0.8),(3,1),(4,0.8),(5,1),(6,1)\}$$

A 与 B 的交表示"又大又舒适的房子"，为

$$A \cap B = \{(2,0.4),(3,0.6),(4,0.7),(5,0.7)\}$$

B 的补集表示"不大的房子"，为

$$\overline{B} = \{(1,1),(2,0.6),(3,0.4),(4,0.2)\}$$

例 7.3 某医生今天给五个发烧病人看病，设为 $\{x_1,x_2,x_3,x_4,x_5\}$，其体温分别为：38.9℃，37.2℃，37.8℃，39.2℃，38.1℃。医生在统计表上就可以这样写：

37℃以上的五人：$\{x_1,x_2,x_3,x_4,x_5\}$

38℃以上的三人：$\{x_1,x_4,x_5\}$

39℃以上的一人：$\{x_1\}$

如果规定 37.5℃以下的不算发烧，问有多少发烧病人？医生就可以回答：$\{x_1,x_3,x_4,x_5\}$，但所谓"发烧"实际上是一个模糊概念，它存在程度上的不同，也就是说要用隶属函数来描述。如果根据医师的经验规定，对"发烧"来说：

体温 39℃以上的隶属函数 $\mu(x)=1$

体温 38.5℃以上不到 39℃的隶属函数 $\mu(x)=0.9$

体温 38℃以上不到 38.5℃的隶属函数 $\mu(x)=0.7$

体温 37.5℃以上不到 38℃的隶属函数 $\mu(x)=0.4$

体温 37.5℃以下的隶属函数 $\mu(x)=0$

用模糊集合来处理这个问题：设

$$A=\frac{0.9}{x_1}+\frac{0}{x_2}+\frac{0.4}{x_3}+\frac{1}{x_4}+\frac{0.7}{x_5}$$

现在问：隶属函数 $\mu_A(x)\geqslant 0.9$ 的有哪些人，用 $A_{0.9}$ 来表示这一集合，则 $A_{0.9}=\{x_1,x_4\}$，同理，$A_{0.8}=\{x_1,x_4\}$，$A_{0.6}=\{x_1,x_4,x_5\}$，$A_{0.4}=\{x_1,x_3,x_4,x_5\}$。

7.1.2　模糊决策应用与发展

著名管理学家、诺贝尔奖获得者西蒙(Simon)曾说过："决策就是管理"。广义地说，决策即运筹，是人们进行选择或判断的一种思维活动。20 世纪 50 年代，决策一词首先在美国出现，意为"作出决定"，但作为决策行为本身则一直伴随着人类历史的发展而存在着。决策的正确与否，直接关系到个人、企业、部门、国家，甚至整个人类的成功与兴衰，并影响到历史的进程。

决策是一种主观活动，是人类主体对社会客体的认知和选择过程。大量的决策是模糊的、多层次的、多目标的和群体的非(半)结构性决策。随着人类认识自然和改造自然的不断深入，决策活动同时又变得越发困难，主要表现为：系统规模越来越大；决策目标的多样性、目标之间的矛盾及不可公度性；决策的多层次结构；科学性和民主性要求下的群体决策机制；决策过程所面临的大量的不确定和不可预测因素；决策主体对客体的偏好描述等。

决策理论学家萨凡奇(Sovage)曾经举了一个做鸡蛋煎饼的例子来说明决策的过程和要素。一个家庭主妇准备用 6 个鸡蛋和一碗面粉做鸡蛋煎饼。她的作法是先把鸡蛋打在碗里，然后再向碗里搅入面粉。当她已经向碗里打入 5 个鸡蛋(假设这 5 个鸡蛋都是好的)，准备打第 6 个鸡蛋的时候，由于不知道第 6 个鸡蛋的质量是好是坏，她将面对两种可能的状态：

第一种状态，第 6 个鸡蛋是好的；

第二种状态，第 6 个鸡蛋是坏的。

由于鸡蛋的状态不确定，她将有三种可供选择的方案：

第一种方案，将第 6 个鸡蛋直接打入已有 5 个鸡蛋的碗里面；

第二种方案，将第 6 个鸡蛋打入另一个碗里以便检查鸡蛋的质量；

第三种方案，将第 6 个鸡蛋扔掉。

经过以上分析我们可以得到表 7-1 来反映各种方案在不同状态下的结果。

表 7-1 鸡蛋煎饼决策问题描述

方案	好蛋	坏蛋
直接打入碗里	做成有 6 个鸡蛋的煎饼	5 个鸡蛋受到污染，做无蛋煎饼
打入另一个碗里	做成有 6 个鸡蛋的煎饼，多洗一个碗	做成 5 个鸡蛋的煎饼，多洗一个碗
将鸡蛋丢掉	做成有 5 个鸡蛋的煎饼，浪费一个好蛋	做成有 5 个鸡蛋的煎饼

面对这么多的结果，主妇将选择什么方案呢？这就取决于主妇的个人喜好了。

通常认为决策由六个基本要素构成：

决策者：决策主体，可以是个体也可以是群体。决策者受社会、政治、经济、文化、心理等因素的影响。

决策目标：可以是单个目标，也可以是多个目标。

决策方案：有明确方案和不明确方案两种。前者是指有有限个明确的方案。后者一般只是对产生方案可能的约束条件加以描述而方案本身可能是无限个，要找出合理或最优的方案可借助运筹学的线性规划等方法。

自然状态：决策者无法控制但可以预见的决策环境客观存在的各种状态。自然状态可能是确定的，也可能是不确定的，其中不确定的又分为离散和连续两种情况。

决策结果：各种决策方案在不同自然状态下所出现的结果。

决策准则：决策结果是否达到目标的价值标准，也就是方案的选择依据。

萨凡奇打鸡蛋做煎饼的例子里面：

(1) 决策者——主妇；

(2) 决策目标——鸡蛋煎饼里面的鸡蛋越多越好，但是付出的劳动越少越好；

(3) 决策方案——打蛋方案；

(4) 自然状态——第 6 个鸡蛋的质量，即好和坏两种；

(5) 决策结果——表 7-1 中 6 种方案面临的结果；

(6) 决策准则——主妇的个人喜好。

决策经历了从古典决策理论到行为决策理论的发展。"有限理性"原理是赫伯特·西蒙的现代决策理论的重要基石之一，也是对经济学的一项重大贡献。新古典经济理论假定决策者是"完全理性"的，认为决策者趋向于采取最优策略，以最小代价取得最大收益。西蒙对此进行了批评，他认为事实上这是做不到的，应该用"管理人"假设代替"理性人"假设。西蒙认为人的认知能力也是单纯的，人的行为的复杂性也不过是反映了其所处环境的复杂性，在这样的环境中，人不可能做出最优的决策。由于现实生活中很少具备完全理性的假定前提，人们常需要一定程度的主观判断进行决策。也就是说，个人或企业的决策都是在有限度的理性条件下进行的。完全的理性导致决策人寻求最佳措施，而有限度的理性导致他寻求符合要求的或令人满意的措施。

决策是一个系统的过程，它是由科学的决策步骤组成的。科学的决策步骤又称决策程序，反映决策分析过程的客观规律，使决策过程更加结构化、系统化和合理化，为进行科学决策提供重要保证。

决策制定是一个过程而不是简单的选择方案的行为。决策过程(decision-making process)在不同的文献里面有不同的论述。虽然各种文献对此的说法各不同,但是关键步骤的描述相似。本书将决策过程描述为八个步骤,从最初的识别问题开始,到选择能解决问题的方案,到最后结束于评价决策效果。

传统的决策理论在解决不确定性问题时,通常运用的工具只是概率统计分析方法。这样处理的前提是,假设决策中的不确定事件都是随机因素影响的结果。但是随着科学技术的发展,人们逐渐认识到这种决策理论的不足。人们无法用准确的概率分布描述所有的不确定时间的随机因素。

1965年,著名的控制论专家,美国加利福尼亚大学教授Zadch提出了模糊集(fuzzy sets)的概念,由此奠定了模糊集理论的基础。这一理论在某种程度上弥补了概率统计的不足。近40年来,这一理论从理论到应用都取得了丰硕的成果。近年来,模糊集理论与决策理论相结合,形成了模糊决策理论,成为当前最有发展前景的方法之一,也是运筹学、系统工程、决策科学、管理科学、技术经济理论、模糊系统理论等交叉学科的前沿研究领域。

目前,国内外常用的模糊多属性决策方法,基本上都是在经典多属性决策方法的基础上,改进或直接套用得出的。常用的方法有:模糊线性加权平均法(FSWA 法)、模糊乐观型决策方法、模糊悲观型决策方法、模糊悲观-乐观折中决策方法、理想点法、双基点法——TOPSIS 法(technique for order preference by similarity to ideal solution)、模糊神经网络多属性决策方法等。这些方法在多个领域中都得到了应用。如,在工程设计评价系统、经济不确定评估、医疗卫生健康应用、森林火灾风险评估、资源规划利用、军事产品研究、能源规划、企业选址、餐饮服务系统、原材料选择中等。

随着社会和经济的高速发展,人们对不确定性的研究更加深入,模糊决策理论、方法及其应用必然有其广阔的天地。决策行为科学的发展也为模糊决策理论开辟了新的研究领域,将组织行为学、心理学等行为科学和模糊决策科学相结合也是未来模糊决策的一个重要发展趋势。

计算机技术的发展、信息互联网的发展,也为模糊决策理论和应用的发展提供了必要的工具和帮助。模糊专家系统、模糊决策支持系统的研究和开发以及其应用必将在社会经济的发展过程中发挥极其重大的作用。

7.1.3　应急决策信息的模糊特征

应急决策是应急管理的核心,是危机领导力五大关键任务之一,是衡量应急管理能力的关键性指标。按照"情景—冲击—应对"的逻辑,面对危机发生,决策者需要尽快认清和把握突发事件情景及其演变规律,尽快对事态做出准确判断,果断采取各种应急处置措施,以有效控制事态。现代社会所面临的突发事件,除了具有紧急性、高度不确定性和严重的危害性外,通常还具有很强的综合性、扩散性、传染性等特征,更需要决策者在尽可能短的时间内采取正确决策,以削弱和控制事件传播和危害的范围。

1. 应急决策信息的特性

突发事件的应急决策信息按照不同的分类标准就有不同的类别体系，而各个类别体系之间又相互穿插相互关联。从时态性考虑可分为静态数据和动态数据；按空间属性可分为空间数据与非空间数据；从实际应用角度可分为地理支撑数据与灾情相关信息数据；在数据源上有卫星遥感数据、航摄的影像数据、GPS 地面跟踪数据、移动终端设备(PDA等)获取的位置信息数据、实时监测数据及不同时态的灾情属性信息数据等。应急决策信息息具有动态性、多源性、不确定性、冲突性和复杂性等特征，具体如下所述。

1) 动态性

一些突发事件持续较长的时间，其在时间和空间上也会发生动态变化，决策信息也随之演变。如台风或飓风形成后，一般会移出源地并经过发展、成熟、减弱和消亡的演变过程。风的路径突变、强度突变、移速突变和登陆后暴雨突变等问题会使得台风的演变非常复杂，灾情信息多变。而很多原生灾害还会引发灾害链，从而造成灾害在时间、空间和方式上的演变，灾情信息也就具有了动态性。有的突发事件持续时间比较短，也没有引发次生灾害，但是突发事件的应急处置与救援、事后恢复与重建往往要持续很长一段时间。青海玉树"4·14"地震发生后，抢险救灾、应急救援阶段到 5 月 1 日才基本结束，进入到进一步安置好受灾群众、恢复正常秩序、加快恢复重建的新阶段。在应急处置与救援过程中，各类灾害损失和防灾减灾信息也在不断更新。

2) 多源性

应急决策信息在数据源上有卫星遥感数据、航摄的影像数据、GPS 地面跟踪数据、移动终端设备(PDA等)获取的位置信息数据、实时监测数据及不同时态的突发事件属性信息数据等。

3) 不确定性

突发事件发生后，由于事件的突发性和紧急性，决策信息难以立刻得到全面、准确的掌握。尤其对于地震等自然灾害，还会造成通信中断或不畅，使得灾情信息无法正确传递和汇总。这些都造成应急管理决策中使用的决策信息是不确定的。

4) 冲突性

由于决策信息的多源性和不同信息源的信息发布的利益倾向性，决策信息存在一定的矛盾冲突。突发事件属性信息之间的不一致会引起受众的误解，导致误判。

Simon[2]指出在危机情景下决策者并不能获取危机的全面信息。人类的决策总是在信息不完全、信息缺失的状况下做出的。管理者经常面临与决策相关的信息缺失和不相关信息泛滥的情况。然而近年来非常规突发事件的发生使应急领域工作者有必要重新认识应急决策过程中的信息缺失现象。信息匮乏、信息缺失是应对非常规突发事件时面临的主要特征之一[3]。

2. 影响应急决策信息模糊的因素

应急决策过程实质上可看作是对相关信息的收集、整理、分析和运用的过程。信息是决策的基础和依据,也是决策的先导和前提。信息的完备程度是影响决策者行为选择的关键变量之一,信息模糊特征制约了突发事件情景下决策的质量。信息源(有时简称为"信源")是决定模糊特征的重要方面。在突发事件情景下,信息源主要体现为突发事件本身的属性、特征和内容,即突发事件发生后所呈现的事态本身的状态是否清晰无误,为事发地的第一相应人员所了解和把握。信息源可用"清晰程度"这个指标来进行测度并进行不同信息源状态之间的比较。如果突发事件发生后,发生原因、发展变化过程、造成的后果、所需采取的应急处置措施等有关情况非常清楚,第一响应人员完全了解和掌握,则把信息源的状态界定为"完全清晰"。反之,如果各方面的事态信息杂乱无章、非常混乱,第一响应人员完全不了解和掌握,则把信息源的状态界定为"完全模糊"。

1) 信息源

导致信息源模糊特征产生的原因有两个方面:

(1) 主观原因。首先,决策主体的意识是有限的。人们在决策时,有限意识会导致人们忽略关键信息,妨碍人们收集那些高度相关的信息,最终导致认知障碍。其次,非常规突发事件的复杂环境也对决策者的认知能力产生很大的影响。突发事件的应对要求决策者具有更高的决策能力,具有敏锐的观察力和思维能力。然而在突发事件高度压力环境的影响下,决策者承受了巨大的精神压力。决策带来的后果往往非常严重,这样的后果大于决策者可能承受的度,就会引发决策者产生心理障碍,思维混乱,决策能力下降,对信息的识别判断能力下降。第三,由于决策者个人的知识、经验的差异性和局限性,对于不同的决策者,当面对同一个应急决策问题时,提供的决策意见也是各有偏好的。最后,也存在事发现场的第一响应人员主观上故意迟报、谎报、瞒报和漏报突发事件信息,导致信息源模糊(有意导致的主观模糊)。

(2) 客观原因。首先是时间紧迫。突发事件规模巨大(罕见巨灾),给事发地造成特别重大的冲击和破坏,导致大量人员伤亡、经济损失、环境破坏和社会影响,并可能不断引发一系列次生、衍生事件,各种情况错综复杂,瞬息万变,突发事件信息在第一时间、第一现场不为或难于为第一响应人员所把握。非常规突发事件的发生具有高度不确定性、时间资源紧迫、损失巨大的特点,事件发生后要求决策者迅速做出反应。这就导致了在有限的时间内获取决策问题相关的信息难度,在应对过程初期,信息是无法及时获取的,因而存在明显的信息模糊,但是随着应对过程的进行,事件调查的明晰化,所需信息会逐渐完善。其次,是环境的复杂性。突发事件为过去不曾发生或很少发生的新的事件,不为人们所认知、了解和熟悉,事发现场的第一响应人员和上级应急决策者无章可循,无经验可依,客观上对事件认识不足。非常规突发事件发生的原因十分复杂,系统结构复杂多变,涉及的环境因素众多,相互之间的关系特别复杂。导致信息高度不确定性,而信息缺失便是信息不确定的一种表现形式。非常规突发事件的复杂特性决定了决策主体是处于信息高度不确定、信息高度缺失的环境中作决策的。信息模糊的必然性和客观性是不以决策主体的意志而转移。

2) 信息渠道

信息渠道(有时简称为"信道")是另一个影响应急决策信息模糊特征的因素。信源必须通过信道才能传递给信宿。决策者要对所发生的突发事件及时、准确做出研判并采取有效的应急处置措施，除了信息源本身清晰完整外，还必须有健全、畅通的信息渠道，将这些信息源及时传达给决策者，为决策者进行决策提供科学依据。如果突发事件发生后，信息工作人员和信息传递的设施设备、工具手段、技术支撑等完好无损，事发地第一响应人员做出与实际情况完全相符的科学研判，及时、准确、客观上报事态信息，则把信息渠道的状态界定为"完全畅通"。反之，如果信息传递的软硬件设备、工作人员等遭到严重破坏和惨重损失，或事发地第一响应人员故意不报、迟报、谎报、瞒报、漏报事态信息，则把信息渠道的状态界定为"完全不畅"。

3）基于"信息源-信息渠道"应急决策分析

根据信息源是否清晰、信息渠道是否畅通，突发事件情景下的应急决策方法分为如下四类(表 7-2)：一是信息源模糊且信息渠道不畅。这是突发事件发生后决策者面临的最为棘手的情景。在这种情境下，决策者在突发事件发生后同时面临信息源和信息渠道"双受阻"、"双失灵"的现象，不仅突发事件本身的核心信息模糊，决策者知之甚少，而且信息渠道被打断，现场信息无法及时传递上报给上级决策者。二是信息源清晰但信息渠道不畅。突发事件发生后，事件本身的核心信息清晰，即突发事件发生的状态、发生的原因、发展变化的过程、造成的后果、所需采取的应急处置措施等方面都具有相对的确定性，为事发现场人员所熟悉和了解。不过，信息的传递渠道被打断，缺乏有效的传递工具，导致现场人员无法及时将所掌握的事态信息上报给上级决策者。三是信息源模糊但信息渠道畅通。突发事件发生后，虽然信息传递渠道保持完整畅通，信息传递工具未遭到破坏，但事件本身的核心信息模糊，不为决策者所熟悉和了解，故决策者仍无法及时有效做出正确决策。四是信息源清晰且信息渠道畅通。这是突发事件发生后决策者面临的最简单、难度系数最低的情景，也是大部分一般性、常规性突发事件发生后的情景。在这种情境下，决策者在突发事件发生后同时面临信息源和信息渠道"双顺畅"的现象：事件本身的核心信息清晰，信息传递渠道完整。

表 7-2　基于"信息源-信息渠道"分析的应急决策类型

		信息源	
		模糊	清晰
信息渠道	不畅	非常规突发事件的应急决策 决策信息模糊性最强 非常规型决策模型 (没有预案、没有应急流程)	突发事件的应急决策 决策信息模糊性最强 非常规型决策模型 (没有预案、没有应急流程，但是有先例可循，首要任务是保持渠道畅通)
	畅通	非常规突发事件的应急决策 决策信息模糊性最强 非常规型决策模型 (没有预案、没有应急流程，首要任务是多方位收集信息)	一般突发事件的应急决策 决策信息模糊性最强 非常规型决策模型 (有预案、有应急流程)

7.1.4　应急协同决策信息的模糊表达

模糊信息(fuzzy information)是指由模糊现象所获得的不精确的、非定量的信息。模糊信息并非不可靠的信息。模糊决策是指在模糊环境下进行决策的数学理论和方法。严格地说，现实的决策大多是模糊决策。传统的决策问题求解的研究仅仅局限于确定型决策的范围内进行考虑。但实际情况是，不确定性是决策过程中存在的普遍现象。模糊决策的研究开始较晚，但涉及的面很广，至今还没有明确的范围。信息的描述形式有多种：决策者可以明确地衡量可选方案时，采用准确的数值表示偏好，当衡量时有较大不确定性时，可能采用区间数、三角模糊数或者语言变量。对于决策者的偏好信息以序关系、效用值、模糊判断矩阵和语言判断等不同形式给出的混合评价形式集结问题，近年来的研究一般需要将不同种类的偏好信息都转化为同一种偏好信息，即只有进行不同种类的偏好信息的一致化后才能进行集结和方案选优。本节将讨论模糊决策的前提，即决策信息的模糊表达。

1. 应急协同决策信息模糊表达

下面介绍几种常用的应急协同决策信息模糊表达方式，分别为区间数、三角模糊数、二型模糊集合和多粒度语言。

1) 区间数 x ，记作 $[a_1, a_2]$

区间数 x 为实数集 R 的子集

$$\{x \in R | a_1 \leqslant x \leqslant a_2, \quad a_1, a_2 \in R\}$$

2) 三角模糊数 x

记作 $[a, b, c]$ ，用隶属度函数 $\mu_f(x) \in [0,1]$ 描述三角模糊数，如下：

$$\mu_f(x) = \begin{cases} \dfrac{x-a}{b-a}, & a \leqslant x \leqslant b \\[2mm] \dfrac{c-x}{c-b}, & b \leqslant x \leqslant c \\[2mm] 0, & \text{其他} \end{cases} \tag{7-3}$$

3) 二型模糊集合(Type-2 模糊集合)

近几十年来，模糊概念越来越为人们所熟悉，它广泛地应用于社会的各个领域。1965年，美国著名学者 Zadeh[4]发表创建性论文"模糊集合论"，打破了分明集 0-1 的界限，为描述模糊信息、建立模糊逻辑、处理模糊现象提供了新的数学工具。对精确集合中的元素用隶属度值给予模糊化，这样的模糊集合称为一型模糊集；将传统的模糊集扩展开来，进一步给出集合中隶属度值的模糊程度，从而使描述的集合模糊性增强，这种扩展的一般模糊集称为二型模糊集。模糊信息通常用一型模糊集表示。基于一型模糊集的模糊计算的研究已经很多，然而基于二型模糊集的模糊计算研究才刚刚起步[5-7]。

下面给出本章用到的二型模糊集合的相关概念：

定义 7.1[5]　如果 $\tilde{A}$ 是定义域在 X 上的区间二型模糊集，$x \in X$

$$\mu_{\tilde{A}} = f_x(\mu_1)/\mu_1 + f_x(\mu_2)/\mu_2 + \cdots + f_x(\mu_m)/\mu_m, \quad \mu_i \in J_x \subseteq [0,1]$$

可以看出 $\tilde{A}$ 中每个元素的隶属度值本身 $\mu_i \in J_x \subseteq [0,1]$ 是一个一型模糊集。域 $\mu_{\tilde{A}}(x)$ 中的所有元素称为 $\tilde{A}$ 上的 x 的主隶属度值(primary membership)，$\mu_{\tilde{A}}(x)$ 的主隶属度值的隶属度值称为次隶属度值(secondary membership)。

区间二型模糊集 $\tilde{A}$ 中元素以及其次隶属度值为1的主隶属度值所组成的集合称为首隶属度函数(principal MF)。二型模糊集合可以看作是隶属度本身是一个一型模糊集合，也就是对集合中每个元素的隶属度值是[0, 1]上的模糊集合，而一型模糊集合的隶属度值是[0, 1]上的实数。

定义 7.2[5]　二型模糊集合隶属函数的不确定性的足迹：一个一型模糊集合的第一隶属度的不确定性由一系列有界区域构成，称之为二型模糊集合 $\tilde{A}$ 的不确定的足迹。它是所有第一隶属度的并集，也就是 $FOU(\tilde{A}) = \bigcup\limits_{x \in X} J_x$。

定义 7.3[5]　上隶属度函数和下隶属度函数：$\tilde{A}$ 的上隶属度函数和下隶属度函数是对应于FOU界的两个一型隶属度函数。上隶属度函数是FOU最大隶属度的子集，记作 $\overline{\mu}_{\tilde{A}}(x)$；下隶属度函数是FOU最小隶属度的子集，记作 $\underline{\mu}_{\tilde{A}}(x)$，也就是

$$\overline{\mu}_{\tilde{A}(x)} \equiv \overline{FOU(\tilde{A})}, \quad \underline{\mu}_{\tilde{A}(x)} \equiv \underline{FOU(\tilde{A})} \quad \forall x \in X$$

这个概念对区间二型模糊集合来说非常重要，因为区间型二型模糊集合的全部特征都可以用上隶属度和下隶属度函数来表示。Type-2模糊数的相关概念可以通过图7-1反映。

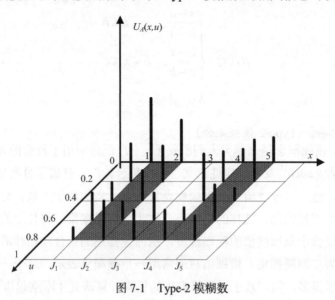

图 7-1　Type-2 模糊数

基于二型模糊集合的群决策模型对以往的群决策模型作出改进，个人预测结果描述

为一型模糊集合表示，汇集后的群体意见为区间二型模糊集合。模糊群决策模型可以用图 7-2 表示。

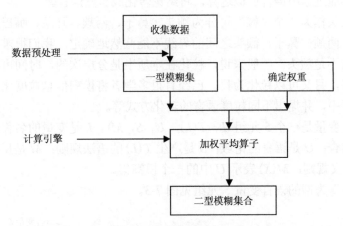

图 7-2　群决策模型

本章认为区间二型模糊集合在描述群体意见时更为合适。群决策是建立在收集不同人的数据基础上的，是所有人模糊集的集合。因此群决策的不确定性应该有两层含义：个人的不确定性以及人际间的不确定性。仅仅是个人的偏好描述，一型模糊集足够；如果是多人对某一事物的描述就必须使用二型模糊集。因此二型模糊集的应用有着非常广阔的研究前景。以往的模糊群决策模型中，群决策集结后的结果和个人的意见都是一型模糊集合。区间二型模糊集合既能表示出个人偏好的不确定性，又能反映出人际间偏好的不确定性，因此适合于模糊群决策模型。

4）多粒度语言

近年来，针对具有多粒度语言偏好信息的决策问题研究得到了国外学者的重视。多粒度语言[①]是指决策者利用不同语言短语数目(简称粒度)的语言评价集作为偏好信息。

Zadeh 指出人类认知的三个主要概念是粒度、组合、因果，且认为人类在进行思考、判断、推理时主要使用语言进行的，语言本身就是"粒度"[②]。信息粒度化为语言计算提供了条件。粒是一群具有不可分辨性、相似性、接近性或功能性的对象的集合。在很多情况下，粒被看作是由于相似而被聚集在一起的点的模糊集合，在语言计算中粒就是语言。粒的概念是语言计算的出发点。从本质上看，粒是点的模糊集，而这些点是一簇元素由于相似性结合在一起的。一个词 W 是一个粒 g 的标签。反过来，g 是 W 的外延，

① 樊治平等学者在他们的文献《一种基于不同粒度语言判断矩阵的群决策方法》、《基于不同粒度语言判断矩阵的群决策方法》里称之为"不同粒度语言"。

② 谌志群认为：一个粒度可以是清晰的，也可以是模糊的，依赖于它的边界是否明确定义。例如，"年纪"可以清晰地粒度化为具体的数值，也可以模糊地粒度化为："很年轻"、"年轻"、"中年"、"老"、"很老"等。但是，由于客观事物普遍具有中介过渡性，各粒度之间的界限一般来说是不清晰的，而是带有模糊性。与此对应，人的大部分感知也是模糊的而不是清晰的。模糊粒度可以用一个模糊集合来描述，如上例定义的粒度可以用一个标记为"年轻"的模糊集合来描述。

一个词可以是一个原子词(很年轻)，也可以是复合词(很年轻和年轻之间)。在语言计算中，作为一个词 W 的外延的粒 g 可以看作是对一个变量的模糊约束。通过模糊约束导出结论，最后再通过运用语言近似运算，将结论转化成自然语言。

例如，人头作为一个"粒"可分为额头、鼻子、两颊、耳朵、嘴巴及眼睛等。在这个例子里面，两颊、鼻子、额头之间的界线不能截然地确定。我们很难说脸上的某个部位就是两颊而不是额头。一般来说，粒化在本质上是分层次的，时间可粒化为年，年又可以粒化为月，月又可以粒化为日。已经有很多学者将模糊信息粒度化理论用在语言计算这类软计算中，并提出不同粒度语言的转化方式等。

通常语言变量是一个 5 元组 $(L, T(L), U, S, M)$，L 是变量的名称；$T(L)$ 是有限数量的单词的集合；U 是语言的论域；S 是产生 $T(L)$ 的语法规则；M 是反映每个语言变量 X 的意义的语义规则，$M(X)$ 表示 U 中的一个模糊集。

以"高度"为例的语言变量 5 元组见图 7-3。

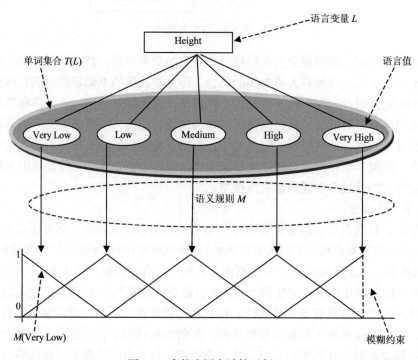

图 7-3　多粒度语言计算示例

有三种主要的语法：基于隶属度函数的语法、基于语言集合有序结构的语法和混合语法。

基于隶属度函数的语法是一种基于上下文无关的产生语言集的方法，这种方法可以在语言集中产生无数个单词。首先产生有限个单词作为基础语言单词如 high，low(或称为发生器)，然后用一些自然语言(hedge)如 very/rather/more/less 去修饰基础语言集里存在的基础单词。语法规则定义 hedge 以及它和基础单词标签的数学运算方式，对基础单词的模糊集合操作后产生合成单词的模糊集合，而语法将这个模糊集合与合成单词之间产生映射。经过 hedge 对基础单词的操作可以产生无数的复合单词，大大地丰富描述的语言。但是通常人们不需要无限的语言集，有七八个就够用了。

第二种方法是直接提供一个包含有限数量单词的语言集合，这些单词都是基础单词（也被称作"标签"），它们事先定义、有序排列，分布在一个论域范围内。例如定义有序标签集 $S = \{s_0, s_1, \cdots, s_g\}$，其中 $s_0 < s_1 < \cdots < s_g$。

第三种语法就是前两种的结合。目前，第二种语法用得较多，基于此的语言计算也得到了广泛研究。从语法的角度看，产生语言集合的方法确定了，相应的语法规则也就确定了。

Herrera 和 Martinez [8]认为基于第二种语法的语言计算技术可以按照语言的语义不同分为两类：

（1）第一类是基于扩展原理（extension principle）的计算技术。它直接对支撑语言单词语义的模糊数操作。

（2）第二类是基于符号化方法（symbolic method）的计算技术。它对单词的位置指数（index）计算。

大部分语言计算研究都是基于第二种语法的，下面针对扩展原理和符号化方法进行深入研究。

（1）基于扩展原理的语言变量表示模型。

基于扩展原理的语言变量表示模型是将人们的语言信息用隶属度函数表示，所有的操作都是针对模糊数的隶属度函数的运算，因此运算相当复杂。代表学者是 Yager[9]。它的模型如下：①定义一组语言集 $S = \{s_0, s_1, \cdots, s_g\}$；②找出与语言集中基础语言单词最接近的 s_i，利用近似函数 $app_1(\cdot)$（approximation function）建立人们的语言信息和语言集之间的联系。

隶属度 $\mu_{s_i}(f) \in [0,1]$ 被广泛用于定义语言变量 s_i，描述某一值 f 的合适程度。隶属度函数可以很好地描述语言集的语义。通常认为线性的梯形隶属度函数可以足够描述语言变量的模糊性，更精确的值不可能或者不必要知道。特殊的情况就是用三角模糊数描述隶属度，如下：

$$\mu_{s_i}(x) = \begin{cases} \dfrac{x-a}{b-a}, & a \leqslant x \leqslant b \\[2mm] \dfrac{c-x}{c-b}, & b \leqslant x \leqslant c \\[2mm] 0, & \text{其他} \end{cases} \tag{7-4}$$

s_i 可以用三角模糊数 (a,b,c) 表示。

隶属度函数是描述语言信息的基础，但是现在大多摒弃了隶属度函数而直接用语言变量的一些特殊数值表示,如多粒度语言用三角模糊数(a,b,c)表示,b点隶属度为 1,a,c是左右极限,隶属度为 0。因为要满足对称,所以粒度是奇数。也可以用梯形模糊数表示,三角模糊数是梯形模糊数的特例。用这种方法描述模糊数也不是非常方便,因为专家们并不是都能够准确给出语言的区间,所以让专家用反义词描述语言集更加容易些。文献[10]定义了反义词函数,特别的是,语言集不需要均衡、对称分布。

(2) 基于符号化方法的语言变量表示模型。

Herrera 认为语言信息利用中重要的问题是避免"信息丢失",而"模糊语言的方法"没有能够解决这个问题。为此他提出二元语义的语言变量表示模型。基于二元语义的语言变量表示模型实质是符号化模型的扩展。一般的符号化模型表示语言集中的一个单词时只用单词的位置指数描述,但是人们的语言信息往往不能够用一个基础单词就表示出来,因此会造成信息丢失。Herrera 用一对数值(s_i, α)来描述语言信息,s_i是语言集中的基础单词,α是人们想要表达的语言信息与s_i之间的差距。

首先定义有序标签集$S = \{s_0, s_1, \cdots, s_g\}$是一组粒度为$g+1$的有序的语言评价信息集,其中$s_0 < s_1 < \cdots < s_g$。$s_i$为语言标签,$g+1$为标签集$S$的元素个数。每一个标签联系着一个[0,1]区间上的模糊数,可以用三角隶属函数或者梯形隶属函数表示。例如,一个由 7 个元素组成的标签集S(图 7-4):用一组三角模糊数表示 P=perfect=(0.84,1,1),VH=very-high=(0.67, 0.84, 1),H=high=(0.5, 0.67, 0.84),M=medium=(0.34, 0.5, 0.67),L=low=(0.17, 0.34, 0.5),VL=very-low=(0, 0.16, 0.33),N=none=(0, 0, 0.17)。

二元语义是指针对某目标或对象、准则给出的评价语言信息由二元组来表示(s_k, α_k)。其中元素s_k、α_k含义描述如下:①s_k为预先定义好的多粒度语言评价集S中的第k个元素;②α_k为符号转移值,且满足$\alpha \in [-0.5, 0.5)$,它表示评价结果与s_k的偏差。

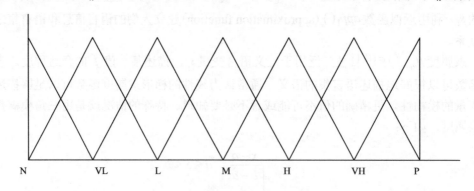

图 7-4 标签集 S 的隶属度分布图

采用二元语义表示语言评价信息并进行运算,可有效避免语言评价信息集结和运算中出现的信息损失和扭曲,也使语言信息计算结果更为精确。

该方法定义了语言信息和二元组之间的转化函数以及二元组和数值之间的转化函数。

定义 7.4　假设 $S = \{s_0, s_1, \cdots, s_g\}$ 是一个语言集合，$\beta \in [0, g]$ 是用来表示符号运算结果的数值。二元组和 β 之间的转化函数 Δ 的反函数 Δ^{-1} 可以用下面的等式表示：

$$\Delta^{-1} : S \times [-0.5, 0.5) \rightarrow [0, g]$$
$$\Delta^{-1}(s_i, \alpha) = i + \alpha = \beta \tag{7-5}$$

$$\Delta : [0, g] \rightarrow S \times [-0.5, 0.5)$$
$$\Delta(\beta) = (s_i, \alpha), \text{其中} \begin{cases} s_i, i = round(\beta) \\ \alpha = \beta - i, \alpha \in [-0.5, 0.5) \end{cases} \tag{7-6}$$

Wang 和 Hao[11]扩展了二元语义，提出序比例二元语义，用有序的语言评价信息集 S 中的一对元素 $(\alpha s_i, (1-\alpha)s_j)$ 来反映每个方案群决策的结果，其中 $s_i \prec s_j$。

定义 7.5　假设 $S = \{s_0, s_1, \cdots, s_g\}$ 是一个语言集合，$\bar{S}$ 是由 S 产生的序比例二元语义的语言集合。π 是位置指数函数，定义 $\pi \rightarrow [0, 1]$：

$$\pi(\alpha a_i, (1-\alpha)a_{i+1}) \rightarrow i + (1-\alpha)$$

其中，$i = 0, 1, \cdots, g-1$，$\alpha \in [0, 1]$。

同样可以定义它的反函数 $\pi^{-1}[0, 1] \rightarrow \bar{S}$：

$$\pi^{-1}(x) = ((1-b)s_i, bs_{i+1})$$

其中，i 是 x 的整数部分，$b = x - i$。而且 $(1s_i, 0s_{i+1}) = (0s_{i-1}, 1s_i)$。

序比例二元语义的比较可以通过它们相对位置来确定大小，即如果 $\pi(y_1) \leq \pi(y_2)$，那么 $y_1 \prec y_2$。

Herrera 的模型运用中有限制，只适用于语言集合统一、对称分布的情况。Wang 和 Hao 扩展了他们的模型，通过引入语言标签标准特征值(CCVs)的概念，能处理语言集合不统一、不对称分布的情况。

Xu[12]将离散的粒度语言集合扩展成连续的语言变量集合。在他的模型里，离散的语言集合 $S = \left\{ s_{-\frac{g}{2}}, \cdots, 0, \cdots, s_{\frac{g}{2}} \right\}$，粒度是 $g+1$。如果 $s_\alpha \in S$，称它为原始语言单词，否则称它为虚拟语言单词。通常用原始语言去评价事物，而虚拟语言只存在于计算的过程中。为了语言计算过程中不丢失信息，将 S 扩展成为连续型的语言集合 $\bar{S} = \{s_\alpha | \alpha \in [-t, t]\}$，$t < g/2$。这种表示模型具有以下特点：①集合是有序的，即 $\alpha < \beta$，则 $s_\alpha \prec s_\beta$；②存在取反算子 $neg(s_\alpha) = s_{-\alpha}$。

Xu[13,14]进一步扩大了语言的模糊性，提出不确定语言的概念，假设 $\tilde{s} = [s_\alpha, s_\beta]$，其中 $s_\alpha, s_\beta \in \bar{S}$，$s_\alpha$ 和 s_β 是下限和上限，$\tilde{s}$ 是不确定语言变量，$\tilde{S}$ 是不确定语言集合。并在

此基础上给出语言计算的集结算子。

2. 决策信息的模糊表述方式比较分析

决策信息采用哪种方式表述有以下几点原因：

1）决策者的性格特征

决策者的性格特征对决策偏好信息采用哪种方式有很大的影响。主要体现在以下几个方面：认知闭合需要、能力（拥有的知识信息的多少）、气质、性格等。当人们拥有的知识、信息能够让他们作出有信心的决策和判断时，会采用较明确、清晰的信息表述方式；而当人们拥有的知识、信息相对贫乏时，不能自信地作出决策判断，就会偏好模糊的信息表述方式。

2）决策信息多源性

应急决策的信息来源是多方面的，不同的来源提供的信息形式不一，造成信息融合上的很大困难。决策者对待模糊有不同的态度，这种态度是个体的一种特质特征，是有个体差异的。信息融合作为多源信息的处理技术是多层次的，通常可分为数据层、特征层和决策层。数据层融合是最低层次的融合，在各种传感器测量的原始数据未经预处理之前，直接对采集到的原始数据进行综合和分析。特征层融合属于中间层次融合，对来自传感器的数据进行特征提取，然后对特征信息进行综合分析和处理。决策层融合是一种高层次融合，结合对策知识对特征信息进行综合分析处理，并作出决策。

应急决策本质上具有一定客观规律性与科学性，要深刻认识它所反映的模糊概念，找到能定量反映这个概念的恰当形式。常用的隶属函数确定方法有模糊统计法、二元对比排序法、待定系数法及推理法等，隶属函数在模糊数学的应用中，可以通过"学习"而不断完善，实践效果是检验和调整隶属函数的依据。因此确立隶属函数时需要注意从实际问题的具体特性出发，总结和吸取人们长期积累的实践经验，特别重视专家和操作人员的经验。判断隶属函数是否符合实际，主要看它是否正确反映元素隶属集合变化过程的整体特性，而不在于单个元素的隶属度数值如何。

语言计算就使用此语代替数值进行计算以及推理的方法。采用语言计算的原因有两个：第一，当可获取的信息不太精确时，使用数学就会失之偏颇；第二，若我们允许使用不精确性以换取问题容易处理、降低求解成本等好处，语言计算就变得必不可少了。尽管在以前就已经打下了语言计算的基础，但是语言计算以自身优势发展成一门独特的方法却只是最近十几年才发生的事情。将自然语言与模糊变量的计算相融合是语言计算的一个重要内容。正是由于这种融合使得语言计算的优势进一步凸现，很多分支理论与应用也相应地发展起来。

以语言变量描述决策信息作为模糊决策的一个分支，其理论和方法尚未完全成熟，然而由于语言决策过程中，决策者的评价信息以自然语言短语给出，其更接近实际性，对于难以定量的决策问题作用尤为突出，从而语言多准则决策近年来得到国内外学者的关注，也取得众多研究成果，已经被广泛应用于各种实际决策中。基于模糊语言评价的决策问题的研究已经得到了深入的发展。

7.2　不确定信息下应急物资调度协同决策方法

7.2.1　不确定信息下应急物资调度模型的构建

近几年来，随着工业化及全球化进程的加剧、社会结构的变迁，各种大规模自然灾害、公共卫生事件和生产事故正越来越频繁地侵袭着我们生存的世界，影响、威胁着我们的生活甚至生命。我国是世界上灾害种类最多的少数几个国家之一。强大的灾害事故发生后常常诱发出一连串的次生灾害，大大增加了救灾的难度。例如 2008 年的汶川特大地震灾害之后引发了山体滑坡、泥石流等次生灾害。这些大规模突发性公共事件不仅具有突然性、危害性、不确定性、衍生性等特征，而且有受灾面积大、影响范围广、持续时间长、受灾人群多、应急需求点多、应急物资需求量大、应急物资供应不足的特点。这些特点决定了应急物资的调度的复杂性远远超出一般规模的突发事件，不仅要考虑单出救点到多需求点的调度，还要考虑多出救点到多需求点的调度。因此，研究大规模突发事件应急物资的调度，为大规模突发事件的应急决策提供依据也就成为一项急迫的课题。

有关应急资源救援调度的研究相对比较成熟，例如，为了协调灾害响应过程中的资源救助物流和紧急撤退物流，有研究构建一些集成的物资定位-调配模型[15-17]。也有学者通过建立随机规划模型来分析城市面临洪灾时的救援资源分配问题[18]。还有研究考虑一些灾害中的现实因素(如车辆速度和交通堵塞)，探讨如何进行应急资源调配中的路径选择问题[19]。李进等[20]针对应急物资需求量是确定的情况设计了基于网络优化和线性规划优化思想的启发算法。但在现实中灾害救援问题往往具有信息缺失、数据难以收集与整理的特点。刘春林等[21]讨论了不确定条件下的应急问题，当从出救点到应急地点时间为区间数时，给出了"使得应急开始时间不迟于限制期 t 的可能度最大的方案"的求解算法。宋晓宇等[22]引入了灰色理论的知识，建立了应急开始时间最短、出救点个数最少以及需求约束偏爱度最大的多目标灰色规划模型，并通过算例用遗传算法实现该问题的求解。

另一方面，面对灾害造成的损失的不确定性，决策者对风险的态度不同也会影响到资源的调度。国内外对生产运作系统能力应急管理的模型研究尚不多见，而且结合管理者风险态度和能力的应急管理相关研究也很少见。Tomlin[23-24]指出，在供应中断可能性存在的影响下，买方的风险规避行为会改变对产品的组合、多源采购模式下的订单分配以及相应的库存策略。包兴等[25-26]针对服务型企业，如电力、航空、通信等运作系统能力的特点，综合考虑了应急期间系统内部运作成本以及能力缺损可能引致的社会成本，从内部能力恢复和外部能力采购两方面进行应急期间运作系统能力的应急协调，并进一步考虑管理者风险态度因子的影响，以应急总成本最小为目标建立了能力应急模型。在文献[27]中指出"突发事件爆发后运作系统受损及影响程度均会对管理者的风险态度造成影响，这将是下一步完善的方向"。通过仿真[28]得到结论：管理者风险态度因子的引入将使应急期间的决策复杂化，且管理者的保守或者激进态度对生产运作系统总应急成本几乎无影响。

本章认为应急物资调度是一个多出救点、多受灾地的模糊规划问题，其中变量的不确定性是影响问题解决的关键因素。人们试图去给人类思维相关的概念定性的描述，也就是自然语言代替数值[29]。有的是由于概念本身的属性使之不能用数值量化，有的是由于量化这个概念成本太高或没必要量化。以 Herrera 提出的二元语义计算模型[30]为代表，语言计算在决策问题中得到广泛应用。在此基础上 Wang 和 Hao[31-32]，Herrera 等[33]，Jiang 等[34]，Alonso 等[35]，Dong 等[36]分别对语言的表示与计算模型以及处理各类决策问题给予了充分研究。

在现有研究成果的基础上本章首先引入了模糊评价方法，采用加权语言标签空间描述救援地到受灾地可能发生的费用与时间；其次考虑决策者对风险的偏好，通过建立无差异函数，将费用与时间的目标变量转化成决策者的效用。通过以上两点改进解决以往应急物资调度未充分考虑不确定性和决策者风险偏好的问题。最后对算例作出分析。

1. 问题描述

2008 年 5 月 12 号在四川汶川发生的里氏 8.0 级大地震震惊了全国。据国家民政局统计，在这次灾害中共有近 7 万名群众遇难、30 多万人受伤、上百万间房屋倒塌。而次生灾害泥石流、山体滑坡等造成的损失更是难以统计。2011 年 3 月 11 号，日本东北部近海发生里氏 8.9 级特大地震。地震发生后，引发海啸，导致福岛第一核电站发生震惊世界的核泄漏事故。众多事件表明，灾害发生会引起难以预期的次生灾害。为了缓解原生灾害和次生灾害造成的损失，采用合理的资源调度方案非常有意义。本章所考虑的灾害链情形下多资源应急调度问题有如下假设：

(1) 假设灾害由原生灾害和次生灾害构成，次生灾害的发生有一定的概率，且不再考虑由次生灾害引起的后续灾害；

(2) 假设应急资源供给点固定，每个供应点的资源数量有限；

(3) 应急资源的需求有原生灾害需求和次生灾害需求，且相互之间是独立的；

(4) 考虑运输道路和自然条件的影响，应急资源从供应地到灾害发生地的时间不能用确定的数值描述；

(5) 考虑运输道路和自然条件的影响，应急资源从供应地到灾害发生地的费用也不能用确定的数值描述；

(6) 考虑到次生灾害的发生有一定的不确定性，需求物资不能用确定的数值描述。

2. 符号和决策变量

假设应急网络 $G = (V, E)$，V 为地点集，E 为道路弧集。假设出救点的集合为 $L = \{A_i | i = 1, 2, \cdots\}, L \subset V$，原生灾害受灾点集合为 $F = \{B_f | f = 1, 2, \cdots\}, F \subset V$，次生灾害受

灾点集合为 $M = \{C_v | v = 1, 2, \cdots\}, M \subset V$。对于每一个可能的次生灾害受灾点 C_v 以概率 P_v 表示发生次生灾害的概率。问题的描述见图 7-5。

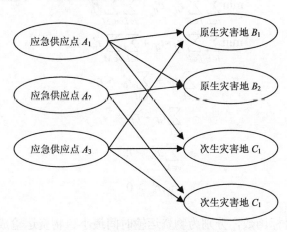

图 7-5　多出救点多应急点调度

其他符号和决策变量定义如下：

r_{if}：出救地 i 运往原生灾害地 f 的物资量；

r'_{iv}：出救地 i 运往次生灾害地 v 的物资量；

c_{if}：出救地 i 运往原生灾害地 f 的单位物资运输成本；

c'_{iv}：出救地 i 运往次生灾害地 v 的单位物资运输成本；

t_{if}：出救地 i 运往原生灾害地 f 的运输时间；

t'_{iv}：出救地 i 运往次生灾害地 v 的运输时间；

r_i：出救地 i 能够提供的救援物资量；

r_f：原生灾害地 f 需要的救援物资量；

r_v：次生灾害地 v 需要的救援物资量。

通过建立模型、求解，得到出救点到受灾点的调度资源数量的安排，找到费用小、时间短的可以接受的资源调度方案：

$$R_f = \begin{bmatrix} r_{11} & r_{12} & \cdots & r_{1n} \\ r_{21} & r_{22} & \cdots & r_{2n} \\ \vdots & \vdots & & \vdots \\ r_{m1} & r_{m2} & \cdots & r_{mn} \end{bmatrix}, \quad R'_v = \begin{bmatrix} r'_{11} & r'_{12} & \cdots & r'_{1p} \\ r'_{21} & r'_{22} & \cdots & r'_{2p} \\ \vdots & \vdots & & \vdots \\ r'_{m1} & r'_{m2} & \cdots & r'_{mp} \end{bmatrix}$$

其中，R_f 是出救点到原生灾害地的资源调度方案；r_{if} 表示从出救地 i 到原生灾害地 f 的运输量；R'_v 是出救点到次生灾害地的资源调度方案；r'_{iv} 表示从出救地 i 到次生灾害地 v 的运输量。

3. 建立模型

$$\min \sum_{i\in L}\sum_{f\in F} r_{if}\cdot c_{if} + \sum_{i\in L}\sum_{v\in M} r'_{iv}\cdot c'_{iv} \tag{7-7}$$

$$\min \sum_{i\in L}\sum_{f\in F} r_{if}\cdot t_{if} + \sum_{i\in L}\sum_{v\in M} r'_{iv}\cdot t'_{iv} \tag{7-8}$$

$$\sum_{f\in F} r_{if} + \sum_{v\in M} r'_{iv} \leqslant r_i \tag{7-9}$$

$$\sum_{i\in L} r_{if} \geqslant r_f \tag{7-10}$$

$$\sum_{v\in M} r'_{iv} \geqslant r_v \tag{7-11}$$

$$r_{if}, r'_{iv} \geqslant 0 \tag{7-12}$$

模型中有两个目标函数，分别为物资运输时间最小、物资运输成本最小。约束条件(7-9)表示救援地 i 供应的救援物资能够满足所发往的灾害地的需求；约束条件(7-10)表示原生灾害地 f 的需求得到满足；约束条件(7-11)表示次生灾害地 v 的需求得到满足。

按照问题的假设，本模型的多个变量具有不确定性。为了适应应急物资调度的特殊性，本模型中的不确定性质的变量采用加权语言标签空间描述。加权语言标签空间是 Wang[17] 提出的用以描述网络活动的完成时间，基于此的 PERT 模型解决了模糊情境下的网络方案评审问题。下面给出加权语言标签空间的定义。

定义 7.6[29]　假设 $S = \{s_0, s_1, \cdots, s_n\}$ 是有序语言集合，$s_0 < s_1 < \cdots < s_n$。加权语言标签空间 (weighted linguistic labels space) 定义为

$$S^W \equiv R^+ \times S = \left\{(a, y) : a\in R^+, y\in S\right\}$$

其中，a 是数值；y 是语言描述它发生的可能性。

图 7-6 是一种常用的语言集合，用以描述发生的可能性：

$$S = \{s_0 : N(0, 0, 0.17), s_1 : VL(0, 0.17, 0.33), s_2 : L(0.17, 0.33, 0.5), s_3 : M(0.33, 0.5, 0.67),$$
$$s_4 : H(0.5, 0.67, 0.83), s_5 : VH(0.67, 0.83, 1), s_6 : P(0.83, 1, 1)\}$$

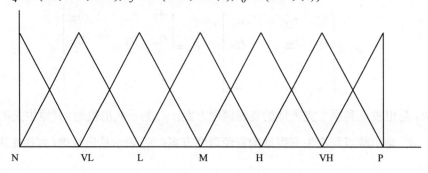

图 7-6　标签集 S 的隶属度分布图

下面给出模型中各变量定义:

定义 7.7　出救地 i 运往原生灾害地 f 的运输时间 t_{if} 用 $D = \{(a_1, y_1), (a_2, y_2), \cdots, (a_m, y_m)\}$ 描述。a_i 表示活动所用时间，$a_i \in R^+$。$y_i \in S$，$S = \{s_0, s_1, \cdots, s_n\}$ 是有序语言集合，满足 $s_0 < s_1 < \cdots < s_n$，用来描述活动所用时间 a_i 发生的可能性。

定义 7.8　出救地 i 运往次生灾害地 v 的运输时间 t'_{iv} 用 $D = \{(a_1, y_1), (a_2, y_2), \cdots, (a_m, y_m)\}$ 描述。a_i 表示活动所用时间，$a_i \in R^+$。$y_i \in S$，$S = \{s_0, s_1, \cdots, s_n\}$ 是有序语言集合，满足 $s_0 < s_1 < \cdots < s_n$，用来描述活动所用时间 a_i 发生的可能性。

定义 7.9　出救地 i 运往原生灾害地 f 的单位物资运输成本 c_{if} 用 $D = \{(a_1, y_1), (a_2, y_2), \cdots, (a_m, y_m)\}$ 描述。a_i 表示活动所用费用，$a_i \in R^+$。$y_i \in S$，$S = \{s_0, s_1, \cdots, s_n\}$ 是有序语言集合，满足 $s_0 < s_1 < \cdots < s_n$，用来描述活动所用费用 a_i 发生的可能性。

定义 7.10　出救地 i 运往次生灾害地 v 的单位物资运输成本 c'_{iv} 用 $D = \{(a_1, y_1), (a_2, y_2), \cdots, (a_m, y_m)\}$ 描述。a_i 表示活动所用费用，$a_i \in R^+$。$y_i \in S$，$S = \{s_0, s_1, \cdots, s_n\}$ 是有序语言集合，满足 $s_0 < s_1 < \cdots < s_n$，用来描述活动所用费用 a_i 发生的可能性。

定义 7.11　出救地 i 运往原生灾害地 f 的物资量 $r_{if} \in R^+$。

定义 7.12　出救地 i 运往次生灾害地 v 的物资量 $r'_{iv} \in R^+$。

原生灾害与次生灾害有明显的区别:灾害链中最早发生的起主导作用的灾害成为原生灾害,而由原生灾害所诱导出来的灾害成为次生灾害。例如,地震为原生灾害,滑坡与海啸则为次生灾害。次生灾害造成的损失与原生灾害的强度有着非常紧密的关系,而且发生概率是根据以往灾害的统计结果,加之自身条件的影响,得出的结果。所以次生灾害地对救援物资的需求量相对于原生灾害地不确定性要大多了。传统的工程项目针对不确定情况下的进度计划采用关键线路法(critical path method,CPM)或计划评审技术(program evaluation and review technique,PERT)。对各个项目活动的完成时间按乐观、最可能和悲观三种不同情况估计,分别赋予 1、4、1 作为权重,计算出期望时间。在本模型里,原生灾害对救援物资的需求量 $r_f \in R^+$,次生灾害对救援物资的需求量 r_v 用 CPM 类似的方法求出期望值。

定义 7.13　次生灾害地 v 的物资量 r_v 用 (a, b, c) 描述,分别表示三种不同情况:

(1) 乐观情况下的需求——用 a 表示。

(2) 最可能情况下的需求——用 b 表示。

(3) 悲观情况下的需求——用 c 表示。

期望需求为

$$r_v = \frac{a + 4b + c}{6}$$

定义 7.14　原生灾害地 f 的物资量 r_f 是数值类型,$r_f \in R^+$。

定义 7.15 出救地 i 的物资量 r_i 是数值类型，$r_i \in R^+$。

7.2.2 不确定信息下应急物资调度模型的求解

下面给出上一小节所构模型的求解方法。

1. 加权语言标签空间的相关算法

下面介绍加权语言标签空间的相关定义和性质。

定义 7.16 对于任意 $(a_1, y_1),(a_2,y_2) \in S^W$，

$$(a_1,y_1) \oplus (a_2,y_2) = \left(a_1+a_2, \left(\frac{a_1}{a_1+a_2}y_1 \oplus \frac{a_2}{a_1+a_2}y_2\right)\right) \tag{7-13}$$

由以上定义，可以推导出以下性质[17]：

性质 7.1

$$(a_1,y_1) \oplus (a_2,y_2) = (a_2,y_2) \oplus (a_1,y_1) \tag{7-14}$$

$$\lambda((a_1,y_1) \oplus (a_2,y_2)) = \lambda(a_1,y_1) \oplus \lambda(a_2,y_2) \tag{7-15}$$

$$(\lambda+s)(a_1,y_1) = \lambda(a_1,y_1) \oplus s(a_1,y_1) \tag{7-16}$$

$$\lambda(a_1,y_1) = (\lambda \cdot a_1, y_1) \tag{7-17}$$

其中，$\lambda,s \in R^+$。

定义 7.17 语言集合 $S = \{s_0,s_1,\cdots,s_g\}$ 满足 $s_0 < s_1 < \cdots < s_g$，ϕ 是一个数值转化函数，将语言集合里的语言标签转化成数值，称为 CCV 函数。

CCV 函数满足以下条件[18]：

(1) 在一个封闭区间内，$\phi(S)=[0,1]$；

(2) $x,y \in S$，当 $x > y$ 时，满足 $\phi(x) > \phi(y)$。

Herrera 提出的二元语义表示模型，定义了一个语言与数值之间的转化函数。

定义 7.18[30] 假设 $S = \{s_0,s_1,\cdots,s_g\}$ 是一个语言集合，$\beta \in [0,g]$ 是用来表示符号运算结果的数值。二元组和 β 之间的转化函数 Δ 的反函数 Δ^{-1} 可以用下面的等式表示：

$$\Delta^{-1}: S \times [-0.5,0.5) \rightarrow [0,g]$$
$$\Delta^{-1}(s_i,\alpha) = i+\alpha = \beta$$
$$\Delta(\beta) = \Delta(i+\alpha) = (s_i,\alpha)$$

本章采用定义里的 Δ^{-1} 构造出满足条件的 CCV 函数[18]，$\phi(x) = \Delta^{-1}(x)/g$。

采用定义 7.18 的函数得到图 7-6 表示的语言集合的 ϕ 转化值为

$$\phi(s_0)=0, \phi(s_1)=\frac{1}{6}, \phi(s_2)=\frac{1}{3}, \phi(s_3)=\frac{1}{2}, \phi(s_4)=\frac{2}{3}, \phi(s_5)=\frac{5}{6}, \phi(s_6)=1$$

定义 7.19　加权语言标签空间的加法运算

$$(a_1, z_1) \oplus (a_2, z_2) = \left(a_1 + a_2, \phi^{-1}\left(\frac{a_1}{a_1+a_2}\phi(z_1) + \frac{a_2}{a_1+a_2}\phi(z_2) \right) \right) \tag{7-18}$$

因此可以推导出多个加权语言标签空间变量相加的定义：

定义 7.20[31]

$$((a_1, y_1) \oplus (a_2, y_2) \oplus \cdots \oplus (a_m, y_m)) = \left(a, \phi^{-1}\left(\frac{1}{a}\sum_{i=1}^{m}(\phi(y_i) \cdot a_i) \right) \right) \tag{7-19}$$

其中，$a = \sum_{i-1}^{m} a_i$。

定义 7.21[31]　加权语言标签空间变量期望值

$$E(D) = \frac{1}{q}((a_1, y_1) \oplus (a_2, y_2) \oplus \cdots \oplus (a_m, y_m)) = \left(\frac{a}{q}, \phi^{-1}\left(\frac{1}{a}\sum_{i=1}^{m}(\phi(y_i) \cdot a_i) \right) \right) \tag{7-20}$$

其中，$q = \sum_{i=1}^{m}\phi(y_i); a = \sum_{i-1}^{m} a_i$。

2. 模型中不确定变量的确定化处理

以上模型中目标函数里面有两类变量，一类是加权语言标签空间变量，另一类是数值变量。不确定变量在模型求解中难度很大，目前用得最多的方法是去模糊化，将其变成确定的变量。

在模型中目标函数(7-7)中，c_{if}、c'_{iv} 是加权语言标签空间变量，按照性质 7.1 的式(7-17)，与从救援地运输的物资量相乘的结果仍是加权语言标签空间变量，因此目标函数(7-7)的结果是加权语言标签空间变量。同理目标函数(7-8)的结果也是加权语言标签空间变量。加权语言标签空间变量大小的比较问题还少有人研究。加权语言标签空间 S^W 有两个元素，a 是数值，y 是语言描述的它发生的可能性。当用来描述时间时，发生时间 a 增加和该时间发生的可能性 y 减少可能对决策者来说效用是一样的，就像经济学里不同资源品组合给消费者带来相同满足程度一样，期望的收益对风险也有补偿效果。因此本章采用风险组合给决策者带来的效用代替风险组合进行大小的比较。

本章构造无差异曲线，对一个特定的决策者而言，根据他对期望成本或时间和风险的偏好态度，按照期望成本或时间对风险补偿的要求，得到的一系列满意程度相同的(无差异)组合在以 a 为横坐标和语言 y 为纵坐标的坐标系中所形成的曲线。无差异曲线上面的每一点代表加权语言标签空间 S^W 的两元素组合,虽然组合不同,但是表示决策者从中得到的满足程度却是相同的。以时间准则的评价值为例(图 7-7),无差异曲线具有以下性质:

(1) 不同决策者的无差异曲线图,反映着他们不同的偏好。

(2) 在同一个平面上可以有无数条无差异曲线。同一条曲线代表相同的效用,不同的曲线代表不同的效用。

(3) 较高无差异曲线上所有组合的效用高于较低无差异曲线上所有组合的效用。

将所有方案的成本准则或时间准则的评价结果画在坐标系上,找到每个组合所在的无差异曲线。因为较高无差异曲线上所有组合的效用高于较低无差异曲线上所有组合的效用,根据曲线离原点的远近情况排序。

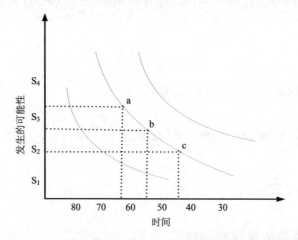

图 7-7　加权语言标签空间组合表示的时间准则的无差异曲线

通过加权语言标签空间组合的无差异曲线的形状可以描述出决策者对灾害风险的不同偏好,将加权语言标签空间组合转化成决策者的效用。本章给出无差异曲线定义:

定义 7.22　加权语言标签空间组合的无差异曲线函数 $U = \Delta^{-1}(y)/(k \cdot a)$,其中参数 k 用以反映决策者的风险态度。

模型中的约束函数(7-9)、(7-10)变量都为数值,可以方便地求解,而约束函数(7-11)中的 r_v 利用定义 7.21 转化成期望值也是数值型,方便求解。因此本章在完成加权语言标签空间变量的运算后利用以上的无差异函数转化成决策者的效用,就可以求解上述模型得到调度方案。

3. 算法步骤

步骤一:用公式(7-20),求出变量 t_{if}、t'_{iv}、c_{if}、c'_{iv} 加权语言标签空间变量的期望值。

步骤二:将目标函数改写为

$$\max\ U(\sum_{i\in L}\sum_{f\in F}r_{if}\cdot c_{if}+\sum_{i\in L}\sum_{v\in M}r'_{iv}\cdot c'_{iv})$$

$$\max\ U(\sum_{i\in L}\sum_{f\in F}r_{if}\cdot t_{if}+\sum_{i\in L}\sum_{v\in M}r'_{iv}\cdot t'_{iv})$$

步骤三：约束函数(7-11)中的 r_v 转化成期望值表示次生灾害地的需求。

步骤四：用 LINGO 软件求解，得到调度方案 R_f 和 R'_v。

7.2.3　算例仿真与参数分析

1. 基础数据假设

假设发生灾害后，出救点集合 $\{A_1,A_2\}$，原生灾害地集合 $\{B_1\}$，次生灾害地集合 $\{C_1\}$。所用描述可能性的语言变量均来自图 7-6 的标签集 S。从出救地到原生灾害地的费用 $c_{11}=\{(8,m),(10,vh),(14,p)\}$，时间 $t_{11}=\{(11.5,vh),(12.7,p)\}$。从出救地到次生灾害地的费 $c_{21}=\{(10,vh),(8,P)\}$，时间 $t_{21}=\{(4,vh),(7,p)\}$。从出救地到次生灾害地的费用 $c'_{11}=\{(7.7,h),(9.4,p)\}$，时间 $t'_{11}=\{(8,m),(9,h)\}$，$c'_{21}=\{(4,h),(7,vh)\}$，$t'_{21}=\{(7,h),(8,vh),(11,p)\}$。表 7-3 给出救援地可供应的物资量和受灾地需求的物资量。

表 7-3　物资调度需求与供应量

	物资量
救援地 A_1 提供量	250
救援地 A_2 提供量	400
原生灾害地 B_1 需求量	350
次生灾害地 C_1 需求量	(100,120,200)

2. 计算步骤

步骤一：用公式(7-20)，求出变量 t_{if}、t'_{iv}、c_{if}、c'_{iv}、r_v 加权语言标签空间变量的期望值。

从出救地到原生灾害地的费用 $\begin{array}{l}c_{11}=(13.7,\Delta(0.823))\\c_{21}=(9.82,\Delta(0.907))\end{array}$，时间 $\begin{array}{l}t_{11}=(13.2,\Delta(0.921))\\t_{21}=(6,\Delta(0.939))\end{array}$，

从出救地到次生灾害地的费用 $\begin{array}{l}c'_{11}=(10.29,\Delta(0.85))\\c'_{21}=(7.33,\Delta(0.773))\end{array}$，时间 $\begin{array}{l}t'_{11}=(14.571,\Delta(0.588))\\t'_{21}=(10.4,\Delta(0.859))\end{array}$。

步骤二：给出效用函数 $U=\Delta^{-1}(y)/(k\cdot a)$，将目标函数转化为

$$\max \ U(\sum_{i\in L}\sum_{f\in F} r_{if}\cdot c_{if} + \sum_{i\in L}\sum_{v\in M} r'_{iv}\cdot c'_{iv})$$

$$\max \ U(\sum_{i\in L}\sum_{f\in F} r_{if}\cdot t_{if} + \sum_{i\in L}\sum_{v\in M} r'_{iv}\cdot t'_{iv})$$

步骤三：将约束函数 (7-11) 中的 r_v 用实数表示为 $E(r_v)=\dfrac{100+120\times4+200}{6}=130$。

步骤四：用 LINGO 软件求解，得到调度方案 R_f 和 R_v。

模型转化为

$$\max \ (0.5CU+0.5TU)$$

$$CU=\frac{0.823\times13.7r_{11}+0.907\times9.82r_{21}+10.92\times0.85r'_{11}+7.33\times0.773r'_{21}}{k\times(13.7r_{11}+9.82r_{21}+0.85r'_{11}+0.773r'_{21})^2}$$

$$TU=\frac{0.921\times13.2r_{11}+0.939\times6r_{21}+0.588\times14.571r'_{11}+0.859\times10.4r'_{21}}{k\times(13.2r_{11}+6r_{21}+14.57r'_{11}+10.4r'_{21})^2}$$

$$\text{s.t.}\begin{cases}r_{11}+r_{21}\geqslant350\\ r'_{11}+r'_{21}\geqslant130\\ r_{11}+r'_{11}\leqslant250\\ r_{21}+r'_{21}\leqslant390\\ r_{11},r_{21},r'_{11},r'_{21}\geqslant0\end{cases}$$

3. 风险参数 k 变化时管理者的决策行为分析

步骤二中效用函数的参数 k 反映决策者的风险态度。k 变化时用 LINGO 软件求解，得到调度方案 R_f 和 R_v，见图 7-8。

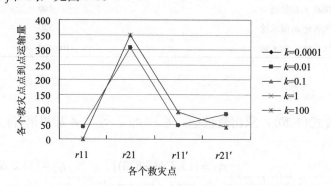

图 7-8　风险参数变化引起的调度方案变化示例图

通过 k 的不同取值，可以看出决策者在不同的风险态度下，采用的物资调度方案不同。k 引入决策，相对于风险中性情况下的结果更为复杂。该参数对现实应急管理的意义在于：从应急管理的角度来看，决策者风险态度因子的引入将使应急期间的决策复杂化，从而对决策者的应急管理能力提出了更高要求。当 $k\geqslant0$ 时，调度方案 $(r_{11},r_{21},r'_{11},r'_{21})$ 基本相同，都为 $(0,350,90,40)$；当 $k \leqslant 0.1$ 时，调度方案 $(r_{11}, r_{21}, r'_{11}, r'_{21})$ 趋近于 $(43,307,47,83)$。所以以 $k=0.1$ 为分界点反映出决策者风险态度的变化，进而引起截然不同的调度方案。

4. 结果评价

应急物资调度与一般物资调度过程最大的不同就在于，应急物资调度尤其强调对应急需求的快速响应和准确满足。但通常在应急物流产生的初期（最初搜救期），物资需求相关信息并不是很明朗且无法利用历史数据作直观的判断。因此，已有的调度模型不太适用于此类问题。在对大规模突发性公共事件与自然灾害情况下应急救援物资的特点进行描述的基础上，本章构建了应急物资调度多目标数学模型。考虑到运输时间、费用及物资需求量的不确定性，采用加权语言标签空间变量描述上述不确定变量。并给出相应的算法，用LINGO软件进行求解。加权语言标签空间作为一种实用方便的工具已经应用于PERT问题求解，并有良好的性能。可以根据受灾地区信息的多少给出参数的语言化描述，不再受限制于乐观、最可能、悲观三种情况。将其应用解决应急物资调度问题尚未见研究。利用模糊规划模型来处理应急物资调度问题具有广阔的研究空间和发展前景，模糊理论与其他优化方法的综合集成是未来解决应急调度问题的一个发展趋势。同时，本章研究的成果对于政府部门科学合理地调度应急物资提供了科学依据和解决方案。

7.3　不确定信息下基于模糊案例推理的应急协同决策方法

7.3.1　基于模糊案例推理的应急决策

1. 基于案例推理的应急决策现状分析

随着我国社会经济的快速发展，各种自然灾害、事故灾难、公共卫生事件和社会安全等领域各类非常规突发事件的危害日益突出，例如 2003 年爆发 SARS、2008 年南方大雪灾、"5·12"汶川大地震、2014 年 3 月的云南昆明火车站暴力恐怖事件等。非常规突发事件爆发频率急剧上升，破坏程度越来越大，并严重制约了社会的可持续发展。非常规突发事件的紧急处置往往面临信息沟通不畅、事先欠缺可用经验或者应急预案无效、资源调度缺乏全局统筹等现实困境[37]。国内社会各界日益重视各类非常规突发公共事件的应急决策研究。非常规突发事件的非常规性、不确定性、不可控制性以及严重的社会危害性等显著特征决定了面向非常规突发事件的应急决策过程与常规性突发事件应急决策过程不同。因此，设计与完善面向非常规突发事件的应急决策理论体系已成为非常规突发事件应急管理研究领域的重要研究目标之一。

非常规突发事件缺乏有效性的、针对性强的应急预案，要求决策者借鉴历史应急救援经验快速生成有效的应急方案[38]。基于案例推理（case-based reasoning,CBR）的应急方案生成方法研究已引起了国内外学者的广泛关注。案例推理[39-40]是把案例库中的各种隐含的"指导思想"抽取出来，用一些可量化的方式表示，形成案例库，通过案例检索技术，从案例库中检索最为相似的案例，然后根据一定的修正规则复用到新问题之中。CBR是人工智能领域的一个研究热点，非常适合应急决策[41]。CBR 解决应急决策问题可以分为：案例表示、案例检索、案例修正及修正规则的获取[42]。Fan 等[43]提出了杂交相似测度(hybrid similarity measure)衡量历史案例和目标案例的相似程度，用来案例检索，以应对瓦斯爆炸的突发事件。Liao 等[44]针对原油泄漏的突发事件应用 CBR 的案例检索技术，建立修正规则库，构建应急方案的准备系统。Amailef 等[45]认为建立动态应急响应系统非常重要，而本体支持下的基于案例的推理方法(OS-CBR)有助于实现动态应急响应系统。Liu 等[46]提出了基于案例推理的应急资源需求预测方法。张辉等[47]提出"数据融合-模型推演-案例推理-心理行为规律"的综合集成型的应急决策方法。王红等[48]针对民航突发事件应急决策知识表达与管理中的问题，设计了一个民航突发事件应急决策知识推理模型。李永海等[49]沿用基于相似案例分析的决策范式，提出一种考虑应急方案实施效果的突发事件应急方案生成方法。

以上研究在理论与实践中都取得了很大的成果，但是在"案例表示"中有一定的局限。CBR 研究方法源自人类的认知心理活动，最大的优势在于缓解常规的知识系统中知识获取的瓶颈问题。突发事件案例中知识形式多源，案例的描述信息有客观的也有主观的，因此收集到的信息有定性的也有定量的，既包含了确定数属性，又有模糊概念属性，如模糊数或自然语言。非常规突发事件既具有常规突发事件的一般特征，还具有专属特征，在人类认知方面属于典型的模糊性问题，因此将模糊技术引入到非常规突发事件模糊演化中是合理的，也是必要的[50]。已有的基于确定性分析的"案例表示"方法在解决这类问题时有不足之处。各类相似性测度也多是建立在确定的、数值信息的基础上的，解决多源信息的突发事件案例检索问题时有一定的困难。

应急决策的特点是后果严重，对时间敏感[51]，因此要求精确决策。但事实是没有可能收集到准确的信息，或者收集成本太高。知识管理过程整合到应急决策中能实现精确决策[52]。知识管理在信息统一管理、归类、整合，将隐性知识转化成可见、可读、可学的显性知识方面有着深入的研究。其中的信息集成可以整合企业的信息孤岛和应用孤岛，为知识管理提供信息源，充分实现显性知识的获取、共享、转移和应用[53]。应急管理中的知识在应急管理中起着至关重要的作用[54]。李春娟[55]认为从知识管理的视角研究突发事件公共应急管理是一个新的领域和方向。刘焕成等[56]分析了我国目前自然灾害应急知识管理现状，认为知识管理对提升我国自然灾害应急管理的整体水平有着重要的作用。知识管理对提高应急决策的案例表示、案例检索、案例修正尤为重要。王宁等[57]基于共性知识元模型，对应急案例内容和结构进行了重新组织和表示，在此基础上结合情景及突发事件演化的相关理论，对应急案例检索方法进行了研究。然而已有将知识管理和应急管理结合的文献多停留在思想探讨上，类似确定型信息的案例推理的成熟的方法模型还少有涉及，不利于实际问题的解决。本章将针对案例库中知识的多元性、不确定性，提出新的知识表达方式，构建案例库，提出基于模糊相似测度的案例匹配模型，从理论方法上构建一类基于模糊案例推理的应急决策方法，为突发事件快速形成解决方案。新方法的提出将有效地填补目前国内外模糊应急决策方法研究中的空白，是模糊决策理论具体应用的一个有益的尝试。

2. 非常规突发事件应急决策机制

非常规突发事件是指前兆不充分，具有明显的复杂性特征和潜在次生衍生危害，破坏性严重，采用常规管理方式难以应对处置的突发事件[3]。正是由于非常规突发事件在日常进程中几乎不发生，所以很少有相应的规则可以依循。但是也不能因为管理规则、条例、制度和预案措施的缺乏而不作为，因此需要不同于常规突发事件的应急决策机制。非常规突发事件的决策信息具有动态性、多源性、不确定性、冲突性和复杂性等特征，本章将主要针对多源性和不确定性特征为应急决策知识管理问题提出模型。首先，由于决策中心利用不同方式获取各类灾情信息，不同的来源提供的信息形式必然不同。因此，应急决策中会有客观的数值，也会有主观的等级判断和偏好。如何融合不同形式的信息得到准确的决策结果是这类知识管理问题的难点。而另一方面非常规突发事件发生后，信息难以立刻得到全面、准确的掌握。因为获取精确信息成本太高，或者没有必要，应急决策中多用模糊信息代替精确信息。这就造成应急管理决策中使用的信息有很强的不确定性。本章结合知识管理，设计与完善面向非常规突发事件的应急决策理论体系，提出基于案例推理的应急决策机制。

本章中的非常规突发事件的知识表示包括如下三个主要组成部分：

(1) 情景描述，即事件发生、发展、演化过程中各个阶段的情景信息；

(2) 应急方案，即事件的处置方案；

(3) 处置效果，即此应急方案最终的效果，各方面的综合评价。

事件案例模型可表示为

$$\text{Instance:=\{Feature,Scheme,Feedback\}}$$

其中，Feature 表示事件情景的所有特征属性，是事件表示和匹配的基础，如事件发生的时间、地点、类型、环境描述、波及范围、危险等级、人员伤亡。由于特征属性是多源信息，所以信息的类型多样化而且不确定性强。Scheme 表示事故的应急处置措施，例如涉及哪些部门，人员如何安排调度，为文本信息。Feedback 表示后期各方面对处理结果的反馈评价打分，反映出以上的处置措施对事件的处理适应程度，为数值。

决策者利用Feature中的特征属性检索相似情景，找出与之接近的事件，利用已经发生过的事件的Scheme和Feedback为突发的新事件快速提出预案。

3. 非常规突发事件应急决策步骤

基于案例推理的应急决策机制的具体步骤如下：

步骤一：事前收集已经发生过的非常规突发事件案例信息，抽取出有用信息，建立案例库 $D = \{d_k, k = 1, 2, \cdots, m\}$ ，其中每个案例包括{Feature,Scheme,Feedback}三个部分，情景描述 Feature 包括特征集 $C = \{c_j, j = 1, 2, \cdots, n\}$。

步骤二：遇到新的突发事件时，抽取出情景描述的特征集 C 对应的信息 $\{p_j, j = 1, 2, \cdots, n\}$。

步骤三：特征集 C 的信息统一化处理。

步骤四：根据相似性原理搜索一组与当前突发事件情景相似的案例。

步骤五：综合这组案例的应急方案和处置效果，制定出解决新问题的方案。

步骤六：将新突发事件的应急方案和处置效果完善，加入案例库。

应急决策知识管理过程可以表示为应急事件知识的提取、应急案例库的构建、情景匹配、应急方案的推演四个阶段，如图 7-9 所示。

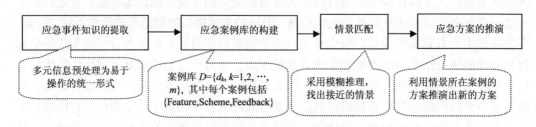

图 7-9 基于案例推理的应急决策知识管理

7.3.2 不确定信息下基于模糊相似度的案例匹配模型

1. 应急事件的知识表示

应急事件包括的知识来自各级部门的信息管理平台，有客观信息也有主观信息。首先需要对收集的数据进行分析、整理，删除多余的、重复的，对有用的数据进行组织和抽象，获得应急事件的要素 Feature,Scheme,Feedback 所需要的信息。重点对 Feature 要素包含的知识加工处理，使其能够成为便于处理的信息。本章假设有三种类型的信息：

1）定数属性（crisp numerical feature）

确定型数值是实数 x，如果用隶属度函数描述它的话，隶属度函数 $\mu(A)$ 可以表示为 $\mu(A) = \begin{cases} 1, & A = x \\ 0, & A \neq x \end{cases}$，其中 A 是所在论域。

2）模糊概念属性（fuzzy numerical feature）

本章假设所用的模糊数为区间数，表示为 $[x_l, x_u]$，x_l 是区间数的下限，x_u 是区间数的上限。隶属度函数 $m(A)$ 可以表示为 $\mu(A) = \begin{cases} 1, & A = [x_l, x_u] \\ 0, & A \neq [x_l, x_u] \end{cases}$，其中 A 是所在论域。

3）自然语言属性（fuzzy linguistic feature）

通常语言变量是一个 5 元组 $(L, T(L), U, S, M)$，L 是变量的名称；$T(L)$ 是有限数量的单词的集合；U 是语言的论域；S 是产生 $T(L)$ 的语法规则；M 是反映每个语言变量 X 意义的语义规则，$M(X)$ 表示 U 中的一个模糊集。

本章采用一个预先定义好的由奇数个元素构成的有序集合 $S=\{s_0, s_1, \cdots, s_g\}$ 作为自然语言属性，其中 $s_0 < s_1 < \cdots < s_g$。以"灾害的影响范围"为例，有序集合见图 7-10。T(灾害的影响范围) $=$ {None(N)，Very Low(VL)，Low(L)，Medium(M)，High(H)，Very High(VH)，Perfect(P)}。

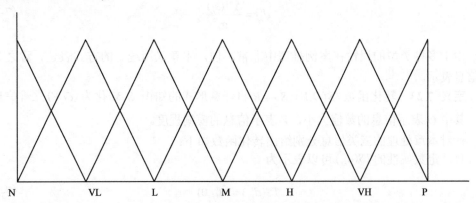

图 7-10　标签集 S 的隶属度分布图

2. 数据预处理

假设案例库 $D=\{d_k, k=1,2,\cdots, m\}$，此类案例的特征集合 $C_j=\{c_j, j=1,2,\cdots,n\}$，$d_{kj}$ 表示案例库里案例 d_k 的特征 c_j 的取值。收集到的信息由于来自多方面，首先要消除量纲和量纲单位的不同所带来的不可公度性，即决策之前首先应将评价指标无量纲化处理[①]。

1) 定数属性(crisp numerical feature)

$$d'_{kj} = \frac{d_{kj}}{\max\limits_{1<k<n}(d_{kj})} \qquad (7-21)$$

2) 模糊概念属性(fuzzy numerical feature)

本章假设所用的模糊数为区间数 $[d^l_{kj}, d^u_{kj}]$，采用罗党[58]的方法规格化，处理后表示为 $\left[d^{l'}_{kj}, d^{u'}_{kj}\right]$，

$$d^{l'}_{kj} = \frac{d^l_{kj} - \min\limits_{1<k<m}\{d^l_{kj}\}}{\max\limits_{1<k<m}\left(d^u_{kj}\right) - \min\limits_{1<k<m}\left(d^l_{kj}\right)} \qquad (7-22)$$

$$d^{u'}_{kj} = \frac{d^u_{kj} - \min\limits_{1<k<m}\{d^l_{kj}\}}{\max\limits_{1<k<m}\left(d^u_{kj}\right) - \min\limits_{1<k<m}\left(d^l_{kj}\right)} \qquad (7-23)$$

---

① 由于在下面的数据检索中用到的是距离测度，即相对位置的远近，与大小无关，所以本书预处理数据时不区分成本型和收益型数据。

3） 自然语言属性（fuzzy linguistic feature）

d_{kj} 为 $s_i \in \{s_0, s_1, \cdots, s_g\}$，本章采用 Herrera 的二元语义法，首先用转化函数 Δ^{-1} 将语言变量转化为 $[0,g]$ 数值，$\Delta^{-1}(s_i) = i$。然后规格化为

$$d'_{kj} = \frac{\Delta^{-1}(s_i)}{g} \tag{7-24}$$

由于多种类型的属性在案例推理中非常不便，本章采用统一的方式表达，称之为二维信息表示。

定义 7.23 转化函数 $TS(O,V): S \to R$ 将任意形式的知识 S 转化为 (O,V) 二维信息表示，其中 O 表示信息的数值大小，V 表示信息的模糊程度。

针对本章处理的三类信息分别给出转化函数如下：

（1） 定数属性的 $TS(d'_{kj})$ 可以表示为

$$TS(d'_{kj}) = (d'_{kj}, 0) \tag{7-25}$$

（2） 模糊概念属性 $TS(d'_{kj})$ 可以表示为

$$TS(d'_{kj}) = (0, V) \tag{7-26}$$

$$O = \frac{d^{l'}_{kj} + d^{u'}_{kj}}{2}$$

$$V = d^{u'}_{kj} - d^{l'}_{kj}$$

（3） 自然语言属性 $TS(d'_{kj})$ 可以表示为

$$TS(s_i) = (d'_{kj}, 1/g) \tag{7-27}$$

通过以上的转化函数，可以保证得到的 (O,V) 满足以下要求：

（1） 转化后的二维信息符合规格化的要求，即

$$O \in [0,1]$$
$$V \in [0,1]$$

（2） O 确定信息描述的相对大小，同类信息中作为区分相对位置的标志；

（3） V 描述信息的不确定程度，即信息的模糊程度，V 越大越模糊，精确数值的 $V=0$。

3. 定义距离测度

为了进一步实现模糊信息处理的目的，需要定义基于以上知识表示模式的模糊测度，其中非常重要的是距离测度。本章首先给出基于二维信息表示的距离测度公式：

$$d(x,y) = \sqrt{(O(x) - O(y))^2 + (V(x) - V(y))^2} \tag{7-28}$$

距离测度公式应该满足下面的基本性质：

(1) 非负性 $d(x,y)=0 \Leftrightarrow x=y$ ；

(2) 对称性 $d(x,y)=d(y,x)$ ；

(3) 三角不等式 $d(x,y)+d(y,z) \geqslant d(x,z)$ 。

(1)(2)显然成立，不作证明。(3)证明如下：

可以把 x,y,z 看作是以 O 为横轴、V 为纵轴的坐标上的三点，x,y,z 组成一个三角形，由于三角形两边之和大于第三边，因此三角不等式 $d(x,y)+d(y,z) \geqslant d(x,z)$ 成立，见图 7-11。

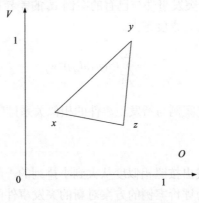

图 7-11　三角不等式证明

由此可见，本章定义的新的距离测度公式既符合已有的公理，也满足新的二维信息表示方法的要求。

4. 案例检索

案例检索是 CBR 的关键，本模型要能够为突发事件检索出最相似案例，从而为新案例提供解决方案的有效方法。本模型利用公式(7-28)计算两个案例情景 Feature 之间的距离测度，再根据一定的规则将它们聚合，从而得到两个案例情景总体相似度。但是由于突发事件本身是一个复杂的系统，应急案例结构复杂，涉及因素众多，不易进行结构化表示，增加了两个案例情景总体相似度比较的难度。以往确定各个特征的权重时多用主观赋权法，此类方法可以体现决策者的经验判断，但其随意性较大，决策准确性和可靠性稍差。由于在处理应急事件时，可用的专家意见有限，少有决策者的主观知识与经验，本章采用客观赋权法。此类方法存在赋权的客观标准，利用一定的数学模型，计算得出属性的权重系数。基本思想如下：如果某一特征对所有决策案例的情景而言均无差别，则这一特征对案例相似度排序将不起作用，这样的评价指标可令其权系数为 0；反之，如果某一特征对所有决策案例的情景有较大差异，则这一特征对案例相似度排序将起重要作用，应该给予较大的权系数。

本章根据离差最大化决策原理计算各特征的权重，采用非线性加权平均法建立模型：

$$\max H(w_j) = \sum_{k=1}^{m} \sum_{j=1}^{n} (d(p_j, d_{kj}))^2 w_j$$

$$\text{s.t.} \begin{cases} w_j \geqslant 0 \\ \displaystyle\sum_{j=1}^{n} (w_j)^2 = 1 \end{cases}$$

其中，p_j 是新事件的特征 c_j 的取值；w_j 是特征 c_j 的权重。

用公式 (7-29) 计算出新突发事件与已有的案例 d_k 的差异程度 z_k。该差异度越小表示待求解情景与已知案例的接近程度越大。

$$z_k = \sum_{j=1}^{n} (d(p_j, d_{kj}))^2 w_j \tag{7-29}$$

根据差异度的大小确定案例与新发生事件的相似关系排序。

5. 应急方案的生成

利用以上的最相邻法找出按照相似度从大到小排列的一组案例，结合相似度与反馈的打分生成新的权重，作为评价案例的方案对新的突发事件的适应程度，将这一组的案例所带的方案修改、调整，得到新的处置方案。

7.3.3 算例仿真及参数分析

假设有 5 个有毒化学品泄漏事件组成的案例库 $D=\{d_k, k=1,2,\cdots,5\}$，此类案例的特征集合 $C=\{c_j, j=1,2,\cdots,5\}$ 分别为人口密度、相对于水源的位置、泄漏强度、伤亡人数、影响范围。表 7-4 反映的是每个案例的特征值，其中 d_{kj} 是案例 d_k 的特征 c_j 的属性值。表 7-5 描述了新发生的有毒化学品泄漏事件的属性值 $P=\{p_j, j=1,2,\cdots,5\}$。应急决策者需要计算出新发生事件与这 5 个案例的相似程度，然后综合考虑案例方案的效果反馈，生成新的权重，作为已有解决方案对新事件的适应程度，最后生成新的事件的解决方案。

5 个特征的属性取值说明如下：

人口密度 c_1 是定数属性，取值 [0,1] 的数。

相对于水源的位置 c_2 是语言变量，取值 $s_i \in S = \{s_0, s_1, \cdots, s_6\}$。

泄漏强度 c_3 是语言变量，取值 $l_i \in L = \{l_0, l_1, \cdots, l_8\}$。

伤亡人数 c_4 是整数。

影响范围 c_5 是 [0,1] 之间的区间模糊数。

表 7-4　案例库案例的特征 d_{kj} 的属性值

	案例 d_1	案例 d_2	案例 d_3	案例 d_4	案例 d_5
c_1	0.4	0.7	0.5	0.5	0.6
c_2	s_4	s_3	s_3	s_2	s_0
c_3	l_2	l_0	l_2	l_7	l_2
c_4	8	10	9	5	2
c_5	[0.8,1]	[0.6,1]	[0.5,0.7]	[0.8,1]	[0.5,0.9]

表 7-5　新发生事件的特征属性 p_j

	c_1	c_2	c_3	c_4	c_5
原值	0.6	s_4	l_3	7	(0.45,0.95)

步骤一：利用公式(7-21)~式(7-27)，将信息统一化，结果见表 7-6。

表 7-6　案例库案例的特征 d_{kj} 转化为 (O,V) 二维信息表示的属性值

	案例 d_1	案例 d_2	案例 d_3	案例 d_4	案例 d_5	新发生事件
c_1	(0.4,0)	(0.7,0)	(0.5,0)	(0.5,0)	(0.6,0)	(0.6,0)
c_2	(4/6,1/6)	(3/6,1/6)	(3/6,1/6)	(2/6,1/6)	(0/6,1/6)	(4/6,1/6)
c_3	(2/8,1/8)	(0/8,1/8)	(2/8,1/8)	(7/8,1/8)	(2/8,1/8)	(3/8,1/8)
c_4	(0.8,0)	(1,0)	(0.9,0)	(0.5,0)	(0.2,0)	(0.7,0)
c_5	(0.9,0.2)	(0.8,0.4)	(0.6,0.2)	(0.9,0.2)	(0.7,0.4)	(0.7,0.5)

步骤二：利用离差最大化模型确定各个特征值的权重，得到表 7-7 反映出各个特征值的权重。

$$\max H(w_j) = \sum_{k=1}^{5}\sum_{j=1}^{5}(d(p_j,d_{kj}))^2 w_j$$

$$\text{s.t.} \begin{cases} w_j \geqslant 0 \\ \sum_{j=1}^{5}(w_j)^2 = 1 \end{cases}$$

表 7-7　特征值的权重

	c_2	c_2	c_2	c_2	c_2
权重	0.07	0.64	0.47	0.45	0.41

步骤三：计算与已有案例的距离测度。

利用公式(7-30)计算出新突发事件与已有的 5 个案例的差异程度 z_k，得到表 7-8。

$$z_k = \sum_{j=1}^{5} (d(p_j, d_{kj}))^2 w_j \tag{7-30}$$

表 7-8 新的事件与案例的差异程度

	案例 d_1	案例 d_2	案例 d_3	案例 d_4	案例 d_5
新发生事件	0.068	0.141	0.084	0.260	0.407

步骤四：为新的事件生成解决方案。

根据计算出的与已有案例的差异程度，$z_1 < z_2 < z_3 < z_4 < z_5$，结合案例本身解决方案的反馈打分，得出这个方案对新事件的适应度，调整案例的解决方案，生成新事件的解决方案。

本章结合模糊决策和案例推理技术，从知识管理的角度提出了一类基于多元模糊信息案例库的突发事件案例推理的应急决策方法，并给出算例说明了它在应急决策领域里如何应用。非常规突发事件应急决策的研究是一项复杂的系统工程。本章针对应急决策影响显著、时间紧迫的特征，从知识管理角度出发，结合 CBR 应急决策方法开展了一定研究。提出的非常规突发事件模糊案例推理应急决策方法可以解决信息不完备的情况下的案例检索。本方法着重为新事件寻找可借鉴的案例经验，然而从案例库中找到最相似的案例后如何修正旧的方案来适配新问题，即案例修正技术及修正规则的获取方法还有待进一步的研究。

参 考 文 献

[1] Zadeh L A. Fuzzy sets[J]. Information and Control, 1965,8(3): 338-353.

[2] Simon H A. Rationality in psychology and economics[J]. Journal of Business, 1986,59(4): 209-224.

[3] 韩智勇, 翁文国, 张维, 等. 重大研究计划"非常规突发事件应急管理研究"的科学背景、目标与组织管理[J]. 中国科学基金, 2009, 23(4): 215-220.

[4] Zadeh L A. The concept of a linguistic variable and its application to approximate reasoning-I[J]. Information Sciences, 1975, 8: 199-249.

[5] Mendel J M, Wu H W. Type-2 fuzzistics for symmetric interval Type-2 fuzzy sets: Part 1, forward problems[J]. IEEE Transactions on Fuzzy Systems, 2006, 14(6): 781-792.

[6] Mendel J M, Wu H W. Type-2 fuzzistics for symmetric interval Type-2 fuzzy sets: Part 2, inverse problems[J]. IEEE Transactions On Fuzzy Systems,2007, 15(2): 301-308.

[7] Mendel J M, John R I. Type-2 fuzzy sets made simple[J]. IEEE Transactions On Fuzzy Systems, 2002, 10(2): 117-127.

[8] Herrera F, Martinez L. The 2-tuple linguistic compuational model: advantages of its linguistic description, accuracy and consistency[J]. International Journal of Uncertainty, Fuzziness and Knowledge-Based Systems, 2001,9: 33-48.

[9] Yager R R. On the retranslation process in Zadeh's paradigm of computing with words[J]. IEEE Transactions On Syst. Man Cybern. Part B-Cybern., 2004, 34(2): 1184-1195.

[10] Torra V. Aggregation of linguistic labels when semantics is based on antonyms[J]. International Journal of Intelligent Systems, 2001, 16(4): 513-524.

[11] Wang J H, Hao J. A new version of 2-tuple fuzzy linguistic representation model for computing with words[J]. IEEE Transactions on Fuzzy Systems, 2006, 14(3): 435-445.

[12] Xu Z S. A method based on linguistic aggregation operators for group decision making with linguistic preference relations[J]. Information Sciences, 2004, 166(1-4): 19-30.

[13] Xu Z S. Uncertain linguistic aggregation operators based approach to multiple attribute group decision making under uncertain linguistic environment[J]. Information Sciences, 2004, 168(1-4): 171-184.

[14] Xu Z S. Eowa and eowg operators for aggregating linguistic labels based on linguistic preference relations[J]. International Journal of Uncertainty, Fuzziness and Knowlege-Based Systems, 2004, 12(6): 791-810.

[15] Yi W, Ozdamar L. A dynamic logistics coordination model for evacuation and support in disaster response activities[J]. European Journal of Operational Research, 2007, 179(3): 1177-1193.

[16] Sheu J B. An emergency logistics distribution approach for quick response to urgent relief demand in disasters[J]. Transportation Research Part E, 2007, 43(6): 687-709.

[17] Sheu J B. Dynamic relief-demand management for emergency logistics operations under large-scale disasters [J]. Transportation Research Part E, 2010, 46(1): 1-17.

[18] Chang M S, Tseng Y L, Chen J W. A scenario planning approach for the flood emergency logistics preparation problem under uncertainty [J]. Transportation Research Part E, 2007, 43(6): 737-754.

[19] Yuan Y, Wang D. Path selection model and algorithm for emergency logistics management [J]. Computers and Industrial Engineering, 2009, 56(3): 1081-1094.

[20] 李进, 张江华, 朱道立. 灾害链中多资源应急调度模型与算法[J]. 系统工程理论与实践, 2011, 31(3): 488-495.

[21] 刘春林, 何建敏, 盛昭瀚. 多出救点应急系统最优方案的选取[J]. 管理工程学报, 2000, 14(1): 13-17.

[22] 宋晓宇, 刘春会, 常春光. 面向应急物资调度的一种灰色规划模型[J]. 计算机应用研究, 2010, 27(4): 1259-1262.

[23] Tomlin B, Wang Y. On the value of mix flexibility and dual sourcing in unreliable newsvendor networks[J]. Manufacturing Service Operation Management, 2005, 7: 37-57.

[24] Tomlin B. On the value of mitigation and contingency strategies for managing supply chain disruption risks[J]. Management Science, 2006, 52(5): 639-657.

[25] 包兴, 季建华. 考虑管理者风险态度的大型服务运作系统能力应急管理[J]. 系统管理学报, 2009, 18(5): 555-561.

[26] 包兴, 季建华, 邵晓峰, 等. 应急期间服务运作系统能力的应急采购和恢复模型[J]. 中国管理科学, 2008(5): 10-15.

[27] 包兴, 季建华, 邵晓峰, 等. 两种能力支援模式下的生产运作系统能力应急管理模型[J]. 上海交通大学学报, 2009, 43(9): 1384-1387.

[28] 包兴. 考虑管理者风险态度因子的生产运作系统能力应急管理模型研究[J]. 管理工程学报, 2011, 23(3): 37-42.

[29] Herrera F, Alonso S, Chiclana F, et al. Computing with words in decision making: foundations, trends and prospects[J]. Fuzzy Optim Decis Making, 2009, 8: 337-364.

[30] Herrera F, Martinez L. A 2-tuple fuzzy linguistic representation model for computing with words[J]. IEEE Transactions On Fuzzy Systems, 2000, 8(6): 746-752.

[31] Wang J H, Hao J Y. Fuzzy linguistic PERT[J]. IEEE Transactions on Fuzzy Systems, 2007, 15(2): 133-144.

[32] Wang J H, Hao J Y. An approach to computing with words based on canonical characteristic values of linguistic labels[J]. IEEE Transactions On Fuzzy Systems, 2007,15（4）：593-604.

[33] Herrera F, Herrera-Viedma E, Martínez L. A Fuzzy linguistic methodology to deal with unbalanced linguistic term sets[J]. IEEE Transactions On Fuzzy Systems, 2008,16（2）：354-370.

[34] Jiang Y P, Fan Z P, Ma J. A method for group decision making with multi-granularity linguistic assessment information[J]. Information Sciences, 2008,178:1098-1109.

[35] Alonso S, Cabrerizo F J, Chiclana F, et al. Group decision making with incomplete fuzzy linguistic preference relations[J]. International Journal of Intellgent Systems, 2009,24: 201-222.

[36] Dong Y, Xu Y, Yu S. Computing the numerical scale of the linguistic term set for the 2-tuple fuzzy linguistic representation model[J]. IEEE Transactions on Fuzzy Systems, 2009,17（6）：1366-1378.

[37] 张永领, 陈璐. 非常规突发事件应急资源需求情景构建[J]. 软科学, 2014,28（6）：50-55.

[38] 徐志新, 奚树人, 曲静原. 核事故应急决策的多属性效用分析方法[J]. 清华大学学报（自然科学版）, 2008, 48（3）：445-448.

[39] Althoff K D. Case-based reasoning[J]. Handbook on Software Engineering and Knowledge Engineering, 2001,（1）：549-587.

[40] Gan R C, Yang D. Case-based decision support system with artificial neural network[J]. Computers and Industrial Engineering, 1994,27（1-4）：437-440.

[41] Liao Z L, Mao X W, Phillip M H, et al. Adaptation methodology of CBR for environmental emergency preparedness system based on an improved genetic algorithm[J]. Expert Systems with Applications, 2012,39: 7029-7040.

[42] 袁晓芳. 基于情景分析与 CBR 的非常规突发事件应急决策关键技术研究[D]. 西安: 西安科技大学, 2011.

[43] Fan Z P, Li Y H, Wang X H, et al. Hybrid similarity measure for case retrieval in CBR and its application to emergency response towards gas explosion[J]. Expert Systems with Applications, 2014,41（5）：2526-2534.

[44] Liao Z L, Liu Y H, Xu Z X. Oil spill response and preparedness system based on case-based reasoning-demonstrated using a hypothetical case[J]. Environmental Engineering and Management Journal, 2013,12（12）：2489-2500.

[45] Amailef K, Lu J. Ontology-supported case-based reasoning approach for intelligent M-government emergency response services[J]. Decision Support Systems, 2013, 55（1）：79-97.

[46] Liu W M, Hu G Y, Li J F. Emergency resources demand prediction using case-based reasoning[J]. Safety Science, 2012,50（3）：530-534.

[47] 张辉, 刘奕. 基于"情景-应对"的国家应急平台体系基础科学问题与集成平台[J]. 系统工程理论与实践, 2012, 3（5）：947-953.

[48] 王红, 杨璇, 王静, 等. 基于本体的民航应急决策知识表达与推理方法研究[J]. 计算机工程与科学, 2011,33（4）：129-133.

[49] 李永海, 樊治平, 袁媛. 考虑应急方案实施效果的突发事件应急方案生成方法[J]. 控制与决策, 2014,2（2）：275-280.

[50] 傅琼, 赵宇. 非常规突发事件模糊情景演化分析与管理——一个建议性框架[J]. 软科学, 2013,27（5）：130-135.

[51] Dai J, Wang S, Yang X. Computerized support systems for emergency decision making[J]. Annals of Operations Research, 1994,51: 313-325.

[52] Wu B, Zhao L D. Knowledge model of emergency decision-making based on knowledge supply and

demand[M]//Zaman M, Liang Y, Siddiqui S, et al. E-business Technology and Strategy. Berlin Heidelberg: Springer, 2010: 305-317.

[53] 杨善林. 基于信息集成的协同交互式知识管理系统的构建研究[J]. 中国科技论坛, 2006(1): 65-66.

[54] Hemandez J Z, Serrano J M. Knowledge-based Models For Emergency Management Systems[J]. Expert Systems with Applications, 2001(20):173-175.

[55] 李春娟. 面向应急流程的应急知识管理体系构建[J]. 图书情报工作, 2011, 55(2): 46-49.

[56] 刘焕成, 刘小龙. 基于电子政务的自然灾害应急知识管理系统建设[J]. 图书情报知识, 2013(3): 122-128.

[57] 王宁, 黄红雨, 仲秋雁, 等. 基于知识元的应急案例检索方法[J]. 系统工程, 2014, 32(1): 124-132.

[58] 罗党, 刘思峰. 不完备信息系统的灰色关联决策方法[J]. 应用科学学报, 2005, 23(4): 408-412.

第 8 章　面向不确定信息的应急多属性协同决策

随着经济社会的快速转型发展，社会复杂性、关联性和不确定性进一步增加，各种自然和人为的突发性自然事件与社会事件经常发生，如地震、海啸、极端气候、火灾、打砸抢烧、恐怖袭击等。突发事件的突发性、信息的有限性以及现代互联网传播的不对称性和快捷性，导致灾害发生后各种流言的广泛传播甚至引起民众的恐慌(如 2011 年日本福岛发生地震海啸引发我国沿海城市抢盐事件)。面对各类突发事件，以政府为主体的应急决策部门面临诸多重要的问题，其中如何科学地决策出一个最佳的应急救援方案，特别是当决策信息缺失或不完备状态下，是近年来研究的热点科学问题之一。

8.1　应急多属性协同决策概述

一般而言，应急决策属于多属性决策范畴：首先，应急决策必须在较短的时间内做出，尤其是突发事件刚刚发生的时候[1]；其次，应急决策主体所能利用的决策支持信息往往是不足的或存在缺失的[2]；第三，不适当的应急救援方案选择可能会导致更严重的灾难发生[3]；最后，决策方案是多应急管理决策主体多评估环节决策信息的综合集成[4]，尤其是在决策方案的选择时。政府等应急决策主体部门，在面对各类突发事件下错综复杂的应急救援环境时，决策支持信息存在有限性和不完全性，应急决策过程需要多部门多层次机构间协调指挥，这些特征导致对应急救援方案的选择决策问题具有非结构化特征。因此，为有效解决应急救援方案的选择问题，需要研究和构建一类行之有效的序贯协同决策方法。

本章针对应急救援环境下决策支持信息存在有限性和不完全性的背景，为解决应急救援方案的选择问题，研究构建了一种序贯协同决策方法。该类方法综合考虑了集成决策实验室分析法(decision making trial and evaluation laboratory, DEMATEL)、网络层次分析法(analytic network process, ANP)、证据理论(evidence theory, D-S)以及改进型理想点法(technique for order preference by similarity to ideal solution, TOPSIS)等多种多属性决策方法，其中 DEMATEL 用于梳理评估应急救援方案的评价指标间关系，这些评价指标间存在非独立和相互联系的相互影响关系，ANP 用于计算这些评价指标的权重，D-S Theory 用于评价信息的融合，该类评价信息来自多个应急决策主体部门基于信息缺失条件对候选应急救援方案的评估，改进型理想点法(TOPSIS)则在综合评价指标权重和评价信息基础上，对候选应急救援方案进行优劣排序。

四种方法的序贯集成，既可以科学地刻画非独立和相互联系的评价指标集间的影响关系，同时也将有效解决信息缺失环境下的应急方案排序选择决策。

8.1.1　DEMATEL 方法

DEMATEL 法最初是由美国巴特尔研究所学者 Gabus 和 Fontela 在 20 世纪 70 年代初提出的。该方法主要应用于系统中各因素间因果关系的处理，专家根据各因素间的逻辑关系确定因素间的直接影响矩阵。通过对直接影响矩阵的计算，得到各因素在系统中的影响因子以及被影响因子，由此确定各因素的中心度以及原因度。进而可以将因素分为原因因素和结果因素两大类别。再则，为了使系统因素的网络结构更加准确合理，可以根据因素的中心度和原因度进行调整。

DEMATEL 方法的具体步骤如下：

步骤一：确定系统影响因素，设为 $C_1, C_2, \cdots, C_n$。

步骤二：通过设定相应的标度进行各因素间影响关系的测度，并由专家打分法根据因素间的逻辑关系确定各因素间的直接影响矩阵。假设系统的直接影响矩阵为 $h((h_{ij})_{n \times n})$，

$$h = \begin{bmatrix} h_{11} & \cdots & h_{1n} \\ \vdots & & \vdots \\ h_{n1} & \cdots & h_{nn} \end{bmatrix}$$

其中，因素 $h_{ij}(i=1,\cdots,n; j=1,\cdots,n; i \neq j)$ 表示因素 C_i 对因素 C_j 的直接影响程度；若 $i=j$，则 $h_{ij}=0$。

步骤三：直接影响矩阵 h 进行规范化处理，得标准直接影响矩阵 h'

$$h' = h / \max_i \left(\sum_{i=1}^n h_{ij} \right) = (h'_{ij})_{n \times n} \tag{8-1}$$

步骤四：各因素间的综合影响矩阵 H 可以通过式(8-2)确定。

$$H = h' + h'^2 + \cdots + h'^n = (H_{ij})_{n \times n} \tag{8-2}$$

当 n 很大时，可以用 $H = h' \times (E - h')^{-1}$ 近似计算。

步骤五：根据系统中因素间的综合影响矩阵 H，确定各因素之间相互影响关系。为避免结果的奇异化，我们给一个影响临界值 λ，对矩阵 H 中元素 H_{ij}，若 $H_{ij} < \lambda$，则认为指标集 h_i 对指标集 h_j 无影响，即取 $H_{ij} = 0$。这样得到最终的因素之间相互影响关系的有向图。

8.1.2　ANP 方法

网络层次分析法(ANP)是在层次分析法基础之上发展的一种新的决策科学方法，对

具有依赖性和反馈性结构的决策问题有很强的处理能力。ANP 处理问题可以同时兼顾因素集间的内部关系(即内部依存性关系)和因素集之间的关系(即外部依存性关系)。与 AHP 处理决策问题相比,可以有效避免诸多假设,使得问题更加符合实际情况。

1. 网络循环结构

由于好多实际问题是系统问题,系统中的某一层次既可处于支配地位,又可以被直接或者间接地接受其他层次支配,它们可用带节点的网络表示。一个节点(或者是元素集),或者对应着某个层次。既系统中的因素存在递阶层次结构的同时,又存在循环支配网络结构。如果层次结构内部存在依赖性,则这种系统结构——反馈系统结构,称为网络循环结构,如图 8-1 所示。

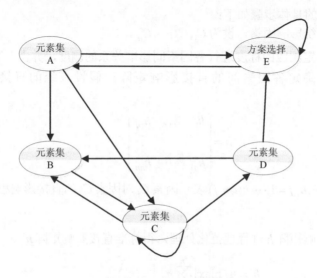

图 8-1　网络循环结构

2. 结构形式

ANP 的经典结构由两大部分组成:即控制层的网络结构与影响层的网络结构,如图 8-2 所示。

1) 控制网络层

在网络层次分析法理论中,控制层是个非常重要的概念。在网络层次分析法中,控制层控制着各元素间的影响和被影响的传递。因此,控制层也称为控制准则层。控制层中每个因素支配的是一个存在相互依存、反馈关系的网络结构,而不是一个简单的内部独立的元素。然而就控制层内部而言,所有因素是彼此独立的,上一层次的某个因素可以支配下一层的一个或者多个因素,但下一层次的某个因素仅仅受上一层次的某一个因素支配。

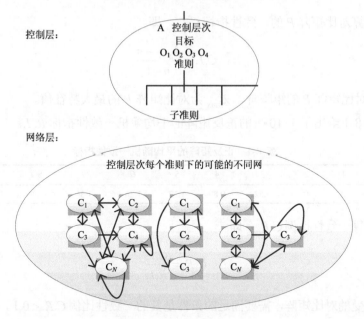

图 8-2 ANP 层次结构

2) 影响网络层

跟控制层中因素相比，影响网络层中因素关系更为复杂，体现为：彼此既互不隶属又互不独立。也就是基于此，影响网络才能够体现决策系统中因素关系的本质特征，归纳可以表述为：每个因素或者因素集彼此都互不独立，也就是某一个因素或者因素集可以对整个网络系统产生影响，也会受到整个网络系统的影响。具体到因素集内部而言，因素可以影响到同一因素集内部的因素，也可以影响到别的因素集内部的因素；反之，也受同一因素集内部的因素或者别的因素集里的因素的影响。影响网络的构建比较好地解决了层次分析法由于假设而带来的决策效果问题，描述的问题更符合实际，考虑的因素更全面、更系统。

假设 ANP 的网络结构中控制层的相对目标准则为元素 $B_1, B_2, \cdots, B_N$，影响网络层有 n 个元素集 $C_1, C_2, \cdots, C_n$，其中 C_i 中有元素 $e_{i1}, e_{i2}, \cdots, e_{in_i} (i=1,2,\cdots,n)$，$C_j$ 中有元素 $e_{j1}, e_{j2}, \cdots, e_{jn_j} (j=1,2,\cdots,n)$，关于元素集 C_i 中所有元素关于 C_j 中元素 $e_{jl}(l=1,2,\cdots,n_j)$ 的影响通过两两比较方式进行，得到对比矩阵 P：

$$P = \begin{bmatrix} 1 & p_{12} & \cdots & p_{1(n_i)} \\ p'_{12} & 1 & \cdots & p'_{2(n_i)} \\ \vdots & \vdots & & \vdots \\ p'_{1(n_i)} & p'_{(n_{i-1})2} & \cdots & 1 \end{bmatrix}$$

需要对对比矩阵 P 的质量进行检查，即检查对比矩阵 P 的一致性程度。其检查步骤如下：

（1）计算对比矩阵 P 的一致性指标 $C.I.$，即

$$C.I. = \frac{\lambda_{\max} - n}{n-1} \qquad (8\text{-}3)$$

其中，n 为对比矩阵 P 的矩阵阶，$\lambda_{\max}$ 为对比矩阵 P 的最大特征值。

（2）表 8-1 给出了 1~10 阶的正反矩阵的平均随机一致性指标 $R.I.$。

表 8-1　正反矩阵的平均随机一致性指标

指标	1	2	3	4	5	6	7	8	9	10
$R.I.$	0	0	0.52	0.89	1.12	1.26	1.36	1.41	1.46	1.49

（3）计算一致性比例 $C.R.$，即

$$C.R. = \frac{C.I.}{R.I.} \qquad (8\text{-}4)$$

可以接受的对比矩阵，需要满足的条件是其的一致性比例 $C.R. < 0.1$，否则需要重新构建对比矩阵。

当对比矩阵 P 满足一致性要求后，求对比矩阵最大特征值对应的特征向量 $W_i^{jl} = (w_{i1}^{jl}, w_{i2}^{jl}, \cdots, w_{in_i}^{jl})^{\mathrm{T}}$，通过公式将特征向量归一化得到向量 $\overline{W_i^{jl}} = (\overline{w_{i1}^{jl}}, \overline{w_{i2}^{jl}}, \cdots, \overline{w_{in_i}^{jl}})^{\mathrm{T}}$。

$$\overline{w_{id}^{jl}} = \frac{w_{id}^{jl}}{\sum\limits_{k=1}^{ni} w_{ik}^{jl}} \qquad (8\text{-}5)$$

则归一化向量 $\overline{W_i^{jl}}$ 为元素集 C_i 中所有元素关于 C_j 中元素 $e_{jl}(l=1,2,\cdots,n_j)$ 的影响相对重要性的排序。这样就可以得到元素集 C_i 中所有元素关于 C_j 中所有元素的影响相对重要性的排序 $\overline{W_{ij}} = (\overline{W_i^{j1}}, \overline{W_i^{j2}}, \cdots, \overline{W_i^{jn_j}})$，其中 $\overline{W_i^{jl}} = (\overline{w_{i1}^{jl}}, \overline{w_{i2}^{jl}}, \cdots, \overline{w_{in_i}^{jl}})^{\mathrm{T}}$，即

$$\overline{W_{ij}} = \begin{bmatrix} \overline{w_{i1}^{j1}} & \overline{w_{i1}^{j2}} & \cdots & \overline{w_{i1}^{jn_j}} \\ \overline{w_{i2}^{j2}} & \overline{w_{i2}^{j2}} & \cdots & \overline{w_{i2}^{jn_j}} \\ \vdots & \vdots & & \vdots \\ \overline{w_{in_i}^{j1}} & \overline{w_{in_i}^{j2}} & \cdots & \overline{w_{in_i}^{jn_j}} \end{bmatrix}$$

若 C_i 中无元素，则 $\overline{W_{ij}} = 0$。由此可以得到控制层中目标准则下的超级矩阵：

$$\overline{W} = \begin{bmatrix} \overline{W_{11}} & \overline{W_{12}} & \cdots & \overline{W_{1n}} \\ \overline{W_{21}} & \overline{W_{22}} & \cdots & \overline{W_{2n}} \\ \vdots & \vdots & & \vdots \\ \overline{W_{n1}} & \overline{W_{n2}} & \cdots & \overline{W_{nn}} \end{bmatrix}$$

需要指出的是，超级矩阵 $\overline{W}$ 是非负矩阵，虽然超级矩阵 $\overline{W}$ 的任一子矩阵块 $\overline{W}_{ij}$ 都是经过归一化处理的，然而 $\overline{W}$ 却不是归一化的。

在目标准则下，各元素集相对元素集 $C_i(i=1,2,\cdots,n)$ 的重要性进行比较，得到结构类似于 P 的对比矩阵，这样就可以得到在元素集 $C_i(i=1,2,\cdots,n)$ 下各元素集的相对重要性向量 $a_i=(a_{1i},a_{2i},\cdots,a_{ni})^{\mathrm{T}}$，与元素集 $C_i(i=1,2,\cdots,n)$ 无关的元素集的相对重要性向量分量为零。即可以得到元素集的加权矩阵 $A=(a_1,a_2,\cdots,a_n)$，即

$$A=\begin{bmatrix} a_{11} & \cdots & a_{1n} \\ \vdots & & \vdots \\ a_{n1} & \cdots & a_{nn} \end{bmatrix}$$

记 $W=(W_{ij})$，其中

$$W_{ij}=a_{ij}\overline{W}_{ij}, \quad i=1,2,\cdots,n; \quad j=1,2,\cdots,n \tag{8-6}$$

则 W 为加权矩阵，其列和为 1。其中加权超矩阵 W 的元素 W_{ij} 的大小则反映元素集 C_i 对元素集 C_j 的第一步影响度(也称优势度)，元素集 C_i 对元素集 C_j 的第二步影响度可以由 $\sum_{k=1}^{n}W_{ik}W_{kj}$ 得到，而 $\sum_{k=1}^{n}W_{ik}W_{kj}$ 又是 W^2 的元素，其中 W^2 是列归一化的。同理，元素集 C_i 对元素集 C_j 的第 t 步影响度为

$$W_{ij}^{t}=\sum_{k=1}^{n}W_{ik}^{t}W_{kj}^{t-1} \tag{8-7}$$

记 W 的 t 次幂为

$$W^{t}=(W_{ij}^{t})$$

当 W^t 在 $t\to\infty$ 时极限存在，即

$$W^{\infty}=\lim_{t\to\infty}W^{t}$$

通过理论证明可知 $\overline{W}^{\infty}$ 是存在的，且 $\overline{W}^{\infty}$ 所有的列向量相等，则该列向量就是指标权重向量。

8.1.3　D-S 理论

Dempster 于 1967 年提出证据理论的基本概念：下界概率和上界概率。而证据理论处理不确定信息的两个基本测度：下界不确定度和上界不确定度由 Dempster 的学生 Shafer 提出，被称为：信任函数 $Bel(A)$、似然函数 $Pl(A)$。对于信息融合的需求，证据理论给

予了 Dempster 组合规则，类似于 Bayesian 规则，Dempster 组合规则处理基元概率分派问题，可以融合来自不同信息源的信息。

D-S 理论中的识别框架是指：对某一判决问题，所有可能结果的集合 Φ。可能性结果 $X \subset A$ 的可能性很难确定，而 X 的子集 $x_i, i = 1, 2, \cdots$ 的可能性很容易确定。为了使用这样的信息，Shafer 引入"焦元概率分布"的概念，也称 mass 函数，即函数：

$$m : 2^{\Phi} \to [0, 1] \tag{8-8}$$

有别于常规的概率分布函数，焦元概率函数是定义在 Φ 的幂集上的，是从 Φ 的幂集到 $[0, 1]$ 上的映射。

焦元概率分布函数（即 mass 函数）满足以下性质：

(1) $m(x_i) \geqslant 0, \quad x_i \in 2^{\Phi}$；

(2) $\sum\limits_{x_i \subseteq 2^{\Phi}} m(x_i) = 1$；

(3) $m(\varnothing) = 0$。

在证据理论中，焦元概率分布给出证据信息。为了提高事件的准确度或者置信度，需要同时利用来自不同信息源并相互独立的证据信息。Dempster 组合规则具有对不同信息源相互的独立的证据信息进行融合的能力，其是一种多信息体的组合法则，它定义了一个新的焦元概率分布函数 $m = m_1 \oplus m_2$，表示两组证据信息的组合使用。

设 m_1 和 m_2 是同一识别框架 Φ 焦元概率分布，焦元分别为 $A_1, A_2, \cdots, A_n$ 和 $B_1, B_2, \cdots, B_l$，易知 $\sum\limits_{A_i \cap B_j = \varnothing} m_1(A_i) m_2(B_j) < 1$，则两组证据信息的合成规则为

$$m(C) = m_1 \oplus m_2 = \begin{cases} 0, & C = \varnothing \\ \dfrac{\sum\limits_{A_i \cap B_j = C} m_1(A_i) m_2(B_j)}{1 - \sum\limits_{A_i \cap B_j = \varnothing} m_1(A_i) m_2(B_j)}, & C \neq \varnothing, C \subseteq \Phi \end{cases} \tag{8-9}$$

由此得出这两组证据的融合结果 C，在此给出证据信息的逻辑运算。

定义 8.1 设证据 A、B 及 A 和 B 的 Dempster 组合证据 C 的焦元概率分布分别为 $m_1(a)$、$m_2(a)$ 以及 $m(a)$。

1）运算法则

(1) 证据 A 和 B 的"与"运算：

$$m(a) = m_1 * m_2(a) = m_1 \oplus m_2(a) \tag{8-10}$$

(2) 证据 A 和 B 的"或"运算：

$$m(a) = (m_1 + m_2)(a) = \sum\limits_{a_{1i} \cap a_{2j} = a} m_1(a_{1i}) m_2(a_{2j}) \tag{8-11}$$

(3) 证据 A 的 "非" 运算：

$$m^c(a) = m(a^c) \tag{8-12}$$

2) 运算性质

证据理论的逻辑运算具有以下性质。

(1) 交换律：

$$m_1 * m_2(a) = m_2 * m_1(a)$$
$$(m_1 + m_2)(a) = (m_2 + m_1)(a) \tag{8-13}$$

(2) 结合律：

$$(m_1 * m_2) * m_3(a) = m_1 * (m_2 * m_3)(a)$$
$$(m_1 + m_2) + m_3(a) = m_1 + (m_2 + m_3)(a) \tag{8-14}$$

(3) 分配律：

$$m_1 * (m_2 + m_3)(a) = ((m_1 * m_2) + (m_1 * m_3))(a)$$
$$m_1 + (m_2 * m_3)(a) = ((m_1 + m_2) * (m_1 + m_3))(a) \tag{8-15}$$

(4) 复原律：

$$(m^c)^c(a) = m(a) \tag{8-16}$$

对于某一可能性事件，其发生的最小信任称之为信任函数：设 Φ 为识别框架，$m:2^\Phi \to [0,1]$ 为框架 Φ 上的焦元概率分布，则称函数 $Bel:2^\Phi \to [0,1]$ 为 Φ 上的信任函数。

$$Bel(A) = \sum_{A \subseteq B} m(B), \quad \forall A \subseteq \Phi \tag{8-17}$$

对于某一可能性事件，其发生的最大信任称之为似然函数：设 Φ 为识别框架，$m:2^\Phi \to [0,1]$ 为框架 Φ 上的焦元概率分布，则称函数 $Pl:2^\Phi \to [0,1]$ 为 Φ 上的似然函数。

$$Pl(A) = \sum_{A \cap B \neq \varnothing} m(B), \quad \forall A \subseteq \Phi \tag{8-18}$$

8.1.4　TOPSIS 理论

逼近理想点法(TOPSIS)，简称理想点法。基本思路是：确定方案中的虚拟最优方案 S^+ 和虚拟最劣方案 S^-，求得各个方案到虚拟最优方案以及虚拟最差方案的欧几里得距离，由此计算各个方案与虚拟最优方案的相对接近度，并以此对各个方案进行优劣排序。

在候选方案选择中，假设有 m 个候选方案 $S_i(i=1,2,\cdots,m)$ 和 n 个评价指标

$C_j(j=1,2,\cdots,n)$，v_{ij} 表示候选方案 $S_i(i=1,2,\cdots,m)$ 在评价指标 $C_j(j=1,2,\cdots,n)$ 下的评估值。则由 v_{ij} 组成的矩阵 V 为候选方案的指标评价矩阵，即

$$V = \begin{bmatrix} v_{11} & v_{12} & \cdots & v_{1n} \\ v_{21} & v_{22} & \cdots & v_{2n} \\ \vdots & \vdots & & \vdots \\ v_{m1} & v_{m2} & \cdots & v_{mn} \end{bmatrix}$$

利用 TOPSIS 方法求解步骤如下：

（1）将矩阵 V 中的元素进行归一化处理得到标准决策矩阵 $\overline{V} = (\overline{v}_{ij})_{m \times n}$，即

$$\overline{V} = \begin{bmatrix} \overline{v}_{11} & \overline{v}_{12} & \cdots & \overline{v}_{1n} \\ \overline{v}_{21} & \overline{v}_{22} & \cdots & \overline{v}_{2n} \\ \vdots & \vdots & & \vdots \\ \overline{v}_{m1} & \overline{v}_{m2} & \cdots & \overline{v}_{mn} \end{bmatrix}$$

其中，

$$\overline{v}_{ij} = \frac{v_{ij}}{\sqrt{\sum_{i=1}^{m} v_{ij}^2}} \tag{8-19}$$

（2）在实际决策中，不同决策主体对评价指标的重要性是不同的，所以通常要给出评价指标的相对权重。设 $\lambda = (\lambda_1, \lambda_2, \cdots, \lambda_N)^T$ 是满足归一化标准的评价指标相对权重向量：$0 \leqslant \lambda_i \leqslant 1, \sum_{i=1}^{n} \lambda_i = 1$，通过式(8-20)构造带有权重的标准加权决策矩阵 $F = (f_{ij})_{m \times n}$，即

$$F = \begin{bmatrix} f_{11} & f_{12} & \cdots & f_{1n} \\ f_{21} & f_{22} & \cdots & f_{2n} \\ \vdots & \vdots & & \vdots \\ f_{m1} & f_{m2} & \cdots & f_{mn} \end{bmatrix}$$

其中，

$$f_{ij} = \lambda_j \overline{v}_{ij} \tag{8-20}$$

（3）确定最佳候选方案 S^+ 和最差候选方案 S^-。

$$S^+ = \{f_1^+, f_2^+, \cdots, f_n^+\} = \{(\max_i f_{ij} | j \in J_1), (\min_i f_{ij} | j \in J_2) | i = 1, 2, \cdots, m\} \tag{8-21}$$

$$S^- = \{f_1^-, f_2^-, \cdots, f_n^-\} = \{(\min_i f_{ij} | j \in J_1), (\max_i f_{ij} | j \in J_2) | i = 1, 2, \cdots, m\} \quad (8\text{-}22)$$

其中，J_1 表示由利益指标组成的集合；J_2 表示由成本指标组成的集合。

(4) 计算每个候选方案与最佳候选方案 S^+ 的欧几里得距离 $L_i^+ (i = 1, 2, \cdots, m)$，以及到最差候选方案 S^- 的欧几里得距离 $L_i^- (i = 1, 2, \cdots, m)$。

$$L_i^+ - \sqrt{\sum_{j=1}^{n} (f_{ij} - f_j^+)^2} \quad (8\text{-}23)$$

$$L_i^- = \sqrt{\sum_{j=1}^{n} (f_{ij} - f_j^-)^2} \quad (8\text{-}24)$$

(5) 利用公式(8-25)计算每个候选方案的 TOPSIS 评价值 d_i，其中

$$d_i = \frac{L_i^-}{L_i^- + L_i^+} \quad (8\text{-}25)$$

(6) 根据每个候选方案的 TOPSIS 评价值 d_i，对应急救援方案进行排序，最优候选方案就是最大 TOPSIS 评价值 d_i 对应的应急救援方案。

8.2　集成 ANP/D-S/TOPSIS 的应急协同决策方法

8.2.1　构建协同决策评价体系的 ANP 方法

假设某地区化学工业园发生一类化学物体泄漏事件(如某化工厂发生爆炸)，政府等应急主体部门通过召集安全、卫生、疾控、交通以及医疗专家团队等相关部门，研究并讨论出 5 套可行的应急救援方案。针对上述化学物体泄漏事件，结合当地人口分布、交通状况、地质环境、气候条件等与应急救援密切相关的情况，对应急决策方案评估需要从应急响应、救援投入、人员救治与安置、灾区恢复、次生衍生灾害预防、社会稳定等六个一级指标集以及相应的二十个二级指标进行评估，具体见表 8-2，形成了决策评价指标体系。

假设通过召集相关专家进行会议讨论，得到评价指标集之间的相互关系如图 8-3 所示。在图 8-3 中，指标集间有向箭头表示有影响，例如，应急响应和救援投入双向箭头指向，表示它们之间相互影响。决策专家组借助 ANP 法则，通过构建二级评价指标两两比较矩阵，可得到基于二级评价指标的无权重超级矩阵 $\overline{W}$；紧接着，通过构建一级评价指标集的两两比较矩阵，可得到基于一级评价指标集的加权矩阵 A 和加权超矩阵 W；进一

步地，可以得到极限超矩阵 $\lim_{t\to\infty} W^t$；根据极限超矩阵关于二级评价指标的极限权重，继而获得一级指标集的权重值。

表 8-2 应急救援方案评价指标体系

一级指标集	C_1 应急响应	C_2 救援投入	C_3 人员救治与安置	C_4 灾区恢复	C_5 次生灾害预防	C_6 社会稳定
二级指标	应急响应启动等级准确性	专业救援	救治人数	水源恢复	排除险情	受灾群众心理健康
	应急响应启动及时性	医疗救援	转移、安置人数	电力恢复	次生衍生灾害预防	受灾群众生活保障
	救援队到达时间	救援资金 生活物资	群众生活保障	交通恢复 通信恢复	传染疾病的控制	民族团结和谐影响

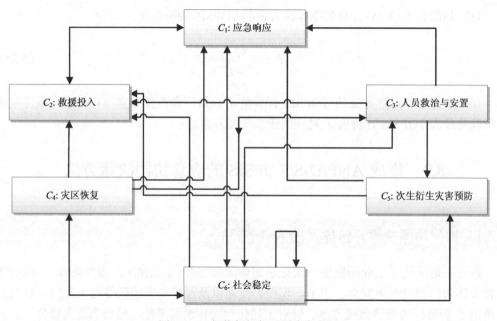

图 8-3 一级指标间相互影响有向图

8.2.2 决策信息融合的 D-S 方法

D-S 理论主要应用于融合多个应急决策主体对各候选应急救援方案的不同评估意见。假设某地出现突发事件，政府等应急主体部门召集相关部门，研究并讨论出 s 项可行的应急救援方案$(S_1, S_2, \cdots, S_s)$。由于决策信息的不完整性以及来自不同部门专家的不同知识背景和决策偏好，所以很难给出一个确切的指标评价值，甚至存在部分评价信息缺失或无法评价的情况。因此，实际工作中大多采用语义评价模式，如决策者对应急方案给出的语义评价是 High(H)，则对应的偏好值是 5。继续假设现在有 m 个评价者 $(M_1,M_1,\cdots,M_m)$。对于每个应急救援方案，决策者给出其每个指标的语义评价，则形成决策矩阵 $D=[d(S_k,C_j)]_{s\times c}$，如表 8-2 所示。

设 $s=\{S_1,S_2,\cdots,S_s\}$。根据 Hua[5] 以及 D-S 基本理论，有下面焦点元素和基本概率定义：

(1) 对于任意的 S_{k_1},S_{k_2} 且 $S_{k_1}\neq S_{k_2}$，如果有 $d(S_{k_1},C_j)=d(S_{k_2},C_j)$，则称 S_{k_1} 和 S_{k_2} 属于相同的焦点元素。

表 8-3　语义评价矩阵

	C_1				C_2			...	C_c			
	M_1	M_3	...	M_m	M_1	M_3	...	M_m	...	M_1	M_3	...	M_m
S_1	H	M	...	L	M	H	...	M	...	VH	L	...	H
S_2	VH	H	...	H	H	VL	...	H	...	M	M	...	L
...													
S_s	M	L	...	M	H	M	...	VH	...	H	H	...	VH

注：VH=6, H=5, M=4, L=3, VL=2。

(2) 假设决策者 M_i 给出关于指标 C_j 第 l 个焦点元素集为 $E_{il}^j(l=1,2,\cdots,N_i)$，其中 N_i 为决策者 M_i 给出的焦点元素集总数。则焦元概率为

$$m_{il}^j(E_{il}^j)=\frac{p(E_{il}^j)}{\sum\limits_{l=1}^{N_i}p(E_{il}^j)} \tag{8-26}$$

其中，$p(E_{il}^j)$ 是决策者 M_i 给出关于指标 C_j 第 l 个焦点元素集为 $E_{il}^j(l=1,2,\cdots,N_i)$ 的决策偏好值。

由于每个决策者对应急救援方案的影响作用不同，给定每个决策者的影响权重为 η_j，满足 $\eta_j>0,\sum\limits_{j=1}^{m}\eta_j=1$，则每个决策者的信任度为

$$\beta_i=\frac{\eta_i}{\max\{\eta_1,\eta_2,\cdots,\eta_m\}} \tag{8-27}$$

进一步地，根据决策者的信任度可对上述基本概率进行修正，定义如下：

$$m_{il}^j(A)=\begin{cases}\beta_i\times\widehat{m}_{il}^j(A) & A\subset s\\ 1-\sum\limits_{B\subset s}\beta_i\times\widehat{m}_{il}^j(B) & A=s\end{cases} \tag{8-28}$$

设 m_1、m_2 和 m_3 分别是同一识别框架 Φ 上的焦元函数分布，焦元分别为 $A_1,A_2,\cdots,A_n$、

$B_1, B_2, \cdots, B_l$ 和 $C_1, C_1, \cdots, C_q$。首先融合焦元函数分布 m_1 和焦元函数分布 m_2 的信息，得到焦元函数分布 m_4，对应的焦元为 $R_1, R_2, \cdots, R_r$。易知 $\sum_{A_i \cap B_j = \varnothing} m_1(A_i) m_2(B_j) < 1$，则由下式定义的两个焦元函数分布合成规则为

$$m_4(R_l) = \begin{cases} 0, & R_l = \varnothing \\ \dfrac{\displaystyle\sum_{A_i \cap B_j = R_l} m_1(A_i) m_2(B_j)}{1 - \displaystyle\sum_{A_i \cap B_j = \varnothing} m_1(A_i) m_2(B_j)}, & R_l \neq \varnothing, R_l \subseteq \Phi \end{cases} \tag{8-29}$$

进一步，融合焦元函数分布 m_4 和焦元函数分布 m_3 的信息，得到焦元函数分布 m_5，对应的焦元为 $U_1, U_1, \cdots, U_u$。易知 $\sum_{R_i \cap C_j = \varnothing} m_4(R_i) m_3(C_j) < 1$，则由下式定义的两个焦元函数分布合成规则为

$$m_5(U_l) = \begin{cases} 0, & U_l = \varnothing \\ \dfrac{\displaystyle\sum_{R_i \cap C_j = U_l} m_4(R_i) m_3(C_j)}{1 - \displaystyle\sum_{R_i \cap C_j = \varnothing} m_4(R_i) m_3(C_j)}, & U_l \neq \varnothing, U_l \subseteq \Phi \end{cases} \tag{8-30}$$

至此，得到识别框架 Φ 上的焦元函数分布 m_1、m_2 和 m_3 的融合焦元函数分布 m_5，根据信任函数和似然函数的定义，可以得到每个候选方案的信任函数和似然函数，最终进而得到各个应急方案被信任的最小值和最大值。由信任的最小值和最大值组成的取值空间就是该应急方案被选取的置信区间，这样就得到了各个候选应急方案在各个评价指标下的置信区间，从而得到各个候选应急方案在各个评价指标下的置信区间矩阵。

8.2.3　协同决策中 TOPSIS 方法的应用

借鉴 Ju 和 Wang 的研究思路[4]，由于置信区间决定着各候选应急救援方案是否被选择，所以决策矩阵可以由置信区间矩阵有效转换得到。定义 $\hat{B}_{ij}, \hat{P}_{ij}$ 分别为应急救援方案 $S_i(i=1,\cdots,5)$ 在指标 $C_j(j=1,2,\cdots,6)$ 下最小信任和最大信任，则根据公式变换可得到标准决策矩阵，定义如下：

$$\overline{B}_{ij} = \hat{B}_{ij} / \sqrt{\sum_{i=1}^{5} [\hat{B}_{ij}^2 + \hat{P}_{ij}^2]}$$

$$\overline{P}_{ij} = \hat{P}_{ij} / \sqrt{\sum_{i=1}^{5} [\hat{B}_{ij}^2 + \hat{P}_{ij}^2]} \tag{8-31}$$

结合各评价指标集 $C_1, C_2, \cdots, C_6$ 的权重 $\lambda_1, \lambda_2, \cdots, \lambda_6$，可进一步构造标准加权决策矩阵，如下：

$$B_{ij} = \lambda_j \overline{B}_{ij}, \quad P_{ij} = \lambda_j \overline{P}_{ij}, \quad i = 1, \cdots, 6; \quad j = 1, 2, \cdots, 6 \tag{8-32}$$

确定最佳候选应急救援方案 S^+ 和最差候选应急救援方案 S^- 分别表示对应最乐观情况和最悲观情况，定义如下：

$$S^+ = \{P_1^+, P_2^+, \cdots, P_6^+\} = \{\max_i P_{i1}, \max_i P_{i2}, \cdots, \max_i P_{i6}\}$$

$$S^- = \{B_1^-, B_2^-, \cdots, B_6^-\} = \{\min_i B_{i1}, \min_i B_{i2}, \cdots, \min_i B_{i6}\} \tag{8-33}$$

计算每个候选应急救援方案与最佳候选应急救援方案 S^+ 和最差候选应急救援方案 S^- 的欧几里得距离，定义如下：

$$L_i^+ = \sqrt{\sum_{j=1}^{n}(P_{ij} - P_j^+)^2}$$

$$L_i^- = \sqrt{\sum_{j=1}^{n}(B_{ij} - B_j^-)^2} \tag{8-34}$$

计算每个候选应急救援方案与最佳候选应急救援方案的相对接近度，相对接近度定义如下，最后根据 d_i 的大小对候选应急救援方案进行排序，d_i 越大则候选应急救援方案 S_i 越接近最佳候选应急救援方案 S^+。

$$d_i = \frac{L_i^-}{L_i^- + L_i^+} \tag{8-35}$$

由此我们可以求得每个候选应急救援方案的相对接近度，来反映出各候选应急救援方案的排序。

8.2.4 算例仿真与参数分析

根据图 8-3 所示的指标集之间相互关系，借助 ANP 法则，在一级指标集 C_6 下，比较一级指标集 C_1、C_2、C_3、C_4、C_5、C_6 两两关系，得到基于一级指标集的两两比较矩阵，如表 8-4 所示。

表 8-4 在指标集 C_6 下各指标集两两比较矩阵

	C_1	C_2	C_3	C_4	C_5	C_6
C_1	1.0000	0.2500	0.1667	0.5000	0.3333	0.2000
C_2	4.0000	1.0000	0.5000	2.0000	1.0000	0.5000
C_3	6.0000	2.0000	1.0000	4.0000	2.0000	0.5000
C_4	2.0000	0.5000	0.2500	1.0000	0.5000	0.3333
C_5	3.0000	1.0000	0.5000	2.0000	1.0000	1.0000

C_6	5.0000	2.0000	2.0000	3.0000	1.0000	1.0000

由此得到各一级指标集在指标集 C_6 下的排序为 (0.0457, 0.1526, 0.2672, 0.0802, 0.1684, 0.2860)，以此类推，可以得到在每个一级指标集下的一级指标集排序，综合得到指标集的加权矩阵 Q，如表 8-5 所示。

表 8-5 加权矩阵 Q

	C_1	C_2	C_3	C_4	C_5	C_6
C_1	0.0000	1.0000	0.1601	0.1250	0.6666	0.0457
C_2	0.2000	0.0000	0.0954	0.5000	0.3334	0.1526
C_3	0.0000	0.0000	0.0000	0.2500	0.0000	0.2672
C_4	0.0000	0.0000	0.0000	0.0000	0.0000	0.0802
C_5	0.0000	0.0000	0.2772	0.0000	0.0000	0.1684
C_6	0.8000	0.0000	0.4673	0.1250	0.0000	0.2860

对二级指标进行两两比较，可得到无权重的超矩阵 W；结合指标集两两比较得到的加权矩阵 Q，可构建加权超矩阵 $\overline{W}$；通过对加权超矩阵 $\overline{W}$ 的极限运算，可以得到极限超矩阵 $\lim_{t\to\infty}\overline{W}^t$。继而获得二级指标 $\{C_{11}, C_{12}, C_{13}, C_{21}, C_{22}, C_{23}, C_{24}, C_{31}, C_{32}, C_{33}, C_{41}, C_{42}, C_{43}, C_{44}, C_{51}, C_{52}, C_{53}, C_{61}, C_{62}, C_{63}\}$ 分别对应的权重值为：$\{0.1140, 0.0596, 0.0832, 0.0474, 0.0375, 0.0341, 0.0415, 0.0407, 0.0374, 0.0255, 0.0122, 0.0075, 0.0049, 0.0044, 0.0185, 0.0446, 0.0264, 0.1122, 0.1864, 0.0620\}$，最后获得各指标集的权重值：$\lambda_1=0.2568$，$\lambda_2=0.1606$，$\lambda_3=0.1036$，$\lambda_4=0.0289$，$\lambda_5=0.0894$，$\lambda_6=0.3606$。

决策信息具有不一致性和不完全性，加之来自不同部门专家具有不同的专业背景以及决策偏好，导致很难得到一个定量化的指标评价值或者无法进行评价，甚至存在部分评价信息缺失。基于此，语言评价模式在实际工作中得到广泛应用，基本思路是：如果某个决策者对某个应急方案在某个评价指标下给出的评价最高，即语义评价是 H(High)，则对应的决策者评价值是 5。为算例的方便，本节以 3 个决策者 M_1, M_2, M_3 的决策信息为例。对于每个应急救援方案，决策者给出其在每个指标集的语义评价，则形成语义决策矩阵 $D=[d(S_k, C_j)]_{5\times 6}$，如表 8-6 所示。

表 8-6 语义评价矩阵

	C_1			C_2			C_3			C_4			C_5			C_6		
	M_1	M_2	M_3	M_1	M_2	M_3	M_1	M_2	M_3	M_1	M_2	M_3	M_1	M_2	M_3	M_1	M_2	M_3
S_1	VH	M	H	H	L	M	H	M	VH	L	H	M	VH	M	L	*	H	M
S_2	M	H	VL	VH	L	*	L	H	M	H	H	L	VL	H	M	L	M	H
S_3	M	*	H	M	H	VH	L	*	H	*	L	H	M	L	H	L	VH	L
S_4	L	H	M	VL	VL	L	H	M	L	H	M	L	M	VH	H	H	M	M
S_5	H	M	VL	M	H	M	VH	H	L	M	H	L	H	VH	H	H	M	M

注：VH=6, H=5, M=4, L=3, VL=2, *表示评价信息缺失或决策者无法评价

利用 D-S 理论，在各评价指标集权重基础之上，结合决策组给出的语义决策矩阵，

对多个应急决策主体对各候选应急救援方案的不同决策评估信息进行融合。例如对于指标集 C_2，其权重 $\lambda_2 = 0.1606$，分别提取三位决策者给出的决策信息，然后再将决策信息融合。根据焦点元素的定义，决策者 M_1 给出基于指标集 C_2 的焦点元素集为 $E_{11}^2 = \{S_1, S_5\}$，$E_{12}^2 = \{S_2\}$，$E_{13}^2 = \{S_3\}$，$E_{14}^2 = \{S_4\}$，对应的决策偏好值为 $p(E_{11}^2) = 5$，$p(E_{12}^2) = 6$，$p(E_{13}^2) = 4$，$p(E_{14}^2) = 2$。则根据公式 (8-26)，得到 M_1 基于指标集 C_2 的焦元概率分布计算如下：

$$\hat{m}_{11}^2(\{S_1, S_5\}) = \frac{5\lambda_2}{5\lambda_2 + 6\lambda_2 + 4\lambda_2 + 2\lambda_2} = 0.2941, \quad \hat{m}_{12}^2(\{S_2\}) = \frac{6\lambda_2}{5\lambda_2 + 6\lambda_2 + 4\lambda_2 + 2\lambda_2} = 0.3529$$

$$\hat{m}_{13}^2(\{S_3\}) = \frac{4\lambda_2}{5\lambda_2 + 6\lambda_2 + 4\lambda_2 + 2\lambda_2} = 0.2353, \quad \hat{m}_{14}^2(\{S_4\}) = \frac{1}{5\lambda_2 + 6\lambda_2 + 4\lambda_2 + 2\lambda_2} = 0.1176$$

决策者 M_2 给出基于指标集 C_2 的焦点元素集为 $E_{21}^2 = \{S_1, S_2\}$，$E_{22}^2 = \{S_3, S_5\}$，$E_{23}^2 = \{S_4\}$，对应的偏好值为 $p(E_{21}^2) = 3, p(E_{22}^2) = 5, p(E_{23}^2) = 2$。则根据式 (8-26)，给出 M_2 基于指标集 C_2 的焦元概率分布计算如下：

$$\hat{m}_{21}^2(\{S_1, S_2\}) = \frac{3\lambda_2}{3\lambda_2 + 5\lambda_2 + 2\lambda_2} = 0.3000, \quad \hat{m}_{22}^2(\{S_3, S_5\}) = \frac{5\lambda_2}{3\lambda_2 + 5\lambda_2 + 2\lambda_2} = 0.5000$$

$$\hat{m}_{23}^2(\{S_4\}) = \frac{3\lambda_2}{3\lambda_2 + 5\lambda_2 + 2\lambda_2} = 0.2000$$

决策者 M_3 给出基于指标集 C_2 的焦点元素集 $E_{31}^2 = \{S_1, S_5\}$，$E_{32}^2 = \{S_3\}$，$E_{33}^2 = \{S_4\}$，$E_{34}^2 = \{s\}$，对应的偏好值为 $p(E_{31}^2) = 4, p(E_{32}^2) = 6, p(E_{33}^2) = 3, p(E_{34}^2) = 1$。则根据公式 (8-26)，得到 M_3 基于指标集 C_2 的焦元概率分布计算如下：

$$\hat{m}_{31}^2(\{S_1, S_5\}) = \frac{4\lambda_2}{4\lambda_2 + 6\lambda_2 + 3\lambda_2 + 1} = 0.2080, \quad \hat{m}_{32}^2(\{S_3\}) = \frac{6\lambda_2}{4\lambda_2 + 6\lambda_2 + 3\lambda_2 + 1} = 0.3120$$

$$\hat{m}_{33}^2(\{S_4\}) = \frac{3\lambda_2}{4\lambda_2 + 6\lambda_2 + 3\lambda_2 + 1} = 0.1560, \quad \hat{m}_{34}^2(\{s\}) = \frac{1}{4\lambda_2 + 6\lambda_2 + 3\lambda_2 + 1} = 0.0520$$

由于不同的决策者来自不同的部门，其所具有的影响因子也是不同的。假定决策者 M_1, M_2, M_3 所具有的影响权重分别为 $\eta_1 = 0.3600, \eta_2 = 0.3000, \eta_3 = 0.3400$，根据式 (8-27)，得到其信任度 $\beta_1 = 1.0000, \beta_2 = 0.8333, \beta_3 = 0.9444$。根据公式 (8-28)，则可得到修正的基本概率分布如下：

$$\hat{m}_{11}^2(\{S_1, S_5\}) = 0.2941, \quad \hat{m}_{12}^2(\{S_2\}) = 0.3529, \quad \hat{m}_{13}^2(\{S_3\}) = 0.2353, \quad \hat{m}_{14}^2(\{S_4\}) = 0.1176$$

$$m_{21}^2(\{S_1, S_2\}) = 0.2500, \quad m_{22}^2(\{S_3, S_5\}) = 0.4167, \quad m_{23}^2(\{S_4\}) = 0.1667, \quad \hat{m}_{24}^1(\{s\}) = 0.1667$$

$$\hat{m}_{31}^2(\{S_1, S_5\}) = 0.1965, \quad \hat{m}_{32}^2(\{S_3\}) = 0.2947, \quad \hat{m}_{33}^2(\{S_4\}) = 0.1474, \quad \hat{m}_{34}^2(\{s\}) = 0.3615$$

根据 D-S 证据理论中的融合法则，即式 (8-29)，整合 M_1 和 M_2 的评价信息，得到 $m_{1\oplus2}$ 的概率分布如下：

$$m_{1\oplus2}(\{S_1\}) = 0.1293, \quad m_{1\oplus2}(\{S_2\}) = 0.2586, \quad m_{1\oplus2}(\{S_3\}) = 0.2414$$
$$m_{1\oplus2}(\{S_4\}) = 0.0690, \quad m_{1\oplus2}(\{S_5\}) = 0.2155, \quad m_{1\oplus2}(\{S_1, S_5\}) = 0.0862$$

类似地，可以得到 $m_{1\oplus2\oplus3}$ 的概率分布，继而可得各焦点元素在 C_2 指标下的基本概率分布，如表 8-7 所示。

表 8-7　各焦点元素在 C_2 下的基本概率分布

焦点元素	S_1	S_2	S_3	S_4	S_5	S_1, S_5
基本概率分布	0.1368	0.1772	0.3003	0.0665	0.2280	0.0912

根据 D-S 证据理论中关于信任函数的定义和关于似然函数的定义，可以得出每个应急救援方案在指标 C_2 下的置信下界和置信上界，继而得到置信区间，如表 8-8 所示。

表 8-8　各应急救援方案在指标 C_2 下的置信区间

方案	Bel	Pl	置信区间
S_1	0.1368	0.2280	[0.1367,0.2279]
S_2	0.1772	0.1772	[0.1772,0.1772]
S_3	0.3003	0.3003	[0.3002,0.3002]
S_4	0.0665	0.0665	[0.0665,0.0665]
S_5	0.2280	0.3192	[0.2279,0.3191]

由此类推，可以得到各应急救援方案在评价指标 C_1, C_3, C_4, C_5, C_6 下的置信区间。至此，可以得到应急救援方案在各个指标集下的置信区间，如表 8-9 所示。

表 8-9　置信区间矩阵

方案	C_1	C_2	C_3	C_4	C_5	C_6
S_1	[0.4169,0.4169]	[0.1367,0.2279]	[0.0837,0.3323]	[0.3167,0.3591]	[0.2363,0.2363]	[0.0657,0.1130]
S_2	[0.0981,0.1173]	[0.1772,0.1772]	[0.0589,0.2081]	[0.2164,0.3116]	[0.1135,0.1135]	[0.1792,0.2522]
S_3	[0.1483,0.1675]	[0.3002,0.3002]	[0.0044,0.1536]	[0.0000,0.1913]	[0.1830,0.1984]	[0.1921,0.2069]
S_4	[0.1545,0.1545]	[0.0665,0.0665]	[0.0412,0.2897]	[0.1457,0.2683]	[0.2140,0.2294]	[0.2247,0.2949]
S_5	[0.1628,0.1628]	[0.2279,0.3191]	[0.4138,0.4138]	[0.0221,0.2134]	[0.2376,0.2376]	[0.2120,0.2801]

至此得到了各个候选应急救援方案的置信区间矩阵。

根据获得的各评价指标集权重和应急救援方案的置信区间矩阵，我们利用 TOPSIS 方法对各应急候选方案进行排序，从而找出最优应急候选方案。置信区间给出了候选应急救援方案 $S_i(i = 1, \cdots, 5)$ 在指标 $C_j(j = 1, 2, \cdots, 6)$ 下被选择的信任区间，例如：在指标 C_1 下，各应急候选方案 S_3 可以选择的最小信任 $\hat{B}_{31}$ 和最大信任 $\hat{P}_{31}$ 分别为 0.1483 和 0.1675。这就给出了各个应急救援方案是否被选择的依据。根据式 (8-33)，我们可以得到标准决策矩阵，如表 8-10 所示。进一步地，根据式(8-34)，可得到标准加权决策矩阵，如表 8-11 所示。

表 8-10　标准决策矩阵

方案	C_1	C_2	C_3	C_4	C_5	C_6
S_1	[0.5770,0.5770]	[0.1981,0.3302]	[0.1066,0.4233]	[0.4274,0.4846]	[0.3639,0.3639]	[0.0976,0.1678]
S_2	[0.1358,0.1624]	[0.2567,0.2567]	[0.0751,0.2651]	[0.2920,0.4204]	[0.1748,0.1748]	[0.2662,0.3745]
S_3	[0.2053,0.2319]	[0.4349,0.4349]	[0.0057,0.1957]	[0.0000,0.2581]	[0.2818,0.3055]	[0.2853,0.3072]
S_4	[0.2138,0.2138]	[0.0963,0.0963]	[0.0525,0.3692]	[0.1967,0.3620]	[0.3296,0.3533]	[0.3337,0.4379]
S_5	[0.2254,0.2254]	[0.3302,0.4623]	[0.5272,0.5272]	[0.0298,0.2880]	[0.3658,0.3658]	[0.3149,0.4159]

表 8-11　标准加权决策矩阵

方案	C_1	C_2	C_3	C_4	C_5	C_6
S_1	[0.1482,0.1482]	[0.0318,0.0530]	[0.0110,0.0438]	[0.0123,0.0140]	[0.0325,0.0325]	[0.0352,0.0605]
S_2	[0.0348,0.0417]	[0.0412,0.0412]	[0.0077,0.0274]	[0.0084,0.0121]	[0.0156,0.0156]	[0.0960,0.1350]
S_3	[0.0527,0.0595]	[0.0698,0.0698]	[0.0005,0.0202]	[0.0000,0.0074]	[0.0252,0.0273]	[0.1029,0.1108]
S_4	[0.0549,0.0549]	[0.0154,0.0154]	[0.0054,0.0382]	[0.0056,0.0104]	[0.0294,0.0316]	[0.1203,0.1579]
S_5	[0.0578,0.0578]	[0.0530,0.0742]	[0.0546,0.0546]	[0.0008,0.0083]	[0.0327,0.0327]	[0.1135,0.1499]

根据式(8-33)，我们可以得到虚拟最佳应急救援方案 S^+ 和虚拟最差应急救援方案 S^- 如下：

$$S^+ = \{P_1^+, P_2^+, P_3^+, P_4^+, P_5^+\} = \{0.1482, 0.0742, 0.0546, 0.0140, 0.0327, 0.1579\}$$
$$S^- = \{B_1^-, B_2^-, B_3^-, B_4^-, B_5^-\} = \{0.0349, 0.0155, 0.0006, 0.0000, 0.0156, 0.0352\}$$

根据式(8-34)所定义的欧几里得距离，我们可以得到每个候选应急救援方案与虚拟最佳应急救援方案 S^+ 和虚拟最差应急救援方案 S^- 的欧几里得距离，如下：

$$L^+ = \{L_1^+, L_2^+, L_3^+, L_4^+, L_5^+\} = \{0.1003, 0.1183, 0.1065, 0.1115, 0.0909\}$$
$$L^- = \{L_1^-, L_2^-, L_3^-, L_4^-, L_5^-\} = \{0.1169, 0.0670, 0.0892, 0.0889, 0.1063\}$$

最后，根据公式(8-35)计算每个候选应急救援方案距离最佳候选应急救援方案的相对接近度，如下：

$$d = \{d_1, d_2, d_3, d_4, d_5\} = \{0.5383, 0.3615, 0.4556, 0.4435, 0.5391\}$$

根据相对接近度的定义，d_i 越大，则候选应急救援方案 S_i 越接近虚拟最佳应急救援方案 S^+。由此可以得到各个候选应急救援方案的优劣排序如下：$S_5 \succ S_1 \succ S_3 \succ S_4 \succ S_2$，这里 $\succ$ 表示前者优于后者。至此我们得到在 5 个候选应急救援方案中，应急救援方案 S_5 最为理想。

8.3 集成 ANP/D-S/改进型 TOPSIS 的应急协同决策方法

我们将在 8.2 节基础上，引入改进型 TOPSIS 方法，构造集成 ANP、D-S 和改进型 TOPSIS 的应急救援方案选择序贯协同决策方法。

8.3.1 改进的 TOPSIS 方法

按照传统的 TOPSIS 方法，基于虚拟最佳应急救援方案和虚拟最差应急救援方案的假设，分别计算各个候选应急救援方案与虚拟最佳应急救援方案和虚拟最差应急救援方案的欧几里得距离 L_i^+ 和 L_i^-，最后根据相对接近度确定出最为满意的解。本节借鉴 Yu 和 Lai 基于距离的 TOPSIS 方法改进[1]，提出基于距离因子的改进型 TOPSIS 方法。在传统方法中，每个可行方案都距离其理想最优解有一定差距，这个差距通常用各方案到理想最优解的欧几里得距离来衡量，离最优解越近的方案越好。逆向思维，如果定义一类距离因子 $\omega_i(i=1,\cdots,m)$，可以反映出各候选方案 $S_i(i=1,\cdots,m)$ 距离理想最优解的欧几里得距离，则可以根据各候选方案的距离因子向量 $\varpi=(\varpi_1,\varpi_2,\cdots,\varpi_m)^{\mathrm{T}}$ 来对各候选决策方案进行排序[6]。

该改进 TOPSIS 方法思路如下：

在各个评价指标下对各个候选应急救援方案进行评估，得到决策矩阵 $V=(v_{ij})_{m\times n}$，

$$V=\begin{bmatrix} v_{11} & \cdots & v_{1n} \\ \vdots & & \vdots \\ v_{m1} & \cdots & v_{mn} \end{bmatrix}$$

设 $\lambda=(\lambda_1,\lambda_2,\cdots,\lambda_N)^{\mathrm{T}}$ 是满足归一化标准的评价指标的相对权重向量，即 $0 \leqslant \lambda_i \leqslant 1$，$\sum_{i=1}^{n}\lambda_i=1$。

求解距离因子向量 $\varpi=(\varpi_1,\varpi_2,\cdots,\varpi_m)^{\mathrm{T}}$ 主要步骤如下：

（1）将决策矩阵 V 中的列向量进行归一化处理，得到标准决策矩阵 $\overline{V}=(\overline{v}_{ij})_{m\times n}$，

$$\overline{V}=\begin{bmatrix} \overline{v_{11}} & \cdots & \overline{v_{1n}} \\ \vdots & & \vdots \\ \overline{v_{m1}} & \cdots & \overline{v_{mn}} \end{bmatrix}$$

其中

$$\overline{v}_{ij}=\frac{v_{ij}}{\sqrt{\sum_{i=1}^{m}v_{ij}^2}} \tag{8-36}$$

(2) 构造加权标准决策矩阵 $F = (f_{ij})_{m \times n}$，

$$F = \begin{bmatrix} f_{11} & \cdots & f_{1n} \\ \vdots & & \vdots \\ f_{m1} & \cdots & f_{mn} \end{bmatrix}$$

其中

$$f_{ij} = \lambda_j v_{ij} \tag{8-37}$$

假定虚拟最优理想方案 $S^+ = (s_1, \cdots, s_n) = (\max_i(f_{i1}), \cdots, \max_i(f_{in}))$，定义每个应急救援方案的距离因子为 $\varpi_i (i = 1, \cdots, m)$，并且满足 $\varpi_i (i = 1, \cdots, m) \geqslant 0, \sum_i \varpi_i = 1$。

定义 $\sqrt{d_i}$ 如下：

$$\sqrt{d_i} = \sqrt{\sum_j (\varpi_i f_{ij} - s_j)^2} \tag{8-38}$$

则 $\sqrt{d_i}$ 为方案 $S_i (i = 1, \cdots, m)$ 到最优理想方案 $S^+ = \{\max_i(f_{i1}), \cdots, \max_i(f_{in})\}$ 的距离。

为方便计算，此处使用距离平方值代替距离值。由此，得出基本模型如下：

$$\min D = \sum_i d_i = \sum_i \sum_j (\varpi_i f_{ij} - s_j)^2 \tag{8-39}$$

需要满足相关约束条件为

$$\sum_i \varpi_i = 1, \quad \varpi_i \geqslant 0 \tag{8-40}$$

为求出 $\varpi_i (i = 1, \cdots, m)$，约束条件公式 (8-40) 暂不考虑，最后对结果进行检验，如果得到的结果满足约束条件公式 (8-40)，则说明我们的求解是有效的。通过结合式 (8-39) 和式 (8-40)，可以构建其拉格朗日函数，如下：

$$L(\varpi, \mu) = \sum_i \sum_j (\varpi_i f_{ij} - s_j)^2 - 2\mu(\sum_i \varpi_i - 1) \tag{8-41}$$

对式 (8-41) 关于 ϖ_i 求导，可以得到

$$\frac{\partial L}{\partial \varpi_i} = 2 \sum_j (\varpi_i f_{ij} - s_j) f_{ij} - 2\mu = 0 \tag{8-42}$$

化简可得

$$\sum_j f_{ij}^2 \varpi_i - \sum_j f_{ij} s_j - \mu = 0 \tag{8-43}$$

上述式 $(8-41) \sim$ 式 $(8-43)$ 对任何 $\varpi_i (i = 1, \cdots, m)$ 都成立。

在式 $(8-43)$ 中，为计算方便，定义 $r_{ik} = \sum_j f_{ij}^2$，$i = k = 1, 2, \cdots, m$，$r_{ik} = 0$，$i \neq k$，定义矩阵 R 为

$$R = (r_{ik})_{m \times m} = \begin{bmatrix} \sum_j f_{1j}^2 & \cdots & 0 \\ \vdots & \sum_j f_{ij}^2 & \vdots \\ 0 & \cdots & \sum_j f_{mj}^2 \end{bmatrix} \tag{8-44}$$

进一步地，给定 $\varpi = (\varpi_1, \varpi_2, \cdots, \varpi_m)^T$，$I = (1, 1, \cdots, 1)^T$，$E = (\sum_j f_{1j} s_j, \sum_j f_{2j} s_j, \cdots, \sum_j f_{mj} s_j)^T$，则式 $(8-43)$ 和式 $(8-40)$ 可以表示成矩阵形式：

$$R \varpi - E - \mu I = 0 \tag{8-45}$$

$$I^T \varpi = 1 \tag{8-46}$$

显然矩阵 R 是正定并且可逆的，所以联合式 $(8-45)$ 和式 $(8-46)$ 可以得到

$$\mu^* = \frac{1}{I^T R^{-1} I} - E \tag{8-47}$$

$$\varpi^* = \frac{R^{-1} I}{I^T R^{-1} I} \tag{8-48}$$

因为 R 是正定矩阵，因此其所有特征值都是大于零的，所以其逆矩阵 R^{-1} 是非奇异的，因此 $\varpi^* \geqslant 0$，满足约束条件式 $(8-40)$ 的要求。至此，我们顺利求出距离因子向量，得到各候选应急救援决策方案进行优劣排序的基础。

每个方案的距离因子 $\varpi_i (i = 1, \cdots, m)$ 越小，表明该方案到最优解的距离越小，即该方案越接近我们的最优解。然而，在现实环境中，我们无法制定出满足各方需求的最优解方案，只能选择最接近最优解的应急决策方案，即 $\varpi_i (i = 1, \cdots, m)$ 最小对应的应急决策方案是我们可接受的最佳方案。

至此对 TOPSIS 方法的改进给出了理论说明，然而其在实践使用的有效性以及优越性，尤其是与传统的 TOPSIS 相比，我们将在数值分析中给予对比和说明。

8.3.2 集成 ANP、D-S 及改进型 TOPSIS

我们所提出的集成 ANP、D-S 和改进型 TOPSIS 的应急救援方案选择协同决策方法，其研究思路与上一节基本相同，即各个评价决策指标的权重由 ANP 方法确定；在此基础上，考虑决策支持信息缺失情况，应用 D-S 理论对评估信息进行有效融合，并得到决策置信区间；最后，在决策置信区间的基础上，应用改进型 TOPSIS 方法对各候选应急救援方案进行优劣排序，进而找出最为满意的应急救援方案。

在 8.2 节中，应用 ANP 获得评价指标集权重 $\lambda_1, \lambda_2, \lambda_3, \lambda_4, \lambda_5, \lambda_6$，由 D-S 获得应急救援方案的置信区间矩阵。根据式(8-34)，我们可以得到标准决策矩阵，进一步地，根据式(8-37)，可得到标准加权决策矩阵。根据标准加权决策矩阵的构成，依据每个候选应急救援方案在各个指标集下被选择的最小信任和最大信任，可以将标准加权决策矩阵分成最小信任矩阵 $(B_{ij})_{5\times6}$ 和最大信任决策矩阵 $(P_{ij})_{5\times6}$，给出最小信任矩阵中的虚拟最佳应急救援方案 S^- 和最大信任矩阵中的虚拟最佳应急救援方案 S^+ 分别对应最小信任决策矩阵中的最乐观情况和最大信任决策矩阵中的最乐观情况，定义如下：

$$S^- = \{B_1^-, B_2^-, B_3^-, B_4^-, B_5^-, B_6^-\} = \{\max_i B_{i1}, \max_i B_{i2}, \max_i B_{i3}, \max_i B_{i4}, \max_i B_{i5}, \max_i B_{i6}\}$$

$$S^+ = \{P_1^+, P_2^+, P_3^+, P_4^+, P_5^+, P_6^+\} = \{\max_i P_{i1}, \max_i P_{i2}, \max_i P_{i3}, \max_i P_{i4}, \max_i P_{i5}, \max_i P_{i6}\} \tag{8-49}$$

根据式(8-44)得到关于最小信任标准加权决策矩阵的 R^- 和关于最小信任标准加权决策矩阵的 R^+，根据式(8-48)，分别计算出最小信任标准加权决策矩阵的距离因子向量 ϖ^- 和最小信任标准加权决策矩阵的距离因子向量 ϖ^+，通过下式所定义的平均方法，得出最终的各候选应急救援方案的距离因子向量 ϖ：

$$\varpi = \frac{\varpi^- + \varpi^+}{2} \tag{8-50}$$

根据距离因子的定义，因子越小，代表该候选应急救援方案距虚拟最优理想方案越近，即该方案越优。

8.3.3 算例仿真与参数分析

结合 8.2 节的数据，进行算例与数值分析。根据 8.2.1 节得到评价指标权重，集合置信区间矩阵，利用改进型 TOPSIS 方法对各应急候选方案进行优劣排序。首先，我们对置信区间矩阵进行标准化和加权，根据式(8-36)，我们可以得到标准决策矩阵，如表 8-12 所示。进一步地，根据式(8-37)，可得到标准加权决策矩阵，如表 8-13 所示。

表 8-12　标准决策矩阵

方案	C_1	C_2	C_3	C_4	C_5	C_6
S_1	[0.5770,0.5770]	[0.1981,0.3302]	[0.1066,0.4233]	[0.4274,0.4846]	[0.3639,0.3639]	[0.0976,0.1678]
S_2	[0.1358,0.1624]	[0.2567,0.2567]	[0.0751,0.2651]	[0.2920,0.4204]	[0.1748,0.1748]	[0.2662,0.3745]
S_3	[0.2053,0.2319]	[0.4349,0.4349]	[0.0057,0.1957]	[0.0000,0.2581]	[0.2818,0.3055]	[0.2853,0.3072]
S_4	[0.2138,0.2138]	[0.0963,0.0963]	[0.0525,0.3692]	[0.1967,0.3620]	[0.3296,0.3533]	[0.3337,0.4379]
S_5	[0.2254,0.2254]	[0.3302,0.4623]	[0.5272,0.5272]	[0.0298,0.2880]	[0.3658,0.3658]	[0.3149,0.4159]

表 8-13　标准加权决策矩阵

方案	C_1	C_2	C_3	C_4	C_5	C_6
S_1	[0.1482,0.1482]	[0.0318,0.0530]	[0.0110,0.0438]	[0.0123,0.0140]	[0.0325,0.0325]	[0.0352,0.0605]
S_2	[0.0348,0.0417]	[0.0412,0.0412]	[0.0077,0.0274]	[0.0084,0.0121]	[0.0156,0.0156]	[0.0960,0.1350]
S_3	[0.0527,0.0595]	[0.0698,0.0698]	[0.0005,0.0202]	[0.0000,0.0074]	[0.0252,0.0273]	[0.1029,0.1108]
S_4	[0.0549,0.0549]	[0.0154,0.0154]	[0.0054,0.0382]	[0.0056,0.0104]	[0.0294,0.0316]	[0.1203,0.1579]
S_5	[0.0578,0.0578]	[0.0530,0.0742]	[0.0546,0.0546]	[0.0008,0.0083]	[0.0327,0.0327]	[0.1135,0.1499]

将标准加权决策矩阵分成最小信任矩阵 $(B_{ij})_{5\times6}$ 和最大信任决策矩阵 $(P_{ij})_{5\times6}$，如表 8-14 和表 8-15 所示。

表 8-14　最小信任决策矩阵

方案	C_1	C_2	C_3	C_4	C_5	C_6
S_1	0.1482	0.0318	0.0110	0.0124	0.0325	0.0352
S_2	0.0349	0.0412	0.0078	0.0084	0.0156	0.0960
S_3	0.0527	0.0698	0.0006	0.0000	0.0252	0.1029
S_4	0.0549	0.0155	0.0054	0.0057	0.0295	0.1204
S_5	0.0579	0.0530	0.0546	0.0009	0.0327	0.1136

表 8-15　最大信任决策矩阵

方案	C_1	C_2	C_3	C_4	C_5	C_6
S_1	0.1482	0.0530	0.0439	0.0140	0.0325	0.0605
S_2	0.0417	0.0412	0.0275	0.0122	0.0156	0.1351
S_3	0.0596	0.0698	0.0203	0.0075	0.0273	0.1108
S_4	0.0549	0.0155	0.0382	0.0105	0.0316	0.1579
S_5	0.0579	0.0742	0.0546	0.0083	0.0327	0.1500

给出最小信任矩阵中的虚拟最佳应急救援方案 S^- 和最大信任矩阵中的虚拟最佳应急救援方案 S^+，分别对应最小信任决策矩阵中的最乐观情况和最大信任决策矩阵中的最乐观情况，定义如下：

$$S^- = \{B_1^-, B_2^-, B_3^-, B_4^-, B_5^-, B_6^-\} = \{\max_i B_{i1}, \max_i B_{i2}, \max_i B_{i3}, \max_i B_{i4}, \max_i B_{i5}, \max_i B_{i6}\}$$

$$S^+ = \{P_1^+, P_2^+, P_3^+, P_4^+, P_5^+, P_6^+\} = \{\max_i P_{i1}, \max_i P_{i2}, \max_i P_{i3}, \max_i P_{i4}, \max_i P_{i5}, \max_i P_{i6}\}$$

则根据表 8-14 和表 8-15 可得

$$S^- = \{B_1^-, B_2^-, B_3^-, B_4^-, B_5^-, B_6^-\} = \{0.1482, 0.0698, 0.0546, 0.0124, 0.0327, 0.1204\}$$

$$S^+ = \{P_1^+, P_2^+, P_3^+, P_4^+, P_5^+, P_6^+\} = \{0.1482, 0.0742, 0.0546, 0.0140, 0.0327, 0.1579\}$$

根据式 (8-44) 得到最小信任标准加权决策矩阵 R^- 和最大信任标准加权决策矩阵 R^+，分别如表 8-16 和表 8-17 所示。

表 8-16　最小信任标准加权决策矩阵 R^-

0.0075	0.0000	0.0000	0.0000	0.0000	0.0000
0.0000	0.0008	0.0000	0.0000	0.0000	0.0000
0.0000	0.0000	0.0020	0.0000	0.0000	0.0000
0.0000	0.0000	0.0000	0.0018	0.0000	0.0000
0.0000	0.0000	0.0000	0.0000	0.0027	0.0000
0.0000	0.0000	0.0000	0.0000	0.0000	0.0109

表 8-17　最大信任标准加权决策矩阵 R^+

0.0083	0.0000	0.0000	0.0000	0.0000	0.0000
0.0000	0.0028	0.0000	0.0000	0.0000	0.0000
0.0000	0.0000	0.0024	0.0000	0.0000	0.0000
0.0000	0.0000	0.0000	0.0053	0.0000	0.0000
0.0000	0.0000	0.0000	0.0000	0.0062	0.0000
0.0000	0.0000	0.0000	0.0000	0.0000	0.0143

根据式 (8-47) 和式 (8-48)，分别计算出最小信任标准加权决策矩阵的距离因子向量 ϖ^- 和最大信任标准加权决策矩阵的距离因子向量 ϖ^+ 如下：

$$\varpi^- = (\omega_1^-, \omega_2^-, \cdots, \omega_5^-)^T = (0.1456, 0.2974, 0.1971, 0.1991, 0.1609)^T$$

$$\varpi^+ = (\omega_1^+, \omega_2^+, \cdots, \omega_5^+)^T = (0.1740, 0.2409, 0.2511, 0.1789, 0.1551)^T$$

通过式 (8-50) 求得最终的各候选应急救援方案的距离因子向量，如下：

$$\varpi = (\varpi_1, \varpi_2, \cdots, \varpi_5)^T = (0.1598, 0.2692, 0.2241, 0.1890, 0.1580)^T$$

根据距离因子的定义，因子越小，其代表的候选应急救援方案距最优理想方案越近，即该方案越优。所以各候选应急救援方案的优劣排序如下：$S_5 \succ S_1 \succ S_4 \succ S_3 \succ S_2$，这里"$\succ$"表示前者优于后者。至此，我们得到各应急候选方案的优劣排序，应急候选方案 S_5 即为最佳方案。

8.3.4　仿真结果比较分析

我们将 8.3 节与 8.2 节的计算结果进行对比分析，说明改进型 TOPSIS 的优越性。在 8.3 节应用改进型 TOPSIS 对候选应急救援方案进行优劣排序的结果是 $S_5 \succ S_1 \succ S_4 \succ S_3 \succ S_2$，而 8.2 节应用传统型 TOPSIS 对候选应急救援方案进行优劣排序的结果是 $S_5 \succ S_1 \succ S_3 \succ S_4 \succ S_2$。从排序结果来看，仅仅是排在第三位和第四位的顺序不一致，这个结果对最佳应急候选决策方案的选取并未产生实质性的影响，说明两种方法对我们选取最佳方案的指导作用是一致的。

实际应急决策时，需要综合考虑候选方案的各个方面因素，而每个候选方案均有一定优越性和缺陷性，因此，很难对它们进行一个精确的优劣排序。为体现所提出的改进型 TOPSIS 的作用，在此对由传统型 TOPSIS 方法得到的结果和改进型 TOPSIS 方法得到的结果进行对比分析。

对候选应急方案的选取，只选择一个，并且是最佳的。鉴于此，两种方法排序结果对选取最佳方案的指导是一致的。在此对排序结果中最佳候选应急方案和次最佳候选应急方案进行比较。通过它们的相对差异度进行对比，如果相对差异度越大，说明该方法越具有区分能力。因为如果能将细微的差别进行放大，将有利于决策者对候选应急方案的排序，表明该方法在处理决策问题时更具有灵活性和准确性。

在 8.2.4 节中，通过传统型 TOPSIS 得到各候选应急方案距离最佳候选应急救援方案的相对接近度为 $d = \{d_1, d_2, d_3, d_4, d_5\} = \{0.5383, 0.3615, 0.4556, 0.4435, 0.5391\}$，在此，通过下式对其进行归一化处理：

$$d_i' = \frac{d_i}{\sum_{i=1}^{5} d_i} \tag{8-51}$$

得到 $d' = \{d_1', d_2', d_3', d_4', d_5'\} = \{0.2302, 0.1546, 0.1949, 0.1897, 0.2306\}$。最佳候选应急方案和次最佳候选应急方案分别是 S_5 和 S_1，相应的相对接近度分别为 $d_5' = 0.2306$ 和 $d_1' = 0.2302$。通过下式计算其相对差异度：

$$\Delta d = \frac{|d_5' - d_1'|}{d_5'} \times 100\% \tag{8-52}$$

得到 $\Delta d = 0.16\%$。

类似地，通过改进型 TOPSIS 得到各候选方案的距离因子向量如下：$\varpi = (\varpi_1, \varpi_2, \cdots, \varpi_5)^T = (0.1598, 0.2692, 0.2241, 0.1890, 0.1580)^T$，其本身已经是归一化的。最佳候选应急方案和次最佳候选应急方案分别是 S_5 和 S_1，相应的距离因子分别为 $\varpi_5 = 0.1580$ 和 $\varpi_1 = 0.1598$，通过如下公式计算相对差异度：

$$\Delta \varpi = \frac{|\varpi_5 - \varpi_1|}{\varpi_5} \times 100\% \tag{8-53}$$

得到 $\Delta \varpi = 1.16\%$。很显然，通过改进型 TOPSIS 得到的最佳候选应急方案和次最佳候选应急方案排序更具有区别能力，处理决策问题时更具有灵活性和准确性。

8.4　集成 DEMATEL/ANP/D-S/改进型 TOPSIS 的

应急协同决策方法

本节所提出的序贯协同决策研究思路为：首先，基于候选应急救援方案评价指标集之间的逻辑关系，应用 DEMATEL 法建立指标集之间相互影响关系的有向图；然后，通过 ANP 法确定各评价指标集的权重；接着，应用 D-S 证据理论对多个应急决策主体的不同评估意见进行数据融合，形成评估置信区间矩阵；最后，将评估置信区间矩阵转化为决策矩阵，并通过改进型 TOPSIS 法对各候选方案进行最终排序。

8.4.1　协同决策中 DEMATEL 方法的纳入

DEMATEL 方法主要应用于系统中各因素间因果关系的处理，专家根据各因素间的逻辑关系确定因素间的直接影响矩阵。通过对直接影响矩阵的计算，得到各因素在系统中的影响因子以及被影响因子，由此确定各因素的中心度以及原因度。进而可以将因素分为原因因素和结果因素两大类别。再则，为了使系统因素的网络结构更加准确合理，可以根据因素的中心度和原因度进行调整。

在本节中，对于候选应急救援方案评估需要从应急响应、救援投入、人员救治与安置、灾区恢复、次生衍生灾害预防、社会稳定等六个一级指标集以及相应的二十个二级指标进行评估，具体见表 8-2。根据矩阵指标集间的综合影响矩阵 H，确定各指标之间相互影响关系，为避免结果的奇异化，我们给一个影响临界值 λ，对矩阵 H 中元素 H_{ij}，若 $H_{ij} < \lambda$，则认为指标集 h_i 对指标集 h_j 无影响，即取 $H_{ij} = 0$。这样得到最终的指标集之间相互影响关系的有向图。

由 ANP 方法根据 DEMATEL 方法得到的指标集之间相互影响关系的有向图，构建两两比较矩阵，进而得到指标集权重。决策专家组给出各应急决策方案在各指标集下的语言评价，D-S 方法结合由 ANP 方法得到指标集权重和专家影响权重，对专家组给出的语言评价包含的决策信息进行融合提炼，得到各应急决策方案在各指标集下的置信区间。根据改进型 TOPSIS 方法，以由 ANP 方法得到的指标集权重和由 D-S 方法得到的各应急决策方案在各指标集下的置信区间为基础，对应急决策方案进行优劣排序，从而选择出最优应急决策方案。

8.4.2　集成 DEMATEL/ANP/D-S/改进型 TOPSIS

集成 DEMATEL、ANP、D-S 和改进型 TOPSIS 的应急救援方案选择协同决策方法的思路如下：应用 DEMATEL 确定候选应急救援方案评价指标之间的相互关系，给出指标集之间相互影响有向图；继而应用 ANP 方法在指标集之间相互影响有向图的基础上，确定各决策指标的权重；对多个应急主体关于应急救援方案评估的信息进行融合时，基于应急环境条件下决策支持信息缺失情况的考虑，需要应用 D-S 理论对评估信息进行有效融合，并得到决策置信区间；最后，在决策置信区间的基础上，应用改进型 TOPSIS 方法对各候选应急救援方案进行优劣排序，进而找出最为满意的应急救援方案。

结合本章节算例具体而言，即应用 DEMATEL 得到评价指标集之间相互影响关系的有向图，应用 ANP 根据评价指标集之间相互影响关系的有向图，获得评价指标集权重 $\lambda_1, \lambda_2, \lambda_3, \lambda_4, \lambda_5, \lambda_6$。同时，由 D-S 可以得到候选应急救援方案的置信区间矩阵。根据式 (8-36)，我们可以由置信区间矩阵得到标准决策矩阵，进一步地，根据式 (8-37)，可得到标准加权决策矩阵。根据标准加权决策矩阵的构成，依据每个候选应急决策方案在各个指标集下被选择的最小信任和最大信任，可以将标准加权决策矩阵拆分成最小信任矩阵 $(B_{ij})_{5\times6}$ 和最大信任决策矩阵 $(P_{ij})_{5\times6}$。根据式 (8-49)，得到最小信任矩阵中的虚拟最佳应急救援方案 S^- 和最大信任矩阵中的虚拟最佳应急救援方案 S^+，分别对应最小信任决策矩阵中的最乐观情况和最大信任决策矩阵中的最乐观情况。继而我们可以得到关于最小信任标准加权决策矩阵的 R^- 和关于最大信任标准加权决策矩阵的 R^+。根据式 (8-48)，分别计算出最小信任标准加权决策矩阵的距离因子向量 ϖ^- 和最大信任标准加权决策矩阵的距离因子向量 ϖ^+。通过式 (8-50)，得到最终的各候选应急救援方案的距离因子向量 ϖ。根据距离因子向量的定义，可以对候选应急救援方案进行优劣排序。

8.4.3 算例仿真与参数分析

根据上节中的指标体系，应用 DEMATEL 对六个一级指标集进行分析，得到其相互影响关系。为减少误差，现有五位专家进行打分得到 $h^l = (h_{ij}^l)_{6\times6}(l=1,2,\cdots,5)$，再取其平均值 $\bar{h} = \sum_{l=1}^{5} h^l = (h_{ij}^l)_{6\times6}/5$，这样就得到指标 $C_1, C_2, \cdots, C_6$ 直接影响矩阵 $\bar{h}$，如表 8-18 所示。

表 8-18　一级指标集间直接影响矩阵 $\bar{h}$

	C_1	C_2	C_3	C_4	C_5	C_6
C_1	0.0000	0.1545	0.1818	0.1455	0.0545	0.2000
C_2	0.0545	0.0000	0.2000	0.2000	0.1364	0.2182
C_3	0.0000	0.0273	0.0000	0.0818	0.0455	0.1818
C_4	0.0091	0.0273	0.0182	0.0000	0.0818	0.1818
C_5	0.0818	0.0273	0.0909	0.0636	0.0000	0.2182
C_6	0.1364	0.0727	0.0727	0.1091	0.0364	0.0000

通过式 (8-1) 构建其标准直接影响矩阵 h'，如表 8-19 所示。

表 8-19 一级指标集间标准直接影响矩阵 H

	C_1	C_2	C_3	C_4	C_5	C_6
C_1	0.0000	0.1545	0.1818	0.1455	0.0545	0.2000
C_2	0.0545	0.0000	0.2000	0.2000	0.1364	0.2182
C_3	0.0000	0.0273	0.0000	0.0818	0.0455	0.1818
C_4	0.0091	0.0273	0.0182	0.0000	0.0818	0.1818
C_5	0.0818	0.0273	0.0909	0.0636	0.0000	0.2182
C_6	0.1364	0.0727	0.0727	0.1091	0.0364	0.0000

进而通过式(8-2)得到综合影响矩阵 H，如表 8-20 所示。

表 8-20 一级指标集间综合影响矩阵 H

	C_1	C_2	C_3	C_4	C_5	C_6
C_1	0.0774	0.2128	0.2827	0.272	0.1361	0.3900
C_2	0.1336	0.072	0.2918	0.3143	0.2066	0.4135
C_3	0.0449	0.0593	0.0474	0.1359	0.0781	0.253
C_4	0.0559	0.0604	0.0692	0.0596	0.1098	0.2524
C_5	0.1359	0.0815	0.1621	0.1509	0.0496	0.3292
C_6	0.1703	0.1202	0.1484	0.1899	0.0888	0.1395

　　为避免结果的奇异化，舍去一些较小影响，这里取 $\lambda=0.1$，由此可得到最终一级指标集间相互影响关系的有向图，如图 8-4所示。在图 8-4中，指标集间有向箭头表示有影响，例如，应急响应和救援投入双向箭头指向，表示它们之间相互影响。

　　图 8-4所示的一级指标间相互影响关系的有向图表明了一级指标间的相互影响关系。与第 3 章应用 ANP 确定评价指标权重时直接给出的评价指标之间相互影响关系(如图 8-3所示)相比，由 DEMATEL 方法得到的评价指标之间的相互影响关系能更加客观地表明评价指标之间的相互影响关系，使得指标系统结构更加合理。

　　在此，将图 8-4 所示的关系结构和图 8-3 所示的关系结构进行对比分析，说明图 8-4所示的关系结构更具有合理性。首先，在图 8-3 中，可以看到指标 C_3(人员救治与安置)对指标 C_1(应急响应)有影响，而在图 8-4 中，可以看到指标 C_1(应急响应)对指标 C_3(人员救治与安置)有影响；实际情况中，应急响应的启动情况将直接影响人员救治与安置，而人员救治与安置很难对应急响应有影响。再者，在图 8-3 中，可以看到指标 C_6(社会稳定)对指标 C_5(次生衍生灾害预防)有影响，而在图 8-4 中，可以看到指标 C_5(次生衍生灾害预防)对指标 C_6(社会稳定)有影响；实际情况中，次生衍生灾害预防的结果对社会稳定性有很大决定性影响，做好次生衍生灾害预防是稳定社会的重要工作；虽然社会的稳定对次生衍生灾害的预防有积极的作用，但这种影响是很小的。最后，在图 8-3 中，可以看到指标 C_4(灾区恢复)和指标 C_5(次生衍生灾害预防)是没有直接关系的，也就是说互不影响，而在图 8-4 中，可以看到指标 C_4(灾区恢复)和指标 C_5(次生衍生灾害预防)是相互影响的；实际情况中，灾区恢复和次生衍生灾害预防是相辅相成的，彼此相互关联性很大。以上仅举出三点说明由 DEMATEL 方法得到的评价指标之间的相互影响关系能更加客观地表明评价指标之间的相互影响关系，更符合实际情况。

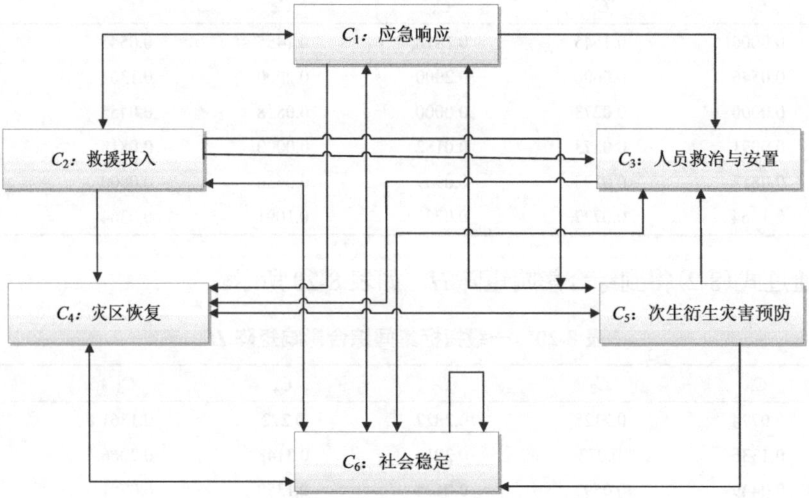

图 8-4　一级指标间相互影响关系的有向图

根据 DEMATEL 得到的指标集之间相互影响关系的有向图所示的指标集之间相互关系，借助 ANP 法则，在一级指标集 C_4 下，比较一级指标集 C_1、C_2、C_3、C_5、C_6 两两关系，得到两两比较矩阵，如表 8-21 所示。

表 8-21　在指标集 C_4 下各指标集两两比较矩阵

	C_1	C_2	C_3	C_5	C_6
C_1	1.0000	1.0000	4.0000	0.2500	0.3333
C_2	1.0000	1.0000	4.0000	0.5000	0.5000
C_3	0.2500	0.2500	1.0000	0.2000	0.5000
C_5	4.0000	2.0000	5.0000	1.0000	2.0000
C_6	3.0000	2.0000	2.0000	0.5000	1.0000

由此得到各一级指标集在指标集 C_4 下的排序为 $(0.1379, 0.1638, 0.0637, 0.000, 0.3894, 0.2453)$，以此类推，可以得到在每个一级指标集下的一级指标集排序，综合得到指标集的加权矩阵 Q，如表 8-22 所示。

表 8-22　加权矩阵 Q

	C_1	C_2	C_3	C_4	C_5	C_6
C_1	0.0000	0.2500	0.1601	0.1379	0.5584	0.0457
C_2	0.1929	0.0000	0.0954	0.1638	0.3196	0.1526
C_3	0.0000	0.0000	0.0000	0.0637	0.0000	0.2672
C_4	0.0000	0.0000	0.0000	0.0000	0.1220	0.0802
C_5	0.1062	0.0000	0.2772	0.3894	0.0000	0.1684
C_6	0.7010	0.7500	0.4673	0.2453	0.0000	0.2860

对二级指标进行两两比较，可得到基于二级评价指标的无权重的超级矩阵 W'；结合基于一级指标集两两比较得到的加权矩阵 Q，可构建加权超矩阵 $\overline{W}'$；通过对加权超矩阵 $\overline{W}$ 进行极限计算，可以得到极限超矩阵 $\lim\limits_{t\to\infty} \overline{W}''$，继而获得各一级指标集的权重值：

$\lambda_1=0.2568$，$\lambda_2=0.1606$，$\lambda_3=0.1036$，$\lambda_4=0.0289$，$\lambda_5=0.0894$，$\lambda_6=0.3606$。

应用 D-S 理论在各评价指标集权重基础之上，对多个应急决策主体对各候选应急救援方案的不同评估意见进行融合。例如对于指标集 C_2，决策者 M_3 给出的焦点元素集 $E_{31}^2=\{S_1,S_5\}$，$E_{32}^2=\{S_3\}$，$E_{33}^2=\{S_4\}$，$E_{34}^2=\{s\}$，对应的决策偏好值为 $p(E_{31}^2)=4$，$p(E_{32}^2)=6$，$p(E_{33}^2)=3$，$p(E_{34}^2)=1$。则根据公式(8-26)，得到 M_3 基于指标集 C_2 给出的基本概率分布计算如下：

$$\hat{m}_{31}^2(\{S_1,S_5\})=\frac{4\lambda_2}{4\lambda_2+6\lambda_2+3\lambda_2+1}=0.2043, \qquad \hat{m}_{32}^2(\{S_3\})=\frac{6\lambda_2}{4\lambda_2+6\lambda_2+3\lambda_2+1}=0.3064$$

$$\hat{m}_{33}^2(\{S_4\})=\frac{3\lambda_2}{4\lambda_2+6\lambda_2+3\lambda_2+1}=0.1532, \qquad \hat{m}_{34}^2(\{s\})=\frac{1}{4\lambda_2+6\lambda_2+3\lambda_2+1}=0.0511$$

其中，$\lambda_2=0.1521$ 是指标集 C_2 的权重。同样可求得 M_1 和 M_2 基于指标集 C_2 给出的基本概率分布如下：

$$\hat{m}_{11}^2(\{S_1,S_5\})=0.2941, \quad \hat{m}_{12}^2(\{S_2\})=0.3529, \quad \hat{m}_{13}^2(\{S_3\})=0.2353, \quad \hat{m}_{14}^2(\{S_4\})=0.1176$$

$$\hat{m}_{21}^2(\{S_1,S_2\})=0.3000, \quad \hat{m}_{22}^2(\{S_3,S_5\})=0.5000, \quad \hat{m}_{23}^2(\{S_4\})=0.2000$$

给定每个决策者的影响权重 $\eta_1=0.3600$，$\eta_2=0.3000$，$\eta_3=0.3400$，根据式(8-27)，得到其信任度 $\beta_1=1.0000$，$\beta_2=0.8333$，$\beta_3=0.9444$。根据式(8-28)，则可得到修正的基本概率分布如下：

$$\hat{m}_{11}^2(\{S_1,S_5\})=0.2941, \quad \hat{m}_{12}^2(\{S_2\})=0.3529, \quad \hat{m}_{13}^2(\{S_3\})=0.2353, \quad \hat{m}_{14}^2(\{S_4\})=0.1176$$

$$m_{21}^2(\{S_1,S_2\})=0.2500, \quad m_{22}^2(\{S_3,S_5\})=0.4167, \quad m_{23}^2(\{S_4\})=0.1667, \quad \hat{m}_{24}^1(\{s\})=0.1667$$

$$\hat{m}_{31}^2(\{S_1,S_5\})=0.1930, \quad \hat{m}_{32}^2(\{S_3,S_4\})=0.2895, \quad \hat{m}_{33}^2(\{S_2\})=0.1447, \quad \hat{m}_{34}^2(\{s\})=0.3728$$

根据式(8-29)，即 D-S 证据理论中的融合法则，整合 M_1 和 M_2 的评价信息，得到 $m_{1\oplus2}$ 的概率分布如下：

$$m_{1\oplus2}(\{S_1\})=0.1293, \quad m_{1\oplus2}(\{S_2\})=0.2586, \quad m_{1\oplus2}(\{S_3\})=0.2414$$

$$m_{1\oplus2}(\{S_4\})=0.0690, \quad m_{1\oplus2}(\{S_5\})=0.2155, \quad m_{1\oplus2}(\{S_1,S_5\})=0.0862$$

类似地，可以得到 $m_{1\oplus2\oplus3}$ 的概率分布，继而可得各焦点元素在指标 C_2 下的基本概率分布，如表 8-23 所示。

表 8-23   各焦点元素在指标 C_2 下的基本概率分布

焦点元素	S_1	S_2	S_3	S_4	S_5	S_1,S_5	s
基本概率分布	0.1365	0.1799	0.2983	0.0666	0.2276	0.0910	0.1365

根据 D-S 证据理论中式(8-17)关于信任函数的定义和式(8-18)关于似然函数的定义，可以得出各个应急救援方案在指标 C_2 下的置信区间，如表 8-24 所示。

表 8-24   各个应急救援方案在指标 C_2 下的置信区间

方案	Bel	Pl	置信区间
S_1	0.1365	0.2275	[0.1365,0.2275]
S_2	0.1799	0.1799	[0.1799,0.1799]
S_3	0.2983	0.2983	[0.2983,0.2983]
S_4	0.0666	0.0666	[0.0666,0.0666]
S_5	0.2275	0.3185	[0.2275,0.3185]

同样地，可以得到各个应急救援方案在评价指标 C_1,C_3,C_4,C_5,C_6 下的置信区间。至此，可以得到各个应急救援方案在评价指标 C_1,C_2,C_3,C_4,C_5,C_6 下的置信区间矩阵，如表 8-25 所示。

表 8-25   置信区间矩阵

方案	C_1	C_2	C_3	C_4	C_5	C_6
S_1	[0.4048,0.4048]	[0.1365,0.2275]	[0.0870,0.3314]	[0.3125,0.3519]	[0.2363,0.2363]	[0.0616,0.1061]
S_2	[0.0953,0.1168]	[0.1799,0.1799]	[0.0612,0.2078]	[0.2183,0.3144]	[0.1135,0.1135]	[0.1811,0.2504]
S_3	[0.1662,0.1877]	[0.2983,0.2983]	[0.0047,0.1513]	[0.0000,0.1779]	[0.1830,0.1984]	[0.1907,0.2054]
S_4	[0.1539,0.1539]	[0.0666,0.0666]	[0.0427,0.2872]	[0.1492,0.2707]	[0.2140,0.2294]	[0.2294,0.2966]
S_5	[0.1581,0.1581]	[0.2275,0.3185]	[0.4131,0.4131]	[0.0344,0.2123]	[0.2376,0.2376]	[0.2165,0.2817]

应用改进型 TOPSIS 方法在上述置信区间矩阵基础之上，对各应急救援方案进行优劣排序。置信区间应急救援方案在指标 $C_j(j=1,2,\cdots,6)$ 下被选择的信任信息，例如：在指标 C_1 下，选择应急救援方案 S_2 的最小信任 $\hat{B}_{21}$ 和最大信任 $\hat{P}_{21}$ 分别为 0.0953 和 0.1168，这就给出了应急救援方案在指标下是否被选择的依据。根据式(8-31)，我们可以得到标准决策矩阵，如表 8-26 所示。

表 8-26   标准决策矩阵

方案	C_1	C_2	C_3	C_4	C_5	C_6
S_1	[0.5664,0.5664]	[0.1980,0.3300]	[0.1111,0.4233]	[0.4246,0.4781]	[0.3639,0.3639]	[0.0913,0.1571]
S_2	[0.1334,0.1635]	[0.2609,0.2609]	[0.0782,0.2655]	[0.2967,0.4272]	[0.1748,0.1748]	[0.2682,0.3708]
S_3	[0.2325,0.2626]	[0.4327,0.4327]	[0.0060,0.1933]	[0.0000,0.2417]	[0.2818,0.3055]	[0.2824,0.3042]
S_4	[0.2153,0.2153]	[0.0966,0.0966]	[0.0546,0.3668]	[0.2028,0.3679]	[0.3296,0.3533]	[0.3397,0.4392]
S_5	[0.2212,0.2212]	[0.3300,0.4620]	[0.5276,0.5276]	[0.0468,0.2885]	[0.3658,0.3658]	[0.3206,0.4171]

进一步地，根据式(8-32)，可得到标准加权决策矩阵，如表 8-27 所示。

表 8-27　标准加权决策矩阵

方案	C_1	C_2	C_3	C_4	C_5	C_6
S_1	[0.0878,0.0878]	[0.0301,0.0502]	[0.0122,0.0466]	[0.0205,0.0231]	[0.0485,0.0485]	[0.0366,0.0629]
S_2	[0.0207,0.0253]	[0.0396,0.0396]	[0.0086,0.0292]	[0.0143,0.0206]	[0.0233,0.0233]	[0.1075,0.1486]
S_3	[0.0360,0.0407]	[0.0658,0.0658]	[0.0006,0.0212]	[0.0000,0.0117]	[0.0375,0.0407]	[0.1132,0.1219]
S_4	[0.0334,0.0334]	[0.0146,0.0146]	[0.0060,0.0404]	[0.0098,0.0178]	[0.0439,0.0471]	[0.1361,0.1760]
S_5	[0.0343,0.0343]	[0.0502,0.0702]	[0.0581,0.0581]	[0.0022,0.0139]	[0.0487,0.0487]	[0.1285,0.1671]

根据 8.3 节中改进型 TOPSIS，将标准加权决策矩阵分成最小标准加权信任矩阵 $(B_{ij})_{5×6}$ 和最大标准加权信任决策矩阵 $(P_{ij})_{5×6}$，分别如表 8-28和表 8-29 所示。

表 8-28　最小信任决策矩阵

方案	C_1	C_2	C_3	C_4	C_5	C_6
S_1	0.0879	0.0301	0.0122	0.0206	0.0485	0.0366
S_2	0.0207	0.0397	0.0086	0.0144	0.0233	0.1075
S_3	0.0361	0.0658	0.0007	0.0000	0.0376	0.1132
S_4	0.0334	0.0147	0.0060	0.0098	0.0440	0.1362
S_5	0.0343	0.0502	0.0581	0.0023	0.0488	0.1285

给出最小信任矩阵中的虚拟最佳应急救援方案 S^- 和最大信任矩阵中的虚拟最佳应急救援方案 S^+，分别对应最小信任决策矩阵中的最乐观情况和最大信任决策矩阵中的最乐观情况，定义如下：

$$S^- = \{B_1^-, B_2^-, B_3^-, B_4^-, B_5^-, B_6^-\} = \{\max_i B_{i1}, \max_i B_{i2}, \max_i B_{i3}, \max_i B_{i4}, \max_i B_{i5}, \max_i B_{i6}\}$$

$$S^+ = \{P_1^+, P_2^+, P_3^+, P_4^+, P_5^+, P_6^+\} = \{\max_i P_{i1}, \max_i P_{i2}, \max_i P_{i3}, \max_i P_{i4}, \max_i P_{i5}, \max_i P_{i6}\}$$

表 8-29　最大信任决策矩阵

方案	C_1	C_2	C_3	C_4	C_5	C_6
S_1	0.0879	0.0502	0.0466	0.0231	0.0485	0.0630
S_2	0.0254	0.0397	0.0293	0.0207	0.0233	0.1486
S_3	0.0407	0.0658	0.0213	0.0117	0.0408	0.1219
S_4	0.0334	0.0147	0.0404	0.0178	0.0471	0.1760
S_5	0.0343	0.0703	0.0581	0.0140	0.0488	0.1672

则根据表 8-28和表 8-29 可得

$$S^- = \{B_1^-, B_2^-, B_3^-, B_4^-, B_5^-, B_6^-\} = \{0.0879, 0.0658, 0.0581, 0.0206, 0.0488, 0.1362\}$$

$$S^+ = \{P_1^+, P_2^+, P_3^+, P_4^+, P_5^+, P_6^+\} = \{0.0879, 0.0703, 0.0581, 0.0231, 0.0488, 0.1760\}$$

根据式(8-44)得到最小信任标准加权决策矩阵 R^- 和最大信任标准加权决策矩阵 R^+，分别如表 8-30和表 8-31 所示。

表 8-30 最小信任标准加权决策矩阵 R^-

0.0129	0.0000	0.0000	0.0000	0.0000	0.0000
0.0000	0.0144	0.0000	0.0000	0.0000	0.0000
0.0000	0.0000	0.0199	0.0000	0.0000	0.0000
0.0000	0.0000	0.0000	0.0220	0.0000	0.0000
0.0000	0.0000	0.0000	0.0000	0.0260	0.0000
0.0000	0.0000	0.0000	0.0000	0.0000	0.0129

表 8-31 最大信任标准加权决策矩阵 R^+

0.0193	0.0000	0.0000	0.0000	0.0000	0.0000
0.0000	0.0261	0.0000	0.0000	0.0000	0.0000
0.0000	0.0000	0.0231	0.0000	0.0000	0.0000
0.0000	0.0000	0.0000	0.0365	0.0000	0.0000
0.0000	0.0000	0.0000	0.0000	0.0400	0.0000
0.0000	0.0000	0.0000	0.0000	0.0000	0.0193

根据式 (8-47) 和式 (8-48)，分别计算出最小信任决策矩阵中的距离因子向量 ϖ^- 和最大信任决策矩阵中的距离因子向量 ϖ^+ 如下：

$$\varpi^- = (\omega_1^-, \omega_2^-, \cdots, \omega_5^-)^{\mathrm{T}} = (0.2755, 0.2470, 0.1789, 0.1619, 0.1368)^{\mathrm{T}}$$

$$\varpi^+ = (\omega_1^+, \omega_2^+, \cdots, \omega_5^+)^{\mathrm{T}} = (0.2792, 0.2059, 0.2329, 0.1475, 0.1344)^{\mathrm{T}}$$

通过式 (8-50)，求得各候选应急救援方案的距离因子向量，如下：

$$\varpi = (\omega_1, \omega_2, \cdots, \omega_5)^{\mathrm{T}} = (0.2774, 0.2265, 0.2059, 0.1547, 0.1356)^{\mathrm{T}}$$

根据距离因子的定义，因子越小，代表该候选应急救援方案距最优理想应急救援方案越近，即该应急救援方案越优。所以各候选应急救援方案的优劣排序如下：$S_5 \succ S_4 \succ S_1 \succ S_3 \succ S_2$，这里 "$\succ$" 表示前者优于后者。

参 考 文 献

[1] Yu L A, Lai K K. A distance-based group decision-making methodology for multi-person multi-criteria emergency decision support[J]. Decision Support Systems, 2011, 51 (2)：307-315.

[2] Levy J K, Taji K. Group decision support for hazards planning and emergency management: a Group Analytic Network Process (GANP) approach[J]. Mathematical and Computer Modelling, 2007, 46 (7-8)：906-917.

[3] David M, Giampiero E B, Gent D, et al. Designing gaming simulations for the assessment of group decision support systems in emergency response[J]. Safety Science, 2006, 44 (6)：523-535.

[4] Ju Y B, Wang A H. Emergency alternative evaluation under group decision makers: a method of incorporating DS/AHP with extended TOPSIS[J]. Expert Systems with Applications, 2012, 39 (1)：1315-1323.

[5] Hua Z S, Gong B G, Xu X Y. A DS-AHP approach for multi-attribute decision making problem with

incomplete information[J]. Expert Systems with Applications, 2008, 34(3):2221-2227.

[6] 刘明, 张培勇, 萧毅鸿. 应急不完全信息环境下的混合多属性协同决策方法. 数学的实践与认识, 2012, 42(22): 100-110.

第五部分　应急协同决策中的智能算法设计与应用

第9章 混合遗传算法的设计与应用
——以应急物资配送决策为例

遗传算法(genetic algorithms，GA)是一种模拟自然选择和遗传机制的寻优方法，它是建立在达尔文的生物进化论和孟德尔的遗传学说基础上的算法。基因杂交和基因突变可能产生对环境适应性强的后代，通过优胜劣汰的自然选择，适应度值高的基因结构就保存下来。遗传算法就是模仿了生物的遗传、进化原理，并引用了随机统计原理而形成的。已有研究证明，遗传算法在求解旅行商问题方面具有得天独厚的优势。而本章的主要工作是针对生物反恐应急救援中道路交通不会被破坏这一特性，将该环境下的应急资源配送问题构造为一多旅行商问题，并设计一类新的混合遗传算法以进行求解。在该类新遗传算法中，染色体编码规则、排序算子和交叉算子是专门针对多旅行商问题而设计的。

9.1 遗传算法概述

遗传算法是一种被广泛应用的智能优化算法。它主要由美国 Michigan 大学的 John Holland 教授提出，并由与其同事、学生进一步研究发展，从而最终形成遗传算法理论与应用基本框架。1975 年 Holland 出版了遗传算法历史上的经典著作 *Adaptations in Nature and Artificial System*（《自然和人工系统中的适应性》），系统阐述了遗传算法的基本理论和方法，并提出了模式定理(schemata theorem)，证明在选择、交叉和变异等遗传算子的作用下，具有低阶、短定义距以及平均适应度高于群体平均适应度的模式在子代中将以指数级增长。Holland 教授所提出的 GA 通常被称为简单遗传算法(simple genetic algorithm，SGA)。1975 年，Holland 的学生 DeJong 在其博士论文 *An analysis of the behavior of a class of genetic adaptive systems* 中结合 Holland 的模式定理进行了大量的函数优化试验，将遗传算法的思想运用于最优化问题当中[1]。尽管 DeJong 的研究内容主要是函数优化的应用研究，但是他将 Holland 的模式理论与他的计算试验结合起来，进一步完善了选择、交叉和变异操作，提出了一些新的遗传操作技术。

进入 20 世纪 80 年代后，遗传算法得到了迅速发展，不仅理论研究十分活跃，而且在越来越多的应用领域中得到应用。1983 年，Goldberg 将遗传算法应用于管道煤气系统的优化，很好地解决了这一非常复杂的问题。在一系列研究工作的基础上，1989 年 Goldberg 出版了 *Genetic Algorithms in Search，Optimization and Machine Learning*（《搜索、优化和机器学习中的遗传算法》），书中对遗传算法进行了归纳总结，形成了遗传算法的基本框架。

9.1.1 遗传算法基本术语

在遗传算法中，借用了很多生物学中的术语。理解这些术语的意义对于理解遗传算法很有帮助。列出如下[2]。

1. 基因

在生物学中，基因(gene)是基本的遗传单位。生物的基因根据物种的不同而数量不一，小的病毒只含有几个基因，而高等动、植物的基因却数以万计。在生物学与遗传算法中，基因都是染色体的基本组成单元。

2. 染色体

染色体(chromosome)是生物细胞中含有的一种化合物，是遗传物质的主要载体，一般由多个基因组成。即使组成染色体的基因完全相同，如果其排列不同，则构成的染色体也是不同的。在遗传算法中，染色体是待优化问题的解的一种表现形式。

3. 个体

在生物学中，个体(individual)是带有染色体特征的实体，例如一头牛或一头马。一头牛与一头马之所以不同，是因为它们的染色体不一样。在遗传算法中，个体代表待优化问题的一个解。在生物界中，可能由很多染色体共同决定一种生物个体的特征，但是在遗传算法中，个体的特征很可能由一条染色体决定。因此，在遗传算法中，有时候个体与染色体在某种程度上是等价的，即一个个体与一条染色体是相同的，都可以看成是问题的一个解。

4. 适应度

在研究自然界中生物的遗传与进化现象时，生物学中使用适应度(fitness)这个术语来度量某个物种对于生存环境的适应程度。对生存环境适应度较高的物种将获得更多的繁衍机会，而对生存环境适应度较低的物种，其繁衍机会较少，甚至逐渐灭绝。在遗传算法的演化过程中，适应度是表示遗传空间中某一个体对自然环境的适应程度或者在环境压力下的生存能力(对应问题空间中可行解的质量)，适应度的大小取决于个体的遗传特性。个体的适应度是指引遗传算法进行遗传操作的唯一决策指标，也是遗传演化过程中产生最优染色体的唯一评价指标[1]。

为了度量种群中不同个体的适应度，我们需要引入一个评价函数，即适应度函数。常见的适应度函数有以下三种。

1) 直接以问题空间的目标函数作为适应度函数

(1) 目标函数为最大化问题:

$$\text{Fit}(f(x)) = f(x)$$

(2) 目标函数为最小化问题:

$$\text{Fit}(f(x)) = -f(x)$$

2) 通过减差形式将目标函数转换为适应度函数

(1) 目标函数为最大化问题:

$$\text{Fit}(f(x)) = \begin{cases} f(x) - C_{\min}, & f(x) > C_{\min} \\ 0, & \text{其他} \end{cases}$$

其中，$C_{\min}$ 为 $f(x)$ 的最小估计值。

(2) 目标函数为最小化问题:

$$\text{Fit}(f(x)) = \begin{cases} C_{\max} - f(x), & f(x) < C_{\max} \\ 0, & \text{其他} \end{cases}$$

其中，$C_{\max}$ 为 $f(x)$ 的最大估计值。

3) 通过倒数形式将目标函数转换为适应度函数[3]

(1) 目标函数为最大化问题:

$$\text{Fit}(f(x)) = -\frac{1}{1 + c - f(x)}$$

其中，c 为目标函数下限的保守估计值，$c>0, c-f(x)>0$。

(2) 目标函数为最小化问题:

$$\text{Fit}(f(x)) = \frac{1}{1 + c + f(x)}$$

其中，c 为目标函数上限的保守估计值，$c>0$，$c+f(x)>0$。

5. 遗传型

基因组合的模型被称为遗传型(genotype)。它是染色体的内部表现，又称为基因型。在遗传算法中，遗传型即为染色体的编码形式。

6. 表现型

根据遗传型形成的个体称为表现型(phenotype)，在遗传算法中即为问题解空间中的解。

7. 编码与解码[4]

将问题的解转换成基因型(染色体的表现形式)的过程称为编码(coding)，编码是由问题空间到遗传算法空间的映射。反之，将基因型转换成问题的解的过程称为解码（decode）。一般情况下，个体（一条染色体）与它所代表的问题的解之间存在一一对应的关系。在遗传算法中，首先需要将问题的解编码成基因型，在需要确定染色体的优劣时，再将其解码到解空间进行评估。遗传算法的一个特点是它只在遗传算法空间（编码空间）对染色体执行遗传算子，而在解空间对解进行评估和选择。

对于不同的问题，染色体的编码方案可能有很大的差异，因此染色体的表现形式也各不相同，染色体的编码方案还可能直接影响遗传算法的求解效果。因此，染色体编码方案的设计、选择是遗传算法设计中的重要一环，也是遗传算法中一个重要的创新点。

1）遗传算法的编码原则

设计编码方式时常需要考虑以下三个方面：

（1）完备性。对于问题空间的任何一个解都有遗传空间的一个染色体与之对应，即问题空间的所有可能解都能用所设计的编码方式表示。

（2）健全性。任何一个遗传空间中的染色体都有问题空间中的一个解与之对应。

（3）非沉余性。问题空间与遗传空间一一对应。

其中，完备性是设计编码方式时必须遵循的原则。

2）遗传算法的编码方法

（1）二进制编码法。

它是由二进制符号 0 和 1 所组成的二值符号集。具有以下优点：①编码、解码操作简单易行；②交叉、变异等遗传操作便于实现；③符合最小字符集编码原则；④便于利用模式定理对算法进行理论分析。

二进制编码的缺点是：对于一些连续函数的优化问题，由于其随机性使得其局部搜索能力较差，如对于一些高精度的问题，当解迫近于最优解后，由于其变异后表现型变化很大、不连续，所以会远离最优解，达不到稳定。

（2）浮点编码法。

浮点法是指个体的每个基因值用某一范围内的一个浮点数来表示。在浮点数编码方法中，必须保证基因值在给定的区间限制范围内，遗传算法中所使用的交叉、变异等遗传算子也必须保证其运算结果所产生的新个体的基因值也在这个区间限制范围内。浮点数编码方法有以下优点[5]：①适用于在遗传算法中表示范围较大的数；②适用于精度要求较高的遗传算法；③便于较大空间的遗传搜索；④改善了遗传算法的计算复杂性，提高了运算效率；⑤便于遗传算法与经典优化方法的混合使用；⑥便于设计针对问题的专门知识的知识型遗传算子；⑦便于处理复杂的决策变量约束条件。

（3）符号编码法。

符号编码法是指个体染色体编码串中的基因值取自一个无数值含义而只有代码含义的符号集，如{A，B，C，…}。符号编码的主要优点是：①符合有意义积木块编码原则；②便于在遗传算法中利用所求解问题的专门知识；③便于遗传算法与相关近似算法之间的混合使用。

但对于使用符号编码方法的遗传算法，一般需要认真设计交叉、变异等遗传运算的操作方法，以满足问题的各种约束要求，这样才能提高算法的搜索性能[6]。

(4) 序号编码法。

序号编码被广泛应用于路径优化问题当中，指将待规划的所有点的集合按连续的整数编号，染色体由这些整数的随机排列所组成。如对于 1 个供应点、10 个需求点的简单 VRP 问题，可以采用序号编码表示染色体：

$$X= (1\text{-}9\text{-}3\text{-}10\text{-}4\text{-}6\text{-}2\text{-}8\text{-}7\text{-}5\text{-}11\text{-}1)$$

其中，序号 2-11 表示 10 个需求点，1 表示供应点，X 表示一条可行的路径。

序号编码能够直观、方便地将问题空间的可能解表述在遗传空间当中，但是在对面复杂的实际问题时采用序号编码需要注意遗传过程当中交叉算子与变异算子的设计。

8. 种群

种群(population)是指每一代中所有染色体的集合，转换到问题空间即是所有可能解的集合。应用遗传算法求解具体问题时，需要首先随机生成多个初始解，然后才能开始迭代搜索，那么这个初始解映射到遗传空间称为初始种群，也叫第一代种群。

种群规模是指群体中所含个体的数量。种群中的个体在整个遗传算法的迭代演化过程当中虽然不断有新的染色体出现，但是种群规模却保持不变。对于遗传算法的性能而言，种群规模的大小取值非常关键。当种群规模过小时，可以提高算法的运行速度，但却降低了种群的多样性，有可能引起遗传算法的早熟现象出现；当种群规模过大时，虽然保证了种群的多样性，却大大降低了算法的运行速度。一般而言种群规模的取值为 20~100。

9. 代

在生物的繁衍过程中，个体从出生到死亡即为一代(generation)，在遗传算法中，进化代数是指遗传算法进行遗传演化经历的迭代次数。通常遗传算法的运行结束准则都是用设定最大进化代数来设定，表示算法运行到指定进化代数之后就停止运行，而最后一代种群中的最佳个体就可作为实际问题的近似最优解输出。进化代数一般用 T 表示，取值在 50~500。

10. 遗传算子

遗传算子(genetic operators)指作用在染色体上的各种遗传操作。虽然在遗传算法的发展过程中，产生了一些特殊的遗传算子，例如免疫算子[7]，但是在几乎所有遗传算法中都包含有三种基本的遗传算子：选择算子、交叉算子和变异算子。

1) 选择算子

所谓选择算子(selection operator)，指在适应度评估的基础上，按照某种规则或方法，从当前代的种群中选择出一些适应度高的个体遗传到下一代种群中。在生物的遗传进化过程中，对生存环境适应度较高的个体的染色体将有更多的机会遗传到下一代；而对生存环境适应度较低的个体而言，其染色体遗传到下一代的机会也较少，此即生物界中的"优胜劣汰、适者生存"的自然选择。在遗传算法中，选择算子模拟了生物界的自然选择过程。

目前常用的选择方法有：轮盘选择法，也称比例法；最优个体保持法；联赛选择法；期望值法；截断选择法；竞争法；线性标准化方法等。简要介绍如下：

（1）轮盘选择法。其步骤如下：

①计算适应度累积值。种群中所有个体适应值的累加。

$$S_n = \sum_{i=1}^{n} f_i$$

其中，S_n 表示适应度累积值；f_i 表示个体适应值；n 表示种群规模。

②相对适应度计算 p_i：

$$p_i = f_i / S_n$$

③累积概率 g_i。第 i 个个体的累积概率为从第 1 个个体到第 i 个个体的相对适应度累加值。

$$g_i = \sum_{j=1}^{i} p_i$$

④选择个体。产生一个随机数 $r=\text{random}(0,1)$，如果

$$g_{i-1} \leqslant r \leqslant g_i$$

则选择个体 i 进行复制。反复第④步操作，直到复制产生的个体数目等于预定的种群规模。

（2）最优个体保持法。该方法预先设定好较优个体的保存比例，在遗传操作中，种群中适应度最高的那部分个体将不进行交叉与变异操作而直接复制进入下一代。

（3）联赛选择法。该方法类似于体育比赛制度，从群体中随机选取一定数量的个体，将其中适应度最高的个体进行复制。反复执行此操作，直到个体数量达到种群规模。

2）交叉算子

在遗传算法中，交叉算子(crossover operator)指以下操作：以某一概率(称为交叉概率)选择种群中的个体，把两个父个体染色体的部分基因加以替换、重组而生成新的个体。交叉的作用是为了获得新的更好的个体(即待优化问题更好的解)。

在遗传算子中，交叉算子是产出新个体的主要工具，也是遗传算法的演化过程中对实际问题的可能解不断优化的核心步骤。交叉算子的性能决定了遗传算法的搜索能力，交叉算子的交叉概率取值一般为 0.4~0.9。交叉方法主要分为单点交叉、双点交叉等[8]。

（1）单点交叉。在个体基因中随机选取一个交叉点，将进行交叉的两父体根据交叉点分成前后两个部分，再将两父体的前后基因段互换，产生两个新个体。

以二进制染色体基因为例，两待交叉的父体为

$$10010100$$
$$00110101$$

随机选择的交叉点为 3，产生的新个体为

$$001\underline{10100}$$
$$100\underline{10101}$$

(2) 双点交叉。在个体基因中随机选取两个交叉点，将两父体分为三段基因，只交换两父体的中间段基因，产生两个新个体。

例如两待交叉的父体为

$$10010100$$
$$00100101$$

随机选取的交叉点为 3 和 6，则产生的新个体为

$$100\underline{001}00$$
$$001\underline{101}01$$

除上述几类常见交叉方法外，针对不同的染色体编码，还有相应的部分匹配交叉、顺序交叉、循环交叉、洗牌交叉等不同的交叉方法。

3) 变异算子

生物学中的变异是指在细胞进行复制时可能以很小的概率产生某些复制差错，从而使 DNA 发生某种变化，产生出新的染色体，这些新的染色体表现出新的性状。在遗传算法中，变异算子(mutation operator)是指以下操作：以某一概率(称为变异概率)选择种群中的个体，改变其染色体中某些基因的值或对其染色体进行某种方式的重组(例如改变基因的排列顺序)。

变异算子虽然是遗传演化过程中产生新个体的辅助方法，但是却决定了遗传算法的局部搜索能力。变异算子能够在进化过程中维持群体的多样性，防止群体出现早熟的现象。变异概率一般取值为 0.01~0.2。常用的变异方法有以下两种：

(1) 基本位变异。指对群体中的个体染色体编码随机挑选一个或多个基因位并对其基因值作相应的变动。例如，个体 $X=1011011$ 变异基因位为 "2" 和 "4"，变异后个体 $X'=1\underline{1}1\underline{0}011$。

(2) 逆转变异。指在个体染色体编码中随机选取两个逆转点，并以预定的逆转概率将两个逆转点之间的基因值逆向排序。例如：个体 $X=101101000$ 逆转点为 "3" 和 "7"，变异后为个体 $X'=10\underline{0101}100$。

交叉算子与变异算子所采用的具体算法与染色体编码方案有密切的关系。对于同一个待优化问题，如果采用的染色体编码方案不同，交叉算子与变异算子的具体算法可能有很大的不同。

9.1.2 遗传算法基本步骤

遗传算法是模拟生物在自然环境中优胜劣汰、适者生存的遗传和进化过程而形成的一种具有自适应能力的、全局性的概率搜索算法。

遗传算法是从代表待优化问题潜在解集的一个种群开始，而种群则由经过基因编码的一定数目的个体组成。基因编码组成染色体，每个个体由染色体构成，每个个体实际上是带有染色体特征的实体。染色体作为遗传物质的主要载体，是多个基因的集合，其内部表现(即基因型)是多个基因的某种组合，它决定了个体的形状的外部表现。因此，在一开始需要实现从表现型到基因型的映射即编码工作。

初代种群产生之后，按照适者生存和优胜劣汰的原理，逐代演化产生出适应度越来越好的个体。在每一代中，根据问题域中个体的适应度的优劣，选择一些适应度高的个体，基于这些选出的适应度高的个体，并借助于自然遗传学的交叉、变异算子，产生出代表新解集的下一代种群。这个过程将导致种群像自然进化一样，使后生代种群比前代种群具有更高的适应度，更加适应于环境。在优化过程结束后，末代种群中的最优个体经过解码，即可以作为问题的近似最优解。

虽然在实际应用中遗传算法的形式出现了不少变型，但这些遗传算法都有共同的特点，即通过对自然界进化过程中自然选择、交叉、变异机理的模仿，来完成对最优解的搜索过程。基于这个共同的特点，Goldberg 总结了一种统一的最基本的遗传算法，该算法被称为基本遗传算法，只使用了选择算子、交叉算子和变异算子这三种遗传算子，其结构简单，易于理解，是其他遗传算法的雏形和基础。其基本流程如下。

1) 编码

确定用何种码制，然后将问题参数编码形成基因码链，每一个码链代表一个个体，表示优化问题的一个解。

2) 初始化

随机产生一个规模为 P 的初始种群，其中每个个体为一定长度的码链，该群体代表优化问题的一些可能解的集合。

3) 估计适应度

计算种群中每个个体的适应度，适应度为群体进化时的选择提供了依据。一般来说适应度越高，解的质量越好。适应度函数可以根据目标函数而定。

4) 再生(选择)

根据每个个体的相对适应度，计算每个个体的再生次数，并进行再生操作，产生新的个体加入下一代群体中，一般再生的概率与其适应度成正比。

5) 交叉

从种群中随机选择两个染色体，按一定的概率进行基因交换，交换位置的选取是随机的。

6）变异

从种群中随机地选择一个染色体，按变异概率 p 进行基因变异，GA 的搜索能力主要是由选择与交叉赋予的，变异算子则保证了算法能搜索到问题空间的每一点，从而使算法具有全局最优性，它进一步增强了 GA 的能力。

7）重复

若达到结束条件，则算法停止，否则转第 3）步，对产生的新一代群体进行重新评价、选择、交叉、变异操作，如此循环往复，使群体中最优个体的适应度和平均适应度不断提高。其流程图如图 9-1 所示。

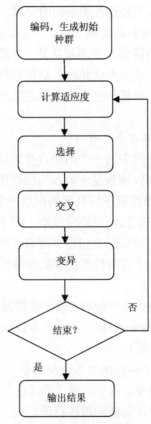

图 9-1　遗传算法示意图

遗传算法的终止条件可以设定为：①达到了预先设定的进化代数；②种群中的最优个体在连续若干代中都没有再获得改进；③最优个体达到预先设定的满意解。

9.1.3　遗传算法优缺点

1. 遗传算法的优点

遗传算法不是采用确定性规则，而是采用概率的变迁规则来指导其搜索方向。其选择、交叉和变异等遗传操作都是以一种概率的方式进行的，这种概率特性引导搜索过程朝着搜索空间的更优化的解空间移动。虽然看起来它是一种随机的搜索方法，实际上它有明确的搜索方向。相比其他算法，遗传算法有几个独特的优点。

1）具有很强的适应性和通用性

遗传算法只需要利用目标函数的取值信息，不必非常明确地描述问题的全部特征，对领域知识依赖程度低，不受搜索空间限制性假设的约束，因而遗传算法能适用于大规模、高度非线性的不连续多极值函数优化，甚至无解析表达式的目标函数的优化。此外，遗传算子作用在编码后的染色体上，而不是直接作用在优化问题的具体变量上。这使遗传算法能以一种统一的处理方式来处理各类不同的问题。

2）具有较好的全局优化性能和适应性

遗传算法从一组初始解开始搜索，而不是从某一个单一的初始解开始搜索。而且最终获得的也是一组优化解，而不是一个优化解，这使遗传算法能在解空间中进行更广泛的搜索。同时，遗传算法中的变异算子可以帮助算法跳出局部最优解，上述特点能增强算法的全局优化能力与适应性。

3）具有隐并行性并且算法本身易于并行化

传统的优化算法往往从解空间中的一个初始点开始搜索。单个初始解所提供的信息毕竟是有限的，所以搜索效率不高，而且易于陷入局部最优解。遗传算法从一组初始解（种群）开始搜索，对种群执行各种遗传算子后获得的也是一个新的种群，群体包含的信息要多于个体包含的信息。通过这些信息可以避免搜索一些不必要搜索的点，同时，根据模式定理，每次染色体的交叉和变异实际上相当于搜索了更多的点，即遗传算法的隐并行性。此外，遗传算法同时搜索多个点的特点使其实现易于被并行化。

4）适于求解多目标优化问题

遗传算法在进化过程中获得的是一组解，便于获得问题的 Pareto 解（Pareto 解是多目标优化问题中的一个术语。所谓 Pareto 解，指对于多目标优化问题而言，不存在一个解，该解在所有目标上均优于其他的解）。

5）具有良好的扩展性，易于和其他的算法相结合

基本遗传算法的实现结构简单，易于扩展。可以在交叉、变异算子中加入其他算法，也可以在遗传算法中加入自己设计的新的遗传算子。

正是基于以上优点，遗传算法吸引了不同研究领域的大量研究人员，并获得了广泛的应用，是目前应用最广泛的智能优化算法。本章也选择遗传算法作为物流系统的优化算法。

2. 遗传算法的缺点

虽然遗传算法具有很多优点，但是在理论研究与应用研究中，有些地方还有待进一步地深入研究和改进，主要集中在以下几个方面。

1）遗传算法的理论研究比较滞后

由于遗传算法本身也是一种仿生的思想，尽管实践效果很好，但理论证明比较困难。

遗传算法对算法的精度、可信度、计算复杂性等方面，还缺乏有效的定量分析方法。

2）参数设置难

遗传算法本身的参数还缺乏定量的标准，目前采用的都是经验数值，而且不同的编码、不同的遗传算子都会影响到遗传参数的选取，这也影响到算法的通用性。由于影响遗传算法性能的因素较多，这一不足很难完全消除。但是，在算法实现时，通过设计、开发使用方便的用户界面，可以在一定程度上帮助用户选择合适的运行参数。

3）遗传算法对处理约束化问题还缺乏有效的手段

在应用遗传算法求解带约束的优化问题(例如带能力约束的车辆调度问题)时，染色体经交叉、变异操作后，很容易产生非法染色体。传统的处理方式是罚函数法，但是惩罚因子的选取是一个比较困难的技术问题。

4）易早熟

基本遗传算法在求解优化问题时，容易出现过早收敛的现象，即使增大遗传算法的迭代次数，也无法提高解的质量。这一不足是由于基本遗传算法的局部搜索能力较弱造成的，设计更好的交叉、变异算子或者在基本遗传算法的基础上结合恰当的局部搜索算法(或称邻域搜索算法)可以有效地克服这一不足。

9.1.4 遗传算法的应用

本节选择以旅行商问题(travelling salesman problem, TSP)为例，介绍遗传算法在解决 TSP 问题中的应用。旅行商问题，也称为货郎担问题，是一个较古老的问题。最早可以追溯到 1759 年 Euler 提出的骑士旅行问题。1948 年，由美国兰德公司推动，TSP 成为一个具有广泛应用背景和重要理论价值的组合优化难题，它已经被证明属于 NP 难题。求解 TSP 问题的较为常用的方法有二叉树描述法、启发式搜索法、最近邻法、神经网络法、模拟退火法和遗传算法等。遗传算法是模拟生物在自然环境中的遗传和进化过程而形成的一种自适应全局概率搜索算法，具有良好的全局寻优能力，成为解决问题的有效方法之一。

1. TSP 问题描述

TSP(旅行商问题)的简单描述是：一名商人欲到 n 个城市推销商品，每两个城市 i 和 j 之间的距离为 d，如何使商人每个城市走一遍后回到起点，且所走的路径最短。用数学符号表示为：设 n 维向量表示一条路径 $X = (C_1, C_2, \cdots, C_n)$，目标函数为

$$\min F(x) = \sum_{i+1}^{n-1} d(C_i, C_{i+1}) + d(C_1 + C_n)$$

用图语言来描述 TSP，给出一个图 $G = (V, E)$，每边 $e \in E$ 上有非负权值 $w(e)$，寻找 G 的 Hamilon 圈 C，使得 C 的总权 $W(C) = \sum_{e \subset E(C)} w(e)$ 最小。TSP 搜索空间随着城市数

n 的增加而增大，所有的旅程路线组合数为$(n-1)!/2$。5 个城市的情形对应 120/10=12 条路线，10 个城市的情形对应 3 628 800/20=181 440 条路线，100 个城市的情形则对应有 4.6663×10^{155} 条路线。在如此庞大的搜索空间中寻求最优解，对于常规方法而言，存在诸多的计算困难。借助遗传算法的搜索能力解决 TSP 问题是很自然的想法。

2. 遗传算法用于 TSP 问题

1) 编码表示

用遗传算法求解 TSP 时，算法的编码表示是算法设计的重点，它对遗传基因的操作有一定的限制。TSP 的编码策略主要包括二进制表示、顺序表示、路径表示、矩阵表示和边表示等。由于二进制编码具有如下的特点：数据冗长，并且表达能力有限，计算机无法承受如此巨大的计算量甚至根据调整不同的参数时，所运行的时间有时会达到近几个小时，从时间效率来说，工作效率实在是低下，并达到无法忍受的程度，所以实际中很少使用。顺序表示是指将所有城市依次排列构成一个顺序表，对于一条旅程，可以依次旅行经过顺序处理每个城市，每个城市在顺序表中的顺序就是一个遗传因子的表示。每次处理完一个城市，从顺序表中去掉该城市。处理完所有城市后，将每个城市的遗传因子连接起来，即成为一条旅程的基因表示(染色体编码)。路径表示是指旅程顺序基因编码的最自然、最简洁的表示方法。

2) 初始化群体和适应度函数及其终止条件的设定

根据编码方法，随机产生初始群体，直到达到所需规模为止。由于是求最短路径，适应度函数一般采用求函数最大值，例如取路径总长度 T 的倒数，即 Fitness=$1/T$。其中，

$$T = \sum_{i+1}^{n+1} d(C_i, C_{i+1}) + d(C_1 + C_n)$$

适应度越小的个体，表示路径越短，该个体则越好。也有的算法采用 Fitness=$1/(T+aN)$，其中 N 为未遍历的城市的个数，a 为惩罚函数系数，常取城市间最长距离的两倍多，路径 T 越大，适应度函数越小。迭代停止条件一般是：若某代群体中的最差个体与最好的个体适应度的差不大于某个数(根据问题规模变化)，则终止算法。若最佳个体连续保持一定代数，则终止算法。若算法迭代次数达到一定代数，则终止算法。

3) 选择算子

选择是从一个旧种群(old population)中选择生命力强的染色体产生新种群的过程。或者说，选择是个体根据其适值函数 F 拷贝自己的过程。直观地讲，可以把适值(或目标)函数 F 看作是我们期望的最大效益或好处的某种量度。根据个体的适值拷贝位串意味着：具有高的适值的个体更大可能在下一代中产生一个或多个子孙。显然这个操作是模仿自然选择现象，将达尔文的适者生存理论运用于个体的选择。

对于求解 TSP 问题，常用的选择机制有轮盘选择机制、随机遍历抽样法、局部选择法、截断选择法、锦标赛选择法等。遗传算法中一个较难解决的问题是如何较快地找到

最优解并防止"早熟"收敛问题。为了保证遗传算法的全局收敛性，就要维持解群体的个体多样性。这种做法会明显改善遗传算法的行为，因为其增加了个体在种群中的分布区域，但增加了计算时间。

4）交叉算子

Goldberg 提出基于路径表示的部分映射交叉(partially-mapped, PMX)，首先随机地在父个体中选取两杂交点，并交换相应的段，再根据该段内的城市确定部分映射。在每代父个体上先填入无冲突的城市，而对有冲突的城市分别执行这些部分映射直到填入无冲突，刚可获得交叉后的两后代。Davis 则提出顺序交叉方法(order, OX)，它与 PMX 操作类似，首先随机地在父个体中选择两杂交点，再交换杂交段，其他位置根据保持父代个体中城市的相对次序来确定。Oliver 等提出的循环交叉方法(cycle, CX)，其思想是将另一个父个体作为参照以对当前父个体中的城市进行重组，先与另一父个体实现一个循环链，并将对应的城市填入相应的位置，循环组成后，再将另一父体的城市填入相同的位置。1989 年，Whitle 等提出了一种边重组(edge recombination, ER)交叉操作，使个体能够从父个体继承 95%～99%的边信息。ER 操作是根据继承两个父个体定义的旅程中城市间的相邻关系生成子个体。1991 年，Stark Weather 等提出了一种改进的方法，在 ER 操作中不再保留父个体中共同部分的序列。实验结果表明这种处理方法比随机选择的处理的性能有相当大的改善。

5）变异算子

尽管复制和交叉操作很重要，在遗传算法中是第一位的，但不能保证不会遗漏一些重要的遗传信息。在人工遗传系统中，变异是用来防止这种不可弥补的遗漏。在简单遗传算法中，变异就是某个字符串某一位的值偶然的(概率很小的)随机的改变，即在某些特定位置上简单地把 1 变成 0，或反之。变异是沿着个体字符空间的随机移动，当它有节制地和交叉一起使用时，它就是一种防止过度成熟而丢失重要概念的保险策略。

变异本身是一种局部随机搜索，与选择/重组算子结合在一起，保证了遗传算法的有效性，使遗传算法具有局部的随机搜索能力；同时使得遗传算法保持种群的多样性，以防止出现非成熟收敛。在变异操作中，变异率不能取得太大。变异算子的设计要比交叉算子的设计灵活得多。例如简单的倒位操作，即首先在父个体中随机地选择两截断点，然后将该两点所夹的子串中的城市进行反序。

6) TSP 问题的总结

对于 TSP，目前还不存在能找到完美解的方法，这个问题是 NP 难的。为了进一步提高算法的全局优化能力，避免搜索过程陷入局部极小，现已提出的改进策略主要有：并行多邻域搜索、平滑优化曲面形状、熵抽样等高级技术。对于复杂优化问题，单一机制的优化算法很难实现全局优化，且效率较低。多种优化机制和邻域搜索结构相混合，是能较大程度提高全局优化度和鲁棒性的有力途径，并可一定程度上放松对单一算法参数选择的苛刻性，所以混合优化策略会是一种趋势。

总之，对于 TSP 问题，可从问题的编码及遗传算子设计方面来改进发展遗传算法。尤其包含启发式信息，尽量让子代继承父代的优良特性。通过保持边的有用信息找到更好的算法，这是算法改进的一个趋势，同时为了防止局部收敛必须让算法达到收敛性与群体多样性的平衡。

9.2 具有多旅行商模式的应急物资配送决策问题

9.2.1 多旅行商模式应急物资配送问题的提出

Henderson 在 *Science* 上撰文指出，随着经济社会的不断发展，遭受生物恐怖袭击的可能性将逐渐加大，其预言在 2001 年 10 月成为现实，美国在遭受了"9·11"事件后，再次遭受了炭疽邮件的恶性恐怖袭击[9]。Wein、Craft、Kaplan 等对以人为节点进行传播的天花恐怖袭击和以空气为传播媒介的炭疽恐怖袭击进行了一系列的研究[10-13]，结果显示，尽管美国国家储备库中藏有 286 000 000 支天花疫苗，但是一旦真的发生大规模的天花恐怖袭击事件，这些资源如何恰当且快速地运输到受灾区域从而实现对受灾民众进行大规模接种，依然是一个严峻的问题[14]。此外，虽然 SARS 及 H1N1 流感不能算一个严格的生物恐怖袭击事件，但对这些危险源扩散和控制策略的研究却可以给生物反恐研究提供一个非常有实际意义的原型[15]。

对于各类自然灾害应急物流，国内外学者较多将其归纳为突出时间因素的路径问题。如刘春林等研究了给定限制期条件下的最小风险路径的选取[16]。Fiedrich 等在时间、资源数量和质量有限的情况下，以死亡人数最小作为目标，研究了地震后向多个受灾地点分配和运输资源的优化模型[17]；何健敏等研究了具有限制期条件下的应急车辆调度问题，并给出了求解的模糊优化方法[18]。Ozdarmar 等将应急配送中的车辆和物资整合，并将全面应急物流配送问题分解成两个多目标网络子问题，运用拉格朗日方法计算最优解[19]。Tzeng 等运用模糊多目标规划方法建立了紧急救援物资的配送模型，其特色在于将公平满意度纳入应急物流模型，使得在应急物资配送中避免对某些区域的配送偏差太大[20]。Yi 等认为紧急状况下的物流计划包括向受灾地区的配送中心分发物资，疏散人群，以及将伤者转移至应急点，并描述了一个综合的选址-分配模型，用于灾害响应活动中协调物流支持和疏散措施[21]。Sheu 针对关键救援期中响应紧急物资需求的应急物流协同调度问题，提出了一种混合模糊聚簇优化方法[22]。朱建明等研究了突发事件应急医疗物资调度中多车辆从一个点出发按多条路线同时救援的路径规划问题，建立了相应的数学模型并用局部搜索算法求得近似最优解[23]。Yuan 等考虑了应急条件下的紧急物资配送路径选择问题，给出了可适用于应急条件下路径选择的两类数学模型[24]。Yan 等考虑自然灾害环境下的应急应从道路恢复和应急物资运输两方面来开展，并用两个时空网络模型分别加以描绘，通过构建一类多目标、混合整数、多品种物资流的模型，对应急条件下的应急道路修复和应急物资的配送进行了分析[25]。为降低人道主义救援供应链的风险问题，Aharon 等研究了应急物流规划的鲁棒性问题[26]。Caunhye 等则从设施选址、救援资源配置、受伤人群疏散以及其他方面总结了近年来优化模型在应急物流方面的应用，并指出了今后值得进一步挖掘的一些研究方向[27]。

从文献调研结果看，对于各类自然灾害的应急物资配送方面，国内外相关学者已经做了大量的相关工作；但在生物反恐应急救援中，研究切入点则略显不同，如自然灾害爆发后，往往会破坏受灾区域的道路、桥梁、通信等基础设施，使得原本制定的应急物流配送预案需要在短时间内重新调整。而在生物反恐体系中，生物危险源的扩散，并不会导致交通的中断。实际上，由于应急事件的突发性和应急设备的有限性，大多是应急救援的指挥中心(如疾控中心)根据所拥有的应急物资配送车辆数，分组同时出发对各应急物资的需求点进行配送或补给应急资源(如接种疫苗)，各组之间尽量不重复，从而使得所有的需求点都在尽可能短的时间内得到应急物资。因此，经典的 MTSP 问题在生物反恐应急物资配送中具有了借鉴性。

例如，图 9-2 为我国南方某市公路网络图，公路边的数字为该路段的长度(单位：千米)。图中节点 O 为市应急救援指挥中心所在地，32 个节点为该市在各乡镇设立的应急救援点。现有一批应急救援物资(接种疫苗)由空运抵达救援指挥中心，需要将这些物资紧急配送到市内各应急物资需求点。假设应急指挥中心根据其所拥有的紧急配送医疗车辆数决定按 4 组同时进行配送，各组间尽量不重复以节约应急救援时间，同时假定任意应急物资需求点在被某一配送车辆经过配送一次即可满足需求，则可将该研究的应急物资配送问题转变为应急条件下从某一固定点出发的多旅行商问题。数学描述如下：

图 9-2　我国南方某市公路网络示意图

假设应急配送网络构成一个有向图 $G(O \cup V, \omega)$，O 表示区域中的应急资源配送出发点，$V = \{1, 2, \cdots, 32\}$ 表示该区域中的各应急资源需求点集；其中 ω_{ij} 表示网络图中从点 i 到点 j 的路径长度(如果 $i \in O, j \in V$，则是从出发点 i 到达应急需求点 j；如果 $i \in V, j \in O$，则是从应急需求点 i 返回出发点 j；如果 $i, j \in V, i \neq j$，则是从应急需求点 i 到达应急需求点 j)，EQ 为出发点 O 原有应急资源库存量；$I_j, Q_j \{j \in V\}$ 分别为应急资源需求点 j 中被感染人数(未被隔离)和被隔离人数, $d_j \{j \in V\}$ 为应急资源需求点 j 的应急资源需求量; 假设生物反恐体系中应急资源配送都要求具有特殊设备条件的车辆, 车辆容量一致为 Q_{cap}, R 是所有可行路径集合, r_l 表示路径 l, 决策变量

$$x_{ij} = \begin{cases} 1 & \text{若应急物资配送完}i\text{点后到达第}j\text{点} \\ 0 & \text{其他} \end{cases}$$

则根据 Dantzig 经典理论[28], 可建立应急资源采用多旅行商模式配送的数学模型如下:

$$\min \sum_{i \in O \cup V} \sum_{j \in O \cup V, i \neq j} \omega_{ij} x_{ij} \tag{9-1}$$

$$\text{s.t.} \sum_{j \in V} x_{Oj} = \sum_{j \in V} x_{jO} = 4 \tag{9-2}$$

$$EQ \geqslant \sum_{j \in V} d_j \tag{9-3}$$

$$\sum_{j \in r_l} d_j \leqslant Q_{cap}, \quad \forall r_l \in R \tag{9-4}$$

$$d_j = \langle k \rangle I_j + Q_j, \quad \forall j \in V \tag{9-5}$$

$$\sum_{i \in V} x_{ij} = 1, \quad \forall j = 1, 2, \cdots, 32 \tag{9-6}$$

$$\sum_{j \in V} x_{ij} = 1, \quad \forall i = 1, 2, \cdots, 32 \tag{9-7}$$

$$\sum_{i \notin S} \sum_{j \in S} x_{ij} \geqslant 1, \quad \forall S \subseteq V, S \neq \varnothing \tag{9-8}$$

$$x_{ij} \in \{0, 1\}, \quad \forall (i, j) \in G \tag{9-9}$$

其中, 目标函数为追求总路径长度最小。约束条件式(9-2)为应急物资配送车辆约束, 即所有从出发点派出的车辆最后必须回到出发点。约束条件式(9-3)和式(9-4)为应急资源量约束, 保证每个应急需求点所需资源都能得到满足。约束条件式(9-5)为资源需求量的计算过程, 其中 $\langle k \rangle$ 为每个患者在被隔离前的平均接触人数, 该部分的具体过程见 Liu 等[29]。约束条件式(9-6)和式(9-7)保证每个应急物资需求点只被覆盖一次。约束条件式(9-8)确保应急物资配送路径不形成子圈, 约束条件式(9-9)为变量说明。

在该模型中, 应急救援配送分 4 组同时进行, 每组配送一部分区域, 且所有的应急物资需求点都要尽快配送到, 即把图 9-2 分为 4 个连通的子图, 每个子图中寻找一条包含应急指挥中心节点 O 在内的回路。对于每个子图而言, 为单旅行商问题(TSP)。此外, 为使得应急救援效率提高, 各组应急配送任务应尽可能接近, 反映在图分形时即各组覆盖的应急配送总路程应尽可能均衡。从而可进一步将研究的问题划分为两个子问题: ①如何划分子图使得各组任务尽可能均衡? ②如何确定每个子图中的车辆路径使得各组路程

总和尽可能小？

9.2.2　多旅行商模式应急物资配送问题的转化

为方便研究，进一步将该问题阐述如下：在赋权的公路网络连通图 $G(V, E, \omega)$ 中，其中 V 表示该区域中的各顶点集（包括出发点），E 为边集，ω 为定义在 E 上的边权（距离），O 为 V 中的固定出发点，寻求将顶点集 $V\backslash\{O\}$ 划分为既不重复又在总体上不遗漏的 4 个小组 $\{G_1, G_2, G_3, G_4\}$，使得各组满足：

(1) $\bigcup\limits_{i=1}^{4} V_i = V_G$；

(2) 各组在加入 O 点后形成一个最优 Hamilton 回路，且 4 个 Hamilton 回路的边权之和达到最小。

连接图中的任意两个顶点 (v_i, v_j)，将上图转化为完全连通图 $G' = (V, E', \omega')$，其中 E' 中连接任意两个顶点 v_i, v_j 的边权 ω_{ij} 为 v_i, v_j 两个顶点在图中的最短路径，可用 Dijkstra 算法求出[30]。已有研究证明在该完全连通图中，任意两点间均满足三角不等式关系[31]：

$$\omega_{ij} \leqslant \omega_{ik} + \omega_{kj}, \forall v_i, v_j, v_k \in V, v_i \neq v_j \neq v_k \tag{9-10}$$

引理 9.1　应急物资配送的完全图 $G' = (V, E', \omega')$ 中，最优 TSP 回路与 Hamilton 回路相等。

证明：用反证法证之。完全图 $G' = (V, E', \omega')$ 中任意应急物资需求点间距离都满足三角不等式，假设存在应急物资配送最优 TSP 回路解 Ψ_{TSP}，且不是 Hamilton 回路（经过所有点一次且仅仅一次的回路），则必有某些应急物资需求点被重复经过，从而导致 Hamilton 条件不满足。假设应急物资配送过程中被重复经过的需求点集合为 U，则 U 中任意一点 $v_k \in U$ 必然在 Ψ_{TSP} 出现多次，设第一次从 v_i 到达 v_k 然后再到达 v_j，现在改由 v_i 直接到达 v_j，这样对于总体而言依然是一个 TSP 问题。由图中各应急物资需求点间距离均满足三角不等式关系可知，最优 TSP 回路解 Ψ_{TSP} 尚有降低的趋势。重复以上步骤直到 $U = \varnothing$，则此时的应急物资配送最优 TSP 回路解 Ψ_{TSP} 为 Hamilton 回路。证毕。

引理 9.2　应急物资配送网络图 $G = (V, E, \omega)$ 和完全图 $G' = (V, E', \omega')$ 二者的最优 TSP 回路相等。

证明：根据引理 9.1，在完全图 $G' = (V, E', \omega')$ 中，必然存在最优 Hamilton 回路 S' 且为该模式下的最优 TSP 回路。假设 S' 不等于网络图 $G(V, E, \omega)$ 中的最优 TSP 回路，则说明在 $G(V, E, \omega)$ 必然有另外一回路 S 且满足 $S < S'$。

(1) 若 S 中无重复点，则 S 也是网络图 $G = (V, E, \omega)$ 中的 TSP 回路，则必然也经过所有顶点，从而 S 也是完全图 $G' = (V, E', \omega')$ 中的最优 Hamilton 回路，与假设前提 S' 为最优 Hamilton 回路矛盾。

(2) 若 S 中有重复点，则参照引理 9.1 的证明过程，去掉重复应急物资需求点且保持最短路，直到 $U = \varnothing$ ，从而得到更优的 Hamilton 回路解，与假设前提 S' 为最优 Hamilton 回路矛盾。证毕。

综合上述引理，从而可将应急物资配送网络图 $G = (V, E, \omega)$ 中的最优 TSP 回路问题转化为求解完全图中的最优 TSP 回路问题，并进一步转化为求解完全图中最优 Hamilton 回路问题。至此，我们可以通过设计遗传算法去对该问题进行求解，通过求解完全图中最优 Hamilton 回路，来获得应急物资配送网络图 $G = (V, E, \omega)$ 中的最优 TSP 回路。

9.3 面向多旅行商模式应急物资配送决策的混合遗传算法

根据上述分析和证明，本节需寻求将顶点集 $V\backslash\{O\}$ 划分为既不重复又在总体上不遗漏的 4 个小组 $\{G_1, G_2, G_3, G_4\}$，对于每一种分组解决方案，从数学的角度而言都是一个应急物资需求点的排列问题，从而可借用混合遗传算法来求得该问题的近似解。

9.3.1 混合遗传算法中个体的表达

当前求解多旅行商问题的遗传算法中（m 个旅行商，n 个需求点），应用较多的染色体个体表达主要分为两类，一类是将分组信息与需求点信息综合在一条染色体内，形成一个长度为 $n+m-1$ 的染色体表达个体；另一类则将分组信息与需求点进行对应排列，形成两条长度为 n 的染色体来表达个体。Carter 和 Ragsdale 研究指出，MTSP 问题解空间的大小与算法中个体的表达存在直接的联系，并在此基础上提出两部分组合的染色体，有效地缩小了问题的解空间[32]，上述三种不同的个体表达，其解空间数计算公式如表 9-1 所示，很显然，组合染色体的解空间要比传统的两类染色体设计的解空间小。

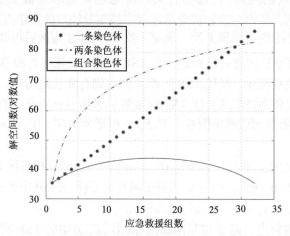

图 9-3 解空间数随应急分组数的变化图

对于 9.2 节的研究问题，在不同染色体个体表达形式下，解空间数随应急物资配送分组数的变化如图 9-3 所示。从图可知，当应急物资分组数 $n \geqslant 4$ 时，组合染色体方法的解空间数开始与前两种方法有较明显的变化。基于此，本章采用组合染色体方式设计染色体的个体表达形式，结构如图 9-4 所示(以需求点按顺序排列并平均分配为例)，编码的第一部分为应急物资需求点的配送序列信息，第二部分为分组方案，由随机生成的 4 个正整数组成，且其和等于第一部分编码的长度，对应的 4 个数值代表第一部分分组中每组分配的应急物资需求点数。

表 9-1　不同个体表达方式下的解空间

染色体个体表达	解空间大小
一条染色体	$(n+m-1)!$
两条染色体	$n!m^n$
组合染色体	$n!C_{n-1}^{m-1}$

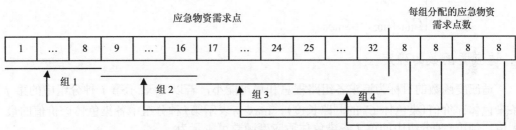

图 9-4　组合染色体个体表达示意图

9.3.2　混合遗传算法描述

1. 初始化种群

　　研究问题的初始种群按以下方法产生：根据 9.3.1 节的编码原则随机产生 10 组应急物资需求点分组方案，然后针对每个应急物资需求点分组方案随机生成 20 个应急物资需求点的排列方案，则通过组合可生成 10 组共 200 条染色体，构成初始种群。

2. 排序算子设计

　　在初始产生的种群中，由于各组元素为随机生成，组序信息不确定。本章设计使用排序算子对其进行局部排序优化，从而使个休具有更加优良的组序信息。定义点到组的距离为该点到组内所有点距离的最小值，考虑应急物资配送的时间紧迫性，设计求解问题可行解的排序算子如下：

　　(1) 对于任意新的个体 C_{ij}(第 i 种分组中的第 j 条染色体)，记 $k=1,2,3,4$ 为该染色体的 4 个小组，每个小组中的元素集合记为 $\Re_k$，另记 $\zeta_k = \varnothing$，其中 $k \in \{1,2,3,4\}$；

　　(2) 取初始值 $i=1$，$j=1$，$k=1$，计算从应急物资的初始配送点 O 到该小组的最短距离点并记为点 p_1，同时改变小组的元素集合 $\Re_1 \leftarrow \Re_1 \setminus \{p_1\}$，$\zeta_1 \leftarrow \zeta_1 \bigcup \{p_1\}$；

(3) 以点 p_1 为出发点，计算从该点到更改后的元素集合小组 $\Re_1$ 的最短距离点并记为点 p_2，同时改变小组的元素集合 $\Re_1 \leftarrow \Re_1 \setminus \{p_2\}$，$\zeta_1 \leftarrow \zeta_1 \bigcup \{p_2\}$，如此循环，直到 $\Re_1 = \varnothing$，从而得到一个新的具有组序信息的小组元素集合 $\zeta_1 = \{p_1, p_2, \cdots, p_{\text{length}(\Re_1)}\}$；

(4) $k = k+1$，重复(2)~(3)步骤，当 $k > 4$ 时，跳出搜索，从而得到一条新的具有组序信息的染色体 $C_{11} = \{\zeta_1, \zeta_2, \zeta_3, \zeta_4\}$；

(5) $j = j+1$，重复(2)~(4)步骤，当 $j > 20$ 时，跳出搜索，从而得到一种新的具有组序信息的染色体组 $C_1 = \{C_{11}, C_{12}, \cdots, C_{120}\}$；

(6) $i = i+1$，重复(2)~(5)步骤，当 $i > 10$ 时，停止搜索，从而得到新的具有组序信息的种群 $C = \begin{cases} C_{11}, C_{12}, \cdots, C_{120} \\ C_{21}, C_{22}, \cdots, C_{220} \\ \cdots \\ C_{101}, C_{102}, \cdots, C_{1020} \end{cases}$。

3. 适应度函数的确定

适应度函数的目标为追求各组路程总和尽可能小，若以 s_{ij} 表示第 i 种分组中的第 j 条染色体评价值(染色体 C_{ij} 的回路长度)，$\max s_i$ 表示第 i 种分组中各染色体评价值的最大值，则第 i 种分组中的第 j 条染色体适应度函数可表示为

$$F(C_{ij}) = \frac{\max s_i - s_{ij}}{\max s_i} \times 100, \quad \forall i \in (1, 2, \cdots, 10), j \in (1, 2, \cdots, 20) \tag{9-11}$$

4. 复制算子设计

采用末位淘汰制和最优个体拷贝策略。

5. 交叉算子设计

本节根据束金龙等[33]定义的点到组的距离概念设计了一类基于组的顺序交叉算子如下：

(1) 从 $i=1$ 开始，按期望的交叉概率 p_c 选取出需要进行交叉操作的染色体，按多退少补的原则确保选取出来的染色体数为 3 的整数倍，定义该组为 Cross 组。

(2) 随机选取 Cross 组内的任意 3 条染色体 C_{1j}，C_{1k}，C_{1l}，其中 $j, k, l \in (1, 2, \cdots, 20)$ 且 $j \neq k \neq l$，并分别定义为父体 P_1, P_2, P_3。

(3) 取父体 P_1 与父体 P_2 相交，规则如下：

例如在某分组形式为 $\{9, 6, 8, 9\}$ 的染色体组中随机选取到如下两个父体：

$$P_1 = \{\{5, 10, 9, 18, 16, 20, 21, 25, 27\}, \{13, 15, 2, 30, 1, 29\}, \{31, 32, 24, 22, 3, 23, 26, 7\}, \\ \{14, 28, 11, 19, 6, 12, 17, 4, 8\}\}$$

$$P_2=\{\{5,2,29,18,16,13,24,22,27\},\{20,15,10,30,1,9\},\{31,32,11,19,6,12,26,7\},$$
$$\{14,28,3,23,17,21,25,4,8\}\}$$

两父体相交得出 $P_h = P_1 \cap P_2 = \{\{5,18,16,27\},\{15,30,1\},\{31,32,26,7\},\{14,28,17,4,8\}\}$，定义 P_h 为 P_1, P_2 的子体核心部分，将剩余的其他元素按点到组的距离逐个放入核心部分的各组中，当某一小组分组条件满足时(如在该例中第一小组只能再放入 5 个剩余元素)，则分给次一级的小组(即点到组的距离为次最小值)，直到所有剩余元素分配完毕，得到一个新子体 $NewChildren_1$。

(4) 类似步骤 (3)，分别取父体 P_1 与 P_3，P_2 与 P_3 相交，得到另外两个新的子体 $NewChildren_2$，$NewChildren_3$。

(5) 将交叉产生的 3 个新子体与原来的 3 个父体比较，取其中的较优的 3 个，存放到一个新的分组 New 中，并将上述 3 个进行交叉的父体从 Cross 组中删除。

(6) 重复上述步骤 (2)~(5)，完成 Cross 组内其他染色体的交叉工作，直到 Cross 组变空，且每次都将较优的 3 个染色体放入 New 组。最后，将这个 New 组中的染色体与那些未被选入 Cross 组的染色体一起，形成新的第 1 组染色体。

(7) $i = i + 1, i \leqslant 10$，重复步骤 (1)~(6)，从而通过交叉操作形成一个新的种群。

从上述过程分析可知，每次相交得到的子体核心部分是由其两个父体强加于子体的，父体各组求交后剩余的元素逐个放入距离子体核心部分中最近的组的末尾。由前文可知，任意两个顶点 v_i, v_j 的距离，可用 Dijkstra 算法求出。由此，每两个父体相交就产生了 1 个子体，每次选取 3 个父体两两相交后产生 3 个子体，从而实现了在维持种群数不变的前提下，通过交叉改进染色体适值。需要说明的是，因为很难控制计算机每次随机选取的数目都是 3 的整数倍，但随着计算次数的增多，选取的比率会逐渐趋于一个平均水平，所以这里设定的交叉概率 p_c 采用一个期望值。

6. 变异算子设计

变异算子模拟自然进化中的基因突变，能改善遗传算法的局部搜索能力，维持群体的多样性，防止出现早熟现象。本章设计的变异算子如下：按变异概率 p_m 随机选取种群内某一染色体，调换其所包含的某一对基因的位置(随机产生一个 1~200 的整数决定所变异的染色体编号，随机产生两个 1~32 的整数调换其所对应的染色体基因)。

7. 局部搜索算法的设计

遗传算法把握总体的能力较强，但局部搜索能力较差；局部搜索算法具有较强的局部搜索能力，因此，可以将遗传算法和局部搜索算法相结合，建立混合遗传算法。初始种群通过重复地排序、复制、交叉和变异操作后，逐步形成了 10 组最优解近似方案，为尽量均衡各应急物资配送组的任务量，可建立局部搜索算法如下：

(1) 第 1 步：取初始值 $i=1$，计算该种分组内各应急物资配送组的回路路程值，分别记为 $s_{11}, s_{12}, s_{13}, s_{14}$，比较得出其中的 $\max s_{1k}, \min s_{1k}$，$k \in \{1,2,3,4\}$，计算 $\max s_{1k} - \min s_{1k}$

的值并记为 ψ_1。

(2) 第2步：$i=i+1$，重复第1步操作，当 $i>10$ 时，停止搜索，得到 $\psi=\{\psi_1,\psi_2,\cdots,\psi_{10}\}$。

(3) 第3步：比较 $\{\psi_1,\psi_2,\cdots,\psi_{10}\}$，得出其中的 $\min\psi_l,l\in\{1,2,\cdots,10\}$，即为应急物资配送组任务分配最均衡的方案，输出结果。

9.3.3 混合遗传算法步骤

综合上述分析，可得出混合遗传算法求解该问题的整体步骤如下：

步骤一：结合模型中的约束条件式(9-2)~式(9-9)，产生初始种群。

步骤二：对初始种群进行排序，使其具有更加优良的组序信息。

步骤三：计算种群的适应度。

步骤四：采用末位淘汰制和最优个体拷贝策略对初始种群进行选择和复制。

步骤五：以交叉概率 p_c 对种群进行交叉操作。

步骤六：以变异概率 p_m 对种群进行变异操作。

步骤七：重复步骤二至步骤六，直到满足终止条件(最大迭代数 T)。

步骤八：对通过改进的遗传算法求得的10组最优解近似方案，采用局部搜索算法求出最均衡解。

9.3.4 算法应用与仿真分析

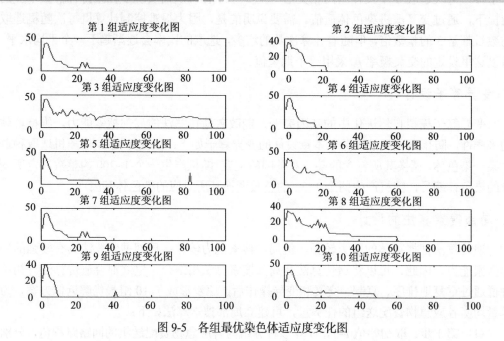

图 9-5 各组最优染色体适应度变化图

　　给定改进混合遗传算法中的相关参数如下：应急物资配送网络图中节点的分组数 $m=4$，应急物资配送网络图中的应急物资需求点数 $n=32$，交叉概率 $p_c=0.75$，变异概率 $p_m=0.0005$，根据 10.4.1 节编码原则随机产生的应急物资需求点分组方案 $N=10$，算法迭代时间 $T=100$，各应急物资需求点之间的连接关系和距离如图 9-2 所示，某时刻出发点所有资源量和各应急需求点的需求采用已有数据，应用设计的混合遗传算法求解应急物资配送网络图 $G(V, E, \omega)$ 中的最优 TSP 回路，各组最优染色体适应度及各组的最优应急物资配送路径长度变化如图 9-5 和图 9-6 所示。

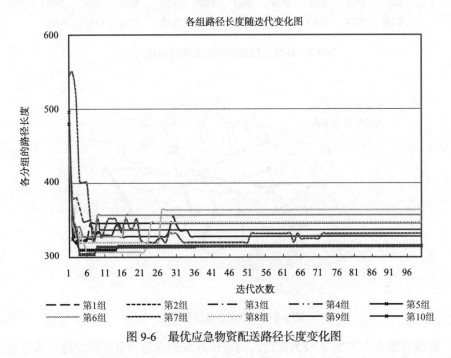

图 9-6　最优应急物资配送路径长度变化图

　　从图 9-5 和图 9-6 分析可知，无论对于随机产生的哪种分组方案，本章所设计的遗传算法都能够较快地收敛并得到问题的近似最优解决方案。结合局部搜索算法，对产生的 10 组近似最优方案进行分组均衡比较，其结果如图 9-7 所示，应急物资配送最均衡方案路径图如图 9-8 所示。综合图 9-5~图 9-8 分析可知：

　　（1）虽然分组方案 10 中总的应急物资配送路程最小，但该方案并不是最均衡的分组方案，反映在应急物资配送过程中表示为：部分地区可以较快得到所需应急物资，而其他地区则要相对等待更长的时间。

　　（2）分组方案 8 虽然不是总路程最优的方案，但在该方案中的各应急物资配送组路径长度偏差最小，即在应急物资配送过程中，各应急物资需求点可以实现最大可能的同时得到应急物资，从而提高应急救援的满意度。

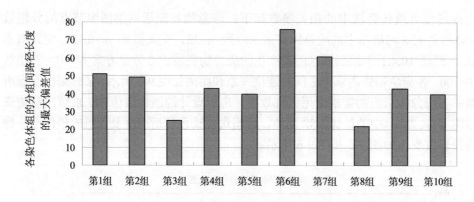

图 9-7　各组近似最优方案均衡情况比较

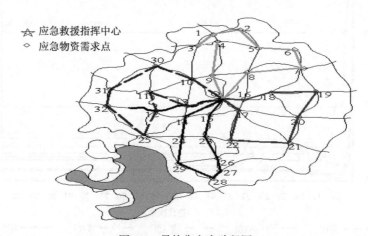

图 9-8　最均衡方案路径图

（3）分组方案 3 与方案 8 较为接近，同时该方案的应急物资配送总路径长度也较为合理，在应急条件下可作为决策者的备选策略。

本章的主要工作是针对生物反恐应急救援中道路交通不会被破坏这一特性，将该环境下的应急资源配送问题构造为一多旅行商问题。针对传统遗传算法求解多旅行商问题时存在收敛速度缓慢的缺点，故提出并设计了一类新的混合遗传算法。在该类新遗传算法中，染色体编码规则、排序算子和交叉算子是专门针对多旅行商问题而设计的，仿真结果也同时表明，该算法能够快速收敛到问题的近似最优解，并能很好地维持种群的多样性。

值得一提的是，在本章内容中使用 Dijkstra 算法求得网络图中的任意两点间最短路，因此，对于任意应急物资需求点，即使在其部分交通路线中断的情况下，依然可以求得问题的近似最优解，从而使得本算法不仅适用于生物反恐体系下的应急物资配送（该环境下交通一般不中断），也同样适用于自然灾害环境下的应急物资配送（该环境下通常有部分交通中断），拓展了算法的应用范围。

参 考 文 献

[1] 刘勇, 康立山, 陈毓屏.非数值并行算法(第二册):遗传算法[M].北京:科学出版社, 2003.

[2] 姜昌华. 遗传算法在物流系统优化中的应用研究[D]. 上海: 华东师范大学, 2007.

[3] 张文修, 梁怡.遗传算法的数学基础[M]. 西安: 西安交通大学出版社, 2000.

[4] 刘帆. 基于遗传算法的应急物流车辆路径问题研究[D]. 西安: 西安科技大学, 2012.

[5] 王小平, 曹立明.遗传算法理论、应用与软件实现[M]. 西安: 西安交通大学出版社, 2002.

[6] 玄光男, 程润伟.遗传算法与工程优化[M].北京:科学出版社, 2000.

[7] 王凌.智能优化算法及其应用[M].北京: 清华大学出版社, 2003.

[8] 杨启文, 蒋静坪, 张国宏.遗传算法优化速度的改进[J].软件学报, 2001,12(2): 270-275.

[9] Henderson D A. The looming threat of bioterrorism[J]. Science, 1999, 283(5406): 1279-1282.

[10] Wein L M, Craft D L, Kaplan E H. Emergency response to an anthrax attack[C]. Proceedings of the National Academy of Sciences, 2003, 100(7): 4346-4351.

[11] Wein L M, Kaplan E H. Unready for anthrax[R]. Washington Post, July 28th, 2003, A21.

[12] Wein L M, Craft D L. Evaluation of public health interventions for anthrax: a report to the Secretary's Council on Public Health Preparedness[R]. Graduate School of Business, Stanford University, Stanford, CA, 2004.

[13] Craft D L, Wein L M, Wilkins A H. Analyzing bioterror response logistics: the case of Anthrax[J]. Management Science, 2005, 51(5): 679-694.

[14] CDC Interim Smallpox Response Plan and Guidelines, Draft 2.0, Atlanta [EB/OL]. http://www.bt.cdc.gov/DocumentsApp/Smallpox/RPG/index.asp[2001-11-21].

[15] Tham K Y. An emergency department response to severe acute respiratory syndrome: a prototype response to bioterrorism[J]. Annals of Emergency Medicine, 2004, 43(1): 6-14.

[16] 刘春林, 何健敏, 盛昭瀚. 给定限制期条件下最小风险路径的选取算法[J]. 系统工程学报, 1999, 14(3): 221-226.

[17] Fiedrich F, Gehbauer F, Rickers U. Optimized resource allocation for emergency response after earthquake disasters[J]. Safety Science, 2000, 35(1): 41-57.

[18] 何健敏, 刘春林. 限制期条件下应急车辆调度问题的模糊优化方法[J]. 控制与决策, 2001, 16(3): 318-321.

[19] Ozdarmar L, Ekinci D, Kucukyazici B. Emergency logistics planning in Natural Disasters[J]. Annals of Operations Research, 2004, 129 (3): 217-245.

[20] Tzeng G H, Cheng H J, Huang T D. Multi-objective optimal planning for designing relief delivery systems[J]. Transportation Research, 2007, 63(6): 673-686

[21] Yi W, Ozdamar L. A dynamic logistics coordination model for evacuation and support in disaster response activities[J]. European Journal of Operational Research, 2007, 179(3): 1177-1193.

[22] Sheu J B. An emergency logistics distribution approach for quick response to urgent relief demand in disasters[J]. Transportation Research Part E, 2007, 43 (6): 687-709.

[23] 朱建明, 韩继业, 刘德刚. 突发事件应急医疗物资调度中的车辆路径问题[C]. 第九届中国管理科学学术年会论文集, 2007.

[24] Yuan Y, Wang D W. Path selection model and algorithm for emergency logistics management[J]. Computers and Industrial Engineering, 2009, 56(3): 1081-1094.

[25] Yan S Y, Shih Y L. Optimal scheduling of emergency roadway repair and subsequent relief

distribution[J]. Computers and Operations Research, 2009, 36(6): 2049-2065.

[26] Aharon B T, Byung D C, Supreet R M, et al. Robust optimization for emergency logistics planning: risk mitigation in humanitarian relief supply chains[J]. Transportation Research Part B: Methodological, 2011, 45(8): 1177-1189.

[27] Caunhye A M, Nie X F, Pokharel S. Optimization models in emergency logistics: a literature review[J]. Socio-Economic Planning Sciences, 2012, 46(1): 4-13.

[28] Dantzig G B, Fulkerson D R, Johnson S M. Solution of a large-scale traveling salesman problem[J]. Operations Research, 1954, 2(4): 393-410.

[29] Liu M, Zhao L D. Analysis for epidemic diffusion and emergency demand in an anti-bioterrorism system[J]. International Journal of Mathematical Modelling and Numerical Optimisation, 2011, 2(1): 51-68.

[30] Thomas H C, Charles E L, Ronald L R, et al. Introduction to Algorithms[M]. 2nd ed. USA, MIT Press and McGraw-Hill, 2001: 595-601.

[31] 毕守东, 胡焱, 郭晓冰, 等. 最优巡视路线模型研究[J]. 安徽农业大学学报, 2000, 27(2): 178-181.

[32] Carter A E, Ragsdale C T. A new approach to solving the multiple traveling salesperson problem using genetic algorithms[J]. European Journal of Operational Research, 2006, 175(1): 246-257.

[33] 束金龙, 赵喆, 戴巧燕. 用遗传算法求解分组旅行推销员问题[J]. 运筹与管理, 2004, 13(1): 17-22.

第 10 章 改进粒子群算法的设计与应用
——以多目标应急物资配送决策为例

本章关注应急协同决策算法设计过程的精度优化(即求解准确性)方面。首先,选择常用的粒子群算法为例,对基本粒子群算法、标准粒子群算法和多目标粒子群算法的理论基础依次作一简单介绍;然后,针对多目标的应急物资配送决策问题,对粒子群算法进行改进优化设计,通过控制关键参数使求解避免陷入局部最优;最后,以汶川地震中的应急物资配送为仿真案例,对提出的改进粒子群算法实施实证应用与仿真分析。

10.1 粒子群算法概述

粒子群算法,也称粒子群优化算法(particle swarm optimization, PSO),是近年发展起来的一种新的进化算法(evolutionary algorithm, EA)。粒子群算法属于一种并行进化算法技术,于 1995 年由 Eberhart 和 Kennedy 博士提出,源于对鸟群捕食行为的研究[1,2]。粒子群基本算法原理是从随机解出发,通过更新迭代寻找最优解。与 9.1 节介绍的遗传算法思想类似,也是通过适应度来评价最优解的品质,但它比遗传算法规则更为简单,因为它没有遗传算法的"交叉"(crossover)和"变异"(mutation)操作,而是通过追随当前搜索到的最优值来寻找全局最优。同遗传算法比较,粒子群算法的优势在于简单、容易实现且没有许多参数需要调整。近年来 PSO 更是以其实现容易、精度高、收敛快等特点引起学术界的重视,且在解决实际优化问题中展示了一定优越性,目前已被广泛应用于函数优化、神经网络训练、模糊系统控制以及其他优化求解等应用领域。

10.1.1 基本粒子群算法

鸟类的群体行为可以看作是一种复杂的智能行为,如鸽子在飞行中可以做到几乎同步转向,大雁在空中也能自行地排成队形,大群的蝙蝠在飞行中可以做到不相碰撞。最早对于鸟类群体行为的描述是来自于 Reynolds 的 BOID(Bird-OID)模型,他假设群体中的每一只鸟都要遵循一定的行动准则,并给出了鸟类群体中个体行为的三项准则[3]:①避免相撞,每个个体都能避免与附近的个体发生碰撞;②速度一致,邻近的个体需保持相对一致的速度飞行;③位置一致,保持与群体中心的相对距离。随后,Heppner 和 Grenander 在 BOID 模型的基础上,提出了鸟类群体趋于向栖息地行动的特性,即若一只鸟降落于栖息地,便会带动邻近个体一同降落[3]。

到了 1995 年，美国电气工程师 Eberhart 和社会心理学家 Kennedy 再次聚焦关注鸟类觅食的群体行为过程，发现鸟群起初并不知道食物所在地但却能够快速共同聚集在食物周围，故推定鸟群之间必定存在着能够互相交换的信息来协助鸟群朝食物所在地的方向靠近[1,2]。这些信息包括：每一只鸟能够依据一定的规则估算出自身位置的适应值；每一只鸟能够记住自己当前所找到的最好位置以及群体里的所有鸟找到的最好位置，这两个"位置"则被分别称为"局部最优"（pbest）和"全局最优"（gbest）[1,2]。简而言之，基本粒子群算法模拟鸟群的觅食搜索过程，把优化问题的求解空间看成是鸟类的觅食空间。

1. 基本粒子群算法的原理

如前所述，粒子群算法和遗传算法一样，其本质都是一种启发式的搜索算法，其规则都是由一组随机解开始，通过一定的策略选择进化，最终得到最优解。在粒子群算法中，称整个群体为"粒子群"，称当中的每一个个体为一个"粒子"。如果将算法的目标空间看成一个搜索空间，那么每个粒子在空间中的位置都代表着一个潜在的解。为了找到其最优解，空间内每个粒子都会基于自身的和同伴们的飞行经验来调整自己的飞行路线[4]。换句话说，基本粒子群算法的核心思想是通过模拟鸟类群体飞行过程中的觅食行为，将优化问题的最优解称为"粒子"，其对应于鸟群中的一只鸟，而粒子在整个解空间中寻找最优解的过程，则对应于鸟群寻找食物的过程。在鸟群中，往往是有某一只鸟先发现食物，带动周围的个体聚集至食物周围，最后使得整个群体都能得到食物。算法中，每个粒子的速度决定了它在解空间中的运动方向以及运动距离，通过目标函数求得个体的适应值，让粒子在追寻周围拥有最好位置的个体和群体的全局最好位置的基础上不断更新自己位置，最终使自己达到最佳位置。

2. 基本粒子群算法的数学描述

在基本粒子群算法中，求解优化问题的解即为搜索空间中粒子的位置。其中，适应度值高的粒子周围空间搜索概率大，而适应度值低的粒子附近空间搜索概率小。PSO 通过随机初始化一组粒子组成初始群体。群体分布在一个 D 维空间中（D 是待优化参数的个数，D 维空间即为优化问题的解空间）。算法的数学描述是在 D 维空间中搜索求解，空间中每个粒子以一定速度在解空间中飞行，飞行一次即为一次搜索过程。每个粒子在搜索时，均能知道自己搜索到的历史最好位置（pbest）和现在的位置，这属于粒子的个体思考。这些粒子不仅知道自己搜索到的历史最好位置（pbest），还能知道群体中其他粒子发现的最好位置（gbest）。

在一个 D 维的目标搜索空间中，有 N 个粒子组成一个粒子群，其中每个粒子是一个 D 维的向量，它的空间位置表示为 $x_i = \{x_{i1}, x_{i2}, \cdots, x_{iD}\}(i = 1, 2, \cdots, N)$。粒子的空间位置是目标优化问题中的一个解，将它代入适应度函数可以计算出适应度值，根据适应度值的大小衡量粒子的优劣；第 i 个粒子的飞行速度也是一个 D 维的向量，记为 $v_i = \{v_{i1}, v_{i2}, \cdots, v_{iD}\}$；第 i 个粒子所经历过的具有最好适应度值的位置称为个体历史最好位置，也就是局部最优位置，记为 $pbest = \{pbest_{i1}, pbest_{i2}, \cdots, pbest_{iD}\}$；同时整个粒子群经历过的最好的适应度值便是全局最优位置，即 $gbest = \{gbest_{i1}, gbest_{i2}, \cdots, gbest_{iD}\}$。基本粒子群的进化方程描述为[5]

$$v_{id}^{t+1} = v_{id}^{t} + c_1 r_1 (x_{id}^{pbest} - x_{id}^{t}) + c_2 r_2 (x_{id}^{gbest} - x_{id}^{t}) \tag{10-1}$$

$$x_{id}^{t+1} = x_{id}^{t} + v_{id}^{t+1} \tag{10-2}$$

其中，v_{id}^{t}、v_{id}^{t+1} 分别表示 t 和 $t+1$ 时刻粒子的速度；x_{id}^{t}、x_{id}^{t+1} 分别表示 t 和 $t+1$ 时刻粒子的位置；x_{id}^{pbest} 和 x_{id}^{gbest} 分别是个体和群体找到的最优解；c_1 和 c_2 为非负常数，含义是学习系数，也称为加速因子(c_1 为自身认知系数、c_2 为社会认知系数)；r_1 和 r_2 是[0,1]的随机数。

在速度更新方程(10-1)中，等号右边的第一项称为"惯性"部分(inertia part)，是由粒子的上一代速度的惯性引起的；第二项称为"认知"部分(cognition part)，代表粒子对自身的学习，即粒子的下一步行为受到自身信息的影响；第三项称为"社会"部分(social part)，代表粒子间互相合作和共享信息，即粒子的下一步行为也会受到群体信息的影响[6]。需要注意的是，在迭代更新搜索过程中，粒子的速度和位置都需受到最小值与最大值的范围限制。当某粒子的某维速度或位置超过了该维的最大阈值或最小阈值，则该粒子在该维的速度或位置被限制为该维最大阈值或最小阈值。

3. 粒子群算法流程

根据粒子群算法思想，算法流程设计如下[4]：

(1) 初始化。设置粒子群的规模、阈值、参数系数、最大迭代次数，以及每个粒子的初始位置和初始速度。

(2) 计算每个粒子的初始适应值，并将其设置为每个粒子的当前 $pbest$。找寻当前群体中的最好适应值，将其设置为 $gbest$。

(3) 根据方程(10-1)更新各粒子的速度，并对各粒子的新的速度进行阈值限制处理，速度阈值上下限为 $[v_{\min}, v_{\max}]$。

(4) 根据方程(10-2)更新各粒子的位置，并对各粒子的新的位置进行阈值限制处理，位置阈值上下限为 $[x_{\min}, x_{\max}]$。

(5) 计算每个粒子的当前适应值，并与其经历过的最好适应值 $pbest$ 进行比较，若当前适应值更优，则将其当前适应值设置为 $pbest$ 并保存。

(6) 比较群体中所有粒子的当前适应值和全局历史最好适应值 $gbest$，若所有粒子的当前适应值更优，则将其当前适应值设置为 $gbest$ 并保存。

(7) 若达到最大迭代次数，则终止搜索，否则，返回步骤(3)继续搜索。

(8) 输出搜索结果，即 $gbest$ 为搜索到的最优解。

4. 粒子群算法的特点

粒子群算法具有以下主要优点：①易于描述；②设置参数少；③容易实现；④收敛速度快。总体来说，相比其他进化算法，粒子群算法更容易实现，计算代价低且占用计算机硬件资源少，故粒子群算法已多次被证明能很好地解决许多全局优化问题。但是，需要注意的是，粒子群算法也和其他全局优化算法一样，有易陷入局部最优、收敛精度不高、后期收敛速度慢等明显缺点。

10.1.2 标准粒子群算法

1. 带惯性权重的粒子群算法

对于不同的问题，局部最优能力和全局最优能力拥有不一样的评判标准。基于此，1998 年 Shi 和 Eberhart 将一个惯性权重因子加入到速度更新公式中[7]，得到带惯性权重的粒子群优化算法。其数学描述与基本粒子群算法大体类似：仍假设由 N 个粒子组成的某一群体 $x=\{x_1,x_2,\cdots,x_N\}$，在一个 D 维的目标搜索空间内，每一个粒子都可以想象成空间上的一个点，则第 $i(i=1,2,\cdots,n)$ 个粒子的 D 维位置矢量可表示为 $x_i=\{x_{i1},x_{i2},\cdots,x_{iD}\}$；粒子在搜索空间内以一定的速度飞行，即 $v_i=\{v_{i1},v_{i2},\cdots,v_{iD}\}$。通过预先设定的适应值函数(一般用目标函数)计算出的粒子 x_i 的当前适应值来衡量粒子位置的优劣，则它经历过的最好的适应值也就是局部最优位置，即 $pbest=\{pbest_{i1},pbest_{i2},\cdots,pbest_{iD}\}$；同时整个粒子群经历过的最好的适应值便是全局最优位置，即 $gbest=\{gbest_{i1},gbest_{i2},\cdots,gbest_{iD}\}$。算法的优化搜索过程也是由这群粒子以迭代方式进行的，对于每一代粒子，其第 $d(1\leqslant d\leqslant D)$ 维的速度根据如下方程迭代进行更新[7]：

$$v_{id}^{t+1}=\omega\cdot v_{id}^{t}+c_1r_1(x_{id}^{pbest}-x_{id}^{t})+c_2r_2(x_{id}^{gbest}-x_{id}^{t}) \tag{10-3}$$

其中，v_{id}^{t}、v_{id}^{t+1} 分别表示 t 和 $t+1$ 时刻粒子的速度；x_{id}^{t} 是 t 时刻粒子的位置；ω 是惯性权重因子；x_{id}^{pbest} 和 x_{id}^{gbest} 分别是个体和群体找到的最优解；c_1 和 c_2 仍为学习系数，也称为加速因子(c_1 为自身认知系数、c_2 为社会认知系数)；r_1 和 r_2 是[0,1]的随机数。

式(10-3)与式(10-1)不同的是，增加了惯性权重 ω 的影响。由式(10-2)和式(10-3)组成了通常被认为的标准粒子群算法数学表达。若惯性权重 $\omega=1$ 时，就相应退化成了基本PSO 算法。惯性权重的作用是权衡全局最优和局部最优能力：当惯性权重较小时，所有的粒子会快速地汇聚于一处，粒子找到全局最优所用的时间较短，但当全局最优位置并不在初始区域内，算法可能会陷入局部最优中；当惯性权重较大时，粒子总是趋向于探索新的空间区域，使得算法更具有全局搜索能力，但却需要更多的迭代次数来寻求最优解。

2. 带收缩因子的粒子群算法

标准粒子群算法的另一种形式是由 Clerc 在 1999 年提出的带压缩因子的 PSO 算法[8]，它是一种对惯性权重 ω 和加速因子 c_1 和 c_2 值的方法描述，其速度更新迭代式为

$$v_{id}^{t+1} = \chi[v_{id}^t + c_1 r_1(x_{id}^{pbest} - x_{id}^t) + c_2 r_2(x_{id}^{gbest} - x_{id}^t)] \tag{10-4}$$

$$\chi = \frac{2}{\left|2 - \phi - \sqrt{\phi^2 - 4\phi}\right|}$$

其中，$\phi = c_1 + c_2$, $\phi > 4$。Clerc[8]在推导压缩因子方法时，设 $c_1 = c_2 = 2.05$, $\phi = c_1 + c_2 = 4.1$，求出 $\chi = 0.7298$，且没有限制最大速度。

2001 年，Eberhart 和 Shi 把收缩因子与限制最大速度的粒子群算法相比较[9]，结果表明：具有压缩因子的粒子群算法可以获得更出色的收敛率，但在搜索最优的可靠性上，它比起带惯性权重的粒子群算法略有不足。为了改善这种情况，Eberhart 和 Shi 认为要对算法进行一定程度的限定，如预先设定群体搜索空间大小或设定参数为 $v_{max} = x_{max}$。后续研究也的确证实了设定最大速度限制可对测试函数的求解能力有所改善，能够提高标准粒子群算法的性能。

3. 标准粒子群算法的相关参数说明

1）粒子群规模

粒子群规模对于算法求解性能虽不具有决定性影响，但粒子群规模越大，算法对求解空间可实施的搜索越全面，相应地算法的计算复杂度会提高；反之，粒子群规模小则计算复杂度很低，但是对求解空间的搜索能力随之下降。因此，对于大部分优化求解问题，通常选择粒子群规模在 10~50 就可以获得比较理想的效果。而对于一些特殊的问题，比如多维空间全局优化或多目标优化等复杂问题，粒子群规模则需取值较大，有时甚至需要选择 100~200 个粒子才能取得较好的求解效果[10]。

2）惯性权重

"探索"和"开发"是粒子群算法中的两个重要概念，其中探索是指粒子在空间中不断搜索新区域以寻找新的可行解的过程，开发是指粒子在某个可行解附近寻找局部最优解的过程。正由于 Eberhart 和 Kennedy 提出的基本粒子群算法在实际应用中其空间探索和开发能力较弱，所以 Shi 和 Eberhart 在基本粒子群算法数学表达的基础上增加了惯性权重因子 ω。惯性权重因子的含义是表示上一时刻搜索速度在下一迭代时刻的惯性保留值，也可理解为上一时刻搜索速度按一定比例与下一时刻粒子的"独立思考"和"群体交流"部分共同叠加产生下一时刻搜索速度，这个比例值就是指惯性权重因子[11,12]。

3）加速因子

在速度迭代公式(10-1)中，r_1 和 r_2 是[0,1]的随机数，因此 c_1 和 c_2 决定了"独立思考"和"群体交流"部分的比例关系。若"独立思考"比重大，则 $c_1 > c_2$，粒子主要根据当前

时刻空间位置和粒子群最优解决定下一时刻搜索速度，粒子群会很快收敛到群体当前最优解处，倘若该点是局部最优解则算法便收敛于局部最优解。因此，为了保证两部分的平衡性，通常取 c_1 和 c_2 的数值相同。

4）最大速度限制

粒子的速度决定了粒子的探索能力，最大速度限制 v_{max} 决定了粒子在每次更新位置中的最大移动距离，设定合适的值可以防止粒子越过搜索边界[12]。v_{max} 值越大，粒子的搜索能力越强，但是容易导致粒子越过较好的解；v_{max} 值越小，则粒子的开发能力越小，但会限制粒子的搜索能力，导致粒子停留于局部搜索，无法探测到更广的解空间，这使得算法有可能陷入局部极值。总体上，v_{max} 并没有一个合理的选择方法，通常设置每维的变化范围为 10%~20%[9]。

10.1.3　多目标粒子群算法

与单目标优化问题不同，单目标最优解一般只是单个解或一组连续解，多目标优化问题的解则往往是一组或多组连续解的集合。对于基本或标准粒子群算法来说，所有的粒子都是跟随着最好的那个粒子向一个方向收敛，因此可直接用于解决单目标优化问题。但实际在解决多目标优化问题时，由于不存在单个的最优解，常常无法直接确定局部最优和全局最优这两个值，所以在面对多目标优化问题求解时，往往不能直接采用基本或标准粒子群算法[4]。

1. 多目标粒子群算法的循环搜索流程

多目标粒子群算法要考虑到多目标优化问题的解本质上是一组非劣解集，每个粒子都可能追随不同的"领导"，因此需要准备一个"外部容器"来保存这些非劣解。并且需要通过制定一个准则来对这些非劣解进行"质量"评估，从而确定全局最优位置，进而指导粒子的更新迭代方向。显然，外部容器中的非劣解总是算法在每一代粒子群中找寻到的等价最优的那部分粒子，因此把外部集合作为全局最优解的候选集合是非常恰当的。多目标粒子群算法的循环搜索流程如图 10-1 所示。

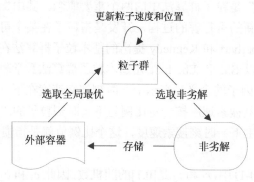

图 10-1　多目标粒子群算法的循环搜索流程图

如图 10-1，多目标粒子群算法开始运行时，首先从初始化的粒子群中找出第一代的非劣解并存储于外部容器中，接着算法从外部容器中选取全局最优解，然后粒子群在个体最优和全局最优的引导下更新粒子的速度和位置，再继续进行接下来的非劣解选取操作，如此循环往复。由于粒子在每一次迭代后都会产生新的非劣解，故外部集合在每一次迭代更新后的规模会随之越来越大，如此下去，计算量也会越来越大。考虑最坏的情况下，若每次迭代更新后的所有粒子的位置都进入到外部容器，那么每一代的计算复杂度是 $O(mN^2)$，则完整运行一次算法的计算复杂度是 $O(mT_{max}N^2)$，其中 m 是待解决的多目标优化问题的目标数、T_{max} 是算法设定的最大迭代次数、N 是粒子群的种群大小[13]。因此，从实际角度考虑，对外部集合的大小实施一定限制是必须的，一旦进入外部容器的非劣解数量达到外部容器的规模上限，则需要遵循一定规则删除集合内的部分非劣解。

2. 多目标粒子群算法的操作分析

1) 粒子的评价准则

密度距离，也称为拥挤距离（crowding distance），最早是由 Deb 等在 2000 年提出的[14]：它是通过测量以相邻粒子为顶点形成的立方体的平均边长来确定粒子的密集程度。根据 Pareto 前端的原则，密度距离越小，解越密集；密度距离越大，解越稀疏，则其适应度越好。粒子的密度距离计算方法[4]为：①确定外部容器内非劣解数量；②密度距离初始化为零；③计算外部容器内非劣解的每一维空间的密度距离。

2) 非劣解的构造与保存

非劣解的构造步骤如下[4]：基于 Pareto 非劣支配概念，多目标粒子群算法为粒子群构造了一个非支配解集合，即非劣解集。首先，算法从粒子群中随机选择一个粒子 x 依次与群体中的其他粒子进行比较，把可支配 x 的或与 x 无关的粒子归为第一类，把被 x 支配的粒子归为第二类，如果 x 不被其他的任何粒子支配则把 x 加入非劣解集中；接着再对第一类里面的粒子重复上述操作，直到第一类里面无粒子为止。此时非劣解集内的粒子，即为找寻到的非劣解。

对非劣解进行保存操作的过程需注意，将非劣解保存并更新外部集合时，必须保证被保存的非劣解满足解与解之间不存在优劣之分这一特征，即非劣解间具有非支配关系。因此，如果将要保存的解可支配已保存的非劣解，则所有被支配的已保存的解都要从中删除。另外，当进入外部容器的非劣解数量超过容器规模时，则需依据密度距离排序删除密度距离较小的那部分粒子，以保证外部容器内的粒子数量始终保持在限定的范围内。

3) 最优位置的选取

对于单目标优化问题来说，个体最优可通过直接比较适应度值来选取；但在多目标优化问题中，个体最优是需要通过 Pareto 非劣支配概念来选取的。一方面，个体最优位置的选择规则如下：若粒子的当前位置可支配粒子的历史最优位置，则将粒子的个体最优位置更新为当前位置；若粒子的历史最优位置可支配粒子的当前位置，则不更新粒子的个体最优位置；若粒子的当前位置与粒子的历史最优位置无关系，则随机选择两者之一作为粒子最新的个体最优位置。

另一方面，在选取全局最优位置时，为了确保算法能在更优的解空间内进行搜索，需对外部容器内的非支配解的密度距离进行降序排序，并在序列前端的非支配解中选取一个作为全局最优解，这样能够使得粒子向更加宽松的地方飞行，有利于降低粒子群的种群密度距离，进而保证非劣解更加均匀地分布。

4）约束处理

由多目标优化问题的定义可以看出，许多多目标优化问题都带有约束条件，通常这些约束条件会以多种形态呈现（包括线性约束和非线性约束、等式约束和不等式约束等）。因此要判断求解算法找寻到的解是否可行，不单要看解是否满足目标函数，还要审视解是否在约束条件的限制范围内。故必须在求解算法设计中加入约束处理机制来解决约束优化问题。

在多目标粒子群算法设计中，一种典型的处理约束方法就是通过采用惩罚函数作为计算个体适应度值的一部分来处理约束搜索空间：当粒子的某维状态不能满足约束条件时，则将其视为一个不可行分支；而如果粒子不存在不可行分支，则该粒子是可行的。在评估粒子的适应度值时，则要加入惩罚权重来计算粒子的所有不可行分支对约束条件的违反程度，并以此对粒子的"不良"表现给予"惩罚"。

10.2　面向多目标应急物资配送决策的改进粒子群算法

近年来灾害性突发事件（自然灾害、事故灾难及社会安全事件等）频发，给国家和人民的生命财产安全带来了严重威胁[15,16]。应急管理是人类社会应对突发灾害的重要手段之一，对于减少灾区人民生命财产损失、保持社会健康稳定发展具有重要作用。为此，本书各章节从不同角度探讨了应急协同决策优化问题，对于这些构造的复杂应急定量模型，其高效的优化求解过程显得非常重要，有效的优化方案能够为实际应急决策提供有力参考建议。在上节对粒子群算法相关理论介绍的基础上，本节选择以应急物资配送多目标决策问题为例，提出改进的粒子群算法设计思路，并将其应用于汶川地震的应急物资配送仿真分析中，以验证算法的适用性和有效性。

10.2.1　应急物资配送决策的多目标特征

1. 应急物资配送相关研究

应急物资配送属于应急物资的调配操作，一直都是应急管理研究的重要内容之一[17]，本书前面章节对其相关研究已有部分涉及，如 2.4.1 节、3.2.1 节和 4.1.1 节等。此处细化聚焦物资调配中的应急物资配送，该问题最早由 Kembull-Cook 和 Stephenson 于 1984 年提出[18]。此后，国内外学者相继对该问题进行深入研究，取得了丰硕的成果。现有文献对应急物资配送的研究主要分为确定性的应急物资配送和不确定性的应急物资配送。

确定性的物资配送通常假定应急过程中信息是透明的、确定的，这些研究相对较早期。如刘春林和何建敏等针对多出救点、单一需求点的应急物资配送问题，提出了基于"时间最短"、"出救点最少"的多目标优化模型[19,20]。高淑萍和刘三阳以应急时间最短为前提，建立了使出救点数目最少的两层规划数学模型[21]。Özdamar 等建立了以各受灾点总缺货量最小的目标函数[22]。刘北林和马婷构建了时间最短、成本最小的多目标应急物资配送优化模型[23]。这些确定性情形研究均存在一个共性，即较少考虑到突发事件所具有的随机性和不确定性[24]。

为了更有效地应对实际突发事件，近年来不确定条件下的应急物资配送逐渐成为研究的热点。如宋晓宇等针对多物资、多出救点、多受灾点和时变供求约束等应急场景特点，构建了应急时间最短、成本最少的多目标应急配送模型[25]。王海军等构建了模糊条件下，以总运输时间和应急成本为目标的多目标非线性整数规划模型来分析应急配送问题[26]。田军等研究在需求不确定情况下，利用模糊数学工具对应急需求的模糊性特征进行描述[27]。Chang 等构造了两个随机规划模型来探讨不确定条件下面对洪灾的应急物资配送问题[28]。

对于上述应急物资配送定量模型，主要采取的求解方法有遗传算法、模拟退火（simulated annealing, SA）和粒子群算法等启发式进化算法。这些研究从不同角度深入地探讨了应急调度配送问题，大大丰富了应急决策优化理论，然而对于一些真实应急场景因素的考虑仍然存在较大的研究空间（例如在不确定环境下将决策者不同偏好融入到应急物资配送中的研究相对较少）。而本节研究中拟构造的多目标应急物资配送模型，一方面考虑了灾情以及由此带来的交通运输的不确定性，另一方面切实将决策者的风险偏好融入模型构造中，以探讨真实存在的不同应急决策偏好下的应急物资配送优化问题。

2. 多目标应急物资配送决策模型的构建

在突发事件中，由于信息的不确定性，应急需求点对应急物资的需求量、应急时间往往是不确定的。设需求点 R_j 的需求量为区间数 $\widetilde{R}_j = [R_j^-, R_j^+]$（$R_j^-$ 为下限，R_j^+ 为上限），应急供应点 S_i 到应急需求点 R_j 的应急时间 $\widetilde{T}_{ij} = [T_{ij}^-, T_{ij}^+]$（$T_{ij}^-$ 为下限，T_{ij}^+ 为上限）。总物资供应量 $\sum_{i=1}^{I} S_i$ 可满足需求点的总需求量 $\sum_{j=1}^{J} \tilde{R}_j$，从供应点 S_i 到需求点 R_j 的单位成本为 $\tilde{C}_{ij} = [C_{ij}^-, C_{ij}^+]$（$C_{ij}^-$ 为下限，C_{ij}^+ 为上限），需求点的应急物资时间目标值为 T_j，单位物资延误时间为 $\widetilde{T}_{ij} - T_j$。决策问题为：要求制定出最优应急配送方案，即确定出从供应点 S_i 调度到需求点 R_j 的应急物资数量，使应急运输成本和延误时间最少，即目标函数可表达成式(10-5)。

$$
\begin{cases}
f_C = \min \left[\sum_{i=1}^{I} \sum_{j=1}^{J} SR_{ij} \tilde{C}_{ij} \right] = \min \left[(1-\alpha) \sum_{i=1}^{I} \sum_{j=1}^{J} SR_{ij} C_{ij}^- + \alpha \sum_{i=1}^{I} \sum_{j=1}^{J} SR_{ij} C_{ij}^+ \right] \\
f_T = \min \left[\sum_{i=1}^{I} \sum_{j=1}^{J} SR_{ij} (\widetilde{T}_{ij} - T_j) \right] = \min \left[(1-\beta) \sum_{i=1}^{I} \sum_{j=1}^{J} SR_{ij} (T_{ij}^- - T_j) + \beta \sum_{i=1}^{I} \sum_{j=1}^{J} SR_{ij} (T_{ij}^+ - T_j) \right]
\end{cases}
$$

$$(10\text{-}5)$$

$$\sum_{i=1}^{I} SR_{ij}\tilde{R}_j \tag{10-6}$$

$$R_j^- \leqslant \tilde{R}_j \leqslant R_j^+ \tag{10-7}$$

$$T_{ij}^- \leqslant \tilde{T}_{ij} \leqslant T_{ij}^+ \tag{10-8}$$

$$C_{ij}^- \leqslant \tilde{C}_{ij} \leqslant C_{ij}^+ \tag{10-9}$$

$$SR_{ij} \geqslant 0 \tag{10-10}$$

该模型不仅考虑了应急物资配送的不确定性，而且将决策者的风险偏好融入其中。式 (10-5)是目标函数，表示应急物资的总运输成本、总的延误时间最小，I、J 分别为供应 点的数量、需求点的数量，$\alpha(0 \leqslant \alpha \leqslant 1)$、$\beta(0 \leqslant \beta \leqslant 1)$ 分别为决策者对成本和时间的风 险偏好度；式(10-6)意味着分配到每个需求点的物资数量等于其需求量；式(10-7)、式 (10-8)、式(10-9)表示各个不确定区间数的取值要在指定的范围内[29]；式(10-10)表达调 度配送物资的数量 SR_{ij} 为非负数。

根据范数理想点方法求解多目标问题的思路[30,31]，求出 f_C、f_T 各自的最优值 f_C^*、f_r^*， 构造公式(10-11)：

$$\min f = \sqrt{\left[\eta_1\left(\frac{f_C - f_C^*}{f_C}\right)\right] + \left[\eta_2\left(\frac{f_T - f_T^*}{f_T}\right)\right]^2} \tag{10-11}$$

其中，η_1、η_2 为成本和时间因素各自的权重。通常情况下，$\min f$ 需要通过采取智能优化 算法进行求解，如 GA、PSO 等。如 10.1 节相关基础理论所述，由于 PSO 能够避免 GA 的复杂遗传操作，流程简单易实现且收敛速度快，但有容易陷入局部最优的缺点。故下 面拟对粒子群算法进行改进设计以对所构模型实施优化求解[32]。

10.2.2　改进粒子群算法设计

基于 10.2.1 节所构造的多目标应急物资配送模型，提出改进 PSO 算法，尤其针对 PSO 算法存在"早熟"现象进行改进设计，将其应用于对物资配送模型的求解，并检测其求 解效果。

1. 改进粒子群算法设计思路

如前所述，PSO 算法没有选择、交叉与变异等操作，算法结构简单，运行速度快。 但是 PSO 在运行过程中，当某粒子发现一个当前最优位置，其余粒子就会向其靠拢，如 果该位置是一局部最优点，PSO 就不会继续搜索，则算法陷入局部最优、出现"早熟" 现象。针对这个问题，在此提出对粒子群算法的改进设计思路，将惯性权值 ω[7]，学习因 子 c_1、c_2 设置为线性递减以改善算法的收敛性能，即

$$\omega = \omega_{\max} - (\omega_{\max} - \omega_{\min})\frac{n}{n_{\text{iter,max}}} \tag{10-12}$$

$$c_1 = c_{1\max} - (c_{1\max} - c_{1\min})\frac{n}{n_{\text{iter,max}}} \tag{10-13}$$

$$c_2 = c_{2\max} - (c_{2\max} - c_{2\min})\frac{n}{n_{\text{iter,max}}} \tag{10-14}$$

其中 $\omega_{\max}$、$\omega_{\min}$ 分别为惯性权重 ω 的最大值、最小值；$c_{1\max}$、$c_{1\min}$ 分别为学习因子 c_1 的最大值、最小值；$c_{2\max}$、$c_{2\min}$ 分别为学习因子 c_2 的最大值、最小值；n 为当前迭代次数；$n_{\text{iter,max}}$ 为最大迭代次数。

设粒子群的粒子数目为 N，第 i 个粒子的适应度值为 f_i，当前粒子群的平均适应度值为 f_{avg}，则当前粒子群的收敛程度为

$$\sigma = \sqrt{\sum_{i=1}^{N}\left(\frac{f_i - f_{\text{avg}}}{\max\{1, \max\limits_{1\leqslant i < N}(f_i - f_{\text{avg}})\}}\right)^2} \tag{10-15}$$

σ 反映了算法的收敛程度：σ 越大，则算法处于随机搜索状态；σ 越小，则算法趋于收敛状态，可能出现早熟。一旦 σ 小于某个值，算法将对 *gbest* 实施变异，使得算法跳出局部最优，避免早熟收敛。通过这个方面对 PSO 算法进行改进，设计出改进的粒子群算法（extended PSO, EPSO）。

可通过参数 σ_c 来控制收敛程度 σ，遵循如下公式（10-16）：

$$p_m = \begin{cases} k & \sigma < \sigma_c \\ 0 & \text{其他} \end{cases} \tag{10-16}$$

通常 σ_c 的取值范围为 $\sigma_c \in [0.5, 2]$。p_m 为群体变异概率。对于 *gbest* 的变异操作，将采用增加随机扰动的方法，即

$$x_{id}^{gbest} = x_{id}^{gbest}(1 + 0.5\eta) \tag{10-17}$$

其中，η 是服从 Gauss$(0,1)$ 分布的随机变量[32,33]。

2. 改进粒子群算法设计步骤

根据 PSO 算法的基本流程和上述改进策略，EPSO 算法步骤设计如下：

步骤一：初始化算法参数。设定粒子群体规模 N，最大迭代次数 $n_{\text{iter,max}}$，惯性权重的最大值 $\omega_{\max}$、最小值 $\omega_{\min}$，学习因子的最大值 $c_{1\max}$、$c_{2\max}$、最小值 $c_{1\min}$、$c_{2\min}$，粒子位置的最大值 $x_{\max}$、最小值 $x_{\min}$，更新速度的最大值 $v_{\max}$、最小值 $v_{\min}$，收敛程度 σ_c，变异概率参数 k。

步骤二：设置适应度值参数。粒子群当前最优解 x_{pbest}，对应的适应度值为 f_{pbest}；群体最优解 x_{gbest}，对应的适应度值为 f_{gbest}。

步骤三：设定迭代次数 $n=0$。在解空间内随机生成 N 个粒子，各个粒子的位置为 $x_i(i=1,2,\cdots,N)$ 及其对应的速度 v_i，计算粒子 x_i 的适应度值，将适应度值最小的作为粒子当前的最优解 f_{pbest} 和全局最优解 f_{gbest}。

步骤四：设 $n=n+1$。若 $n>n_{\text{iter,max}}$，则算法转至步骤八。

步骤五：通过式(10-12)、式(10-13)、式(10-14)，计算权重 ω、c_1、c_2；通过式(10-2)和式(10-3)，对当前粒子的速度和位置进行更新，得到新的粒子位置 x_i' 和速度 v_i'。若 $x_i'>x_{\max}$，则 $x_i'=x_{\max}$；若 $x_i'<x_{\min}$，则 $x_i'=x_{\min}$；若 $v_i'>v_{\max}$，则 $v_i'=v_{\max}$；若 $v_i'<v_{\min}$，则 $v_i'=v_{\min}$。

步骤六：通过 x_i' 重新计算粒子的适应度值 f_i'。若 $f_i'<f_{pbest}$，则 $f_{pbest}=f_i'$，更新当前粒子群的最优位置 $x_{pbest}=x_i'$。若 $f_i'<f_{gbest}$，则 $f_{gbest}=f_i'$，更新粒子群的最优位置 $x_{gbest}=x_i'$。

步骤七：利用式(10-15)计算收敛程度 σ。若 σ 满足式(10-16)，则通过式(10-17)对 x_{gbest} 进行变异。算法转至步骤四。

步骤八：算法结束。

3. 改进粒子群算法性能测试

现对设计的改进粒子群算法实施性能检测，选取 Sphere、Rosenbrock、Griewank、Rastrigrin、Ackley、Schaffers f6[34]六个经典的函数对算法性能进行测试。将 PSO、线性粒子群(linear PSO, LPSO)[8]和 EPSO 算法各自运行 20 次。算法中 $N=50$，$n_{\text{iter,max}}=200$；PSO 的 $c_1=c_2=1.49445$[7]，$\omega=0.5$；LPSO 的 $c_1=c_2=1.49445$[7]，$\omega_{\max}=0.9$，$\omega_{\min}=0.4$；EPSO 的 $\omega_{\max}=0.9$，$\omega_{\min}=0.4$，$c_{1\max}=c_{2\max}=2$，$c_{1\min}=c_{2\min}=1$，将 σ_c 和 k 的值列于表 10-1，三种算法的最优值比较见表 10-1 所示。为了能够更加清楚地展示出三种算法的差异，对六个函数值取对数形式显示，结果见图 10-2~图 10-7。

从图 10-2 到图 10-7 的迭代过程，结合表 10-1 可以得出以下结论：①EPSO 总体效果最好，达到了 Sphere、Griewank 函数的最优值；②从图 10-2、图 10-4、图 10-5 以及图 10-6 可以清楚地看出，正是由于 EPSO 的变异操作，使得算法跳出了局部最优；③LPSO

表 10-1　三种算法的最优值比较

函数	理论最优值	PSO	LPSO	EPSO(σ_c,k)
Sphere	最小值, 0	0.0395	0.0004	0 (1.2,0.3)
Rosenbrock	最小值, 0	13	9	6.2 (0.8,0.3)
Griewank	最小值, 0	0.1371	0.0812	0 (1.5,0.3)
Rastrigrin	最小值, 0	10.5124	25.9690	0.1 (1.2,0.3)
Ackley	最小值, 0	2.6042	1.6463	1.1003×10^7(1.5,0.3)
Schaffers f6	最大值, 1	0.9887	0.9984	0.9995 (1.5,0.3)

的总体性能优于 PSO，但是在 Rastrigrin 函数上表现逊于 PSO；④PSO 的总体性能最差，但是在 Rastrigrin 函数上表现好于 LPSO；⑤与其他五个函数相比，三种算法在 Rosenbrock 函数上的总体表现相对较差，对该函数寻优是非常困难的，这与文献[3]的研究观点一致。

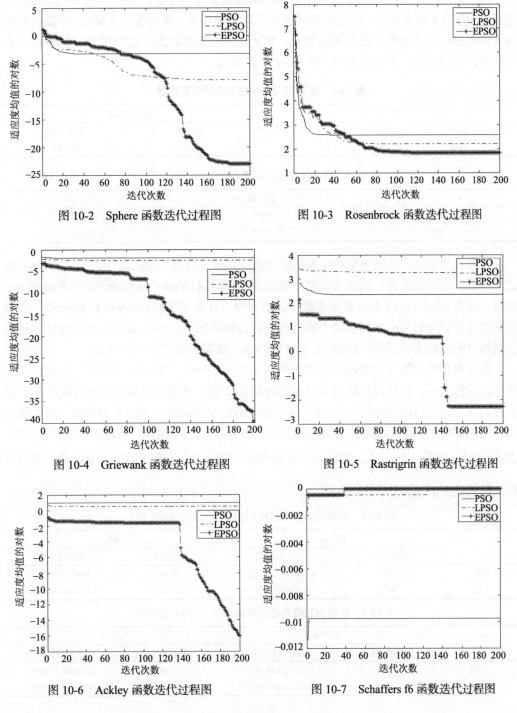

图 10-2　Sphere 函数迭代过程图　　　图 10-3　Rosenbrock 函数迭代过程图

图 10-4　Griewank 函数迭代过程图　　　图 10-5　Rastrigrin 函数迭代过程图

图 10-6　Ackley 函数迭代过程图　　　图 10-7　Schaffers f6 函数迭代过程图

10.2.3 算法应用与仿真分析

本节对 10.2.2 节提出的改进粒子群算法实施仿真应用分析。2008 年 5 月 12 日我国汶川发生了 7.8 级大地震，给受灾地区带来了巨大的损失。案例选取文献[26]中提供的部分灾情数据，对上述算法进行模拟仿真。假设需求点为都江堰、绵竹两地，物资供应点为郑州、武汉两地。具体数据列于表 10-2 和表 10-3。

表 10-2　物资供应点和需求点的物资数量

物资供应点		物资需求点	
郑州	150	都江堰	[100,120]
武汉	80	绵竹	[65,80]

表 10-3　物资供应点和需求点之间的距离　　　　　　　　　(单位/km)

	都江堰	绵竹
郑州	1579	1522+83
武汉	1415	1358+83

需要说明的是，从郑州至都江堰的路线为：郑州—成都—都江堰(火车)1579 km；从武汉到都江堰的路线为：武汉—成都—都江堰(火车)1415 km；从郑州至绵竹的路线为：郑州—成都(火车)1522 km(数据来源于铁道部网上订票系统http://www.12306.cn)，由成都到绵竹(汽车)83 km(数据来源于绵竹政府官方网站 http://www.mz.gov.cn/mzgk/)；从武汉到绵竹的路线为：武汉—成都(火车)1358 km，成都—绵竹(汽车)83 km。

假设火车的时速为 200 km/h，汽车的时速为 100 km/h；假设运输成本与运输时间成简单的线性关系，在此设运输成本是运输时间是 2 倍；不考虑中途转车的时间损失；需求点的应急物资时间目标值为 $T=9$h。考虑到灾情给物资运输带来的不利影响，对运输时间、成本增加一个随机区间数，具体设置如表 10-4 和表 10-5 所示。不失公平性和科学性，设式(10-11)中的 $\eta_1 = \eta_2 = \dfrac{1}{2}$。将风险偏好分为保守型、中立型和冒险型，通过线性规划求出三种情况下的 f_C^*、f_T^*(表 10-6)。

表 10-4　供应点到需求点的时间(注：途经成都中转)

	都江堰		绵竹	
	精确时间	区间数时间	精确时间	区间数时间
郑州	7.895	[8.3697,8.8436]	8.44	[9.0503,9.2903]
武汉	7.075	[7.2740,7.4696]	7.62	[7.6242,8.5343]

表 10-5　供应点到需求点的成本(注：途经成都中转)

	都江堰		绵竹	
	精确成本	区间数成本	精确成本	区间数成本
郑州	15.79	[15.9450,16.5674]	16.88	[17.3096,17.6856]
武汉	14.15	[14.9122,15.0021]	15.24	[15.9983,16.0749]

表 10-6　三种风险偏好下的 α、β、f_C^*、f_T^* 的取值

风险偏好	α、β	f_C^*	f_T^*
保守型	$\alpha=\beta=1$	3274.1	−105.4640
中立型	$\alpha=\beta=0.5$	2.941.1	−129.7082
冒险型	$\alpha=\beta=0$	2618.9	−168.8925

与算法性能测试中的设置相似，现设定算法的参数如下：$N=50$、$n_{\text{iter,max}}=200$；PSO 的 $c_1=c_2=1.49445$、$\omega=0.5$；LPSO 的 $c_1=c_2=1.49445$、$\omega_{\max}=0.9$、$\omega_{\min}-0.4$；EPSO 的 $\omega_{\max}-0.9$、$\omega_{\min}=0.4$、$c_{1\max}=c_{2\max}=2$、$c_{2\min}=c_{1\min}=1$、$\sigma_c=1.5$、$k=0.3$。算法运行 20 次取平均值，最终不同风险偏好水平下的应急物资配送方案如图 10-8 所示。从表 10-7 中所列三种算法所取得的最优值，结合图 10-9~图 10-11 的不同迭代过程，可以看出 EPSO 的优化效果要优于 PSO 和 LPSO。

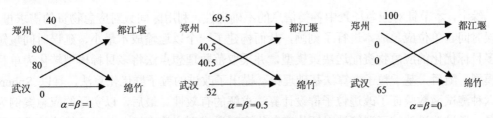

图 10-8　不同风险偏好水平下的物资配送情况

表 10-7　三种风险偏好水平下三种算法的最优值比较

	PSO	LPSO	EPSO
$\alpha=\beta=1$	5.6845×10^{-4}	5.6740×10^{-4}	5.5160×10^{-4}
$\alpha=\beta=0.5$	0.0031	0.0031	0.0028
$\alpha=\beta=0$	0.0490	0.0510	0.0487

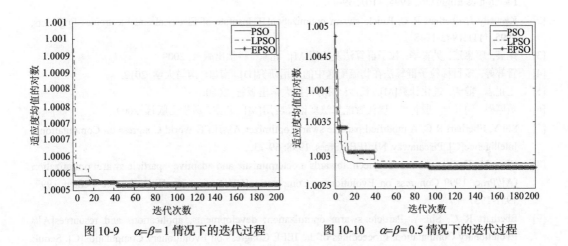

图 10-9　$\alpha=\beta=1$ 情况下的迭代过程　　**图 10-10　$\alpha=\beta=0.5$ 情况下的迭代过程**

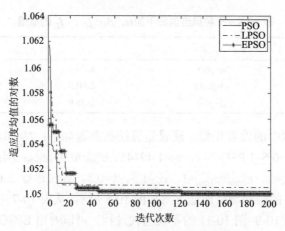

图 10-11 $\alpha=\beta=0$ 情况下的迭代过程

综上，本节针对应急场景中各类信息的不确定性，利用区间数对应急物资的需求量、延误时间、单位应急成本进行了刻画，从而构建了一个以运输成本最小、延误时间最短为多目标优化的应急物资配送决策模型，并采取范数理想点法将多目标模型转化为单目标模型。随后，基于粒子群算法基础理论，提出了改进的粒子群优化算法，且以 Sphere 等六种测试函数验证了改进粒子群设计算法求解的有效性。最后，以实际的应急案例为背景，通过改进的粒子群算法对所构应急物资配送模型实施求解，并对该算法的求解效果进行了验证。不可否认，实际应急场景的物资配送决策比本节研究中建立的多目标优化模型要更复杂，考虑和涉及的不确定因素更多，故后续研究中可进一步探讨更复杂应急优化模型的协同求解算法设计，使其真正能够为应急决策提供辅助作用。

参 考 文 献

[1] Eberhart R C, Kennedy J. A new optimizer using particle swarm theory[J]. Institute of Electrical and Electronics Engineers, 1995, (10): 39-43.

[2] Kennedy J, Eberhart R C. Paticle swarm optimization[J]. Institute of Electrical and Electronics Engineers, 1995, (11):1942-1948.

[3] 纪震, 廖惠连, 吴青华. 粒子群算法及应用[M]. 北京: 科学出版社, 2009.

[4] 管婷婷. 多目标粒子群算法在物流配送中的应用研究[D]. 南昌: 南昌大学, 2012.

[5] 王正志, 薄涛. 进化计算[M]. 长沙: 国防科技大学出版社, 2000.

[6] 黄席樾, 向长城, 殷礼胜. 现代智能算法理论及应用[M]. 北京: 科学出版社, 2009.

[7] Shi Y, Eberhart R C. A modified particle swarm optimizer[A]//IEEE World Congress on Computational Intelligence[C]. Piscataway, NJ: IEEE Press, 1998: 69-73.

[8] Clerc M. The swarm and the queen: towards a deterministic and adaptive particle swarm optimization [A]//Proc. 1999 Congress on Evolutionary Computation[C]. Anchorage: IEEE Service Center, 1999: 1951-1957.

[9] Eberhart R C, Shi Y. Particle swarm optimization: developments, applications and resources[A]// Evolutionary Computation. Proceedings of the IEEE Congress on Evolutionary Computation[C]. Seoul: IEEE Service Center, 2001: 81-86.

[10] 田宏洁. 基于粒子群方法的非线性系统辨识问题研究[D]. 西安: 西安电子科技大学, 2011:25-40.

[11] Clerc M, Kennedy J. The particle swarm: explosion, stability and convergence in a multi-dimensional complex space[J]. IEEE Transaction on Evolutionary Computation, 2002, 6:58-73.

[12] Kennedy J. The particle swarm: social adaptation of knowledge[C]//Proceedings of IEEE International Conference on Evolutionary Computation（Indianapolis, Indiana）, IEEE Service Center, Piscataw, ty, NJ, 1997:303-308.

[13] 王宇嘉. 多目标粒子群优化算法的全局搜索策略研究[D]. 上海: 上海交通大学, 2008.

[14] Deh K, Agrawal S, Pratab A, et al. A fast elitist no dominated sorting genetic algorithm for multi objective optimization: NSGA-II[C]. Proceedings of Parallel Problem Solving from Nature VI Conference, 2000: 849-858.

[15] 钟永光, 毛中根, 翁文国, 等. 非常规突发事件应急管理研究进展[J]. 系统工程理论与实践, 2012,32(5): 911-918.

[16] 国家自然科学基金委员会. 2011 年度国家自然科学基金项目指南[M]. 北京: 科学出版社, 2011.

[17] 何建敏, 刘春林, 曹杰, 等. 应急管理与应急系统[M]. 北京: 科学出版社, 2007.

[18] Kembull-Cook D, Stephenson R. Lesson in logistics from Somalia[J]. Disaster, 1984, 8(1): 57-66.

[19] 刘春林, 何建敏, 盛昭瀚. 应急系统调度问题的模糊规划方法[J]. 系统工程学报, 1999, 14(4): 352-365.

[20] 刘春林, 何建敏, 施建军. 一类应急物资调度的优化模型研究[J]. 中国管理科学, 2001, 9(3): 29-36.

[21] 高淑萍, 刘三阳. 应急系统调度问题的最优决策[J]. 系统工程与电子技术, 2003, 25(10): 1222-1224.

[22] Özdamar L, Ekinci E, KüÇükyazici B. Emergency logistics planning in natural disasters[J]. Annals of Operations Research, 2004, 129(3): 217-245.

[23] 刘北林, 马婷. 应急救灾物资紧急调度问题研究[J]. 哈尔滨商业大学学报, 2007(3): 3-5.

[24] 计雷, 池宏, 陈安, 等. 突发事件应急管理[M]. 北京: 高等教育出版社, 2006.

[25] 宋晓宇, 郑妍, 常春光. 基于变精度粗糙集的应急调度模型[J]. 信息与控制, 2011,40(6): 858-864.

[26] 王海军, 王婧, 马士华, 等. 模糊需求条件下应急物资调度的动态决策研究[J]. 工业工程与管理, 2012,17(3): 16-22.

[27] 田军, 马文正, 汪应洛, 等. 应急物资配送动态调度的粒子群算法[J]. 系统工程理论与实践, 2011,31(5): 898-906.

[28] Chang M S, Tseng Y L, Chen J W. A scenario planning approach for the flood emergency logistics preparation problem under uncertainty[J]. Transportation Research Part E: Logistics and Transportation Review, 2007, 43(6): 737-754.

[29] 郭子雪, 齐美然, 张强. 基于区间数的应急物资储备库最小费用选址模型[J]. 运筹与管理, 2010, 19(1): 15-20.

[30] 石勇, 钟仪华, 张建军, 等. 多目标线性决策系统——理论及应用[M]. 北京: 高等教育出版社, 2007.

[31] 徐玖平, 李军. 多目标决策的理论与方法[M]. 北京: 清华大学出版社, 2005.

[32] 吕振肃, 侯志荣. 自适应变异的粒子群优化算法[J]. 电子学报, 2004(3): 416-420.

[33] 叶德意, 何正友, 臧天磊. 基于自适应变异粒子群算法的分布式电源选址与容量确定[J]. 电网技术, 2011, 35(6): 155-160.

[34] 张顶学, 关治洪, 刘新芝. 一种动态改变惯性权重的自适应粒子群算法[J]. 控制与决策, 2008, 23(11): 1253-1257.